과학과 인문학의 탱고

창조적 파괴와 시련, 그리고 집념으로 꽃피운 과학의 역사

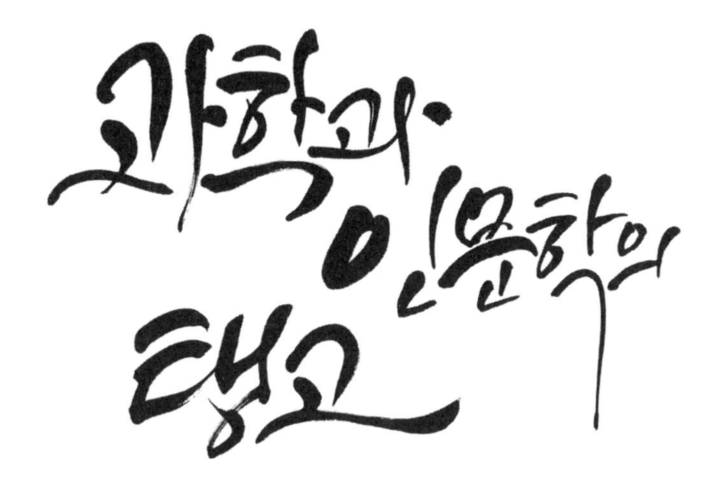

황진명 · 김유항 지음

사과나무

과학과 인문학의 탱고

초판 1쇄 발행 2014년 08월 20일
초판 4쇄 발행 2018년 05월 15일

지은이 황진명 · 김유항
펴낸곳 도서출판 사과나무
펴낸이 권정자
본문 • 표지구성 김미영
등록번호 제11-123(1996. 9. 30)
주소 경기도 고양시 덕양구 충장로 123번길 26, 301-1208

전화 (031) 978-3436
팩스 (031) 978-2835
이메일 bookpd@hanmail.net

값 18,000원

ISBN 978-89-6726-011-8 93400

이 도서의 국립중앙도서관 출판예정도서목록(CIP)은 서지정보유통지원시스템 홈페이지(http://seoji.nl.go.kr)와 국가자료공동목록시스템(http://www.nl.go.kr/kolisnet)에서 이용하실 수 있습니다.(CIP제어번호: CIP2014022307)

"과학자들에게는 새로운 발견을 하는 것만큼 더 큰 기쁨은 없다.
그러나 새로운 발견들이 실제 생활에 직접적으로 응용될 때
그들의 기쁨은 더욱 커진다!"

– 루이 파스퇴르

/ 머리말 /

과학과 인문학의 소통과 조화

영국의 과학자이자 소설가인 스노우(C.P.Snow)는 1959년 케임브리지 대학 강의에서 '두 개의 문화와 과학혁명'이라는 주제로 다음과 같이 말했다.

"나는 수준 높은 지식인들 모임에 여러 번 참석한 적이 있는데, 그곳에 모인 사람들이 '과학자들이 믿을 수 없을 정도로 무식하다'고 재미있어하는 투로 말하는 것을 보았습니다. 나는 화가 나서 그 자리에 있는 동료들에게 '당신들 중 몇 명이나 열역학 제2법칙을 설명할 수 있느냐'고 물었지요. 이 말은 곧 '당신은 셰익스피어 작품을 읽은 적이 있습니까'라는 것과 같은 맥락의 과학적 질문이었는데, 그들 모두 썰렁해지며 묵묵부답이었습니다."

이 강연의 요지는 서구사회의 모든 지적 생활은 두 문화, 즉 인문학과 과학으로 나누어져 있으며 두 문화의 소통 부재가 세상의 여러 문제들을 해결하는 데 큰 걸림돌이 되고 있다는 것을 강조한 것이다.

인문학적 토양에서 탄생한 '르네상스맨'

역사를 거슬러 올라가 15세기 중세에는 모든 지식의 개념에 '인문주의'가 근본적으로 깔려 있었다. 단테의 작품을 읽는 피렌체 상류층은 과학에 대해 무지(無知)하다는 것은 있을 수 없다고 생각했고, 그래서 르네상스 사상가들은 과학과 인문학을 두루 섭렵했다. 위대한 다빈치는 예술가이자 과학자이며 기술자였고, 미켈란젤로 역시 예술가이자 엔지니어였다. 이들과 같은 소위 '르네상스 맨' 즉 다방면으로 박식한 지적 거인들이 탄생할 수 있었던 것도 인문학적 토양이 있었기에 가능했다.

그러나 지식의 격변기를 지나면서 전통적인 인문학자들은 과학·기술을 일종의 기술적 산물로 여겨 지식층조차도 "나는 과학은 전혀 몰라"라며 과학적 문맹을 아무렇지도 않게 말하면서 과학과 인문학의 간극은 점점 더 커져갔다. 이후 산업혁명이 과학기술의 획기적인 발전을 가져와 인류의 삶에 혁명적인 변화를 가져왔고 20세기 들어 정보화 시대가 시작되었다.

2000년대에 접어들면서 각 국에서는 차세대 성장 동력으로 과학기술 혁신만으로는 한계가 있다고 생각하고 인문학, 철학, 예술, 사회과학과 같은 타 분야 학문과 과학기술의 창조적 융합 연구를 추진해오고 있다. 그러한 분위기에서 화려하게 떠오른 스타가 바로 애플의 스티브 잡스이다. 잡스는 아이폰을 'IT와 인문학의 융합'이라고 공공연히 말할 정도로, 현대는 과학기술에 덧붙여 더 많은 인문학적 스토리를 요구하고 있는 것이다.

이공계 르네상스를 위하여

최근 대기업 채용을 보면 80퍼센트 이상을 이공계 출신들로 뽑았다고 한다. 과거 상경계 출신들이 대부분을 차지했던 임원들도 점차 이공계 출신 임원들로 바뀌어가는 추세에 있다. 이것은 무엇을 의미하는가? 기업들이 보다 기본적인 문제, 즉 제품의 본질에 충실한 것이 곧 경쟁력이라고 생각하는 것이다. 과학기술의 기본을 잘 아는 인재가 제품에 스토리를 담고 예술적·창조적 감성을 담는다면 금상첨화인 것이다. 그 반대편에 있는, 인문계 출신이나 과학기술 분야에 종사하지 않는 사람들도 과학기술에 대한 이해와 관심을 가져야 하는 충분한 이유가 바로 여기에 있다.

갈수록 다양해지고 복잡해지는 여러 문제의 해결을 위해서라도 과학과 인문학의 뜨거운(!) 만남(그래서 책 제목이 〈과학과 인문학의 탱고〉이다)이 필요하다고 생각한다.

세상을 바라보는 합리적인 시각

초등학교 시절 과학만화나 과학책을 열심히 읽고, 과학에 흥미를 갖던 아이들도 중고등학교에 진학하면 과학과목에 진저리를 치기 일쑤이다. 그리고 과학을 딱딱하고 어렵다고 인식하는데, 이것은 과학을 단순히 암기식으로 공부하기 때문이다. 게다가 우리의 교육 현장에서는 문과, 이과로 나누기까지 하여 과학과 인문학은 점점 멀어져 갔다.

과학이란 '탐구하고 수정해가면서 진리를 찾아가는 과정'이다. 과학도뿐만 아니라 일반인들이 과학을 알아야 하는 이유도 세상을 바라보는 합리적인 시각을 기르기 위함이다. 그런 점에서 진리탐구를 위해 창조적 파괴와 반란, 집념으로 점철된 과학자들의 삶과, 인류문명사에 큰 족적을 남긴 과학자들의 과학에 대한 순수한 열정 이야기는 우리에게 큰 감동과 울림을 준다.

과학의 역사는 곧 과학기술의 진보를 가져온 과학자들의 역사이다. 많은 교양과학 서적들이 자칫 에피소드 중심으로 흐르기 쉬운데, 이 책에서는 과학자들의 삶과 과학적 성취는 물론 과학기술의 이론까지도 가능한 한 이해하기 쉽고 재미있게 쓰려고 노력했다. 다소 난이도의 차이가 있는 것도 바로 이 때문이다.

과학기술의 발전은 위대한 과학자들에 의해서뿐만 아니라 실험실에서 숱한 밤을 새우는 수많은 이름 없는 영웅들에 의해서 이루어졌으며 저자들은 그들에게 영웅교향곡을 바치고 싶다.

이 책은 과학자를 꿈꾸는 청소년들, 이미 대학에 진학한 이공계 학생들, 또한 인문학을 공부했지만 과학 지식을 알고자 하는 독자들을 위해 기획되었다. 저자들이 대학에서 학생들을 가르칠 때 어떻게 하면 쉽고 재미있게 가르칠까, 하는 것이 늘 화두였었다. 그런 점에서 이 책이 일선에서 과학을 가르치는 분들께 작은 도움이 되기를 바란다.

마지막으로 교양과학서 출판 환경이 극히 어려운 중에도 이 책이 나올 수 있도록 무모한 도전정신(!)을 보여준 사과나무 출판사 권정자 대표께 감사드린다. 나름대로 최선을 다했다고 생각하지만, 오류라든가 이해하기 어려운 부분이 있다면 독자들의 너그러운 양해를 부탁드린다.

2014년 7월

황진명·김유항

차례

/ part I / 패러다임을 바꾼 창조적 반란과 집념의 과학자들

/ part II / 준비된 자에게 찾아온 우연한 행운

/ part III / 인류문명사를 이끌어온 과학과 기술

/ part V / 인류 문명사와 함께 한 꿈의 소재

part I

패러다임을 바꾼 창조적 반란과 집념의 과학자들

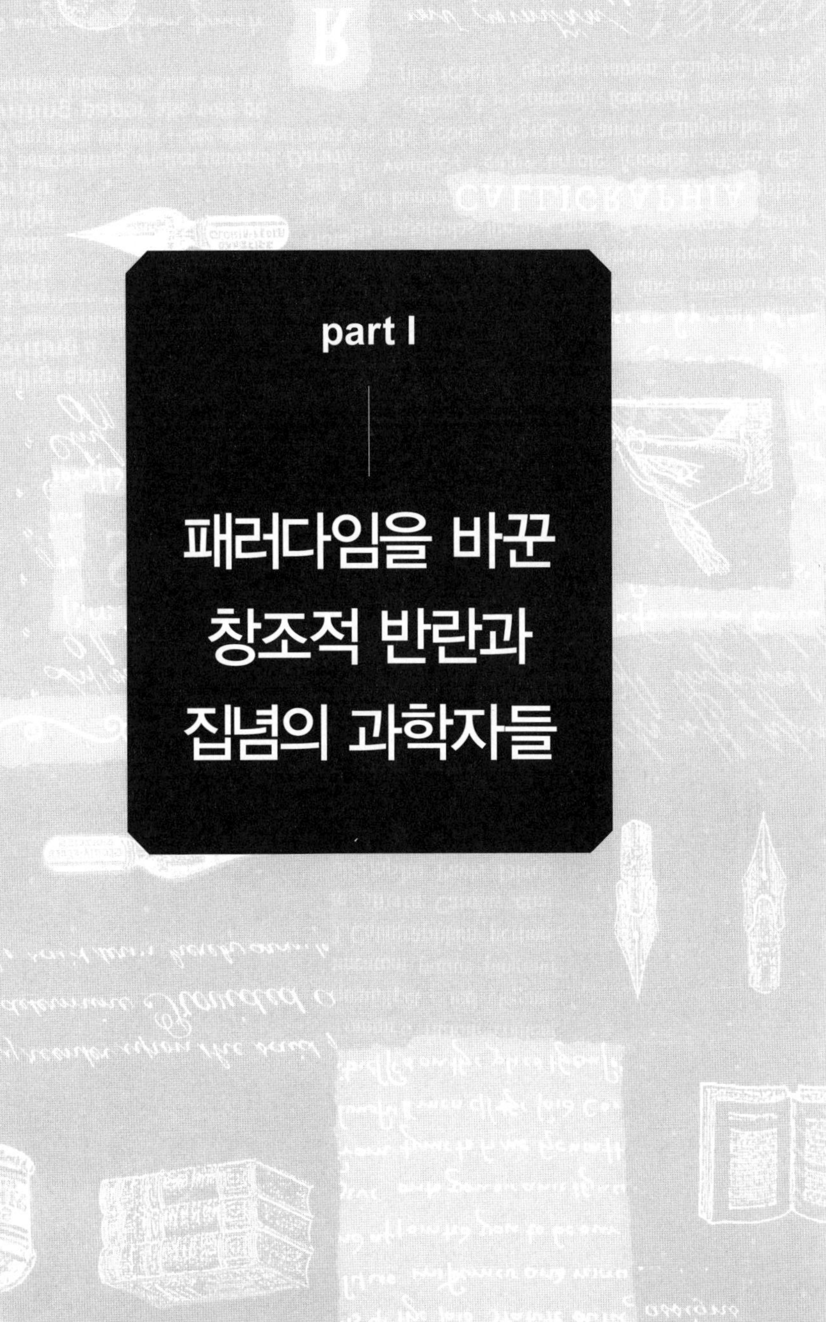

1. 이성(理性)의 시대, 마지막 마법사 아이작 뉴턴

Sir Issac Newton(1642~1727)

영국의 물리학자 아이작 뉴턴(Sir Issac Newton, 1642~1727)은 17~18세기의 물리학, 수학, 광학, 천체역학, 역학, 천문학에 대변혁을 일으킨 근대 과학의 아버지로, 학자들이나 대중들에게 인류 역사상 가장 위대하고 가장 영향력 있는 과학자로 인정받고 있다.

| 초자연적인 학문에 몰두하다 |

뉴턴은 1642년 12월 25일, 영국 링컨셔(Lincolnshire)의 울스돕(Woolsthorpe)에서 작고 병약한 아이로 태어나, 출산을 도와준 하녀들은 아이가 당장 살아남기도 힘들겠다고 생각했다. 그런데 놀랍게도 뉴턴은 84세까지 살며 트리니티 대학의 교수(1668), 케임브리지 대학 수학과 제2대 루카시안 석좌교수(Lucasian Professor, 1669), 왕립학회 회원

(1672)이 되고, 《자연철학의 수학원리(Philosophiæ Naturalis Principia Mathematica, 1687)》와 《광학(Opticks, 1704)》을 저술했으며, 조폐청장(1696), 의회의원(1701), 왕립학회회장(1703)을 역임하고, 기사작위(1705)까지 받았다. 1727년 뉴턴이 사망하자 장례는 국장으로 치러졌고 그는 웨스트민스터 사원에 묻혔다.

만유인력, 행성의 타원궤도에 대한 수학적 설명, 정밀한 천체역학 등 물리학에서의 그의 업적은 오늘날 현대 우주시대에서도 빛을 발하고 있다. 뉴턴의 사후 200년 동안 그에게 바쳐진 칭송과 기념행사들은 그를 과학의 아이콘, 이성의 시대의 군주 그리고 과학혁명과 산업혁명의 개시자이며 자연과학에서 가장 위대한 혁명을 이룬 과학자로 자리매김해 주었다.

그러나 뉴턴의 지적 탐구영역은 이를 훨씬 뛰어넘는 것이었다. 그는 아무도 모르게 수십 년 동안 물리 밖의 영역인 신비스럽고 비밀스러운, 현대에서는 아마도 초자연적인 학문이라고 분류할 분야의 공부에 몰두해 있었다. 여기서 신비술(Occult)이라는 연구는 '고대의 연대기', '연금술', '성경의 해석'(특히 세상의 종말론) 같은 분야를 지칭하는 것으로, 뉴턴은 고대로부터 전해져 오는 신비술의 지혜를 재발견하는 일, 즉 신학의 혁명을 가져오는 성경과 유대교의 신비주의를 과학적으로 해석하는 일에 물리보다 더 많은 관심과 시간을 쏟았다. 물질적 세계를 구성하고 있는 모든 개체들의 상태는 불변의 법칙들에 의해 규정되고, 그 법칙들은 수식으로 정확히 표현될 수 있을 정도로 엄정한 기계론적 세계관을 갖고 있으리라고 생각했던 뉴턴이 학문적 명성은 물론 목숨까지도 잃을 수 있는 위험을 감수하면서까지 자연의 비밀을 벗기기 위해 이러한 연구에 혼신을 다했다는 사실은 신선하고 충격적이다.

평상시 필자도 초자연적인 현상(초심리학이라든가, 전생, 최면 등)에 관심이 많고, 외계생명체(!)나 또 중력장, 전기장, 자기장처럼 생명장(biofield) 또는 생기장(生氣場)도 있는 것이 아닐까, 마음 한구석에 의문을 갖고 있었지만, 그런 비슷한 이야기를 꺼내기만 해도 과학도가 아니라 준무당으로 분류될 것 같아 공부를 시작할 용기는 더구나 내지 못하고 있다. 사실 우리는 잘 알지 못하거나 이해하지 못하는 현상들을 남들이 연구한다고 하면, 간단히 사이비과학 혹은 주술로 치부해 버리지 않는가. 그러나 생각해 보면, 지금은 자연스럽게 받아들여지고 있는 여러 과학적인 현상들도, 예전에는 신비주의 오컬트에 지나지 않았었다. 인류의 문명은 소수의 용기 있는 자들에 의한 도전과 헌신으로 발전해 오는 것이다.

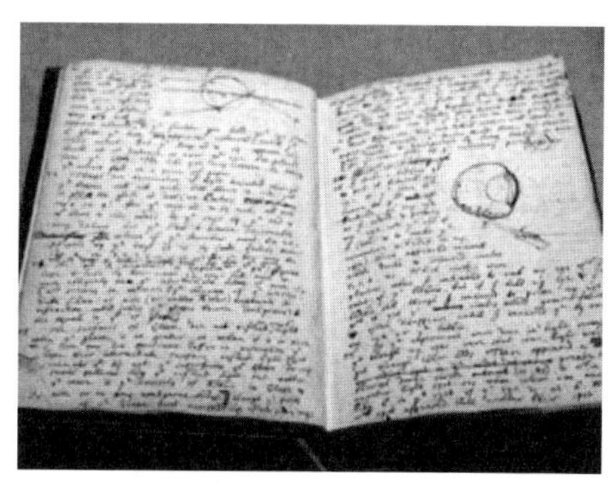
뉴턴의 노트

1936년, 뉴턴의 먼 조카딸로부터 상속을 받은 9대 포츠머스 백작 제라드 월롭(Gerard Wallop; 9th Earl of Portsmouth)이 소장하고 있던 뉴턴의 미출판 기록물들이 소더비에서 경매에 부쳐졌다. 포츠머스 문서들로 알려진 이 기록물들은 뉴턴의 원고 329편으로 되어 있었는데, 그 중 삼분의 일 이상이 사실상 연금술에 대한 것들이었다. 뉴턴이 사망할 당시 가까운 친구들과 친척들은 이런 문서들이 공개되면 뉴턴의 명성에 치명타가 될 것 같아, 출판하기에 적절치 못하다고 생각해 뉴턴가에서는 이것들을 감추었다. 그 결과 이 문서들은 200년 넘도록 잊혀져 있다가 1936년, 세상을 깜짝 놀라게 하며 다시 등장한 것이다.

경매에 부쳐진 뉴턴의 연금술에 관한 문서는 영국의 유명한 경제학자 케인스(John Maynard Keynes)에게, 신학에 관한 문서는 유대인 동양학 학자인 야후다(Abraham Shalom Yahuda)에게 돌아갔다. 일생 동안 뉴턴의 연금술에 관한 문서들을 수집해 온 케인스는 1942년, 뉴턴의 연금술에 관한 연구들을 공부한 후 "뉴턴은 이성의 시대(Age of Reason) 최초의 인물이 아니라, 그는 최후의 마술사였다"라고 말했다. 뉴턴 원본 원고의 열정적인 수집가였던 야후다는 방대한 뉴턴의 비밀스런 문서들을 생전에 이스라엘 국립도서관에 기증했다. 이스라엘 국립도서관은 2007년, 수집된 뉴턴의 신학 연구에 대한 문서들을 분류하고 목록을 만들어 일반에 공개했다.

| 연금술 연구 |

뉴턴은 자연철학과 재료과학의 모든 분야에 깊은 흥미를 갖고 있었으며, 과학에 대한 그의 업적은 이러한 흥미의 결과물이다. 근대화 이전인 뉴턴시대에는 과학, 미신, 그리고 사이비과학 사이의 구분이 불분명할 때이고, 정통 기독교 교리에 근거한 성서적 관점이 서구의 문화를 지배하고 있을 때였다. 아이작 뉴턴의 신비술 연구라고 알려진 것은 주로 그의 연금술에 관한 연구 때문인데, 마치 점성학이 천문학의 전신이듯, 당시의 연금술은 화학의 유아기라고 할 수 있다. 자연현상을 연금술과 마술적인 개념들로써 설명하는 헤르메스 전통(Hermetic tradition)은 초자연적인 행위자에 의해 인간에게 주어졌다고들 믿었다.

당대의 위대한 사상가들 중 많은 사람들, 로버트 보일(Robert Boyle),

존 로크(John Locke), 라이프니츠(Gottfried Leibniz) 등도 연금술에 빠져 있었다. 뉴턴이 죽은 지 수십 년 후 근대화학의 아버지라고 불리는 라부아지에가 화학명명법을 통일하기 전까지는 동일한 물질에 대한 명칭이 20개가 넘을 정도로 제각각인 상태였다. 따라서 라부아지에 이전에 연금술 연구에 몰두한 뉴턴은 그런 의미에서 화학의 선구자라고도 할 수 있지 않을까? 시인 워즈워드는 말 그대로 뉴턴이 "홀로 미지의 사색의 바다를 영원히 항해하고 있는" 마음을 가졌다고 표현했다.

뉴턴은 케임브리지 대학 지하에 자신의 실험실을 차려놓고 막자와 막자사발, 도가니, 노(爐) 등을 사용하여 어떤 때는 하루에 17시간씩 실험하거나 때로는 잠도 안 자고 일주일 내내 연구만 하면서 장장 30년 동안 특정 화학원소를 다른 원소로 바꾸는 연금술에 몰두했다.

그렇다면 뉴턴이 연금술 연구에 그렇게 몰두했던 궁극적 목적은 무엇 때문이었을까? 그의 주요 목적은 일반 금속을 금으로 변환시킨다고 알려진 '현자의 돌'(Philosopher's Stone)을 발견하는 데 있었다. 현자의 돌은 보편적인 변형을 가능하게 하는 작용제이며, 불로장생을 가져다주는 일종의 만병통치약이다. 다른 연금술사들처럼 뉴턴 역시 연금술이야말로 자연적인 세계에서 그 어떤 것이든 다른 것으로 변형시킬 수 있는 엄청난 기능을 약속한다고 생각했다. 뉴턴은 연금술에 관해 암호와 모호한 심벌과 다채로운 은유법을 써서 백만 단어가 넘는 미출판 기록물들을 남겼다. 자신이 알아낸 연금술의 비밀이 남에게 알려지면 안 되기 때문에 뉴턴의 연금술 실험도 비전(秘傳)의 언어와 불분명한 용어들로 가득 차 있다. 최근에 인디애나 대학의 뉴먼(William Newman) 교수가 암호문 같은 뉴턴의 실험노트를 해독하여 실험을 재현해 보려는 연구를 지속하고 있는데, 그 중 몇 가지만 소개하면 다음과 같다.

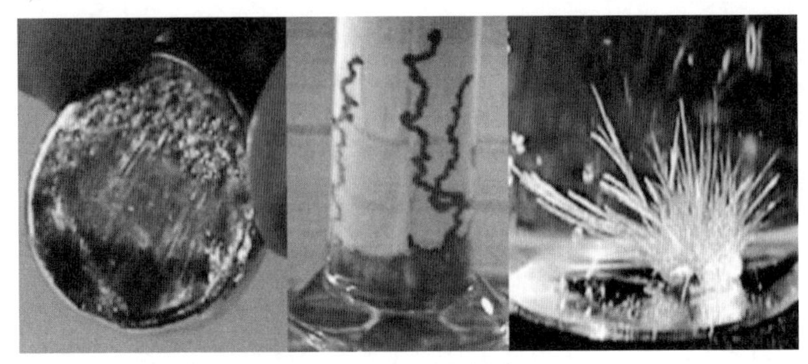
규산칼륨 수용액에 염화제2철 결정을 넣으면 나뭇가지처럼 자란다.

1. 은을 금으로 변환

은과 금의 합금으로 된 메달을 질산에 담그면 은이 용해되어 금만 남는데, 마치 은이 금으로 변환된 것처럼 보인다.

2. 광물의 성장을 보여주는 실리카 정원(Silica Garden)

붉은 철을 염산에 넣고 용액이 마를 정도로 끓이면 염화제2철 결정이 생긴다. 규산칼륨 수용액 속에 이 결정을 넣으면, 결정이 나뭇가지처럼 자란다.

3. 다이애나 나무(Diana Tree)

약간의 은과 수은을 질산 용액 속에서 녹인 후 금속 아말감을 떨어트리면 곧 가늘고 길다란 반짝이는 결정이 유리 위에서 나뭇가지 모양으로 성장하는데 이를 다이애나 나무라고 한다.

위와 같은 실험을 통해 뉴턴은 연금술의 성분들이 금속에 생명을 불어넣어 일종의 식물처럼 금속이 자란다고 생각하고, 연금술이야말로 우주를 창조한 신의 위대한 비밀을 해독할 수 있는 비밀의 열쇠를 가지고 있다고 믿었다. 즉 뉴턴은 연금술로 일반 금속을 금으로 변환시켜 돈을 벌려는 목적이 아닌, 우주의 비밀을 해독하여 우주의 창조를 설명할 수 있기를 열망했다. 그렇게 되면 당연히 중력장의 메커니즘도 연금술로 설명할 수 있다고 생각한 것이다.

뉴턴의 생애 동안 영국에서는 연금술에 대한 실험이 금지되어 있었다. 그 이유는 일부 연금술사들이 부자들한테 비현실적인 결과를 약속하면서 사기를 치기 때문이고, 또 다른 중요한 이유는 만일 현자의 돌이 발견되어 일반 금속을 금으로 변환시킬 수 있다면, 금의 평가절하를 가져올 것이라는 공포 때문이다. 따라서 허락받지 않고 연금술을 행한 범죄자들은 공개 교수형을 당했다. 이러한 이유 때문에 뉴턴은 과학계의 동료들로부터 철저한 조사를 당할 가능성을 두려워하여 연금술에 대한 연구를 출판하지 않고 숨긴 것 같다.

따라서 뉴턴은 실험 조수도 그가 무슨 일을 하고 있는지 모를 정도로 비밀리에 우주의 암호를 해독하기 위하여 주야로 실험에 매달렸다. 뉴턴의 집 하인들은 "그는 거의 새벽 두세 시가 되기 전에 잠자리에 든 적이 없고 특히 봄이나 가을에는 6주 동안 4~5시간만 자면서 때로는 새벽 5시, 6시까지 일을 해서 낮이고 밤이고 실험실의 불이 꺼지는 일이 별로 없었습니다. 그가 무엇 때문에 그러는지 목적을 알 수 없었어요"라는 증언을 남겼다.

그런데 뉴턴이 20년 동안 몰두한 연금술 연구의 소중한 결과물들은 뉴턴의 개(이름이 다이아몬드였다)가 책상 위의 촛불을 넘어뜨리는 바람에 불에 타 없어지고 말았다. 뉴턴이 잠깐 밖에 나갔다가 방에 들어와서 원고들이 다 타 버린 것을 보고 "오 다이아몬드! 네가 어떤 몹쓸 짓을 저질렀는지 모를 거야!"라고 외쳤다고 한다. 만일 소실되지 않았다면 연금술 분야에서의 그의 연구는 지금 알려진 것보다도 훨씬 더 방대한

뉴턴이 비밀리에 몰두한 연금술 연구의 결과물이 불에 타 사라지고 말았다.

양일 것이라고 추측할 뿐이다. 매사에 완벽주의자인 뉴턴은 실험테크닉도 치밀해서, 실험을 반복하여 오차 분석을 하는 등 오늘날의 과학도들도 본받을 만한 실험기법을 구사했다고 전해진다.

1693년 뉴턴은 신의 궁극적인 비밀을 드러낸다고 생각한 그의 마지막 연금술 실험을 수행하고 있었다. 금과 특별한 수은을 혼합하자 그 혼합물이 눈앞에서 부풀어 올랐다. 모든 다른 분야에서 성공했던 그였지만 결국 연금술에서 실패를 하고 말았다. 이 사건 후 얼마 지나지 않아 뉴턴은 거의 미치기 일보 직전에 이를 정도로 신경쇠약에 걸렸다. 오래 연금술 연구를 하는 동안 신경쇠약으로 여러 번 고통을 받았는데, 아마도 수은에 의한 중독 때문인 것으로 추측된다. 사후 그의 머리카락에서 정상치보다 많은 수은이 검출되었다고 한다. 여하튼 이 일로 그의 인생에 완전한 변화가 일어나 그는 그동안 추구했던 은둔형 학자 생활을 접어치우고 권력과 돈을 얻게 되는 왕립조폐청청장이 되었으며, 1703년에는 왕립학회의 회장이 되었다.

| 성서 및 고대 연대기에 대한 연구 |

뉴턴은 근대 초기의 가장 방대한 신학 저술들 중 하나를 남겼는데 총 400만 단어에 달하는 방대한 양이다. 그는 전 생애를 통해 독실하고 경건한 기독교 신자였다. 1668년 케임브리지 트리니티 대학 교수가 되었을 때 뉴턴은 7년 내, 즉 1675년까지 영국 성공회의 사제 서품을 받아야만 했다. 1670년대 초 그가 기독교 신학과 교회사에 대한 연구를 시작한 가장 절실한 이유는 이 1675년이라는 시한 때문이었다.

그러나 곧 뉴턴은 그 자신에게 사제 서품은 불가능하다는 것을 깨닫는다. 철저하고 세심하게 성서와 교회의 역사를 연구한 후 뉴턴은 한 가지 확신을 갖게 되었다. 기독교의 중요한 교리인 삼위일체는 아타나시우스(Athanasius)에 의해 4세기의 교회에 거짓 강요되었으며, 오히려 AD 1세기 기독교 초기의 순수함에서 벗어나 절망적으로 변질되었다는 것이다. 정통적인 교회의 관점에서 보면 예수의 신성과 삼위일체를 거부하는 것은 이단이었다. 하지만 뉴턴은 정통 교회의 이단은 자신이 아니라 삼위일체 교리가 이단이며, 하나님만이 유일한 전지전능한 신이라고 믿었다. 그는 삼위일체 반대자였을 뿐만 아니라, 정통 교리에서 말하는 성령, 악마, 사탄을 모두 부정했고, 한걸음 더 나아가 1680년대에는 영혼의 불멸성에 관한 정통 교리를 배척하고, 신체와 영혼은 함께 죽는다는 운명론(mortalism)을 지지했다. 그러나 1689년에 공포된 신교 자유령에

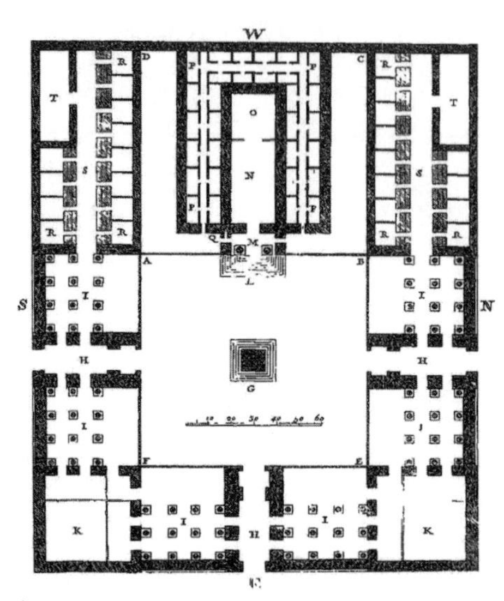

성서학자로서 뉴턴은 솔로몬의 신전의 기하학적 구조 속에 천지창조의 메시지가 암호화되어 들어 있다고 믿었다.

의해 삼위일체론 반대는 범죄이고 감옥에 가거나 사형 당할 수도 있는 이단으로 취급되자 뉴턴은 두려워서 감히 이런 생각을 드러내놓고 말하지는 못했다.

우리는 종교와 과학을 구별하는 경향이 있으나, 뉴턴은 둘 사이에 어떤 구분도 없으며, 모두 똑같은 세상의 한 부분이라고 생각하여 성서를 과학적 방법으로 조심스럽게 분석하면, 앞으로 무슨 일이 일어날지 예측할 수 있다고 믿었다. 뉴턴은 우주를 신의 감각기관이라고 묘사하며, 공공연하게 신이 실상 우주와 시간 그 자체라고 암시하는 이단적인 발언을 했다. 그는 성서를 더 깊이 이해하기 위해 히브리어를 배웠고 유대 신비사상의 심오한 뜻을 담고 있는 카발라(Kabbala) 신비주의를 철저하게 연구했다. 또한 그는 혜성은 신의 분노를 나타내는 도구이며 지구의 종말을 초래할 것이라고 점성술적인 설명을 했다. 그러나 다른 측면에서는 혜성의 꼬리는 세상으로 내려오면서 태양에 연료를 다시 제공해 주기 때문에 우주가 지속되는 데 기여한다고 생각했다.

뉴턴은 〈성경의 역대기(The Chronology of Ancient Kingdoms)〉 중 한 장(chapter)에 걸친 솔로몬의 신전에 대한 자신의 관점을 자세히 적었다. 그는 솔로몬 신전의 기하학적 구조 속에 천지창조에서의 인간의 위치와 자연에서의 비율에 대한 고대 지혜의 메시지가 암호화되어 들어 있다고 믿었다. 처음에 성서학자로서의 뉴턴은 솔로몬 신전의 황금분할, 원뿔 곡선, 나선형, 정사도법(正射圖法)과 같은 성스러운 기하학과 조화로운 건축물에 흥미를 가졌다. 그는 성경에 나와 있는 신전의 치수가 파이와 반구(半球) 부피의 해답과 연관 있는 수학적인 문제라는 것을 알아차렸다. 뉴턴은 솔로몬 신전은 특별한 안목과 신의 인도로 솔로몬 왕이 디자인한 것이라 믿었으며, 솔로몬 신전이 다시 재건될 때 예수가 재림한다고 믿었다.

그에게 신전은 수학적인 도면 그 이상의 것으로서, 시간 틀에서의 히브리 역사의 연대기를 제공하는 것이었다. 게다가 뉴턴은 그의 인생의 많은 부분을 바이블 코드(Bible code)라고 여겨지는 것들을 찾고 밝히는 데 보냈는데, 그는 자신이 모세, 노아, 예수와 같이 신에 의해 선택된 소수 중의 하나로 운명지어졌다고 생각했으며, 성서의 계시록 해석의 중요성을 강조했다. 뉴턴은 중력 이론에 대해 신으로부터 직접 영감을 받은 것으로 믿었고 따라서 자신을 현대의 예언자로 생각했다. 뉴턴이 그렇게 생각한 근거 중의 하나로, 연금술 연구에 자신만의 가명을 하나 만들었는데, 그 가명은 'Jehovah Sanctus Unus'로, 뜻은 '여호와, 하나님'이다.

뉴턴은 사후에 출판된 《다니엘 예언서》나 《요한계시록에 대한 논평》에서 800년에 신성로마제국의 샤를마뉴(Charlemagne)가 즉위한 날부터 1260년 후, 즉 2060년에 세상의 종말이 올 것이라고 예언했는데, 그 예언은 성서를 상세히 분석하고 계산한 뒤 내린 결론이었다. 그러나 세상의 종말이라는 극단적인 내용에도 불구하고, 세상의 모든 것들을 전멸시키는 파괴적인 행동으로서가 아니라, 세계가 기독교의 신성한 교리에서 거룩한 영감을 받은 새로운 평화로운 세계로 대치될 것이라고 믿었다. 신학에서는 이를 예수의 재림과 지구상의 하나님 나라에 의한 낙원의 정착이라고 언급하고 있으며, 유대교에서는 메시아 시대라고 말한다.

평생을 독신으로 지낸 뉴턴은 임종시 영국 교회의 종부성사를 거부하고 84세의 나이로 세상을 떠났다. 하나님이 숨겨놓은 우주의 비밀코드를 물리뿐만 아니라 성서에서, 연금술에서, 그리스나 로마 신화에서 찾으려는 그의 지치지 않는 다양한 노력과 엄청난 지적 갈망은 감동적이기까지 하다. 비록 엄청나게 비사교적이고, 때로는 잔인하며, 매우 독재적인 괴팍한 성격에도 불구하고 뉴턴은 지적 갈증에 대한 자신의 겸허한 마음을 아래와 같이 남겼다.

"내가 세상에 어떻게 비쳐질지 모르지만, 진리의 거대한 대양이 내 앞에 발견되지 않은 채 놓여 있는 동안 나는 해변에서 놀다가 가끔 보통보다 더 예쁜 조개껍질이나 더 매끈한 조약돌을 발견하는 데 몰두하는 소년에 불과하다는 생각이 든다."

2. 위대한 실험과학자, 마이클 패러데이 개천에서 용 나다

Michael Faraday(1791~1867)

세계 과학사상 가장 위대한 실험과학자로 불리는 마이클 패러데이(Michael Faraday)는 전자기(電磁氣)와 전기분해 분야에 크게 기여한 영국의 화학자이며 물리학자로, 그가 발견한 수많은 뛰어난 실험 결과들은 이론물리학자 맥스웰의 전자기 이론의 기반이 되었으며, 오늘날 전기가 실생활에 여러 가지 용도로 쓰이게 된 토대가 되었다.

더구나 놀라운 것은 읽기와 쓰기, 그리고 간단한 산술 정도 외에는 거의 학교 교육이라고는 받지 못했음에도 패러데이는 지식에 대한 지치지 않는 갈증으로 화학과 물리에서 매우 중요하고 다양한 문제들을 탐구했다. 실험의 천재로, 역사상 가장 영향력 있는 과학자 중의 한 사람이며 입지전적 인물인 패러데이는 오늘을 살아가는 청년들에게 인생의 나침판이 될 수 있을 것 같다.

| 패러데이의 청소년 시절 |

패러데이는 1791년 런던 교외 뉴잉턴 바츠(Newington Butts)에서, 대장장이의 네 자녀 중 셋째로 태어났는데, 그의 가족은 매우 가난하여 겨우 입에 풀칠을 할 정도였다. 어린 시절 패러데이는 난독증(難讀症)으로 매우 고통을 받았다. 난독증의 증세는 단어를 잘 떠올리지 못하여 읽는 속도가 더디고 철자가 틀리며, 이해력이 떨어진다(결코 지능이 낮아서가 아니다!). 패러데이는 글쓰기를 어려워하고 각종 기호를 잘 이해하지 못하며 발음도 틀리게 했는데, 특히 R 발음을 제대로 하지 못해서 선생님을 몹시 화나게 했다.

당시는 "매를 아끼면, 아이를 망친다"는 교육철학이 지배하던 시대여서, 패러데이의 학습태도에 문제가 있다고 생각한 선생님이 "그렇게 하면 굴뚝 청소부뿐이 안 된다"면서 혹독하게 매질을 하여 어린 패러데이는 교실 바닥에 쓰러져 움직일 수조차 없었다. 이 잔인한 사건으로 분노한 패러데이 어머니가 학교를 그만두게 하여 패러데이는 2년도 채 못 다니고 학교생활을 끝내야 했다. 그러나 사물을 전체로 파악하여 마음속으로 그려보는 특별한 재능을 가지고 있던 패러데이는 훗날 난독증 문제를 극복하여 역사상 가장 위대한 대중 강연자들 중 한 사람이 되었다.

학교를 그만둔 패러데이는 선생님의 말처럼 굴뚝 청소부가 되었는데 거지보다 약간 나은 상태였다. 그러다 13살 때 운 좋게도 서점 주인이며 제본 기술자인 리보(George Riebau) 밑에 도제로 들어가게 된다. 이는 패러데이뿐 아니라 과학사에도 크나큰 행운이라고 할 수 있다. 그는 이곳에서 7년간 도제생활을 하는 동안 여가 시간에 수많은 다양한 책을 읽으며 독학하여 과학, 특히 전기에 무척 흥미를 갖게 되었다. 패러데이는 특히 마르셋(Jane Marcet)이 지은《화학과의 대화》라는 책에 매료당한다.

험프리 데이비

7년간의 도제생활이 끝나는 해인 1812년 봄, 평소 패러데이를 기특하게 보아왔던 리보 서점의 한 고객이 영국왕립연구소의 저명한 험프리 데이비(Humphry Davy) 교수의 강연 티켓 넉 장을 패러데이에게 주었다. 데이비 교수는 그 당시 영국의 최고 과학자로서, 과학기술의 보급과 연구를 위해 런던에 세워진 영국 왕립과학연구소 소장이었다. 데이비경은 마취제로 쓰이는 웃음가스(N_2O)를 발견했고, 일명 '데이비 램프'라고 불리는 탄광용 안전등을 발명한 것으로 잘 알려진 사람이다.

패러데이는 무척 흥분해서 데이비경의 모든 강연에 참석해 열심히 받아 적어, 그 내용을 300페이지나 되는 책자로 만들어 그에게 보냈다. 이 일은 데이비에게 매우 깊은 인상을 주었고 패러데이는 왕립연구소에서 그의 조수로 일할 수 있는 자리를 부탁했다. 데이비는 당장은 자리가 없다고 말했으나, 얼마 지나지 않아 큰 행운이 패러데이에게 찾아왔다. 때마침 데이비의 조수가 그만두게 된 데다 실험 도중 폭발이 일어나 데이비가 일시적으로 시력 장애를 겪는 사건이 일어난 것이다.

1813년 3월 1일, 데이비는 21살의 패러데이를 왕립과학연구소에 화학 조수로 고용했다. 정식 교육이라야 겨우 읽고 쓰기, 간단한 산술만 배운 학력이 전부인 패러데이가 당대 가장 유명한 과학자인 데이비를 멘토로 두는 엄청난 행운을 잡게 된 것이다. 결국 이 사건은 그를 과학사의 빛나는 인물로 남을 수 있도록 하는 단초가 되었다. "두드리라, 그러면 열릴 것이다” 또는 “진인사대천명(盡人事待天命)”이라는 잠언은 바로 이런 경우에 해당된다고 하겠다.

패러데이는 실험기구를 닦고 청소를 하면서, 부지런히 데이비의 실험을 도왔다. 그러다가 1813년, 데이비가 화산활동에 대한 이론을 연구하기 위해 떠나는 18개월의 유럽 여행에 수행하게 되었다. 데이비는 나폴레옹으로부터 아내와 다른 두 명을 동반할 수 있는 특별 비자를 받았는데, 부인이 몸종을 데려가서 그는 시종 한 명만 데려갈 수 있었다. 그러나 데이비의 시종은 긴 유럽여행에 따라가기 싫다고 갑자기 그만두어버렸고, 그는 패러데이에게 과학 조수로서뿐만 아니라 파리에서 시종을 구할 때까지 그 역할을 대신해줄 것을 부탁했다.

패러데이는 마지못해 데이비의 요청에 동의했지만, 유럽에 도착해서도 시종을 구한다는 약속은 지켜지지 않았고, 결국 이 일은 패러데이와 데이비 부인과의 끊임없는 마찰의 원인이 되었다. 우리나라에도 ‘장군이 별 하나면 그 부인은 별 두 개’라는 말이 있듯이, 당시 영국은 계급사회여서 데이비 부인은 패러데이를 하인 취급하여, 마차로 이동할 때도 바깥에서 걸어가게 했고 식사도 하인들과 함께 하게 했다. 이 일로 너무 비참해진 패러데이는 그냥 영국으로 돌아가 과학을 그만둘까 생각까지 했다. 그러나 참는 자에게 복이 온다고 하지 않던가?

데이비와 긴 여행을 하는 동안 패러데이는 프랑스, 스위스, 이탈리아, 남부독일의 많은 화학 실험실을 방문하면서 유럽의 엘리트 과학자들과 접촉할 수 있었고 또 매우 흥미로운 아이디어들에 접할 기회를 가지게 되었다. 이때 만난 프랑스의 앙페르(Ampere)나 스위스의 가스파르 드 라리브(Gaspard de La Rive) 같은 과학자들은 그와 평생 동안 동료가 된다. 결국 데이비는 패러데이에게 귀중한 과학 교육을 제공했을 뿐 아니라, 본의든 아니든 유럽의 중요한 과학자들을 연결시켜주어 과학자 인맥을 만들어 주는 역할도 한 셈이다. 프랑스의 하비(Henry Paul Harvey)는 "데이비경의 가장 위대한 발견은 마이클 패러데이다"라고까지 말했다. 1827년 데이비가 은퇴하자 패러데이는 그를 대신하여 왕립연구소에서 화학교수로 일하게 된다.

| 과학적 업적: 화학 |

1815년 4월 유럽여행에서 돌아온 후, 패러데이는 데이비의 조수 일과 병행하여 자신의 연구도 시작한다. 그는 특히 염소에 대한 연구에 몰두하여 염소와 탄소의 두 가지 새로운 화합물 헥사클로로에테인(C_2Cl_6)과 테트라클로로에틸렌(C_2Cl_4)을 합성하여 다음해 결과를 출판하고 또한 최초로 기체의 확산에 대한 개략적 실험을 했다. 그밖에 여러 가지 연구를 하는데, 염소가스를 액화하는 것을 시작으로, 이산화황·이산화질소·암모니아 등을 연이어 액화하는 데 성공했다.

패러데이는 1819년부터 5년 동안 합금, 특히 특수강에 대해 연구했고 광학장치용으로 쓰일 몇 가지 새로운 유리들을 만들었는데, 이 중(重)유리 시료들은 나중에 역사적으로 중요하게 된다. 그는 중유리를 자기장 속에 놓고 빛의 편광면의 회전에 성공했으며, 이 시료는 자석의 극에 의해서 반발하는 것이 발견된 최초의 반자성(反磁性) 물질이었다.

그는 편리한 가열장치로 전 세계 과학 실험실에서 사용되고 있는 분젠버너의 초기 형태를 발명했고 또한 벤젠을 발견하고 그것이 탄소와 수소로 이루어졌음을 규명했다.

전기화학의 아버지라 불리는 패러데이는 과학자이며 고전학자인 휴얼(William Whewell)의 조언에 따라 전기분해(electrolysis), 전해질(electrolyte), 전극(electrode), 양극(anode), 음극(cathode), 이온(ion)과 같은 용어들을 도입하였으며, 전기분해에 관한 '패러데이 법칙'을 발견했다. 전기분해는 비자발적인 화학반응에 전기를 통해 화학반응이 일어나도록 하는 방법으로, 화학과 제조업에서, 특히 상업적으로 광석에서 전해질 전지를 이용하여 원소를 분리하는 데 매우 중요하다.

1807년 데이비는 화학전지를 이용해 수산화나트륨과 수산화칼륨을 전기분해하여 나트륨과 칼륨을 얻었다. 이 실험은 '패러데이 법칙'의 발견에 매우 큰 영향을 미쳤다. 패러데이는 전지를 통해 흐르는 전기량과 전기분해 생성물의 관계를 정량적으로 분석했는데, 이 법칙에 따르면, 동일한 물질로부터 전기분해에 의해 석출되는 물질의 질량은 흐른 전기량에 비례하고, 한편 같은 전기량으로 석출되는 여러 물질의 질량은 각 물질의 화학당량(化學當量)에 비례한다. 따라서 어떤 물질이든 물질 1그램당량을 전기분해하여 석출시키는 데 필요한 전기량은 같고 이 전기량을 '패러데이 상수'라 하며, 패러드(farad)라고 부르는 전기량의 단위 F도 패러데이 이름에서 따온 것이다.

양자사이즈 효과(quantum size effects)
나노 구조 속에 갇힌 전자가 특정한 조건하에서만 존재하게 되는 효과. 갇히더라도 움직일 수 있는 방향이 몇 개나 되는지에 따라 몇 차원 전자계인지 결정된다. 한편, 양자사이즈 효과를 광 장치나 전자 장치에 응용함으로써 장치의 성능을 높일 수 있다.

패러데이는 후에 금속성 나노입자라고 불리는 입자를 처음으로 보고했다. 1847년 그는 금 콜로이드의 광학적 성질이 해당하는 덩어리(bulk) 금속의 광학적 성질과 다르다는 것을 발견하는데, 이것이 아마도 최초로 보고된 **양자사이즈 효과**로 나노과학의 탄생이라고 생각할 수 있을 것 같다.

| 과학적 업적: 물리 |

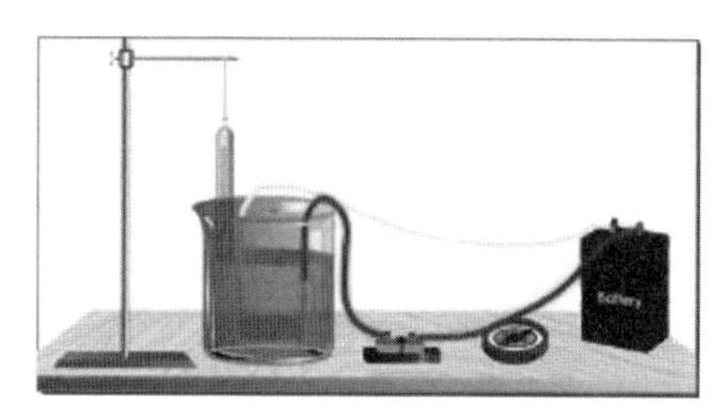

외르스테드 실험

패러데이는 처음에는 데이비의 조수로서 주로 화학 분야의 연구를 하다가 차츰 전기 쪽으로 옮겨갔다. 1821년까지 패러데이는 주로 화학자와 야금학자로 알려져 있었다.

1820년 덴마크의 물리학자 외르스테드(Hans Christian Oersted, 1777~1851)는, 전류가 흐르는 도선 밑에 놓인 나침반의 자침이 도선과 엇갈리며 직각방향으로 방향을 바꾼다는 사실을 알아냈다. 이때부터 많은 학자들이 전기와 자기와의 관계에 대해 연구하기 시작했다. 한편 울러스턴(William Hyde Wollaston)은 전류가 흐르는 도선이 자석에 가까이 갔을 때, 축을 따라 회전해야 한다는 생각을 하고 1821년 4월, 왕립연구소의 데이비를 찾아와 실험에 대한 이야기를 나누었다. 패러데이는 나중에 들어와서 도선의 회전에 대한 두 사람의 대화에 참여했다. 그러나 전동기를 고안하려던 울러스턴과 데이비의 실험은 실패로 돌아가고 말았다.

보통 리뷰 기사는 그 분야의 대가한테 부탁하는 법인데, 무슨 이유에선지 〈물리학 연보〉의 편집자 필립스(R. Phillips)는 패러데이에게 전자기에 대한 리뷰를 써달라고 요청했다. 1821년 7월부터 9월까지, 패러데이는 리뷰 기사에 쓰려고 했던 거의 모든 실험들을 직접 재현해 보는 한편 울러스턴과 데이비 두 사람과 토론했던 내용, 즉 자신이 '전자기적 회전'(electromagnetic rotation)이라고 불렀던 문제를 해결하기 위한 실험을 했다. 1821년에 실시된 그 실험이 바로 오늘날 '호모폴라 전동기'

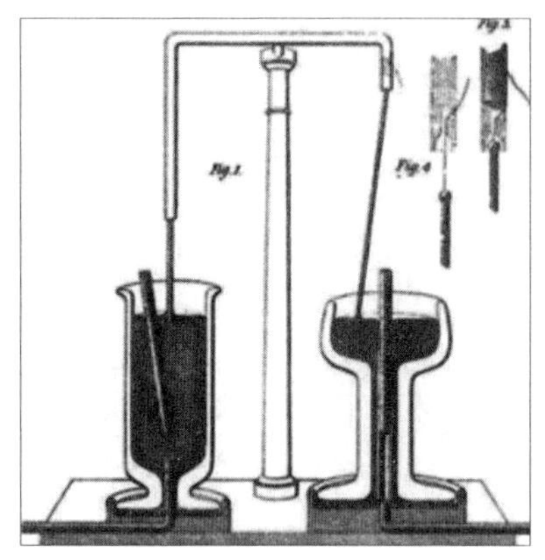

호모폴라 전동기

(homopolar motor)라고 알려진 전동기의 기본을 이루는 유명한 실험이다. 그 장치는 다음과 같다.

양쪽 컵에는 전류가 흐를 수 있는 수은을 담았으며, 왼쪽 수은이 담긴 컵에는 영구자석을 컵 아래에 묶어 자유롭게 움직이게 하고 도선을 고정시킨 반면, 오른쪽 수은이 담긴 컵에는 도선을 위에 매달아 자유롭게 움직이게 하고 영구자석을 컵에 고정시켜 두었다. 양쪽 컵의 수은을 볼타 전지(Volta pile, 배터리 원조)에 연결하여, 도선을 통해 전류가 흐르게 되면, 왼쪽 장치의 자석과 오른쪽 장치의 도선이 회전하게 된다!

패러데이는 실험의 성공에 너무 흥분하여 신속하게 결과를 출판하면서 그의 멘토인 데이비나 울러스턴에 대한 '감사의 말'을 논문에 써넣지 않았다. 이 일은 두 사람을 극도로 분노케 했다. 어쨌든 이 실험으로 패러데이는 유럽 전역에서 유명 인사로 떠올랐다. 영국 왕립학회에서는 그를 회원으로 선출하는 데 대한 논의가 이루어졌다. 이때 왕립학회 내에서는 패러데이가 논문에 데이비나 울러스턴에 대해 언급조차 하지 않은 것은 그들의 아이디어를 훔친 때문이라는 반론이 일어났고 이후 패러데이와 데이비와의 관계는 매우 불편하게 되었다. 그러나 결국 1824년 패러데이는 데이비의 반대에도 불구하고 왕립학회 회원으로 선출되었다. 그 후 몇 년간 데이비는 패러데이에게 전자기 분야가 아닌 광학유리의 성질에 대한 연구를 맡기는 등 껄끄러운 관계가 지속되었으나, 1825년 데이비는 패러데이를 왕립연구소 실험실의 책임자로 임명함으로써 두

상호유도작용

사람의 관계는 개선된 것처럼 보였다.

그런데 1820년대 후반 패러데이의 광학유리에 대한 연구는 별다른 수확이 없었다. 1829년에 데이비가 사망하자, 패러데이는 비로소 자신이 가장 흥미를 가졌던 전자기 분야에 대한 연구를 자유롭게 하게 된다. '호모폴라 전동기' 이후 10년이 지난 1831년부터 패러데이는 일련의 위대한 실험들을 수행하면서 전자기 유도를 발견하는데, 이 실험들이 현대 전자기 기술의 토대가 되었다. 1820년, 외르스테드가 전류가 흐를 때 그 주위에 자기장이 발생한다는 사실을 발견하고, 프랑스의 앙페르는 전류와 자기장의 관계를 나타내는 앙페르의 법칙을 발견했다. 그렇다면 자기장을 변화시켜 도선에 전류를 발생시킬 수 있지 않을까, 라고 과학자들은 생각하게 되었고, 패러데이는 발전기, 전동기, 변압기의 원리가 되는 '전자기유도 법칙'을 발표했다.

2개의 코일이 인접해 있을 때, 한 코일에 전류를 흐르게 하면 코일 내부에 자기장의 변화가 생기고, 이 자기장의 변화는 이웃한 코일에 기전력을 유도하여 전류가 흐르게 된다. 이러한 현상을 상호유도작용(Mutual induction)이라 부르며, 바로 변압기는 이 원리에 입각한 것이다. 그 후 후속 실험을 통해 패러데이는 코일로 감아놓은 도선 고리(loop of wire)

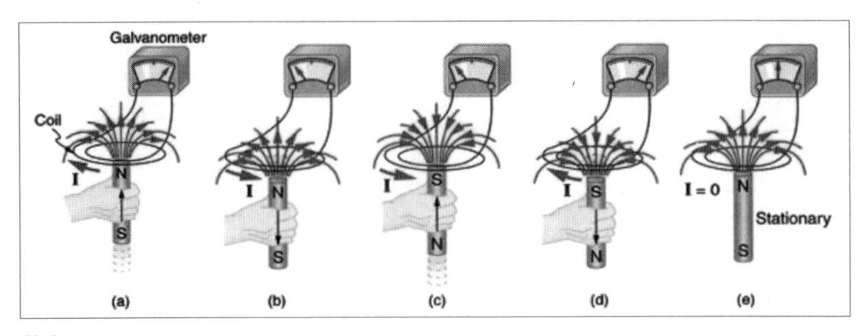

힘선

에 자석을 넣었다 뺐다 하거나 또는 움직이지 않는 자석 주위로 고리를 움직이기만 하면 자기장의 변화로 전류가 유도되어 흐른다는 사실을 발견한다. 나중에 패러데이는 자신이 발견한 전자기유도 원리를 토대로 현대의 발전기와 전동기의 원조라고 할 수 있는 '발전기'(electric dynamo)를 만들었다.

패러데이가 자신이 발명한 동력기에 대한 강의가 끝난 뒤 영국 수상 글래드스턴(Gladstone)이 "매우 재미있지만 이것을 어디에 씁니까?"라고 그에게 물었다. 그러자 패러데이는 "각하, 언젠가는 여기에 세금을 물릴 수 있을 것입니다"라고 했다는 일화가 있다.

어쨌든 그의 실험은 변화하는 자기장이 전기장을 만든다는 사실을 확고하게 수립하였으며, 패러데이가 이룩한 가장 중요한 업적 중 하나는 힘선(line of force)의 개념이라 할 수 있다.

대부분의 사람은 패러데이의 장(場, Field)의 개념을 무시했지만 최초로 이를 지지한 사람은 후에 켈빈 경이라고 불리는 윌리엄 톰슨이었다. 정규 교육을 제대로 받지 못한 탓에 패러데이는 수학에 매우 약했다. 하지만 오직 고도의 수학적 분석에 의해서만 증명할 수 있는 몇 개의 포괄적인 이론들을 수식 하나 쓰지 않고도 단지 직관에 의해 관찰할 수 있었다는 것은 참으로 대단한 일이다. 위대한 이론 물리학자 맥스웰(James Clerk Maxwell)은 패러데이의 실험을 토대로 전자기학의 장이론(field theory)을 집대성했다.

| 패러데이의 개인적 면모와 말년 |

패러데이는 전자기학과 전기화학의 토대를 이루는 위대한 공헌을 했음에도, 매우 겸손하고 공정한 태도를 가져 많은 사람들로부터 존경을 받았다. 그는 생각이나 발상이 머릿속에 떠오를 때, 즉시 메모하지 않으면 곧 잊어버린다면서 항상 수첩을 가지고 다녔다. 그리고 중요한 발명이나 발견으로 상당한 부를 축적할 수 있었음에도 특허를 내지 않았다. 그는 명예에도 무심하여 왕립학회 회장 자리를 사양했고, 영국 왕립연구소장 자리는 두 번이나 거절했다. 빅토리아 여왕이 그의 평생 동안의 연구 업적을 기리기 위해 햄프턴 코트(Hampton Court, 옛날 왕궁)의 저택 한 채와 기사 작위를 수여하려고 했으나 패러데이는 "저는 마지막까지 평범한 마이클 패러데이로 남겠습니다"라며 저택만 받고 작위는 사양했다.

패러데이는 교육에도 관심을 가져 과학의 대중화에 크게 기여했다. 시립학회에서 1816~1818년까지 화학 강연을 했으며, 왕립연구소에서는 1825~1862년 동안 수많은 청중들이 100회가 넘는 그의 강연을 들었다. 그는 이 기간 동안 유명한 '어린이를 위한 크리스마스 강연'을 19번이나 하여 연인원으로 8만5000명의 어린이들이 참석하는 대성황을 이루었는데, 이 강연은 지금까지도 영국 왕립연구소의 전통으로 해마다 크리스마스 때 행해지고 있다.

과학사에 위대한 업적을 남긴 그였지만 묘비명은 짤막했다.

마이클 패러데이

1791년 9월 22일 출생

1867년 8월 25일 사망

패러데이는 그의 말대로 최후까지 소박하게 남았다.

3. 다윈의 진화론

– 종교적 논쟁과 원숭이 재판

Charles Darwin(1809~1882)

천동설을 뒤집은 코페르니쿠스의 '지동설'이 과학혁명에 불을 댕겨 심오하고 중대한 지성의 변화를 가져오는 계기가 되었다면, 다윈의 '진화론'은 당시 지배적이었던 창조설을 뒤집는 코페르니쿠스적인 발상의 전환을 가져왔다. 생물학 분야뿐만 아니라, 인류의 자연 및 정신문명에 커다란 발전을 가져와 많은 다른 학문분야— 사회학, 경제학, 고고인류학, 심리학, 법학, 의학 등등에 지대한 영향을 미쳤다.

| 다윈의 생애와 업적 |

찰스 다윈(Charles Darwin)은 1809년 영국 슈르즈버리(Shrewsbury)의 의사 집안에서 6남매의 다섯째로 태어나, 첫눈에 보기에도 전혀 혁명가의 면모라고는 찾아볼 수 없는 수줍고 겸손한 청년으로 자랐다. 그

갈라파고스 거북

러나 그의 아버지의 눈에는 다윈이 나태하고 인생의 목표조차 없는 것처럼 보였다. 어릴 적부터 자연에 많은 관심을 가졌던 다윈은 나중에 케임브리지 대학에서 식물학을 공부했다. 22세 때인 1831년, 식물학 교수 헨슬러의 권유로 해군측량선 비글호(Beagle號)에 무보수 박물학자로 승선하여 남아메리카, 오스트레일리아, 남태평양의 여러 섬(특히 갈라파고스 제도) 등지를 두루 탐사했다. 5년 동안 동식물을 관찰하고 지질 등을 조사하며, 생물들과 화석 표본을 수집하였는데, 이 수집품들이 훗날 진화론을 제창하는 데 기초가 되었다.

칠레 남단의 갈라파고스는 스페인어로 '큰 거북'이라는 뜻으로 그곳에는 여러 종류의 거북이 서식하고 있었다. 그런데 갈라파고스 제도에는 해류가 강해 거북들이 왕래하지 못하고 제각기 다른 섬에서 그 환경에 맞게 진화된 것을 볼 수 있었다. 즉 몸의 크기, 껍질의 모양, 색깔, 두께가 제각기 달랐다. 그리고 두 곳의 섬에 사는 핀치(finch)라는 작은 새는 환경의 영향을 받아 200만~300만 년에 걸쳐 크기나 부리의 모양이 먹이를 먹기에 적합하게 14종(갈라파고스 핀치)으로

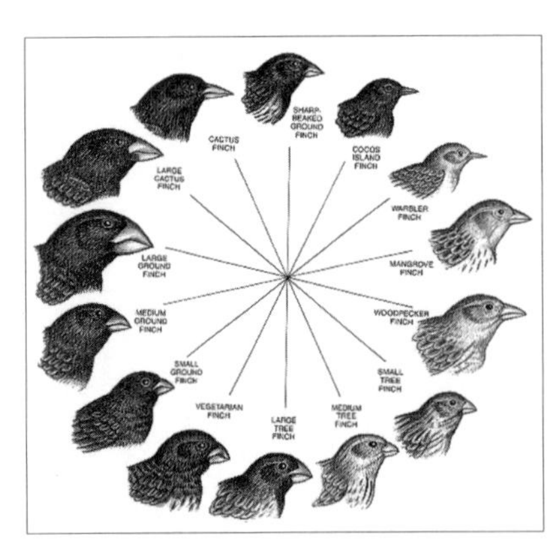

갈라파고스 핀치

진화되어 있는 것을 발견했다.

1836년 10월 비글호가 영국으로 돌아온 후, 다윈은 자신의 관찰과 경험을 바탕으로 자연선택을 통한 진화론의 기초적인 윤곽을 세우고 2년 동안에 걸쳐 발전시켰다. '자연선택설'이란 생물의 어떤 종(種)의 개체 간에 변이가 생겼을 경우, 주어진 환경에 가장 적합한 종만 살아남고, 부적합한 것은 멸종해 버린다는 견해이다. 즉, 먹이 등 한정된 자원을 놓고 개체 간에 항상 경쟁이 생기고, 자연의 힘으로 선택이 반복되는 결과 진화가 생긴다는 설이다. 명저 《자연선택에 의한 종(種)의 기원(The Origin of Species by Means of Natural Selection)》은 다윈이 처음 그 이론을 만들어낸 지 20년 후인 1859년에야 출판되었다.

생명의 나무

다윈이 그의 아이디어를 공표하는 데 그렇게 오랜 시간이 걸렸던 것은 종교계의 반발은 물론 심지어 기존의 과학계로부터의 반발이 두려워서였다. '종(種)의 적응'이란 개념은 당시에 그렇게 급진적인 것은 아니었다. 다윈이 이론으로 내세우기 전에 과학자들 사이에서는 이미 동물의 진화 여부에 대해 논의가 진행되고 있었다. 만일 다른 영국의 동식물 연구가인 월리스(Alfred Russel Wallace)가 1858년 놀랍게도 비슷한 이론을 독립적으로 제안하지 않았더라면, 《종의 기원》은 아마 출판되지 못했을 것이다. 다윈은 월리스의 발표에 힘입어 이미 20년 전에 똑같은 결론을 얻은 자신의 연구를 발표해야겠다고 결심했다. 친구인 후커

(Joseph Dalton Hooker)와 라이엘(Charles Lyell)의 배려로 다윈은 1858년 린네학회에서 월리스의 논문과 함께 발표한다. 다윈은 생명의 역사를 큰 나무에 비유하여, 나무의 몸통은 공통의 조상을 나타내고, 나뭇가지와 잔가지는 공통 조상들로부터 진화된 수많은 다양한 생명을 나타내는 광범위한 체계로 표현했다.

| 창조론과 진화론 논쟁 |

당시는 기독교 교리가 유럽 사회를 지배할 때여서 지구상의 모든 생물체는 신의 뜻에 의해 창조되었다는 '창조설'에 정면 도전하는 다윈의 '진화론'은 엄청난 논쟁을 불러왔다. 인간을 포함해 모든 존재하는 '종(種)'이 지속적이고 무작위한 변화를 통해 오랫동안 진화되었다는 개념은 성경의 창세기에서 신이 모든 생명체를 그들의 본성에 따라 한꺼번에 창조하여 결코 변하지 않는다는 '특별 창조설'에 정면으로 배치되는 것이다. 다윈의 이론은 기독교의 중심사상뿐 아니라, 자연의 질서에서 사람은 신이 주신 특별한 위치에 있다는 다른 종교도 부정하는 것이어서 영국의 종교 지도자들은 즉각적이고 격렬한 반응을 보였다. 영국의 가톨릭 추기경은 "정확히 말해서 신은 없고, 원숭이가 우리의 조상이라는 잔인한 철학"이라고 맹렬히 비난했다. 1860년, 영국의 과학진흥협회가 주최하는 모임에서 영국의 각계 인사들이 모여 인간의 조상이 원숭이냐 아니냐를 놓고 논쟁을 벌였다. 이 토론회에서 다윈을 지지하는 측에서는 '다윈의 불도그'라는 별명이 붙은 토머스 헉슬리(Thomas Henry Huxley)가 나오고, 기독교를 지지하는 측에서는 19세기 영국에서 가장 존경받는 성공회 주교인 윌버포스(Wilberforce)가 나왔다.

논쟁은 생중계되었고, 논쟁 후반에 윌버포스가 생물학자 헉슬리를 향해 "그대의 할아버지 쪽 선조가 원숭이인가, 아니면 할머니 쪽이 원숭이인가?"라는 질문을 던졌다. 이에 헉슬리는 "진리를 찾기 위해 자신의 삶을 다 바치고 있는 사람들을 왜곡하는 데 자신의 재능을 잘못 사용하고 있는 인간을 할아버지로 두기보다는 차라리 정직한 원숭이를 할아버지로 두겠다"고 응수하여 논쟁은 종결되었다. 이 논쟁으로써 진화론은 급속도로 퍼져나갔다. 헉슬리는 자신의 신학에 대한 견해를 피력하기 위해 **불가지론**이라는 단어를 만들어냈는데, 이는 오늘날에도 사용되고 있다.

불가지론(agnosticism, 不可知論) 경험을 넘어선 것의 존재나 본질은 인식 불가능하다고 하는 철학적 입장을 말한다.

기독교와 과학계 사람들 간의 의견 충돌은 1860년에 끝나지는 않았지만, 종교 사상가들은 과학계의 안마당에서 직접적으로 진화론에 도전하는 것을 좀 더 조심하게 되었다. 결국 20세기 초 가톨릭을 포함한 몇몇 종파에서는 진화론을 신이 주관하는 생물학적인 메커니즘으로 받아들이게 되었다.

다윈이 임종을 맞게 되었을 때인 1882년, 그는 당대의 가장 위대한 과학자로 인정을 받았다. 게다가 그의 이론이 도전을 받았던 바로 그 교회에서 국장이 치러졌고, 웨스트민스터 성당의 뉴턴의 묘 옆에 묻혔다. 그의 이론은 아직도 도발적이지만, 동시대 사람들 중에는 그를 성당에 매장한 것 자체가 영국에서 과학과 종교와의 불안한 휴전이라고 보는 이들도 있었다.

| 법정으로 간 진화론: 스콥스 재판, 일명 원숭이 재판 |

진화론을 주장한 다윈을 풍자한 카툰

미국에서 많은 사회적, 정치적 논란거리를 주로 법정에서 다투는 것처럼 진화론도 마찬가지였다. 특히 지난 50년 동안 공립학교에서 진화론이나 생명의 기원에 대해 어떻게 가르쳐야 하는가에 대해 법으로 규제해달라는 요구가 빗발쳤다. 역설적으로, 150년 전에 다윈의 진화론이 처음 발표되었을 때는 영국에서처럼 미국 내에서도 종교계나 과학계 사이의 격렬한 논쟁은 없었다. 사실 1859년에 《종의 기원》이 출판되었을 때 미국의 일부 과학자나 사상가들 사이에서 논쟁이 발생하긴 했지만 대다수 사회집단에서는 대부분 무시되었다. 그 이유는 미국이라는 나라 전체가 남북전쟁, 노예문제 그리고 나중에는 국가의 재건 등에 몰두해 있었기 때문이다. 진화론이 미국사회에서 이슈가 된 것은 19세기 말에 이르러서인데, 유명한 시카고의 복음 전도사인 무디(Dwight L. Moody)를 포함한 많은 인기 있는 기독교 강사나 작가들이 다윈의 진화론이 공중도덕과 성경의 진실을 위협한다고 맹비난함으로써 주목받기 시작했다.

그러나 다윈의 진화론에 대해 많은 미국인들이 인식하게 된 것은 국가의 종교적 분위기에 극적인 변화가 일어나는 시기와 일치한다. 1890~1930년 동안 교리상의 차이가 점점 커져감에도 불구하고 신앙의 기본적 이념에는 대체로 일치를 보여 왔던 미국의 신교 교파들이 점차 두 진영으로 나뉘게 되었다. 이른바 한쪽은 신학적으로 진보적인 신교이고 다른 한쪽은 복음주의자, 즉 신학적으로 보수적인 신교이다. 진보주의자들은 새로운 이론이나 사상을 그들의 종교적인 교리에 통합시키려고 한 반면, 보수주의자들은 이러한 상황변화에 저항했다.

그러다가 1920년 초 진화론이 이들 신교를 분열시키는 가장 중요한 쟁점의 하나로 떠올랐다. 학교 생물시간에 다윈의 이론을 가르치는 것으로 쟁점이 옮겨가서 교육적인 차원에서 맞붙게 된 것이다. 이 이슈는 복음주의자들의 주된 단골메뉴가 되었다. 목사보다 인기 있는 웅변가이며 열렬한 복음주의자이자 대통령에 세 번이나 출마했던 정치가 윌리엄 제닝스 브라이언(William Jennings Bryan)이 진화론에 맞서 전국적인 십자군전쟁(?)의 선봉장이 되었다. 프로테스탄트 정통주의를 열렬히 신봉하는 남부는 일명 '바이블 벨트'라 불리는데, 브라이언과 복음주의자 교회 지도자들의 강력한 권고에 의해 1925년 테네시 주 의회는 성경에서 가르치는 신의 창조를 부정하거나, 인간이 저등동물의 후손이라고 가르치는 것은 범죄라는 법률을 통과시켰다.

테네시 주에서 진화론 수업금지 법안이 발효되자 곧 미국시민자유연맹(ACLU)은 이 법이 시민권에 대한 침해이자 국교를 금지한 헌법 1조에 위배된다고 여겨, 이 법률을 위반하는 어느 과학 교사든 변론을 해주겠다고 제의한다. 유명한 변호사 클래런스 대로(Clarence Darrow) 역시 개신교가 특히 이 문제로 불필요하게 사회를 분열시키고 있으며, 따라서 사회적인 발전을 저해한다고 생각했다. 테네시의 조그만 시골 마을 데이턴에서 진화론을 가르치던 과학 교사 존 스콥스(John T. Scopes)가 미국시민자유연맹의 제의에 응하면서 이른바 '스콥스 재판', 또는 '원숭이 재판'은 이렇게 해서 시작되었다.

브라이언은 검찰 측을, 대로는 변호인단을 도와주기로 한 이 사건은 이미 언론에 의해 엄청나게 홍보되어 미디어 서커스로 변한다. 실제로 테네시 주를 상대로 한 스콥스 재판은 수백 개의 신문사와 라디오에서 생중계하는 최초의 미디어 재판으로 변모되었다. 시작부터 양쪽 진영은 법정에서보다 여론 재판으로 이 사건이 다루어지는 것을 환영하는 듯했다.

대로와 미국시민자유연맹 법률팀은 교실에서 성경의 계시록이 과학을 대치하는 것은 정교분리(政教分離) 원칙에 벗어난다고 테네시 법령을 공격하는 것에 초점을 맞추었으나, 주(州) 검사들은 이 법정에 제소된 이슈는 성경도 법령도 아니고, 스콥스가 법을 위반했는지 아닌지만 판단할 뿐이라고 적절하게 방어를 한다.

이 사건을 진화론 교육의 당위성을 강조하는 공개 토론회로 바꾸려는 스콥스 변호인단의 희망은 시간이 지날수록 주 검찰에 의해 막혀서 아무 소리도 못 하고 끝날 것처럼 진행되었다. 그러자 대로는 변칙적인 방법으로 국면 전환을 꾀한다. 상대방 변호인단의 브라이언(Bryan)을 증인석에 세운 것이다. 그는 정치인으로서 증언을 해야 할 의무는 없지만 웅변가임을 자부하는 브라이언은 대로의 요청을 받아들였다.

대로는 증인석에 있는 브라이언에게 성서 속의 사건들 중에 불합리하거나 비현실적인 사건들을 조목조목 묻는다. 가령 "만일 태양이 4일째 되는 날에 만들어졌다면, 어떻게 성서 속에서 말하는 처음 3일 동안에 낮과 밤이 있을 수 있는가? 요나가 고래에 의해 삼켜져 3일 동안 뱃속에 있었다고 생각하는가? 창세기에서 아담은 자신의 갈비뼈로 이브를 얻었지만, 그들의 아들 카인은 어디서 부인을 얻었는가? 고대 이집트에는 몇 명의 인간이 살고 있었는가? 신이 온 세상을 6일 동안에 창조하였는가? 여호수아가 태양이 정말로 하늘에 머물러 있게 하였다고 생각하는가? 바벨탑이 무너져서 언어가 혼잡하게 되었다고 생각하는가?"

라는 등등의 질문을 쏟아낸 것이다.

이에 대해 브라이언은 성서 속의 사건은 신의 기적의 조화로, 어떤 사건은 글자와 다르게 해석할 필요가 있다고 비논리적이고 일관성 없는 말로 횡설수설 답변했다.

두 시간 동안의 공방에서 많은 지역 주민들은 브라이언 편이었지만, 대부분의 신문기자나 다른 참관인들에게는 브라이언의 대답이 일관성이 없고 허둥대며 우스꽝스럽게 보였다.

다음날 많은 대도시의 신문들은 대로에게 환호와 찬사를 보내는 한편 브라이언에 대해서는 혹평 기사를 실었다. 그 후 브라이언은 일주일도 못 되어 갑작스럽게 세상을 떠났다. 비록 재판은 스콥스가 100달러의 벌금형을 선고받는 것으로 끝이 났으나 홍보 효과는 충분했다. 판사는 법률의 합헌성, 또는 다윈의 진화론에 대한 타당성에 대한 주장은 인정하지 않고 오직 스콥스가 진화론을 가르쳤는가에만 초점을 맞춰 반(反)진화론법을 위반한 혐의로 100달러의 벌금형을 선고했다. 그에 대한 유죄 선고는 테네시 대법원까지 가서 벌금에 대한 절차상의 문제를 이유로(벌금이 100달러를 초과하게 되면 판사가 선고하는 것이 아니라, 배심원에 의해 평결되어야 한다) 스콥스에게 무죄가 선고되었다.

이 재판에서 브라이언에게 던진 대로의 질문이 진화론을 지지하는 진영에 엄청난 매스컴의 긍정적인 반응을 불러왔다. 특히 북부의 도시에서는 스콥스에게 동정적이었지만, 결국 반진화론 움직임을 막지 못했다. 그리하여 이 법률은 수십 년을 더 기다려서 1967년에 이르러서야 폐기되었다.

스콥스 재판은 두 가지 중요한 결론을 우리에게 시사해 주고 있다. 첫 번째는 사법기관은 과학적 탐구의 자유를 억제해서는 안 된다는 것. 두 번째는 사회는 학문의 자유를 존중해야 한다는 사실이다. 그 후 법원의 판결들은 공립학교에서 창조론을 가르치는 것을 막았으나, 1980년을 전후해 남부 여러 주를 중심으로 진화론과 천지창조설(요즘에는 천지창조설에 과학을 덧입힌 지적설계설)을 병행해 가르치자는 논쟁이 다시 일어나고 있다. 스콥스 재판 이후 90년이 지난 지금에도 미국 내 각 주(州)와 교육위원회는 아직도 끊이지 않고 있는 진화론에 대한 논쟁에서 힘겹게 분투하고 있다.

찰스 다윈 탄생 200주년을 맞아 2009년 PEW 연구센터 포럼에서 진화론에 동의하는지 각기 다른 종교 그룹들을 상대로 설문 조사를 했다. 그 결과 불교 81%, 힌두교 80%, 기독교 77%, 무종교 72%, 가톨릭 58%, 동방정교회 54%, 정통 개신교 51%, 무슬림 45%, 흑인 신교도 38%, 복음주의 개신교 24%, 몰몬교 22%, 여호와의 증인 8%가 진화론에 동의한다고 답했다. 참고로 미국인 평균은 48%이었다.

20년 전쯤, 몇 명의 인하공대 교수들과 창조론과 진화론에 대해 토론한 적이 있었다. 그때 깨달은 것은 종교적 교리에 관한 토론은 절대 하지 말아야 한다는 것이었다. 잘못하면 공연히 발칸반도의 화약고에 방아쇠를 당기는 행위와 같은 결과를 초래할 수 있기 때문이다. 그러한 종류의 토론은 이성적이거나 합리적이 될 수 없고, 끊임없이 자기주장만 반복하느라고 서로 격앙되기만 하여 실내 온도만 높일 뿐이다.

옆 그림의 물고기 상징은 기독교

인을 상징하는데, 이를 패러디하여 무신론자인 세켈(Al Seckel)과 에드워드(John Edwards)가 기독교인을 상징하는 물고기에다 진화한 다리를 갖고 렌치를 든 다윈물고기를 디자인했다. 커다란 예수물고기가 다윈물고기를 삼키고 있거나 또는 그 반대로 다윈물고기가 예수물고기를 삼키는 그림은 창조론과 진화론의 싸움을 나타내고 있다.

이런 장난스런 자동차 스티커를 바라보면서 과학은 과학자에게, 종교는 신학자에게 맡기는 것이 좋다는 생각을 조심스럽게 피력한다. 근본적으로 종교를 믿건 안 믿건, 또는 누가 어떤 종교를 믿든 그 믿음이 당사자의 인생을, 교리에서 가르치는 것처럼 '더 올바른 삶'을 살게 하고 행복하게 한다면, 충분히 그것으로 의미가 있다고 생각한다. 남의 종교에 관해 다른 사람이 왈가왈부할 것은 없다는 생각이다. 에베레스트 산 정상으로 가는 길은 수 없이 많지 않은가?

오히려 문제가 되는 것은, 종교가 가르치고 있는 참된 삶을 살려고 하는 노력보다 교리를 가지고 인간들의 목적에 따라 쓸데없는 분파, 분쟁, 심지어는 종교전쟁까지 불사하여 살육을 서슴지 않는 그 배타성에 있다. 무엇보다도 평생 동안 과학도로서 지내온 사람으로서 종교 지도자들께 바라는 것이 있다. 소위 신의 영역이라고 생각했던 생명과학 분야의 연구가 날로 발전하여, 생명복제라든가 유전자 조작 연구가 세계 곳곳에서 진행되고 있는데, 차라리 이 분야에서 앞으로 파생될 수 있는 여러 가지 심각한 윤리적 문제(한 예로 프랑켄슈타인 공상소설이 현실화될 우려나, 유전자 조작에 의한 맞춤형 생명의 탄생이라든지)를 성직자나 종교인들이 미리 공론의 장으로 끌어내어 사회적 합의를 이끌어내는 데 노력해 달라고 부탁하고 싶다.

4. 열역학의 탄생

– 제임스 줄과 윌리엄 톰슨(켈빈 경)

James Joule(1818~1889),
William Thomson(1st Baron of Kelvin: 1824~1907)

열역학(Thermodynamics)이란 단어는 그리스어로 열을 뜻하는 'Thermos'와 동력을 나타내는 'dynamis' 두 단어가 조합되어 만들어졌다. 열역학은 1770년경 제임스 와트의 증기기관 같은 열기관의 발명으로 18~19세기에 일어난 산업혁명의 기초이론을 제공하는 실용적 학문으로 탄생했다. 즉 1840~1855년 카르노(Sadi Carnot), 줄(James P. Joule), 톰슨(William Thomson: Kelvin경), 그의 형 제임스 톰슨(James Thomson), 클라우지우스(Rudolf Clausius), 랭킨(W. J. M. Rankine), 클라페롱(Benoît Paul Émile Clapeyron) 등에 의해 고전열역학의 기본 개념과 이론적인 체계가 태동했다. 열역학은 열, 에너지, 일 그리고 이들 간의 상관관계를 다루는 자연과학의 한 분야로, 열을 일로 전환하는 효율을 극대화하는 데 기여하여, 산업혁명과 그로 인한 엄청난 사회적 변화의 지적 추진력이 되었다.

여기에서는 열역학 제1법칙을 최초로 발견한 줄과 19세기 과학계의 태두로서 남작 작위까지 받은 윌리엄 톰슨의 생애와 과학적 업적을 살펴본다. 열역학의 첫 장에서 자주 만나게 되는 줄과 톰슨의 이름은 에너지의 국제 단위인 J(joule)과 절대온도 단위 K(kelvin)로 우리의 곁에 남아 있다.

사실 문명에 의해 달성된 온도들은 기술적 성취의 척도가 되기도 하는데, 가령 세그레(Gino Segre)는 《도수(度數)의 문제: 온도가 인류와 행성 그리고 우주의 과거와 미래에 대하여 무엇을 밝히고 있는가(A Matter of Degree: What Temperature Reveals About the Past and Future of Our Species, Planet and Universe)》라는 책에서, 인류의 문명을 청동기시대(1100K, BC 3500년), 철기시대(1800K, BC 1000년), 전기시대(3000K, 1880년~), 원자력시대(수백만K, 1944년~) 그리고 극저온에 대한 탐구를 고려하여, 양자시대(4K, 1908년~)로 분류하고 있다. 인류에게 가장 관심 있는 대부분의 것들이 일어나는 온도는 100~1000K(-173~727℃) 사이이다.

| 제임스 줄 |

줄(James Joule)은 부유한 양조업자 집안의 둘째 아들로 1818년에 영국, 랭커셔 주의 샐퍼드(Salford)에서 태어났다. 그는 16살 때까지 집에서 가정교사에게 교육을 받았는데, 정규 교육을 받지 않은 탓에, 실험물리학자로 중요한 업적을 발표했을 때도 초기에는 별로 인정받지 못했다. 사람 사는 세상은 예나 지금이나 똑같아서 학연(學緣)은 그때도 상당히 중요했던 것 같다.

16살의 줄은 형 벤저민과 함께 맨체스터에 있는 화학자이자 물리학자인 존 돌턴(John Dalton)에게 산술과 기하학을 배웠는데 돌턴이 뇌졸중으로 은퇴할 때까지 2년간 계속되었다. 비록 짧은 기간이었지만, 돌턴은 줄에게 깊은 인상을 주었다. 스무 살이 될 무렵, 줄은 당시 뜨거운 화제가 되었던 마이클 패러데이의 전자기유도에 대한 발견에 매료당했다. 그래서 펜들버리(Pendlebury)의 아버지 집 지하실에 실험실을 차려놓고, 전류와 열과 역학적인 동력과의 관계에 대한 실험을 했다. 그 결과 저항이 있는 도체에 전류를 흘리면 열이 발생하며, 열량은 흐르는 전류의 제곱과 도체의 저항 및 전류가 흐른 시간의 곱에 비례한다는 것을 발견했는데 이것이 바로 '줄의 법칙'이다. 1840년 그는 권위 있는 왕립학회에 〈볼타 전기에 의한 열의 생성(On the Production of Heat by Voltaic Electricity)〉이라는 논문을 보내면서 상당한 반응을 기대했지만, 왕립학회는 줄의 논문을 짤막한 요약으로 게재했을 뿐 거의 관심을 보이지 않았다. 여전히 그는 단지 과학을 취미로 즐기는 시골의 아마추어 정도로 취급 받았다.

줄은 1840년 발표한 볼타(Volta)회로의 전류 통과와 열 생성에 관한 실험을 통해, 열은 장치의 다른 부분에서 온 것이 아니라 도체로부터 생성된 것임을 나타내는 결과를 이끌어내어 1843년 발표한다. 17~19세기 중반까지만 해도 열이 일과 같은 에너지의 일종이라는 개념이 밝혀지기 전이어서 대부분의 과학자들은 열은 열소(熱素)라는 구성 원소로 이루어진 무게가 없는 물질이라는 이론 즉, 열소설(熱素說, Caloric Theory)을 믿고 있었다.

따라서 '열이 도체로부터 생성되었다'는 줄의 이론은 열은 창조되지도 파괴되지도 않는다는 열소설에 정면 도전하는 것이었다. 하지만 이번에도 역시 과학계의 반응은 냉랭했다. 몇몇 유력 학술지들은 줄의 논문을 싣는 것조차 거부했다. 그럼에도 불구하고, 줄은 집요하게 자신의 이론을 뒷받침하기 위한 여러 가지 실험을 계속했다. 새로운 아이디어들이 받아들여지기까지는 시간이 걸리는 게 당연하지만, 특히 그러한 아이디어들이 그 분야에서 아마추어라고 생각하는 인물에 의해 주창되었을 때는 더 말할 것도 없다.

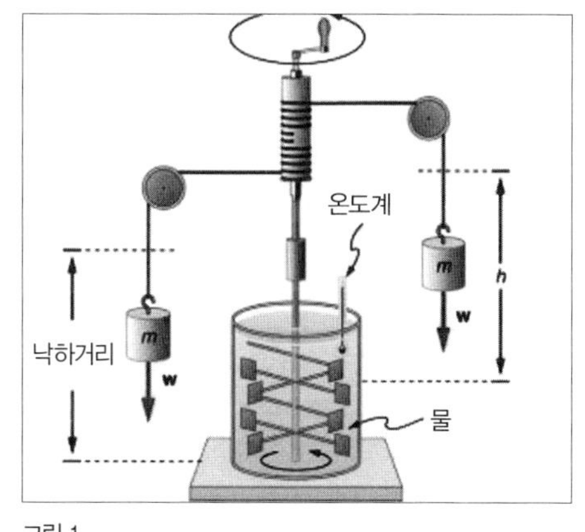

그림 1

줄은 역학적인 일을 열로 바꾸는 여러 가지 실험을 하여, 1845년 발표한 〈일의 역학적 당량(The Mechanical Equivalent of Work)〉이라는 논문에서 역학적인 일과 열은 일정한 대응 관계에 있다는 열의 일당량을 발표한다(그림1 참조). 줄의 연구 결과는 대부분 무시되었으나 1847년 6월, 줄은 옥스퍼드에서 열린 영국 학술학회에서 다시 논문을 발표하려고 했다. 그러나 의장은 줄에게 논문을 낭독하는 대신 실험 내용을 짧게 말로 요약해 설명하라고 발표를 제한시켰다.

그때 별다른 관심도 끌지 못하고 끝날 뻔했던 줄의 발표는 청중 속에 있던 젊은 톰슨(훗날 유명한 켈빈 경이라 불리는)의 주목을 받게 되었고, 톰슨은 총명하고 활발한 토론으로 사람들로 하여금 줄의 새 이론에 대해 관심을 불러일으키게 했다. 당시 톰슨은 줄보다 6살이 어린 23세였지만, 2년 전 케임브리지 대학을 최우등으로 졸업하고 글래스고 대학의 물리학과 교수로 재직하던 매우 촉망받는 물리학자였다. 이 극적인 만남

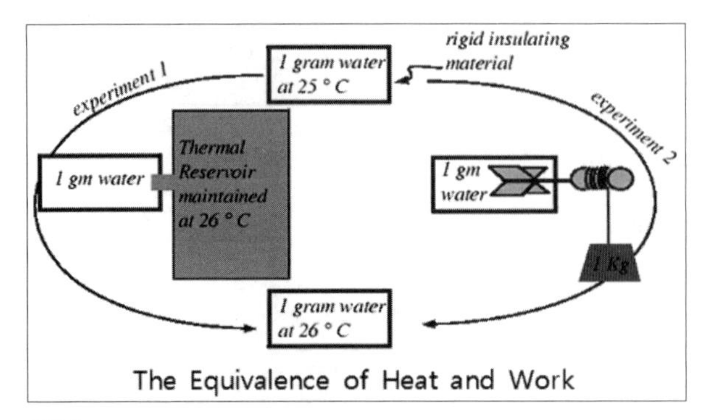

그림 2

으로 두 사람은 그 후 오랫동안 공동 연구를 하게 되어 줄-톰슨 효과(1852) 등 많은 업적을 남겼다.

줄은 일의 종류와 관계없이 같은 양의 일이 행해진다면, 그에 따라 발생한 열이 동일하다는 것을, 실험을 통해 확인했다(그림2 참조).

1847년 결혼한 줄이 커다란 온도계로 무장(?)하고 스위스, 알프스로 신혼여행을 간 일화는 유명하다. 이때 톰슨이 샤모니(Chamonix) 근처의 살랑슈(Sallanches) 폭포에서 우연히 줄을 만났는데, 그는 폭포 꼭대기와 바닥에서의 물의 온도를 재고 있었다고 한다. 줄은 폭포수가 240미터 아래로 떨어지면 온도가 0.56℃ 올라간다는 것을 항상 증명하고 싶어 하였는데, 절호의 기회라 생각하고 신혼여행지에서 열정적으로 실험을 한 것이다. 그러나 애석하게도 물이 그만한 거리를 낙하하지 못한데다, 너무 튀는 바람에 실패로 돌아가고 말았다.

그 후 줄은 실험을 추가로 수행하여 1파운드의 물을 화씨 1도 올리기 위해 마찰에 의해 생성된 기계적 일의 수치를 결정하였으며, 1849년 왕립학회에서 패러데이가 스폰서가 되어 〈열의 역학적 당량(On the Mechanical Equivalent of Heat)〉라는 제목의 논문을 발표한다.

이듬해인 1850년, 줄은 왕립학회지에 열을 일로 환산한 좀 더 개선된 열의 일당량이 772.692 ft·lbf/Btu(4.159 J/cal, 현대의 정밀한 기기로 측정된 값은 4.186 J/cal)라는 내용의 논문을 발표했다. 따라서 줄은 여러 종류의 일과 열은 다 에너지의 한 형태로, 에너지는 한 형태에서 다른 형태로 바뀔지언정, 창조되지도 파괴되지도 않는다는 열역학 제1법칙 즉, 에너지 보존의 법칙을 발견한 것이다(그림3 참조).

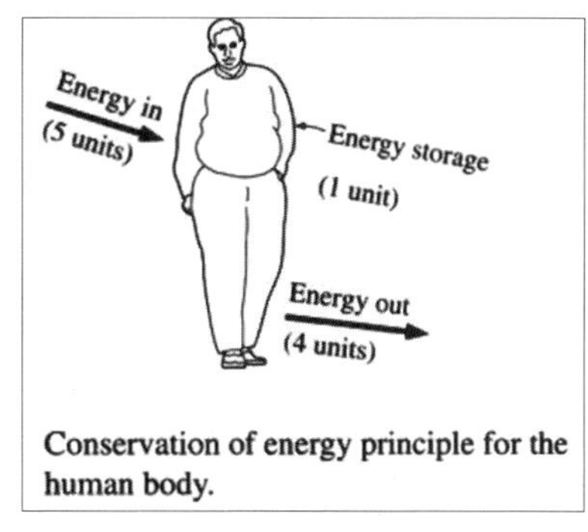

그림 3

다이어트의 원리도 이와 같아서 먹는 양보다 쓰는 양이 적으면 살이 찌기 마련이다.

줄은 1850년에 왕립학회 회원으로 선출되었고, 1852년에는 여왕의 메달이라고 알려진 '로열 메달'을, 1870년에는 영국에서 가장 명예로운 코풀리(Copley) 메달을 수여받았다. 한마디 더 덧붙인다면, 줄의 묘비에는 '772.55'라는 숫자가 새겨져 있는데 이것은 1878년 그가 행한 실험에서, 해수면에서 1파운드의 물을 60°F에서 61°F로 올리는데 필요한 열의 일당량이 772.55 ft·lbf/Btu(4.158 J/cal)라는 실험 결과를 나타내는 것이다.

열역학 제1법칙을 발견하는 것에만 몰두하느라 가업인 양조업에는 신경을 쓰지 못한 탓인지, 줄은 말년에는 경제적으로 궁핍하게 되어 빅토리아 여왕이 그에게 연금을 하사하였다고 한다.

| 윌리엄 톰슨(켈빈 경) |

윌리엄 톰슨(1824~1907)은 스코틀랜드 출신의 물리학자, 수학자, 그리고 공학자로 오늘날의 물리학을 정립하는 데 전자기학, 열역학, 지구물리학 등 여러 분야에서 공헌한 19세기 물리학계의 거장이다. 그 중에서도 열역학 분야에 남긴 업적이 가장 크며, 절대온도 척도(Kelvin scale)를 개발했다. 줄이 부유한 집안에서 태어났지만 정규 대학 과정을 밟지 않아 과학계에서 업적을 인정받는데 어려움이 있었던 반면, 톰슨의 경우는 학자로서 대성하기에 좋은 가정환경에다 천재성까지 갖고 태어났다. 그후 톰슨은 엘리트 코스를 밟아 당대의 가장 유명한 과학자가 되며 남작 작위까지 받아 켈빈 경이라 불린다. 전자(電子)를 발견한 업적으로 1906년 노벨 물리학상을 받은 조지프 존 톰슨(J. J. Thomson)과 혼동되지 않도록 켈빈 경이라는 이름이 더 많이 쓰인다.

1824년 벨파스트(Belfast)에서 출생한 톰슨은 여섯 살 때 어머니가 돌아가셨다. 아버지 제임스 톰슨(James Thomson)은 글래스고 대학의 수학교수였는데 윌리엄은 두 살 터울의 형 제임스와 함께 아버지에게 수학을 배우면서 최신 문제들까지 꿰고 있을 정도로 신동이었다. 톰슨은 10살 때부터 형과 함께 글래스고 대학에 다녔는데, 당시 스코틀랜드의 대학들은 어린 영재들이 다닐 수 있도록 허용해주어 그리 특이한 일은 아니었다. 톰슨은 14살에 오늘날 우리가 생각하는 대학 수준의 공부를 시작하여 수학, 화학, 천문학, 물리를 공부했고, 15살 때 〈지구 형태에 관한 소고〉로 글래스고 대학으로부터 금상을 받았다. 1841년, 17살의 톰슨은 케임브리지 대학 피터하우스 칼리지에 입학해, 1841~1842년 동안 케임브리지 〈수학 저널〉에 3편의 논문을 출판했다. 이 논문에서 그는 수학적으로 열의 흐름과 정전기학 사이의 관계를 세우고 이론적인 '카르노 엔진'(Carnot Engine)의 근본 원리를 설명했다.

톰슨은 대학시절 매우 자신만만한 태도로도 유명했는데, 이에 얽힌 재미있는 일화가 있다. 케임브리지 수학 졸업시험은 매우 난해하기로 유명하여 이 시험에서 수석 졸업한 학생들 대부분은 수학, 물리, 그 외 분야에서 세계적으로 저명한 인물이 되었다. 케임브리지 대학은 1748년부터 1909년까지 수학 졸업시험에서 1등으로 졸업하는 사람을 '수석', 2등을 '차석' 이런 식으로 졸업시험 성적 순위를 공개적으로 발표했다. 케임브리지 대학의 '수석'이란 곧 "영국에서 달성할 수 있는 가장 위대한 지적 성취"로 인정받는 매우 영예로운 자리이다.

수학 졸업시험을 치르고 난 뒤 톰슨은 하인을 불러 "평의원회관(Senate House)으로 뛰어가서 누가 차석이 되었는지 보고 오라"고 말했다. 그런데 하인이 시험 결과를 보고 와서는 "You, Sir!"라고 했다는 이야기다. 그러나 비록 졸업 시험에서 수석은 놓쳤지만 톰슨은 '스미스 상'을 수상하고 피터하우스 칼리지의 펠로우로 선발되었다. 1845년 졸업 후, 수학에 대한 프랑스의 새로운 접근법에 관심이 많았던 그는 파리에 있는 르뇨(HenriVictor Reginault) 실험실에서 일하면서, 비오(Biot), 코쉬(Cauchy), 리우빌(Liouville)과 같은 당대의 거물들과 깊은 토론을 하며 패러데이, 쿨롱, 푸아송의 전기이론을 통일하려고 시도한다.

그리고 1846년 글래스고로 돌아와 아버지의 도움으로 22살의 나이에 영국에서 가장 오래된 대학 중의 하나인 글래스고 대학의 물리학 교수가 된다. 1847년 옥스퍼드에서 열린 영국학술학회에 참석해 줄을 만났을 때는 톰슨은 이미 유망한 젊은 물리학자로 존경받는 학자였다. 톰슨과 줄이 학회에서 처음 만난 지 2주일 후, 그들은 줄의 신혼여행지에서 다시 만났으며 열의 본성에 대한 줄의 견해는 톰슨에게 깊은 영향을 주었다.

| 톰슨의 열역학 제2법칙 |

온도계의 유리관 안에 들어 있는 수은처럼, 열에 의한 유체의 팽창이 온도 척도의 기반이 될 수 있다는 것은 이미 수년 동안 알려져 있었다. 즉, 여러 종류의 기체들이 일정한 압력에서 온도가 1도 증가할 때, 거의 동일한 값인 부피의 1/273만큼 증가한다는 것이 알려져 있어, 특정한 기체로 된 온도계가 중요한 온도 척도의 바탕이 될 가능성이 있었다. 역으로 말하면, 기체의 부피는 온도가 1℃씩 내려갈 때마다 0℃ 때 부피의 1/273만큼 감소하며, 따라서 -273℃가 되면 기체의 부피가 0이 될 것이다.

그렇다면 "기체의 종류와 상관없이 모든 기체가 정확히 똑같은 값으로 열팽창을 하는 '이상기체'에 해당하는 이상척도가 있지 않을까"라는 생각을 하고, 톰슨은 1848년 어느 특정 물질에 의존하지 않는 '절대온도 척도'(Absolute Temperature Scale)를 제안한다.

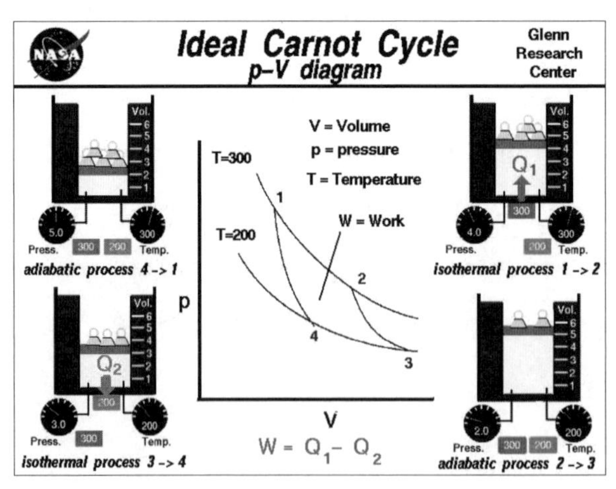

그림 4

1851년, 그는 카르노(Sadi Carnot)의 이론과 럼퍼드 백작(Count Rumford), 데이비경(Sir Humphry Davy), 마이어(Julius Robert Mayer) 그리고 줄의 열에 대한 이론을 종합하여 〈열의 동적 이론(Dynamical

Theory of Heat)〉이라는 제목의 논문을 발표했다. 가역 카르노 순환과정을 따라, 열기관이 고열원 T_1에서 Q_1의 열을 받아, 일을 하고 저열원 T_2로 Q_2만큼의 열을 내놓는다(그림4 참조). 이때 두 개의 열원에서 가역으로 작동하는 열기관의 효율은 작업물질의 종류와 상관없이 고열원의 온도 T_1과 저열원의 온도 T_2에 의해 결정되며, $T_2=T_1Q_2/Q_1$이라는 관계가 성립한다.

이에 따라, 톰슨은 열역학 제2법칙으로부터 유도된 열역학적 온도, 또는 절대온도를 도입했다. 절대온도의 기호는 그의 이름을 따서 K(켈빈)이라 부르고, T(K)=t(℃)+273.15로 주어진다. 또한 절대 0도는 열역학적으로 생각할 수 있는 최저 온도로서, 분자의 열운동은 이 온도에서 완전히 정지되고 양자역학적인 운동만 유지된다.

열의 동적 이론에 관한 톰슨의 논문들은 근본적으로 수학적·물리적 언어로 열역학 제1법칙과 제2법칙을 전개한 것이며, 톰슨은 1853년, 열역학의 제1법칙과 제2법칙을 "에너지의 불멸성과 소멸성"이라고 요약하여 표현했다. 톰슨은 열역학 제2법칙의 중요한 이슈는 비가역적 과정(화살표 방향)에서 엔트로피는 항상 증가하며(그림5 참조), 그래서 에딩턴(Eddington)은 "엔트로피는 시간의 화살"이라는 다소 시적인 표현을 썼다. 결국 우주는 균일한 온도와 최대의 엔트로피를 갖는 상태에 도달하여 어떠한 일도 얻을 수 없는 상태에 이르는데, 톰슨은 이를 우주의 궁극적 운명인 '우주의 열사(熱死)'(Heat

그림 5

death of the Universe)라고 불렀다. 마지막 논문에서 톰슨은 열역학 제2법칙의 원리를 다르게 표현하면 "온도가 일정한 하나의 열원으로부터 열을 취하여 이것을 전부 일로 바꾸고 그 외에 어떤 변화도 남기지 않도록 하는 것은 불가능하다"라고 정의한다.

| 줄-톰슨 효과 |

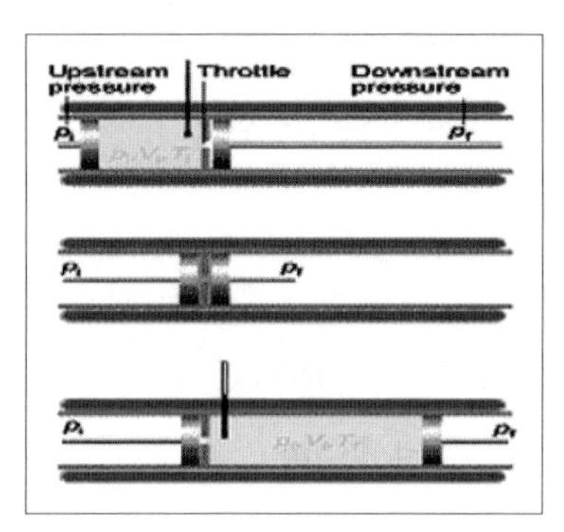

그림 6

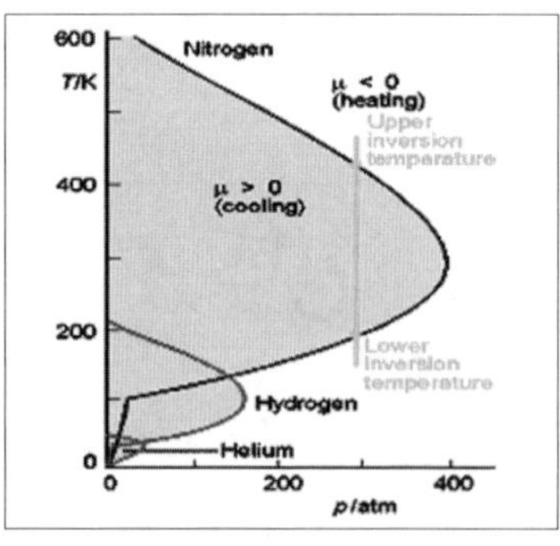

그림 7

1852년 줄과 톰슨은 열역학에서 '줄-톰슨 팽창' 또는 '줄-톰슨 효과'라고 부르는 현상을 발견했다. 이는 기체를 다공성 마개나 밸브를 통해서 낮은 압력으로 열의 출입이 없이 단열팽창시킬 때, 기체의 온도가 변화하는 현상으로 수소, 헬륨, 네온을 제외한 모든 기체는 실온에서 줄-톰슨 팽창을 하는 동안 냉각된다(그림6 참조). 줄-톰슨 계수가 음의 값이면 단열팽창 하는 동안 온도는 올라가고 양의 값이면 내려간다. 한편 이상기체의 줄-톰슨 계수는 0이다.

만일 단열팽창 할 때 어느 온도 이하에서는 냉각되고 그 이상에서는 온도가 증가한다면, 그 경계점에 있는 온도를 반전온도(inversion temperature)라고 한다(그림

7 참조). 따라서 반전온도는 기체의 액화에 매우 중요하며, 줄-톰슨 팽창은 냉장고, 에어컨, 열펌프, 기체의 액화장치 같은 오늘날 기술적으로 매우 중요한 '열 기계'의 핵심이 되고 있다.

톰슨이 연구에서 무엇보다 중요시한 것은 과학의 실용화이다. 그는 1855년 해저 통신의 수학적 이론을 발표했으며, 당시 중요한 현실적인 문제였던 대서양 해저 전신케이블로 명성을 얻었다. 처음 대서양 횡단 해저 전신케이블이 놓이기 전에는 미국과 유럽 사이의 가장 빠른 통신은 최소 일주일이 걸려서, 뉴스는 가장 빠른 배의 항해 속도에 의존했다. 그러나 톰슨이 1857~1858년과 1865~1866년 대서양 횡단 해저 전신케이블 설치의 기술고문직을 맡아, 이전에 두 차례나 실패했던 케이블 설치를 성공으로 이끌어 오늘날의 인터넷처럼 통신시대의 새로운 장을 열었다. 그 공로로 톰슨은 1866년 기사 작위를 받았다.

톰슨은 전 생애를 통해 661편의 과학논문을 발표했고, 경전류계(鏡電流計), 사이펀 레코더, 단위 측정용 상한 전기계(象限電氣計), 절대 전위계, 나침반, 자이르 컴퍼스 등 75개의 특허를 받았다. 1892년 그는 '라그스의 켈빈 남작'(Baron Kelvin of Largs) 작위를 받아 영국 역사상 'Lord'(세속적인 호기심을 덧붙인다면, 작위 등급에서 기사Knight는 'Sir'로, 그보다 위의 등급인 남작Baron은 'Lord'로 불린다)라고 불리는 최초의 과학자가 되었다. 작위명 켈빈은 글래스고 대학 근처에 흐르는 작은 강 이름에서 따왔다. 83세가 되던 1907년 '켈빈 경'은 대영제국의 가장 유명한 아들 중의 하나에게 영국이 수여할 수 있는 모든 호화로운 의식과 명예를 받으며 웨스트민스터 성당의 뉴턴 옆에 묻혔다.

5. 융합적 천재 멘델레예프와 화학의 문법, 주기율표

Dmitrii Ivanovich Mendeleev(1834~1907)

우리는 여러 분야에서 창의적 능력을 발휘하는 다재다능한 인물들을 흔히 만능인 또는 '르네상스맨'이라고 부르는데, 화학의 문법이라 할 수 있는 주기율표를 만들어낸 멘델레예프(Dmitrii Ivanovich Mendeleev, 1834~1907)가 바로 그런 인물이다. 그는 천재 화학자이며 일류 물리학자인 동시에 유체역학, 기상학, 지질학, 화학공학, 항공학 분야에서도 활발한 연구를 했다. 뿐만 아니라 유명한 러시아의 개혁가이며 명재상이라고 불리는 세르게이 비테(Sergey Witte)의 고문이었고, 러시아 경제와 사회발전에 관한 70여 편의 논문을 발표한 당대의 매우 영향력 있는 인물이었다. 그러나 과학분야에 있어서 멘델레예프의 가장 위대한 공헌은 원소들이 원자번호 순으로 나열되면 기본원소들의 성질들이 주기적으로 변하는 것을 나타낸 주기율표를 만든 것이다.

원소의 체계적인 분류가 시작된 것은 원소가 각각 고유한 성질을 가진, 화학적으로 더 나눌 수 없는 물질이라는 것이 알려진 19세기 초부터이다. 주기율을 발견한 멘델레예프의 업적은 원소의 개념을 명확히 한 라부아지에(Antoine Lavoisier)나 원자설을 주장한 돌턴(Dalton)의 업적에 필적한다고 할 수 있다. 주기율표 발견의 역사적 과정과 여러 분야에 박식한 '르네상스맨' 멘델레예프의 생애를 살펴본다.

| 주기율표 발견의 역사적 과정 |

원소들 사이에 어떤 질서가 있다는 것을 처음으로 알아챈 사람은 독일의 되베라이너(Johann Wolfgang Döbereiner, 1780~1849)이다. 그는 1829년 브롬의 색깔, 반응성 등의 성질과 원자량이 염소와 요오드의 중간 정도임을 알았으며, 나아가 칼슘, 스트론튬, 바륨; 황, 셀렌, 텔루르 등도 역시 같은 경향을 보임을 알아냈다. 이를 **'세 쌍 원소설'**이라고 한다. 그러나 되베라이너는 당시에 알려져 있던 약 50여 개의 원소들 중에서 더 이상의 3원소 규칙성을 찾아낼 수 없었으며, 또 당시에는 원자량 자체도 명확히 알려져 있지 않았기 때문에 분류 작업에도 진전이 없었다.

세 쌍 원소설
되베라이너는 원소의 성질에서 규칙성을 찾으려고 노력하여 여러 원소들 중 유사한 성질을 나타내는 비슷한 3개의 원소들이 한 그룹을 이룬다고 하여 '세 쌍 원소'라고 이름 붙였다.

1860년 이탈리아의 화학자 카니자로(Stanislao Cannizzaro)는 카를스루에(Karlsruhe)에서 열린 제1차 국제 화학학술대회에서 당량, 원자량, 분자량 등의 혼동되는 개념들을 깨끗이 정리하여 정확한 원자량을 제시했는데, 이것이 이후 분류작업의 기초가 되었다.

1864년 영국의 뉴랜즈(John Alexander Reina Newlands, 1837~1898)는 당시 알려져 있던 원소들을 원자량 순으로 배열하여 원소들이 7개

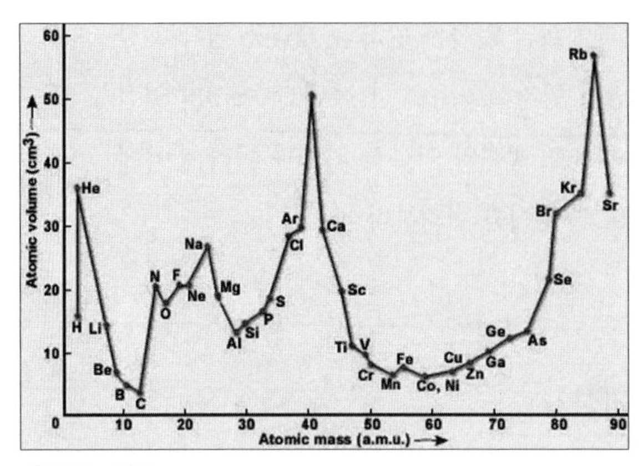

마이어의 그래프

를 한 주기로(비활성기체들은 아직 발견되지 않았다) 성질이 변한다는 것을 알았다. 그는 이것을 '옥타브 법칙'이라 불렀는데 원소들이 다 발견되지 않았을 뿐 아니라, 현대주기율표의 4주기부터 나오는 전이원소들 때문에 그의 시도는 당연히 다 맞을 수가 없었다. 따라서 뉴랜즈 논문은 출판조차 되지 못했다. 이보다 2년 앞서 프랑스의 지질학자 상쿠르투아(AlexandreÉmile Béguyer de Chancourtois, 1820~1895)도 비슷한 시도를 해서 논문이 발표되기는 했으나 인정받지 못하기는 마찬가지였다.

독일의 마이어(Julius Lothar Meyer, 1830~1895)는 원자부피를 토대로 원소들을 분류하여 비교적 성공을 거두었다. 그가 원자부피와 원자량을 직각좌표계에 표시했더니, 이때 생긴 그래프에는 알칼리 금속들을 정점으로 하는 연속선 산봉우리 모양들이 나타났고, 원소의 주기성과 단주기, 장주기의 구분도 명확히 표출되었다(위의 그림 참조). 마이어의 논문은 1870년에 발표되었다.

그러나 이보다 1년 앞서 러시아의 멘델레예프도 원자량과 원소의 원자가를 바탕으로 원소를 분류하여 마이어와 같은 결과를 얻어 자신이 얻은 그래프와 표를 발표했다. 그래서 주기율표를 멘델레예프와 마이어가 발견했다고 하기도 하나, 오늘날 주기율표 발견 업적을 주로 멘델레예프에게 돌리는 것은, 원자량을 기초로 배열했을 때 모순이 생기는 곳에서는 배열 순서를 과감히 바꾸어 더 완전한 표로 만들었고(예를 들면 원자량이 큰 텔루르를 요오드 앞에) 경우에 따라서는 표에 공란을 두어 미발견 원소의 존재를 주장하고, 그것들의 성질까지도 예측한 위대성 때문이다. 예컨대 멘델레예프는 공란에 에카붕소, 에카알루미늄, 에카규소 등의 이름을 붙이고 이것들이 가질 성질을 예측함으로써 세 원소 발견의 토대를 제공하였을 뿐만 아니라, 또 새로 발견된 원소들의 성질이 자신이 예측한 성질과 같음을 보여주어 주기율표의 정당성과 유용함을 확인하는 데도 도움이 되게 했다.

| 멘델레예프의 어린 시절 |

멘델레예프는 시베리아의 토볼스크(Tobolsk)에서 김나지움 교장의 17형제 중 막내로 태어났다. 불행하게도 아버지는 그가 태어나던 해에 시력을 잃어 자식들의 생계와 교육은 주로 의지력이 강했던 어머니의 힘으로 이루어졌다. 1847년 아버지가 죽고, 가족의 생계를 책임지게 된 어머니는 그녀의 가족들이 아렘지안스크(Aremziansk)에 소유하고 있던 유리공장을 임대해 운영했다. 유리공장에서 놀면서 멘델레예프는 유리 제조공정에 관한 화학과 유리세공 기술을 배우게 된다. 학창시절 멘델레예프는 수학, 물리, 지리 과목은 우수했지만, 공부의 필요성을 못 느낀 라틴어 같은 고전이나 역사는 아주 싫어했다. 하지만 대학에 들어가기 위해서는 고전과목들도 잘해야

자식의 교육에 열성이었던 멘델레예프의 어머니

했으므로 어머니의 노력과 회유로 멘델레예프는 김나지움 시험에 합격했고 대학 입학을 위한 준비를 했다. 과학을 좋아하고 고전과 역사를 싫어하던 심정은 훗날 그가 쓴 글에서도 잘 나타나 있다.

"우리는 오늘날 플라톤 없이도 살 수 있지만, 자연의 비밀을 파헤치고 자연의 법칙과 조화를 이루는 삶을 살기 위해서는 뉴턴과 같은 사람들이 많이 필요하다."

어머니는 가장 사랑하던 막내아들을 대학에 보내기 위해 저축을 했으나, 유리공장이 화재로 잿더미가 되자 그녀는 결단을 내리고 토볼스크를 떠나, 오로지 아들을 대학에 보내기 위해 모스크바로 갔다. 그러나 출신지에 따라 입학이 제한되었던 탓에 모스크바 지역 이외에서 온 사람들을 받아주지 않아 시베리아 출신 멘델레예프는 입학 허가를 받지 못했다. 어머니는 포기하지 않고 이번에는 온 가족이 상트페테르부르크로 이사를 갔는데, 거기서도 상황은 모스크바에서와 같았다. 그런데 마침 아버지가 교장으로 있던 학교에서 일했던 아버지 친구의 도움으로 입학시험을 치르고 교원 양성학교에 입학할 수 있었다. 그토록 자식 교육에 열성이었던 어머니가 사망하기 두 달여 전의 일이었다. 1855년 멘델레예프는 우수한 성적으로 금메달을 수상하면서 교사 자격을 얻었고, 1856년 상트페테르부르크에서 화학 석사학위를 받고, 1857년 대학에서 첫 직장을 얻었다.

1859년 당시 화학과 물리학의 대가였던 분젠(Robert Busen)과 키르히호프(Gustav Kirchhoff)가 재직하던 하이델베르크 대학으로 유학을 갔으나, 거의 독자적인 연구를 수행했다. 그 무렵 분자응집에 관해 연구하기 시작했고 유명한 카를스루에 학술대회에 참가하여 분자량과 원자량 사이에는 큰 차이가 있다는 이탈리아의 카니자로에게 큰 영향을 받

았다. 1861년에는 상트페테르부르크로 돌아왔지만 자리가 없어 과학저널의 편집인 일을 맡아 보았다

| 과학이랑 결혼했다 |

멘델레예프는 1862년, 상트페테르부르크의 한 교회에서 페오즈바 레쉐바(Feozva Nikitichna Lescheva)와 결혼한다. 멘델레예프의 사생활은 상당 기간 복잡했는데, 멘델레예프는 페오즈바를 실제로 사랑해서 결혼한 것이 아니어서 그녀와 같이 보내는 시간이 별로 없었다. 두 아이를 둔 불만투성이의 아내는 "당신은 나와 결혼했어요? 과학이랑 결혼했어요?"라고 물었다고 한다. 이에 대해 그는 "만일 이중결혼이 허락된다면, 나는 당신이랑 과학과 결혼을 했고, 만일 이중결혼이 허용되지 않는다면, 과학이랑 결혼했소"라고 대답했다.

1876년 멘델레예프는 조카의 친구인 19살 연하의 포포바(Anna Ivanova Popova)에게 온통 마음을 뺏기는 열정적인 사랑에 빠지는데, 1881년 그녀에게 프러포즈하면서 만일 거절하면 자살할 거라고 위협을 한다. 그리고 부인 레쉐바와의 이혼이 성립되자마자 한 달 후인 1882년 초에 포포바와 결혼을 한다. 그런데 러시아 동방정교회는 이혼 후 최소 7년이 지나야 재혼을 인정하기 때문에 멘델레예프는 공식적으로는 중혼을 한 상황이었다. 그의 이혼과 젊은 여성과의 빠른 결혼은 주변의 가십거리가 되었으며, 그래서 멘델레예프는 과학자로서의 명성에도 불구하고 러시아 과학학술원회원으로 선정되지 못했다. 그러나 굉장히 저명한 화학자였기에 당시 러시아 황제는 "그래, 멘델레예프는 두 명의 아내를

가졌지만 나는 단지 한 명의 멘델레예프를 가졌다"라고 할 정도였다.

| 멘델레예프의 과학적 업적 |

멘델레예프는 1864년 상트페테르부르크 대학 공업연구소 화학교수를 거쳐 3년 뒤인 1867년에는 은사인 알렉산드르 보스크레센스키의 후임으로 교수가 되었다. 이때 그는 일반화학을 가르칠 적당한 교재를 구할 수 없어 직접 《화학의 원리(The Principle of Chemistry)》라는 교재를 집필했는데, 그가 원소들의 성질과 주기율에 대해 깊이 연구하게 된 것은 바로 이 교재 집필이 계기가 되었다.

물론 그의 주기율표도 대부분의 다른 위대한 발견들과 마찬가지로 발표 당시에는 크게 인정받지 못했다. 상상해 보라! 만일 이전에 한 번도 알려진 적이 없는 어떤 원소가 있는데, 어느 날 누가 그 원소의 성질들에 대해 모두 다 안다고 한다면 그 사람 머리가 이상하다고 하지, 어떻게 그것을 믿겠는가 말이다. 그러나 시간이 흐르고 또 멘델레예프가 지적했던 미 발견 원소들이 속속 발견되어 실제 성질들이 그가 예측한 성질들과 들어맞는 것이 확인됨에 따라 혁명적인 그의 주기율표는 화학이론의 근간을 이루게 되었다.

멘델레예프의 동상과 주기율표

멘델레예프는 이론뿐만 아니라 과학의 실용적 응용에도 큰 관심을 기울여 1865년에는 작은 농장을 직접 경영하면서 과학적 영농기법을 도입해 농작물의 생산량과 품질을 높이기도 했다. 그리고 러시아의 일반적인 농업 여건을 개선하는 것과 석유산업에도 공헌했다.

멘델레예프는 정치적으로도 진보적인 사상을 가지고 사회개혁에도 관심을 갖고 있어서 제정 러시아의 정책과 배치되는 점이 많았다. 그의 과학적 명성 때문에 탄압을 받지는 않았으나 도외시 당한 것은 사실이다. 1890년 그는 대학의 부당한 조건들을 개선해 달라는 학생들의 청원서를 전달함으로써 정부와 공개적으로 충돌하여 결국 대학에서 쫓겨나고 말았다.

그 후 멘델레예프는 대학에서 자리를 잡지 못하고 도량형 국장 등 몇몇 관직을 전전하다가 1894년 보드카의 품질과 생산을 감독하기 위해 창설된 위원회에 참여하여 왕성하게 활동했다. 그리고 1865년에는 보드카에 대한 논문으로 박사학위를 받기도 했는데 〈물과 알코올의 결합에 대하여〉라는 이 논문에서 가장 마시기에 이상적인 알코올 함량을 40도로 규정하였다. 1894년 러시아 정부는 멘델레예프의 의견을 받아들여 곡물을 숯(최상의 것은 자작나무 숯)으로 만든 필터에 증류한 알코올 40도의 보드카를 '모스크바의 특별한'이라고 이름 붙여 특허를 냈다.

1905년에는 스웨덴 왕립과학학술원 회원으로 선정되었고, 이듬해 노벨화학상 위원회는 주기율표를 발견한 공로로 멘델레예프를 1906년 노벨 화학상 수상자로 스웨덴 학술원에 추천한다. 보통은 노벨상위원회가 추천을 하면 학술원은 위원회의 선정을 승인하는 것이 관례였는데, 학술원 회의에서 예상치 못한 클라손(Peter Klason)의 반대에 부딪혀 대신 플루오린을 분리한 공로로 앙리 무아상(Henri Moissan)을 추천했다.

스웨덴의 유명한 과학자 아레니우스(Svante Arrhenius)는 비록 노벨상 선정위원회 회원은 아니지만 학술원에서 막강한 영향력을 가지고 있었는데, 1906년에 주기율표로 노벨상을 주기에는 너무 구식이라며 멘델레예프를 거부하라고 압박했다. 당시 사람들의 말에 따르면, 멘델레예프가 아레니우스의 전리설(dissociation theory)을 비판한 것 때문에 그가 불만을 품어서라고 하는데, 여하튼 뜨거운 논쟁 끝에 학술원은 앙리 무아상을 노벨 화학상 수상자로 결정했다. 1907년에 다시 멘델레예프를 지명하려던 시도도 역시 아레니우스의 완강한 반대에 부딪혀 좌절되고 말았는데, 멘델레예프는 그해 1907년 상트페테르부르크에서 독감에 걸려 72세로 세상을 마친다. 국장으로 치러진 그의 장례식에서는 학생들이 주기율표를 머리 위로 높이 들고 걸었다.

그의 이름을 기리기 위해 달의 분화구 하나를 '멘델레예프'라고 부르고 주기율표의 101번째 방사성 원소를 멘델레븀'(Mendelevium; Md)이라고 명명했다.

6. 괴짜 천재 과학자, 테슬라 에디슨과의 진검승부

Nikola Tesla(1856~1943)

전등, 모터, 펌프, 선풍기, 냉장고, 엘리베이터가 없는 세상, 라디오, TV도 없는 세상을 상상해 본 적이 있는가? 우리는 의식하지 못한 채 전기가 주는 모든 문명의 이기를 당연하게 받아들이고 있다. 물론 텔레비전 프로그램을 통해 전기의 혜택 없이 살아가는 아마존 부족에 대한 얘기를 호기심 있게 본 적은 있을 것이다. 개인적으로는 위 목록에다 전자레인지, 컴퓨터, 스마트폰을 더 추가해야 불편하지 않게 살 수 있을 것 같다.

현대생활의 모든 안락함을 제공해주는 전기와 전등을 발명한 사람으로 초등학교 시절 위인전에서 만나게 되는 토머스 에디슨은 "천재는 99%의 노력과 1%의 영감으로 이루어진다"라는 말과 함께 우리에게 너무나 잘 알려진 이름이다. 역사는 승자에 의해 씌어진다고는 하지만, 그러나 실제로 오늘날의 현대기술을 견인한 전기의 마법사는 니콜라 테슬라(Nikola Tesla)이다. 테슬라가 과학사에서 마이너로 남는다는 것은 너무나 불공평한 것 같다.

테슬라는 종종 비교되는 에디슨과는 정반대의 인물이다. 숱한 시행착오를 거쳐서 무엇인가를 발명하는 실제 주인공이 에디슨이라면, 테슬라는 머릿속에서 모든 가능성을 생각한 다음 실험에 옮겨 전기 기술의 혁명적 발전을 가져오게 한 선각자이다. 게다가 다재다능한 괴짜 천재이다. 에디슨이 지나치게 이재(理財)에 밝아 영악한 수준의 성공적인 CEO, 즉 세상의 게임의 법칙을 너무 잘 아는 사람이라고 한다면, 테슬라는 그의 유일한 사랑인 과학의 발전에 대한 충성심(!)으로 명예도 재산도 잃는 것을 서슴지 않는 소위 '미친 과학자'이다. 또한 에디슨이 독학으로 실질적인 문제를 풀었다면, 테슬라는 정식 대학교육을 받았으며, 세계를 바꿀 수 있는 기술을 꿈꾸는 예지력을 가진 과학자이며, 어떤 면에선 몽상가적인 기질도 갖고 있었다.

| 천재적인 재능을 보인 아이 |

테슬라는 1856년 오스트리아 제국(현재는 크로아티아)의 스밀리안(Smiljan)에서 세르비아계 부모의 다섯 남매 중 넷째로 태어났다. 테슬라의 아버지는 세르비아 정교회 목사로, 재능 있는 작가이자 시인이었다. 역시 목사의 딸인 어머니는 재주가 많아서 직접 가구며 가재도구들을 만들었고, 글을 배우지 못했음에도 많은 세르비아 서사시를 외우는 등 다재다능했다. 테슬라 자신도 모든 발명가적 소질을 어머니로부터 물려받았다고 말한다.

테슬라는 어릴 때부터 천재적인 재능을 보이며 수학과 과학에 뛰어났고 시를 좋아했고 5개 국어를 구사했다. 고등학교 시절에는 적분이라든가 수학문제를 종이에 쓰는 법 없이 머릿속으로만 풀어서, 선생님들로부터 부정행위 한 것으로 오해를 받을 정도였다. 무엇보다 테슬라의 가장 뛰어난 재능은 마치 사진을 찍는 것과 같은 뛰어난 기억력이었다. 그 무렵 테슬라는 나이아가라 폭포의 판화 그림을 보고, 엄청나게 위력적인 폭포에 의해 돌아가고 있는 거대한 수차(水車)를 상상한다. 그는 언젠가는 미국에 가서 상상 속의 방법으로 에너지를 만들겠다고 삼촌에게 말하는데 30년 후에 정확히 실현되었다.

테슬라는 수학과 과학에 대한 열정으로 엔지니어가 되겠다고 마음먹었으나, 아버지는 테슬라에게 목사가 되라고 강요했다. 17살이 되던 해 테슬라가 콜레라에 걸려 사경을 헤매고 있을 때 아버지는 아들에게 살아만 남는다면 그라츠에 있는 유명한 오스트리아 공과대학에 가도 좋다고 약속했다.

테슬라의 희망은 현실이 되어 1875년 그는 오스트리아의 그라츠(Graz) 공과대학에 장학금을 받고 입학하여 기계와 전기공학을 공부한다. 1학년 때는 새벽 3시부터 밤 11시까지 공부하여 최우수 성적을 기록하는 등 교수로부터 제일가는 스타 학생이라는 칭찬을 받았다. 그러던 2학년 어느 날, 물리 교수가 전동기와 발전기 겸용으로 사용할 수 있는, 직류에 의해 작동되는 새로운 그람 발전기(Gramme Dynamo)를 교실에서 실연(實演)해 보이며 설명을 했다. 번쩍 스파크가 일어나는 것을 한동안 바라보고 있던 테슬라가 정류자(整流子, commutator)라고 알려진 비효율적인 연결부의 세트를 제거할 수 있다는 제안을 했다가, 교수로부터 "그것은 영구기관(永久機關)을 만들겠다는 소리와 같다"고 조롱당한다. 테슬라 스스로도 영구기관을 만드는 위업(!)을 이루겠다는 희망을 갖지는 않았지만, 직감적으로 이 해답은 교류에 있다는 것을 알았다.

그 후 이러한 도전은 몇 년 동안 테슬라의 마음을 사로잡았다. 2학년이 끝날 무렵 테슬라는 장학금을 놓치게 되고 경제적으로 어려워지자 도박에 빠졌다. 3년째 되는 해, 등록금과 용돈을 도박으로 탕진했지만, 나중에 도박으로 다시 원금을 되찾아 집에 돈을 갚는다. 그러나 졸업시험을 치르기에는 너무 준비가 안 돼 있어 시험 연기를 요청했지만 거절당하고 결국은 학교를 졸업하지 못했다.

| 에디슨과의 만남 |

1882년, 24살의 테슬라는 부다페스트의 중앙전신국에서 근무하고 있었다. 어느 날 해질 무렵 친구와 공원을 산책하면서 평소 좋아해서 전부 외우고 있던 괴테의 파우스트를 암송하고 있었다. 스탠자(stanza, 발라드 연(聯))를 암송하다가, 그의 머리에 섬광처럼 획기적인 영감이 떠올랐다. 즉, 회전자(rotor)의 자극(磁極, Magnetic pole)을 변화하는 대신 발전기의 고정자(stator) 안에서 자기장을 변화시키는, 당시 표준이었던 관례를 거꾸로 뒤집어 놓는 아이디어가 생각난 것이다. 회전 자장(rotating magnetic field)은 2~3개의 서로 다른 위상을 갖는 교류(alternating current, AC)에 의해서 만들어지는데, 이 원리를 이용하면 기존의 직류 모터에는 반드시 있어야 했던 정류자가 필요 없어진다. 테슬라는 머릿속에 떠오른 대로 여러 개의 모터를 노트에 자세히 기록해놓았다. 세상을 바꾸는 과학기술의 진보인 유도 전동기(induction motor)의 발명은 이렇게 해서 태어나게 되었다.

부다페스트에서의 발견 이후 1882년 테슬라는 파리에 있는 유럽 에디슨 회사에서 일하고 있었다. 그는 에디슨의 직류(direct current, DC) 전원장치를 기반으로 하는 백열등을 설치해 주는 일을 하면서, 여가시간에 자신의 아이디어를 현실화할 수 있는 교류모터 디자인 연구에 착수한다. 테슬라는 다상(多相)시스템을 사용하여 교류 전기를 생산하고 전송하고 분배하며, 기계적인 동력으로 이용하는 데 필요한 모든 장비, 즉 다상 유도전동기, 다중 위상분할 유도모터, 다상 동기모터 등을 설계했다. 그는 자신의 교류 시스템이 현재의 직류 시스템보다 훨씬 월등하다는 것을 증명했다.

다상 유도전동기

에디슨 회사 파리 지사의 책임자이자 에디슨의 동료였던 배철러(Charles Batchelor)는 그러한 테슬라의 능력을 알아보고 미국에 있는 에디슨에게 찾아갈 것을 권유한다. 1884년, 테슬라는 배철러의 추천서를 들고 미국으로 건너가 에디슨을 만나는데, 그 추천서에는 테슬라의 앞날을 정확히 예측한 다음과 같은 말이 적혀 있었다.

"나는 두 사람의 위대한 사람을 아는데, 한 사람은 당신이고, 다른 한 사람은 바로 이 젊은이일세."

| 전류전쟁(War of Current) |

당시의 전력 상황을 살펴보면, 1880년 1월 에디슨이 대중에게 백열등을 선보인 후 곧 새롭게 고안된 세계 최초의 에디슨 전력장치가 그해 뉴욕의 맨해튼 남쪽에 설치되었다. 1884년, 산업혁명이 진행되던 미국에서는 다양한 분야에서 전기 수요가 폭발적으로 늘어나게 되었다. 뉴욕의 펄 가(街)에 있는 에디슨의 DC발전소는 재빨리 독점기업이 되어 도시 곳곳에 산재해 있는 공장, 제분소, 극장 등에 전기를 보내고, 전기설비 요청도 점점 더 늘어나고 있었다. 그러나 잦은 고장과 누전, 화재 등으로 난관에 봉착해 있었다. 뉴욕의 브룩클린 주민들은 전차 선로에서 자주 일어나는 스파크에 감전되지 않도록 재빨리 '피하는'(dodge) 것에 하도 익숙해 있어서, 그 지역 야구 구단을 브룩클린 다저스(Brooklyn Dodgers, LA 다저스의 전신)라고 부를 정도였다.

1884년 28살의 테슬라가 수학적인 계산과 자신의 아이디어에 대한 도안을 가지고 뉴욕에 도착했을 때 그의 주머니에는 단돈 4센트만 들어 있을 뿐이었다. 에디슨을 만난 테슬라가 교류 시스템에 대한 자신의 아이디어를 설명했지만, 에디슨은 교류에 대해 아는 것이 별로 없었을 뿐만 아니라 이미 직류 설비에 많이 투자한 터라 아예 관심조차 보이지 않았다. 그러나 테슬라에게 남다른 재능이 있음을 알아챈 에디슨은 대신 직류 발전기를 좀 더 효율적으로 작동하도록 개선해 달라며 그를 채용했다. 1885년 테슬라가 비효율적인 모터와 발전기를 재설계하여 회사의 서비스와 재정을 향상시킬 수 있다고 제안하자, 아마도 불가능하다고 생각하였던지 에디슨은 "만일 그렇게만 한다면, 자네에게 5만 달러(현재 가치로 약 1200만 달러)를 주겠네"라는 약속을 한다.

테슬라는 몇 달 동안 서너 시간만 자면서 열심히 일하여 발전기를 다시 설계하고, 자동조절장치를 설치하여 성능을 크게 향상시켜 에디슨을 놀라게 만든다. 그러나 프로젝트의 대가로 5만 달러를 약속했던 에디슨은 보너스를 지급하기는커녕 농담이었다고 하면서 "테슬라, 자네는 미국식 유머를 이해하지 못하는군"이라고 말한다. 그리고 18달러씩 주던 주급에 10달러를 더 올려주겠다고 제안하지만 모멸감을 느낀 테슬라는 그 자리에서 사표를 던졌다. 이것으로써 두 사람의 관계는 끝나고, 둘은 숙명적인 라이벌로 전력사(電力史)에 길이 남을 그 유명한 전류전쟁이라는 진검승부를 펼치게 된다.

탁월한 재능을 가진 외국인이 먹고 살기 위해 배수로 파는 일을 하고 있다는 소문이 돌자, 투자가들이 테슬라에게 접근했다. 그리고 개선된 아크등을 개발해 달라는 제안을 하고 테슬라 전등회사(Tesla Electric Light Company)를 차려준다. 테슬라는 아름다운 디자인과 더 나은 효율을 가진 독특한 아크등을 발명했으나, 벌어들인 돈은 모두 투자자들에게 돌아가고 자신의 손에 남은 것은 무용지물인 공채증서뿐이었다.

그러나 인생은 싸인 곡선이라고 하지 않던가? 테슬라에게 다시 행운이 찾아왔다. 웨스턴 유니온 회사의 브라운(A.K. Brown)이 교류모터에 대한 테슬라의 아이디어에 투자하겠다는 제안을 한다. 그는 에디슨 사무실에서 얼마 떨어지지 않은 곳에 작은 실험실을 차리고, 오늘날까지도 전 세계에서 사용하고 있는 교류 전력 발생과 전송 시스템에 필요한 모든 부품들을 신속하게 개발했다.

1887년 11~12월 사이에 발전기, 변압기, 모터와 전등으로 이루어진, 다상 교류모터와 전력전송 시스템 분야에서 7개의 특허를 신청하는데, 알렉산더 그레이엄 벨의 전화기 이래 가장 독창적인 특허여서 별다른 이의 제기 없이 특허가 나왔다.

1888년, 테슬라는 미국 전기공학자학회(현재는 IEEE)에서 2상 1/5 마력 교류모터를 선보인다. 열차의 에어브레이크를 발명하여 백만

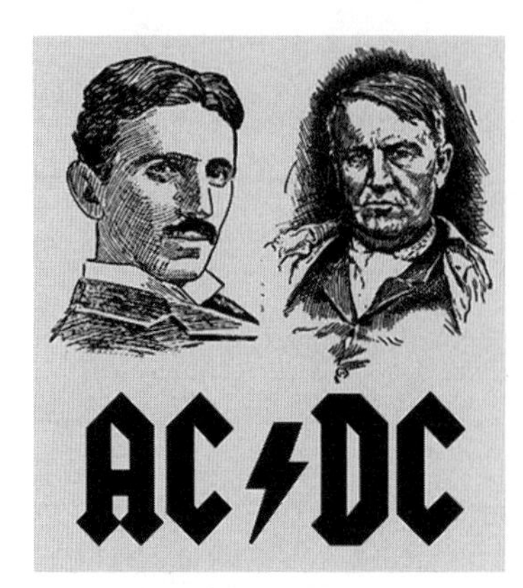

테슬라와 에디슨의 전류전쟁

장자가 된 조지 웨스팅하우스(George Westinghouse)는 학회에 참석했던 자신의 회사 엔지니어로부터 테슬라의 발명에 대한 얘기를 전해들었다. 웨스팅하우스는 교류 시스템이 장거리 전력 전송의 '잃어버린 연결고리'가 된다고 생각해서, 현찰 5000달러와 웨스팅하우스 주식 150주를 포함해 6만 달러 상당을 지불하고 테슬라의 특허권을 산다. 또한 전기를 1마력 팔 때마다 2달러 50센트를 테슬라에게 로열티로 지불하겠다는 파격적인 대우에 합의했다. 장차 더 많은 발명을 계획하고 있던 테슬라는 모처럼 생긴 돈의 절반을 뉴욕에 새로운 실험실을 짓는 데 재빨리 쓴다. 이제 '전류전쟁'은 교류 전동기와 변압기를 손에 넣게 된 웨스팅하우스(교류)와 에디슨(직류)의 전쟁으로 옮겨가는 양상이 되었다.

그렇다면 교류와 직류의 정면대결에서 교류가 갖는 장점은 무엇일까?

직류는 언제나 한쪽 방향으로만 흐르며 직류 발전기에 의해서 생성된다. 에디슨은 직류 시스템이 발전소에서 소비자에게로 보내질 때 낮은 전압을 유지하기 때문에 안전하고 그래서 교류보다 우수하다고 주장한다. 에디슨은 확고한 직류 지지자였지만, 직류의 가장 큰 문제점은 먼 거리까지 직류를 경제적으로 송전하기가 어렵다는 점이다.

금속 전선은 거의 고정된 전기저항을 갖고 있어서 어느 정도의 전력이 열로 소모된다. '전력=전류×전압'이므로, 만일 송전된 전력이 같고 전도체의 굵기가 같다면, '낮은 전류, 높은 전압'보다 '높은 전류, 낮은 전압'이 전력의 손실이 더 크다. 따라서 직류는 전기의 소비 지역과 매우 가까운 곳에 직류 발전소를 설치해야 하고, 전기를 몇 마일 송전하려면 굵은 전선을 필요로 한다. 게다가 직류 전력을 다른 전압으로 바꾸려면 비싸고 비효율적이고 유지보수가 힘든 전동기 발전기 세트가 필요하다.

반면 교류는 고전압으로 송전할 수 있어서 장거리 송전에 매우 효율적이며, 유지보수가 거의 필요 없는 간단한 변압기로 가정용으로 전압을 낮출 수 있다. 이것이 바로 교류 시스템의 성공의 열쇠이다. 참고로 현대의 송전계통망은 교류 전압을 76만5000볼트까지 사용한다.

이 무렵 에디슨은 백열전구, 전선, 전기 모터, 발전기 등 직류를 이용한 전기 시스템에 사용되는 모든 것을 개발해 전기 산업을 독점하고 있었다. 에디슨은 테슬라의 아이디어나 야망은 무시할 수 있었지만, 웨스팅하우스의 야심과 자본은 자신의 사업에 큰 위협이 된다는 것을 즉시 알아챘다. 웨스팅하우스는 대부분 에디슨의 직류 시스템이 닿을 수 없는 인구가 적은 시골 지역에 집중하여 교류 발전기를 설치하지만, 사업 시작 1년 안에 에디슨 발전소의 절반이 넘는 발전소를 갖게 되었다.

점차 교류의 장점에 대한 소문이 퍼지면서 에디슨의 시장을 잠식해가자 에디슨은 심각하게 우려해서, 고전압 교류 전류가 생명에 위험하다고 대대적인 홍보로 반격에 나선다. 사실 교류 전류나 직류 전류 어느 것을 사용하든지 전류 배전 단계에서 상당히 위험한 수준의 전류가 흐르는 전압을 사용하기 때문에 감전에 대한 위험성은 교류나 직류나 비슷하다.

에디슨은 교류의 사용을 방해하기 위해 온갖 비윤리적인 방법을 동원한다. 유기 동물들을 사들여 공개적으로 개와 고양이들을 교류로 감전사시키면서 얼마나 교류가 치명적인가에 대한 거짓 정보를 흘렸다. 그런가 하면 뉴욕 주의회에 교류 사용을 금지하도록 로비를 벌이는 한편 고전압의 위험성을 알리기 위해 사형수를 고통 없이 신속하게 죽게 할

에디슨은 교류의 위험성을 알리기 위해 코끼리까지 감전사시켰다.

수 있다며 교류전기를 사용하는 전기의자를 사형수에게 쓰자고 뒤에서 로비를 벌였다.

변호사의 반대에도 불구하고 애인을 도끼로 살해한 사형수 케믈러에게 최초로 교류 전기의자를 이용한 사형이 집행되었다. 그러나 1000V의 전기를 17초 통과시키면 고통 없이 죽는다는 말과는 달리 스위치를 끄고 보니 살이 타는 냄새와 함께 사형수는 여전히 살아 있었다. 두 번째 시도에서 2000V로 올리자 사형수의 혈관이 터지고 몸에 불이 붙는 끔찍한 상황이 벌어졌다. 이에 대해 웨스팅하우스는 차라리 도끼로 사형을 집행하는 것이 더 나았겠다고 비꼬았다. 또한 에디슨은 세 명의 조련사를 죽게 한 코끼리를 1500명의 관중이 지켜보는 가운데 6600V의 교류 전류로 감전사시키고 이를 '웨스팅하우스되었다(westinghoused)'라는 신조어를 만들어 유행시켜, 교류 전기와 감전사를 같이 연상시키도록 프로파간다를 퍼뜨린다.

| 시카고 만국박람회와 나이아가라 수력발전소 |

전류전쟁의 제2라운드는 콜럼버스의 신대륙 발견 400년을 기념하는 1893년 시카고 만국박람회장에서 시작되었다. 박람회는 전 세계의 예술, 산업, 과학의 눈부신 장관을 보여주는 화려한 경연장이다. 에디슨 회사를 합병해 새로 설립한 제너럴 일렉트릭(GE)과 웨스팅하우스는 박람회의 전기 사업권을 따내려고 치열하게 경쟁을 벌인다. 웨스팅하우스는 에디슨의 온갖 방해공작과 악성 루머에도 불구하고 GE의 응찰가의 반값을 제시하여 전기 사업권을 따냈다. GE는 제안한 경비의 상당 부분이 직류 전력을 이용하는 데 필요한 구리 가격이기 때문에 입찰가를 낮출 수 없었다.

시카고 박람회장 교류 발전소 내부 사진. 12대의 1000마력 2상 교류발전기 중 4대가 보인다.

1893년 5월 1일 시카고 박람회 개막식 날, 클리블랜드 대통령이 스위치를 누르자 20만 개 이상의 백열등이 신고전주의 양식의 박람회장 건물을 비추며 환상적인 분위기를 연출했다. 이 행사는 교류(AC)전력의 역사에 아주 중요한 사건으로 기록된다. 웨스팅하우스와 테슬라는 2700만 명이 다녀간 대규모의 행사에서, 전 세계 사람들에게 교류가 안전하고 효율적이며 경제적이고 믿을 만하다는 것을, 즉 미래의 전력은 교류라는 것을 극적으로 입증한 것이다. 그때부터 미국에서 제작되는 모든 전기 장비의 80% 이상은 교류를 쓰고 있다.

테슬라에게 어린 시절의 꿈을 실현할 기회가 찾아왔다. 그는 경이로운 자연의 힘 나이아가라 폭포를 이용하고자 하는 꿈을 갖고 있었는데, 1893년 말 웨스팅하우스가 발전소를 설립하는 계약을 따게 되자 그 꿈은 현실이 된다. 1888년부터 시작된 GE(에디슨)와 웨스팅하우스(테슬라)의 '전류전쟁'은 1893년 10월 '국제 나이아가라 폭포 위원회'가 웨스팅하우스에게 수력발전소 사업권을 줌으로써 종지부를 찍는다. 나이아가라 위원회의 위원장은 유명한 영국의 물리학자 켈빈 경으로 그는 시카고 박람회를 참관하기 전까진 에디슨처럼 교류에 열렬히 반대하던 사람이었다. 그러나 켈빈 경은 이제 교류의 강력한 옹호자가 되어 웨스팅하우스와 계약을 체결한다.

1895년 8월, 나이아가라 폭포에 세계 최초의 수력발전소가 세워짐으로써 교류는 전류전쟁의 최후 승자가 되었다. 테슬라의 지지자들까지도 정말로 수력발전소가 제대로 작동할지 미심쩍어 했다. 그러나 1896년 11월 16일 한밤중에 스위치를 켜자, 34킬로미터 떨어진 뉴욕 버펄로까지 송전이 되었고, 몇년 안에 발전소는 뉴욕에서 644킬로미터까지 송전할 수 있도록 확장되었다. 이렇게 해서 테슬라의 다상교류(polyphase alternating current)는 전 세계의 불을 밝히는 표준이 된다.

그러나 치열한 전류전쟁의 결과 GE와 웨스팅하우스는 도덕적·재정적으로 만신창이가 되어 기진맥진해 있었다. 한편 파산 위기에 몰리게 된 웨스팅하우스는 테슬라에게 후한 로열티를 주기로 한 처음의 계약을 해지해 달라고 사정한다. 테슬라는 통 크게 이를 기꺼이 받아들여, 계약서를 찢어버리는 역사적인 제스처를 썼다. 테슬라는 무엇보다도 자신의 발명을 믿어주고 신뢰해준 웨스팅하우스에게 감사했던 것이다. 웨스팅하우스는 1마력 당 2.5달러의 기술료라는 지나친 부담에서 벗어나고 교류가 빠르게 폭발적인 인기를 얻게 되면서 다시 재정적으로 회복되었다. 그러나 계약서를 찢어버리지 않았다면 억만장자가 되었을 테슬라는 이후 거듭된 경제적 어려움에 빠지다가 말년에는 돈 한푼 없는 빈곤 속에서 생애를 마치게 된다.

| 노벨상 루머와 에디슨 메달 |

1915년 11월 6일, 런던으로부터 날아온 로이터통신은 1915년 노벨 물리학상이 에디슨과 테슬라에게 수여된다는 소식을 전해왔다. 그러나 11월 15일 스톡홀름으로부터의 로이터통신은 브래그 경 부자(William Henry Bragg와 William Lawrence Bragg)가 X선에 의한 결정구조 분석에 대한 업적으로 노벨 물리학상을 수상했다고 보도했다. 그러자 근거없는 소문이 나돌았는데, 테슬라와 에디슨이 원래 공동 수상 예정자였으나 둘 다 공동으로 수상하는 것이 싫어서 노벨상을 거부했다는 것이다. 두 사람 사이에 전류전쟁으로 인한 적대감 때문에 상대방의 공적을 인정하고 싶지 않고, 특히 돈이 많은 에디슨 측에서 테슬라가 2만 달러의 상금을 받지 못하도록 거부했다는 내용이다.

그러나 소문에 대한 진위 여부에 대한 질문을 받은 노벨재단은 "어떤 사람이 노벨상을 받을 의향이 없다고 의사를 밝혔기 때문에 노벨상이 주어지지 않았다는 것은 터무니없는 이야기다. 노벨상 수상자는 오직 본인에게 노벨상이 수여된다는 발표가 났을 때에만 이를 거부할 수 있다"라고 응답했다.

소문의 진위야 어떻든 1816년 미국의 전기전자공학회(IEEE)는 전기과학, 전기공학, 그리고 전기예술에 뛰어난 업적을 이룬 사람에게 주는 에디슨 메달을 테슬라에게 수여했다. 테슬라가 그토록 앙숙관계이던 에디슨의 이름을 딴 상을 받게 된 것도 아이러니가 아닐 수 없다. 테슬라는 전류전쟁의 라이벌이었던 에디슨에 대해 다음과 같이 평가했다.

"만일 짚더미 속에서 바늘을 찾아야 한다면, 에디슨은 바늘이 어디에 있을 가능성이 가장 높은가를 생각하기 전에, 즉각 꿀벌 같은 열정적인 부지런함으로 바늘을 찾을 때까지 짚더미를 하나하나 뒤져나갈 것이다. 나는 에디슨이 만일 조금이라도 이론과 계산을 할 줄 안다면 그의 노동의 90%는 안 해도 될 것이라는 것을 아는 안타까운 증인이었다."

7. 누가 테슬라의 꿈을 빼앗아 갔는가?
– 공짜전기 무선 송신

위대한 발명가 테슬라는 교류 전기, 형광등, 테슬라코일, X레이, 라디오 전송, 전동기, 에너지의 무선송전, 원격조정, 로봇, 수력발전, 고주파, 레이저, 레이더 등 일생 동안 700개 이상의 특허를 받은 많은 발명들로 오늘날 20세기 과학기술의 기반을 닦은 천재이며 시인이고 몽상가이다. 테슬라를 '미친 과학자'라는 애칭으로 부르는 데는 어쩌면 공상만화에서 나옴직한 조금은 기괴한, 그래서 신비감을 주는 그의 아이디어가 한몫을 했다. 그 가운데는 적의 비행기를 공중에서 한방에 추락시킬 수 있는 죽음의 광선(또는 평화의 광선), 건물을 넘어뜨릴 수 있는 포켓 크기의 공진기, 도시를 보호하기 위한 역장(力場, force field), 그리고 지구의 전리층을 통해 전기를 공짜로 전 세계에 송전하는 기발한 아이디어들도 있다.

오늘날 우리가 자연스럽게 쓰고 있는 인터넷이나 스마트폰처럼 무선으로 메시지나 영상을 전송하는 것을 테슬라는 이미 1세기 전에 꿈꾸

테슬라 발명품들

고 있었다. 뿐만 아니라 전 세계 어느 곳에서나 무선으로 청정 전력을 공짜로 받아 쓸 수 있도록 한다는 테슬라의 원대한 꿈이 실현되었다면 화석연료의 고갈이니 환경오염이니 하는 21세기의 에너지·환경 문제가 한방에 해결되었을 것이다. 또한 부자 나라나 가난한 나라나 제약 없이 필요한 만큼 갖다 쓸 수 있으니, 진정한 박애주의자라 할 수 있다.

나이아가라 수력발전소의 성공 이후 테슬라는 뉴욕시의 그랜드 가(街)에 있는 실험실에서 고주파 전기 탐구에 몰두했다. 몇 가지의 과학적인 획기적인 성과가 고주파현상에 대해 서광을 비쳐준다. 1873년 영국의 맥스웰(James Clark Maxwell)은 빛이 전자파 복사선임을 수학적으로 증명했으며, 독일의 헤르츠(Heinrich Hertz)는 1888년 위대한 맥스웰의 가정을 시험하기 위해 훌륭한 실험을 고안했다. 즉 헤르츠 발진기(oscillator)라고 하는 2개의 황동으로 된 공을 공중에서 마주 보게 하고, 직선도체를 접속해서 직류전압을 가했다. 헤르츠는 이 전압이 충분히 높으면 스파크가 발생하며, 도선의 정전 용량과 인덕턴스(inductance)에 따라 결정된 주파수의 전자파가 전파되는 것을 증명했다. 이 실험에서 확인된 전자파는 라디오파로, 전기를 위한 새로운 가능성들에 대한 뜨거운 추측들이 난무했다. 오늘날에는 헤르츠의 획기적인 발견을 기념하기 위하여, 주파수의 단위로 헤르츠(hertz)가 쓰인다.

테슬라는 전자파 복사선의 존재를 확인했다는 헤르츠의 실험 결과를 재현하기 위한 실험을 한다. 헤르츠의 실험을 똑같이 되풀이하는 동안 테슬라는 갑작스런 격렬한 전기방전을 경험했고, 미개척지를 탐색할 장치를 찾기 시작한다. 그는 고주파가 램프를 더 밝게 하고, 보다 효율적으로 에너지를 송전하며, 신체에 비교적 안전하게 에너지가 통과할 수 있는 등 많은 기술적 장점을 갖고 있다는 것을 알고 있었다. 테슬라의 첫 번째 목적은 햇빛의 주파수에 가까운 램프의 혁신적인 밝기와 구성을 찾아내어 에디슨의 백열등이 유효 에너지의 5%밖에 이용하지 못하는 문제점을 해결하기를 원한 것이었다.

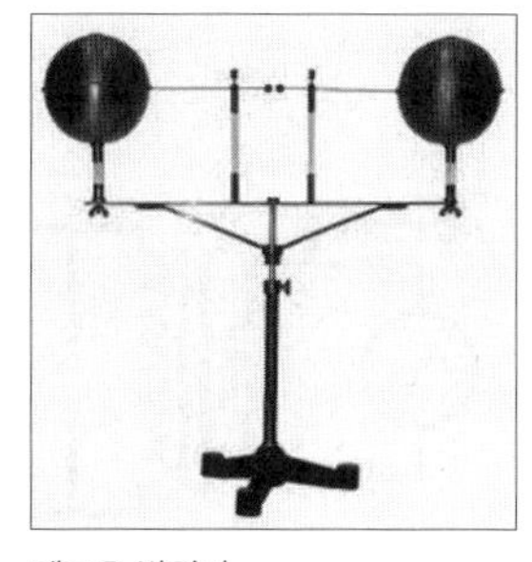
헤르츠 발진기

| 테슬라 코일 |

테슬라는 고속으로 작동할 수 있는 회전식 교류 발전기를 제작하여 고주파 연구를 시작했지만 그의 목표치에 훨씬 못 미치는 1초에 2만 사이클에 접근하자 기계는 산산조각 나버리고 말았다. 그러나 곧 그에 대한 해답을 찾았는데, 테슬라의 가장 유명한 발명품으로 오늘날 우리를 매혹시키는 '테슬라 코일'이라는 혁신적인 장치가 바로 그것이다. 1891년 특허를 받은 테슬라 코일은 고주파, 고전압의 진동 전류를 발생시키는 데 쓰이는 유도코일로, 그 핵심 원리는 공진(公振, resonance)에 있다. 테슬라 코일은 2개의 LC회로로 구성되는데 첫 번째 LC회로는 콘덴서, 스파크 갭, 1차 코일로 구성된 발진기 역할을 하고, 2차 LC회로는 2차

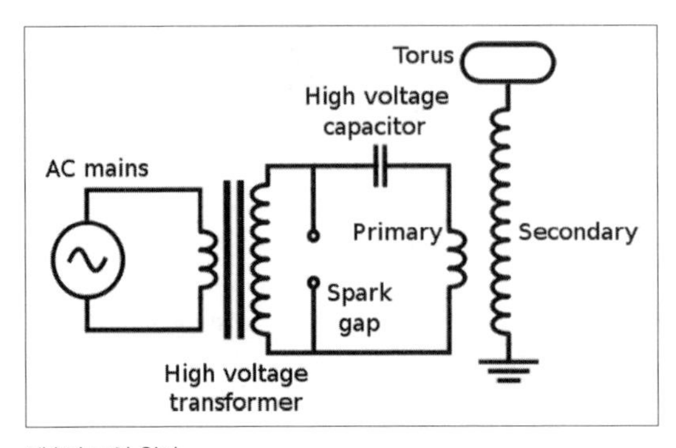

테슬라 코일 원리

테슬라 코일 방전

코일과 토로이드로 구성되는 공진회로 역할을 한다. 토로이드에서 강력한 방전 스파크가 일어나는 이유는 2차 LC회로가 공진주파수일 때 전압이 증폭되어, 어렵지 않게 백만 볼트 이상을 얻을 수 있기 때문이다. 전기 스파크 형태로 방전되는데 이때 천둥 칠 때의 원리와 마찬가지로 소리를 낸다.

테슬라 자신은 1억 볼트까지 올렸다고 하는데, 아무도 그가 한 것과 똑같이 재현한 사람은 없다고 한다.

1890년 11월, 테슬라는 고주파 전류의 거동을 연구하던 중, 충분한 세기를 갖는 전기장이 공기를 통해 전파된 에너지를 가지고 무선으로 전극이 없는 진공관을 밝힌다. 이것은 과학사에 남을 기이하고 멋진 한 장면으로 기록된다. 과거의 경이로움이 오늘날에는 흔한 현상이지만, 100여 년 전 진공관에 무선으로 불이 들어오는 것을 공개적으로 시연해 보이자, 테슬라는 전 세계로부터 수많은 찬사와 열렬한 초청을 받게 된다. 이때가 그의 유명세가 절정에 달하는 때로 테슬라는 그 상황을 자서전에서 다음과 같이 묘사했다.

"1892년, 수많은 강의 요청들을 더 이상 거절할 수 없는 상황에 몰려 영국의 전기공학연구소에서 강연을 하게 되었다. 나의 의도는 강연 후 곧 비슷한 강연 약속을 지키기 위해 파리로 즉시 떠나는 것이었다. 그러나 듀어(Sir James Dewar) 경이 왕립연구소에 와서 강연을 하라고 요청하는데, 나도 단호한 결단력을 가진 사람이지만, 이 위대한 스코틀랜드 사람의 완강한 고집에는 굴복하지 않을 수 없었다. 그는 나를 의자에 밀어 앉히고, 근사한 갈색의 액체를 유리잔에 반쯤 따르고 나서, '자, 당신은 패러데이의 의자에 앉아 있고, 그가 즐겨 마시던 위스키를 마시고 있지요'라고 말하는데, 이것은 누구나 선망할 만한 근사한 경험이었다.

다음날 저녁, 내가 연구소에서 시범을 보이고 난 뒤, 끝나갈 무렵 레일리(Rayleigh) 경은 나에게 매우 후한 칭찬과 격려를 했다. 나는 내가 획기적인 발견에 천부적인 재능을 갖고 있다는 것을 알지 못했으나, 과학계의 위대한 인물로 존경해왔던 레일리 경으로부터 그런 칭찬을 듣고 나니, 이제부터 거대한 아이디어에 집중해야겠다는 생각이 들었다."

이것을 계기로 테슬라에게는 무선으로 에너지나 메시지를 전송하려고 하는 필생의 강박증이 시작되었다.

테슬라는 고주파를 가지고 네온과 형광등(50년 후에 실용화되었다)을 개발했으며, 최초로 X선 사진을 찍었다. 그는 1892년 자신의 실험실에 있던 필름이 이전의 실험으로 손상된 것을 발견하고, 눈에 보이지 않는 종류의 복사선 에너지라고 언급하는데, 3년 후 뢴트겐에 의해서 'X선'이라고 명명된다.

1893년 테슬라는 최초로 무선 특허를 제출하였을 뿐 아니라, 무선통신에 대한 자신의 이론을 미주리의 세인트루이스, 필라델피아의 프랭클린 연구소 그리고 국가 전등협회 같은 곳에서 강연과 시범을 했는데, 이것은 마르코니(Guglielmo Marconi)가 1895년 말 라디오 신호를 전송하는 실험을 하기 2년 전의 일이다. 1894년 봄, 테슬라는 원추형 공심(空心, aircore) 테슬라 코일을 이용해 백만 볼트를 발생시켰다. 이후 그는 뉴욕의 실험실에서 길이가 5미터나 되는 방전(번개)을 성공시켰다. 새로이 만들어진 테슬라 코일을 가지고 같은 주파수로 공진하도록 튜닝한다면, 강한 라디오 신호를 전송하고 수신할 수 있다는 것을 발견했다. 코일이 신호의 특정 주파수로 튜닝되었을 때 공진 현상을 통해 들어오는 전기에너지를 엄청나게 확대하는 것이다.

미국의 유명 작가 마크 트웨인은 테슬라의 실험실에서 벌어지는 놀랍고 즐거운 쇼에 자주 초대되는 친한 친구들 중 한 사람이었다. 1895년 어느 날 저녁 트웨인은 전기 발진기에 탑재된 플랫폼의 회전을 경험하기 위해 올라탔다가 의도하지 않게 다른 사람들을 즐겁게 해준다. 테슬라가 말리는 척하자, 마크 트웨인은 테스트를 조금 더 연장하고 싶어 "테슬라, 좀 더"하고 외치다가, 장이 요동을 치는 경험을 한 뒤에야 살려달라고 비명을 질렀다.

테슬라는 80킬로미터 떨어진 뉴욕-웨스트포인트 사이에 라디오 신호를 송신하는 실험을 수행할 예정이었다. 그런데 타이밍이 이보다 더 나쁠 수는 없었다. 1985년 3월 13일 엄청난 재앙이 닥쳐왔다. 그의 실험실이 있는 뉴욕의 5번가 6층 건물이 완전히 불타버려 일생 동안 그가 해온 연구의 절반이 화재로 소실된 것이다. 대략 5만 달러(현재 가치로 천만 달러 이상) 상당의 모든 장비, 기계, 수백 개의 발명 모델, 실험노트, 자료와 실험계획, 사진, 유명한 만국박람회의 사진 등, 모든 것이 연기와 함께 사라졌다. 아무것도 보험에 들어 있지 않았다. 테슬라는 한동안 절망에 빠졌다.

| 테슬라 라디오 |

한편 영국에서는 이탈리아 출신의 젊은 발명가 마르코니(Guglielmo)가 무선 전신 장비를 만들려고 열심히 연구하고 있었다. 마르코니는 영국에서 1896년 첫 번째 무선전신 특허를 내지만, 그 장비는 2회로 시스템이어서 연못을 가로질러 전송도 못 할 수준이었다고 한다. 테슬라는 엄청난 재앙에도 불구하고 천부적인 경이로운 기억력 덕분에 실험실을 복구하기 시작하여, 1897년 기본 라디오 특허 신청을 내어 1900년에 특허를 받았다.

로봇 보트

1898년 매디슨 스퀘어가든에서 열린 전기 박람회에서 쇼맨 테슬라는 사람의 명령에 따라 움직이는 로봇 보트(robot boat)를 선보여 관중들을 충격에 빠뜨린다. 그러나 실제로는 실내 수영장에 떠 있는 1.8미터 크기의 보트를 향해 관중이 명령을 하면, 테슬라가 라디오파를 전송해 보트를 조종한 것이다. 최초의 라디오파로 원격 조종된 로봇이라고 할 수 있는 이 사건은 신문의 1면 기사를 장식했다. 테슬라는 이 발명을 텔오토메이션(telautomation)이라 불렀으며, 1898년 11월 특허를 낸다. 테슬라의 이 장치는 그야말로 로봇 공학의 탄생을 알린 쾌거라고 할 수 있으나 당시에는 그 중요성을 인정받지 못했다. 테슬라는 이 발명이 특히 전쟁에서 배를 공격할 때 유도무기로 쓸 수 있는 잠재력을 갖고 있다고 해군을 설득했으나 아무 소용이 없었다. 그는 동시대 사람들보다 100년을 앞선 선각자로 여겨지는데, 이것이 신의 축복인지 저주인지 판단내리기 쉽지 않다. 왜냐하면 세상을 앞서 살아가는 모든 선각자들은 공통적으로 전혀 이해받지 못한 채, 대부분 비극적으로 생을 마치는 경우가 많기 때문이다. 같은 해, 테슬라는 가솔린 엔진을 위한 전기점화기(electric igniter)를 개발한다.

테슬라의 실험실이 있는 뉴욕의 주변 동네에서는 인공번개(전기방전)와 그에 따른 큰 소음, 건물이 지진이라도 난 듯 흔들리고, 밤중에는 실험실 창문에서 이상한 푸른 빛이 빛나는 등의 기괴한 현상으로 주민들은 마치 프랑켄슈타인 실험실을 보는 듯한 불안감을 느끼고 있었다.

1898년 어느 날 테슬라는 자신이 발명한 전기기계 발진기(electro-mechanical oscillator)를 시험하고 있었는데, 기계의 길이는 17.9센티미터, 무게는 0.5~1킬로그램 정도로 코트 주머니에 들어갈 정도의 소형이었다. 그는 실험실이 있는 건물의 강철 빔에 기계를 매달고, 건물 구조와 공명할 수 있는 공진 주파수를 맞추었다. 얼마 후, 정확한 공진 주파수를 찾아내자 갑자기 건물 전체가 격렬하게 흔들리기 시작했다. 깜짝 놀란 테슬라가 기계를 중단시키기 위해 망치로 내리쳤고, 건물 안 사람들은 혼비백산하여 밖으로 뛰쳐나가고 경찰과 소방차가 현장으로 달려오는 일대 소동이 벌어졌다. 왜 이런 일이 벌어진 걸까?

모든 물체는 고유의 주파수를 가지고 있으며, 이 고유 주파수에 해당하는 전파를 흡수하는 성질이 있다. 공진 현상이란 고유 주파수와 일치하는 주파수의 힘이 외부에서 가해지면 진폭이 커지면서 에너지가 증가하는 현상으로, 대표적인 사례가 타코마 다리의 붕괴 사건이다. 1940년 미국 워싱턴 주의 타코마 다리는 바람의 진동수가 다리의 진동수와 일치하면서 점점 더 거세게 흔들리다가 결국은 무너져 내렸다.

테슬라는 전선 없이 대규모로 전기에너지를 송전할 수 있는 연구에 몰두했다. 공기를 통한 전력의 장거리 송전은 상당한 에너지의 손실을 가져오는데, 이에 대한 문제점을 해결하기 위해 매체로서 공기 대신 지면을 통해 전기를 송전하기로 결정한다. 지면은 전도체로부터 과잉의 전류를 방전하기 위한 싱크홀(sink hole)로, 문자 그대로 접지(接地)라는 일반적인 개념으로 비추어볼 때 테슬라의 생각은 타당성이 없는 것 같아 보인다. 그러나 테슬라는 만일 지면이 충분할 정도로 전하를 띠면, 전도체가 된다는 것을 발견했다. 이러한 방법으로 온 지구가 거대한 전기 송신기로 변환하는 것이다.

| 콜로라도스프링스 |

웅대한 테슬라의 실험을 수행하기에는 뉴욕의 실험실은 너무 협소했다. 따라서 테슬라는 콜로라도스프링스(Colorado Springs)로 가기로 한다. 그곳을 선택한 이유는 다상의 교류 배전 시스템이 그곳에 설치되어 있었고, 아는 지인들이 전기와 장소를 무상으로 제공해주었기 때문이다. 그는 두 가지 연구 목표를 설정했는데, 전 세계를 연결하는 무선전신 시스템 개발과 에너지를 효율적으로 보내는 방법의 연구였다.

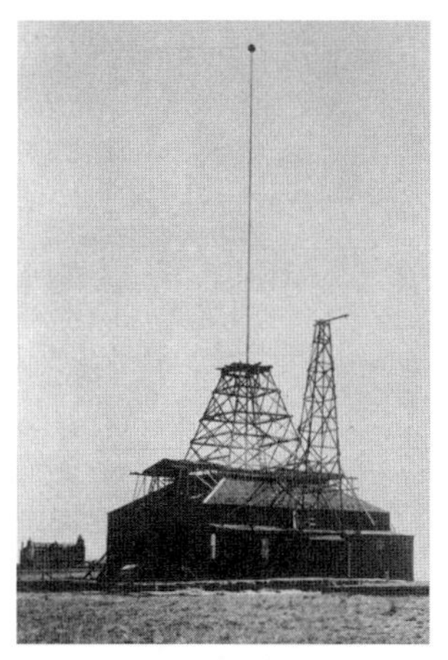

콜로라도스프링스의 실험실

초원에 세워진 실험실은 마치 헛간 같은 지붕 위에 2.4미터 높이의 목조탑이 세워지고 그 위에 큰 구리 공을 떠받치고 있는 약 4.5미터 길이의 금속 막대기가 세워진 기이한 모습이었다. 그 이상한 목조 구조물에는 지면에 강력한 전기 충격을 줄 거대한 테슬라 코일이 들어 있었다. 이곳에서 테슬라는 자신의 가장 위대한 발명이라고 하는 테슬라 코일 송신기의 고급 버전인 '확대 송신기'(Magnifying transmitter)를 개발했다. 그밖에 콜로라도스프링스에 천둥 번개가 칠 때 생성되는 전파의 효과를 측정하는 데 사용할 송신기, 수신기와 몇 개의 소형 공진 변압기를 만들었다.

어느 날, 천둥과 벼락을 동반한 거대한 폭풍우가 이 지역을 강타하였는데, 테슬라는 폭풍이 칠 때 생기는 번개를 측정하면서 완전히 매혹당하고 만다. 즉, 그는 반복적인 실험을 통해 번개가 일정한 주기를 갖고 있으며, 뇌우에 의해 발생한 전기장이 지표와 전리층(ionosphere) 사이의 도파관 역할에 의해 공진현상이 일어나고(후에 테슬라-슈만 공진이라고 명명된다), **정상파**(定常波, stationary wave)라는 증거를 발견한다.

정상파
파형(波形)이 매질을 통해 더 진행하지 못하고 일정한 곳에 머물러 진동하는 파동을 말한다.

테슬라는 이러한 관찰의 결과 지표의 전기적 성질에 대한 결론을 내리고, 1899년 어느 가을 밤, 자신이 개발한 송신기를 가지고 공진현상을 만들려고 전속력으로 작동시켰다. 이 실험으로 테슬라는 수백만 볼트를 방전하는 41미터 길이의 인공 번개를 발생시켰는데, 함께 방출된 에너지로부터 나온 천둥은 24킬로나 떨어져 있는 콜로라도 크리플 크리크(Cripple Creek)에서도 들릴 정도였다. 그러나 급격한 전력 상승으로 인한 과부하로 콜로라도스프링스의 발전기가 파열되는 바람에 콜로라도스프링스 전체에 정전 사태를 가져왔다. 예상치 않은 사고로 실험은 중단되었고, 테슬라는 분노한 발전소의 주인들로부터 더 이상 공짜 전기를 제공받을 수 없게 되었다.

1899년 콜로라도스프링스 실험실에서 테슬라는 송신기에 의해 수신되는 반복적인 신호를 주목하고, 이 신호가 외계에서 보내온 우주전파(cosmic radio wave)임을 발견하여 세계 최초의 전파천문학(Radio Astronomy)의 아버지(!)가 된다.

1900년 1월, 9개월 동안의 콜로라도스프링스 생활을 끝내고 뉴욕으로 돌아온 그는 〈센추리〉 지에 놀랄 만한 기사를 게재한다. 미래지향적이고, 매우 구체적인 비전을 가진 테슬라가 쓴 그 기사의 내용은 안테나로 태양에너지를 활용하는 방법, 전기에너지로써 날씨를 제어하는 데 대한 가능성을 상세히 묘사하고, 전쟁을 일으키는 것을 불가능하게 만들 무서운 기계, 즉 죽음의 광선(또는 평화의 광선)의 등장을 예측하고, 전 세계적인 무선통신의 구축을 제안하는 등 획기적인 내용이었다. 대부분의 사람들은 거의 이해하지 못할 정도의 공상 과학소설 같은 이야기지만, 그러나 테슬라는 절대 과소평가될 사람이 아니었다.

이 기사는 세계에서 가장 강력한 재력가들 중의 한 사람인 은행가 J. P. 모건(J. P. Morgan)의 관심을 끌었고 테슬라는 모건에게 당시로는 공상과학 소설에 가까운 무선통신의 세계적 시스템 구축에 대해 제안을 했다. 즉, 바다 건너의 전화메시지, 신문 중계, 음악, 주식시장 보고, 개인 메시지, 안전한 군대 통신, 그리고 사진의 전송을 세계 어느 곳이든 전달할 수 있다고 설명했다. 오늘날 인터넷을 통해 우리가 일상적으로 하고 있는 일들을 1세기 전의 테슬라는 다음과 같은 말로써 모건을 설득했다.

"무선이 지구 전체에 적용될 때, 지구는 하나의 거대한 두뇌로 전환되어서, 지구의 어느 곳에 있건 응답이 가능하게 될 것입니다."

모건은 테슬라에게 송신탑과 발전소를 짓도록 15만 달러를 투자했다. 현실적으로 필요한 금액은 100만 달러 정도였지만 테슬라는 돈을 받은 즉시 일에 착수했다. 그러나 그 규모는 테슬라가 모건에게 처음에 제안했던 것보다 더 확대되어 실제 계획은 무선통신뿐 아니라 지구가 하나의 거대한 발전기가 되어, 지구상 어디에나 전력을 무선으로 송전하는 원대한 스케일로, 이것은 테슬라에게 치명적인 실수가 되었다.

| 꿈의 거탑, 워든클리프 |

1900년, 테슬라는 이 원대한 프로젝트를 위해 워든(Warden)이라는 변호사가 제공한 롱아일랜드의 절벽 위 땅에 꿈의 거탑을 건설하는 일에 착수했다. 그리고 후원자 이름을 따서 워든클리프(Wardenclyffe)라고 불렀다. 1901년에 이르면, 워든클리프의 가장 도전적인 문제는 꼭대기에 55톤 무게의 강철 돔을 지지하고 있는 57미터 높이의 탑을 세우는 일이었다. 탑의 아래쪽은 우물 모양의 수직통로를 지하 36미터까지 파고, 16개의 강철 파이프를 90미터 깊이 땅 속으로 박아 이들 사이에 전류가 흐르게 했다.

1901년 12월 12일, 마르코니가 알파벳 S를 모스 부호로 영국의 콘월(Cornwall)에서 태평양을 건너 캐나다의 뉴펀들랜드(Newfoundland)로 송신했다는 신문 보도가 나왔다. 조수가 테슬라에게 "마르코니가 당신을 앞질렀다"고 말하자 그는 "마르코니는 17개의 내 특허를 써서 그 일을 달성한 거야"라고 쿨하게 말한다. 마르코니가 사용한 장비는 테슬라가 워든클리프에 세우고 있는 엄청난 규모에 비하면 장난감 수준이었다. 하지만 마르코니의 시스템이 먼저 성공했을 뿐 아니라 비용도 저렴하다. 이제 테슬라의 목표는 단순히 무선통신뿐만 아니라 전 세계에 전력을 송전하겠다는 지난 10년간의 꿈을 실현시키는 것임이 분명해졌다. 그러나 J. P. 모건은 테슬라를 의심하기 시작했고, 눈덩이처럼 늘어나는 재정적 압박을 해결해 달라는 테슬라의 요청에 미적거릴 뿐이었다.

워든클리프 타워

1903년 초, 탑 위의 55톤의 버섯모양 강철 돔도 거의 완성되어가고 있었다. 그러나 테슬라의 재정 상태는 벼랑끝까지 몰려 채권자들은 끊임없이 미지불금을 갚으라고 압박해왔고, 그는 모건에게 돈을 지원해 줄 것을 사정사정한다. 그러던 7월의 어느 날, 테슬라는 실험실에서 예비실험을 했다. 그날 밤 이후 며칠 동안 쇼어햄(Shoreham) 주민들은 한밤중에 워든클리프 탑으로부터 번쩍거리는 번개 같은 섬광을 보고 경악한다.

곧 소문이 퍼지자, 테슬라는 전신뿐만이 아니라 무선으로 전 세계에 에너지를 공급하려고 한다는 자신의 의도를 모건에게 말했다. 이에 대해 모건은 "그렇게 된다면, 미터기를 어떻게 다나요?"라며 더 이상의 재정 지원을 거부했다. 세상에서 가장 유명한 재력가이며 투자가들 중 한 사람인 모건이 재정 지원을 거부했다고 알려지자, 다른 투자자들도 줄줄이 더 이상의 투자를 거부하고 나서자 테슬라는 절망에 빠진다. 그는 필사적으로 이 프로젝트를 성공시켜 보려고 노력했으나 결국 1905년 프로젝트를 포기하고 말았다.

신문에는 '테슬라의 백만 달러짜리 바보 짓'이라는 기사가 나가고, 굴욕감과 패배감에 테슬라는 신경쇠약에 걸린다. 테슬라는 "이것은 꿈이 아니라, 단순한 과학적인 전기공학의 위업일 뿐입니다. 단지 용기 없고, 볼 수 없고, 의심만 하는 세상에서는 비싸다고 하는 겁니다"라고 항변했다. 그러한 절망 속에서도 1906년 50세 되는 생일날에 테슬라는 200마력, 1만 6000rpm짜리 날 없는 터빈(Bladeless Turbine)의 시범을 보인다.

1909년, 마르코니는 무선전신을 개발한 공로로 노벨 물리학상을 수상했고, 역사책에서는 그를 '라디오의 아버지'라 부른다. 마르코니는 이제 엄청난 부자가 된 반면 테슬라는 땡전 한푼 없는 빈털터리에다 빚쟁이가 되었다. 테슬라는 마르코니보다 먼저 무선전신에 공헌한 자신이 노벨 물리학상을 받지 못한 데 대해 무척 상심했고, 마르코니와의 특허권 소송은 대법원까지 갔다. 그러나 테슬라가 죽은 지 1년 후에야 승소판결이 내려졌다.

| 테슬라의 말년과 식지 않는 발명에 대한 열정 |

1928년 테슬라는 72살에 그의 마지막 특허를 받는다. '항공 운송장치'라는 제목의 특허는 매우 탁월하게 디자인된 비행기에 관한 것으로 헬리콥터와 비행기를 둘 다 닮았다. 테슬라에 따르면 이 장치의 무게는 360킬로그램 정도이며 차고에서든 지붕에서든 이륙할 수 있다고 한다. 이 새로운 발명은 오늘날의 무인항공기(drone)의 시초라고 할 수 있다. 그러나 불행하게도 테슬라에겐 시제품을 만들 돈이 없었다.

유럽에 전쟁의 암운이 돌고 있던 1934년 7월 11일자 〈뉴욕 타임즈〉 1면에는 "78세의 테슬라, 새로운 '죽음의 광선'의 베일을 벗기다"라는 제목의 톱기사가 실렸다. 기사 내용은 "새로운 무기는 농축된 입자 빔을 허공으로 쏘아 보내, 엄청난 에너지로 250마일 거리에서 1만 대의 적군 비행기를 격추시켜, 어느 나라든 전쟁을 불가능하게 만드는 무기여서, '텔레포스'(Teleforce)라고 명명한 이 무기를 오히려 테슬라는 '평화의 광선'이라고 말한다"라고 썼다.

테슬라는 '평화의 광선'을 제작하자는 제안을 미국, 영국, 캐나다, 프랑스, 소련을 포함한 동맹국들의 여러 나라에 보냈는데 오직 소련만이 관심을 보였다. 테슬라는 1937년 소련 무기상이라는 의심을 받는 뉴욕의 암토르그(Amtorg) 무역회사에 자신의 계획을 소개한다. 2년 뒤인 1939년, 테슬라는 1단계 계획을 소련에서 시험해보고 2만5000달러를 받았다. 대부분의 전문가들은 그의 아이디어가 실행 불가능하다고 말한다. 그러나 그의 '죽음의 광선'은 냉전기에 미국과 소련에서 개발한 하전입자빔 무기(Charged particle beam weapon)와 묘하게 닮았다.

제2차 세계대전이 한창이던 1943년 1월 7일, 테슬라는 86세의 나이로 뉴요커 호텔에서 홀로 세상을 떴다. 그는 돈 한푼 없이 오히려 빚과 기술·과학 관련 기록들만 남겼다. 소식을 들은 조카가 도착했을 때는 이미 테슬라의 시신은 어딘가로 옮겨졌고, 테슬라가 가지고 있던 수백 페이지의 노트와 기술 노트들은 사라지고 없었다. 뉴욕 FBI 부국장의 말에 따르면, 미국 정부로서는 테슬라의 기록물을 보관하는 것이 극히 중요해서 외국인 자산 관리국에서 그의 소지품을 전부 압수해 갔다는 것이다. 테슬라는 1891년 35세 되는 해에 이미 미국 시민권을 받은 엄연한 미국인이다. 1952년, 테슬라의 조카로부터 끊임없는 압력을 받은 끝에, 테슬라의 모든 소지품은 유고슬라비아 벨그라드에 세워진 테슬라 박물관으로 돌아갔다.

뉴욕시장 라구아디아(Laguardia)는 추모연설에서 다음과 같이 그를 말한다.

"니콜라 테슬라는 위대한 휴머니스트이며, 뛰어난 과학천재이고, 과학의 시인이다."

과학과 기술에 전 인생을 걸었던 테슬라는 연구에 방해된다고 결혼도 하지 않았다. 그는 수학계산이나 도안 등 발명에 관한 모든 과정을 종이에 쓰는 법 없이 머릿속에서 생각한 다음 노트에 옮겼다고 한다. 그는 자서전에서, 보통 영감이 스칠 때는 하얀 광선이 내리비치고 영상이 떠오르는데 그 장면이 너무 생생하여 꿈속인지 현실인지 무척 혼란스러울 정도라고 말한다. 테슬라는 자주 그런 일이 일어나서 오히려 환각 증세로 여겨 힘들어 했고, 지나치게 예민한 감각기관으로 인해 고통을 받았다.

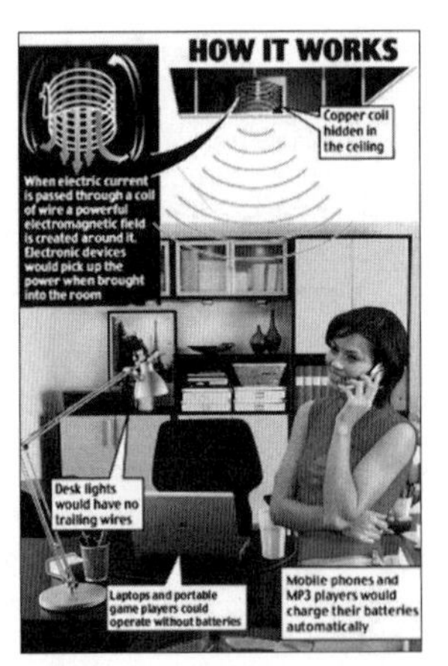

천장에 숨겨져 있는 구리 코일로부터 무선으로 핸드폰, 노트북, 탁상 램프 등에 전력을 수신 받아 쓸 수 있는 미래의 모습.

테슬라는 과학사의 가장 위대한 발명가로 세계적으로 700건의 특허를 냈는데, 그 중의 대다수가 매우 독창성이어서 특허 하나만 잘 챙기고 실용화되었더라면 빈털터리로 빚에 시달리며 죽지는 않았을 것이다. 그러나 그의 이름 테슬라는 1웨버(weber)의 자기력선속(magnetic flux)이 통과할 때의 밀도를 나타내는 국제단위 T로 우리 곁에 남아 있다.

음모론자들은 무선을 이용한 공짜 전기 에너지 송신이라는 테슬라의 프로젝트에 대해, 석유나 에너지 관련 수많은 대기업은 말할 것도 없고 심지어는 정부까지도 세금을 걷을 수 없어 자금줄을 끊었다고 말한다. 그러나 테슬라의 꿈을 이어받은 오늘날의 과학 기술자들이 공짜는 아닐지라도 전력의 무선 송신에 대한 연구에 성과를 이루고 있는 것을 보고 테슬라는 지하에서 흐뭇해하고 있지 않을까?

8. 현대물리학의 아버지, 닐스 보어

Niels Bohr(1885~1962)

20세기의 가장 영향력 있는 과학자들 중 한 사람인 닐스 보어(Niels Bohr)는 양자역학의 기초를 놓은 현대물리학의 아버지라고 불린다. 보어는 최초로 원자와 분자의 구조에 관한 문제에 "계(系)의 에너지는 특정한 불연속적인 값을 갖는다"는 양자역학의 개념을 적용했으며 양자역학에 기여한 공로로 1922년 노벨 물리학상을 수상했다. 지혜롭고 예지력을 가진 과학자로서 많은 사람들의 사랑과 존경을 받은 보어는 하이젠베르크가 불확정성 원리를 발표할 때 동양의 음양의 원리와 비슷한 '상보성 원리'를 발표한 동양철학자 같은 인물이기도 하다.

| 천재성을 꽃피운 청소년기 |

보어는 1885년 덴마크 코펜하겐에서 태어났다. 그의 아버지 크리스티안 보어(Christian Bohr)는 '보어효과'(Bohr effect)를 발견한 코펜하겐 대학의 저명한 생리학 교수이고, 어머니는 은행과 정계에서 잘 알려진 부유한 유태인 집안 출신이었다. 보어는 그의 천재성을 활짝 꽃피울 수 있는 좋은 가정환경에서 성장했는데, 학창 시절에는 주로 아버지가 물리학에 대한 흥미를 일깨워 주었다.

1903년부터 2년간 보어는 코펜하겐 대학에서 수학과 철학을 전공했지만, 1905년 왕립 과학인문학술원 주최 경연대회에 참가하기 위해 아버지의 실험실에서 표면장력 성질을 연구하는 실험을 했다. 그의 논문은 경연대회에서 금메달을 탔을 뿐만 아니라 가장 오래된 과학저널인 〈왕립학회회보(Philosophical Transactions of the Royal Society)〉에 실렸다. 이를 계기로 보어는 철학을 그만두고 물리로 전공을 바꾸게 된다. 그는 상당히 독창적이며 연구비가 많은 크리스티안센(Christian Christiansen) 교수 지도하에 코펜하겐 대학에서 1911년 박사학위를 받았다. 1910년 초 보어는 수학자 뇌르룬트(Niels Erik Nørlund)의 여동생 마르그레테 뇌르룬트를 만나 1912년 결혼해 4명의 아들을 두었는데, 모두 유명한 이론물리학자, 의사, 화공학자, 그리고 변호사로 훌륭히 성장했다.

| 이론물리학자로서의 역할과 노벨 물리학상 |

1911년 5월, 보어는 학위 후 칼스버그(Carlsberg) 재단으로부터 연수 지원금을 받게 되자, 박사후과정으로 케임브리지 대학의 톰슨(J. J. Thomson) 경 지도 아래 캐번디시 실험실에서 연구를 하기 위해 영국

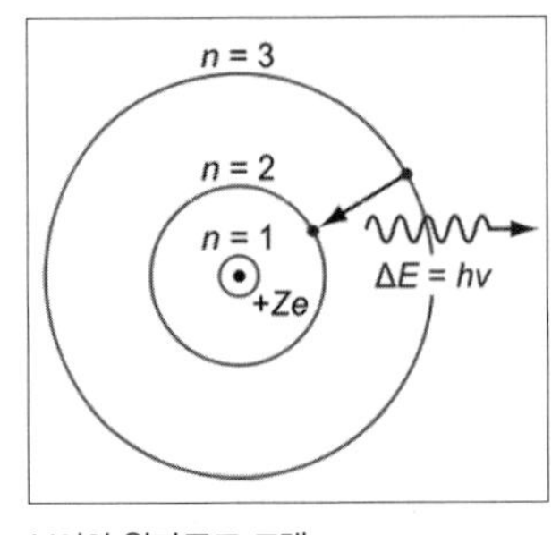

보어의 원자구조 모델

으로 갔다. 그는 체류 기간 동안 케임브리지에서 연구할 생각으로 갔으나 톰슨 경과 잘 지내지를 못해 그곳에서 만난 러더포드(Ernest Rutherford) 교수와의 인연으로, 1912년 3월 맨체스터의 빅토리아 대학(훗날 맨체스터 대학)으로 옮겨간다. 이 타이밍이 보어에게는 예기치 않은 행운이어서, 두 사람이 만나기 얼마 전 러더포드는 원자모형에 관한 중요한 논문을 발표했다. 보어는 맨체스터의 빅토리아 대학에서 거의 4년 동안 보람찬 시간을 보내면서, 브래그(William Lawrence Bragg), 채드위크(James Chadwick), 가이거(Hans Geiger)와 같은 '핵 패밀리'의 일원이 된다. 보어는 러더포드의 핵구조에 플랑크(Max Planck)의 양자이론을 적용하여 원자구조 모델을 만들었으며, 나중에 주로 하이젠베르크 개념의 결과를 이용해 오늘날까지도 타당하게 받아들여지고 있는 원자모델로 개선시켰다.

보어는 1913년 출판한 원자구조의 모델에 대한 논문에서, 원자의 중심부에 핵이 있고 핵 주위를 전자가 궤도운동하고 있으며, 각 원소의 화학적 성질은 원자의 최외각 궤도의 전자 수에 의해서 결정된다는 가설을 도입한다. 또한 원자 내의 전자는 특정한 조건을 만족하는 궤도에서만 회전하며, 전자가 높은 에너지 궤도에서 낮은 에너지 궤도로 전이할 때, 그 에너지 차이에 해당하는 광자를 방출한다는 가설을 세웠다. 이것이 바로 양자이론의 기초가 되었다.

1916년 코펜하겐 대학으로 돌아온 보어는 그를 위해 만든 자리인 이론물리 학과장에 취임한다. 1918년 그는 대학에 '이론물리연구소'를 세우려고 노력한 끝에 덴마크 정부와 칼스버그 재단의 후원으로 1921년 마침내 이론물리연구소를 세우는 데 성공하고 자신이 연구소장을 맡았다. 이 연구소는 전 세계의 이론물리학자들의 메카가 되었으며, 1933년 이후에는 독일의 히틀러로부터 탈출해 온 많은 과학자들의 아지트가 되었다. 1932년 이후 보어 가족이 살고 있는 칼스버그 재단 저택은, 전 세계에서 온 학생들과 과학자들의 사랑방이 되어, 여기서 그들은 먹고, 마시고, 음악을 들으며 도전정신을 북돋아주는 보어의 얘기에 귀를 기울이곤 했다. 과학자들의 친절한 주인장으로서, 그리고 저명한 동료로서 많은 사람들은 보어의 진심을 느끼고 고마워했다. 핵물리학자들의 국제적인 커뮤니티에서도 보어는 고문이나 멘토의 역할뿐만 아니라, 토론회나 강연회의 좌장 역할을 열심히 했다.

1922년, 보어는 '원자의 구조와 그로부터 방출되는 복사선에 대한 연구'로 노벨 물리학상을 수상한다. 이 노벨상은 당시 새롭게 떠오르고 있는 양자역학 분야 초기에 보어의 주도적 역할을 인정한 공로로 주어진 것이다.

| 대응원리와 상보성 원리 |

보어의 이론은 양자역학의 발달의 기초를 이루고 있으며, 그는 두 가지 원리로 유명하다. 하나는 대응원리(correspondence principle)로 "미시 세계를 기술하는 양자역학은 양자역학적 불연속이 무한소로 볼 수 있을 만큼 양자수가 큰 극한(極限)에서는 고전물리학과 같은 결과를 내야 한다"는 원리로, 고전물리와 새로운 물리(양자역학) 사이의 모순을 해결해주었다.

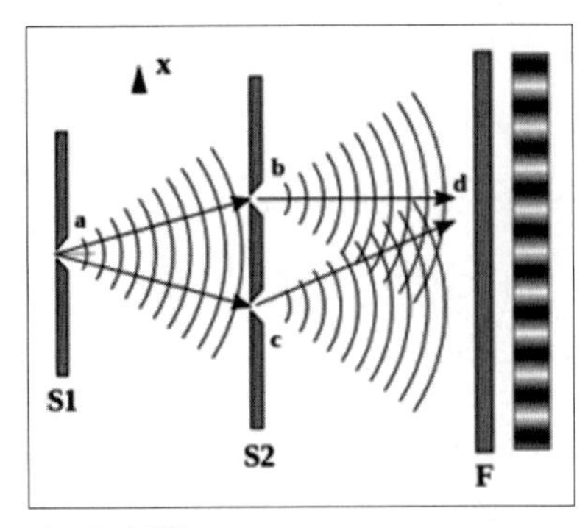

이중 슬릿 실험

다른 또 하나의 원리는 상보성의 원리(complementarity principle)인데, “어떤 물리적 계의 한 측면에 대한 지식은 그 계의 다른 측면에 대한 지식을 배제한다”라고 요약할 수 있다. 여기서 결정적으로 중요한 점은, 양자역학에 의해서 지배되는 원자 같은 대상물들의 거동과, 현상의 상태를 결정하는 측정 장비들과의 상호작용을 분명하게 분리한다는 것이 불가능하다는 데 있다. 그 결과, 다른 실험 조건들 하에서 얻어진 증거는 하나의 완전한 그림으로 인정될 수 없으며, 따라서 그 현상의 전체를 다 함께 철저하게 보아야만, 대상들의 가능한 정보를 얻을 수 있다는 의미에서 상호보완적으로 여겨야 한다. 가령, 물리적 대상들 중 빛의 입자성과 파동성 측면은 그러한 상호보완적 현상의 예가 되겠다.

입자성이나 파동성 두 가지 개념 모두 고전역학으로부터 빌려온 것으로 이중 슬릿 실험(doubleslit experiment) 같은 측정은 특정한 순간에 입자성 또는 파동성을 입증할 수 있으나, 두 현상을 동시에 입증할 수는 없으며 이는 상호보완성의 원리에 따르면, 바로 사용되는 측정 장치의 본성 때문이라고 설명할 수 있다.

즉, 측정 장비들은 입자성 또는 파동성을 입증하기 위해 고안되며 두 가지 양상을 동시에 측정하도록 고안되지는 않는데, 만일 그렇게 되는 경우 대상이 측정에 의해 불가피하게 영향을 받기 때문이다. 보어는 이 원리에서 양자역학에 의해서 지배되는 대상물의 고유한 성질이 측정에 쓰이는 실험 장비에 독립적이지 못하고 영향을 받는다는 것을 시사하고 있다. 보어는 그의 상보성 원리가 양자물리뿐만 아니라, 다른 분야에서도 중요한 역할을 할 수 있다고 생각했다. 그는 대담하고 독창적인 이 원리를 생물, 생리학, 인식론 같은 분야에 응용하는 데 남은 생애를 바쳤다.

| 보어–아인슈타인 논쟁 |

아인슈타인은 확률에 근거한 새로운 양자역학보다 결정론적인 고전물리학을 훨씬 더 선호했는데, 그는 자신도 모르게 양자역학 탄생에 기여한 사람들 중 한 사람이다. 아인슈타인은 양자역학의 잘 알려진 비평가였으며, 자주 이 주제에 관해 보어의 견해를 반박했다. 아인슈타인의 첫 공격은 1927년 제5차 솔베이 물리학 회의에서 시작되었다. 3년마다 열리는 솔베이 회의에서는 세계 정상급 물리학자들만을 초청해 주요 물리학 주제에 대해 발표하고 토론했다. 1927년 10월 24일부터 29일까지 브뤼셀의 솔베이 연구소에서 열린 제5차 솔베이 회의에 참석한 29명의 세계 정상급 물리학자들은 그 중 17명이 이미 노벨상을 받았거나 훗날 노벨상을 받는 사람들이다.

보어–아인슈타인의 논쟁은 양자역학 발전에 많은 기여를 했다.

이 회의에서 닐스 보어는 양자물리학에 대한 새로운 해석에 대해 자세히 설명한다. 즉 전자 같은 입자들은 입자성과 파동성을 상보적으로 가지며, 서로 관계를 가지는 물리적 양들은 하이젠베르크가 제안한 불확정성 원리에 따라 동시에 정확하게 측정하는 것이 불가능하다고 했다. 아인슈타인은 보어의 상보성 원리를 받아들일 수 없다면서 자연현상은 확률적인 방법에 의해서가 아니라 엄격한 인과법칙으로 설명되어야 한다고 주장했다. 아인슈타인은 우주의 모든 사건은 현재 상황과 물리 법칙으로 예측 가능하다고 확신하고 있었기 때문에 미래에 일어날 모든 현상은 정확하게 자연의 법칙에 따라 예측할 수 있어야 한다고 믿었다. 따라서 그는 자연법칙에 확률을 개입시켜 설명하는 것을 받아들일 수 없었고 "신은 우주를 가지고 주사위 도박을 하지 않는다네(God does not play dice with the universe)"라는 유명한 말을 한다. 이에 대응하여 보어는 "아인슈타인, 신에게 이래라 저래라 말하지 말게(Einstein, Stop telling God what to do)"라고 반박했다.

아인슈타인과 보어는 이러한 이슈들에 대해 오랜 동안 선의의 열띤 논쟁들을 펼쳤으며, 두 위대한 사상가들의 논쟁은 양자역학의 발전에 많은 기여를 했다.

| 보어와 하이젠베르크 |

돈독한 사이였던 보어와 하이젠베르크는 2차대전을 계기로 관계가 급격히 나빠진다.

보어는 1922년 괴팅겐에서 하이젠베르크(Werner Heisenberg, 1901~1976)의 강연을 보고 그의 재능을 알아보았다. 보어와 하이젠베르크는 멘토와 촉망받는 후배로 만나 친밀한 관계를 맺어왔다. 1926~1927년까지 하이젠베르크는 보어의 조수로, 코펜하겐 대학 강사로 일했다. 그는 이 기간 동안 코펜하겐에서 양자역학의 수학적 기초를 연구하던 중 불확정성의 원리를 발표했고, 보어는 상보성 원리를 발표한다.

제2차 세계대전이 시작될 즈음인 1940년 4월, 독일은 덴마크를 침공하여 점령했고, 전쟁 중에 하이젠베르크는 독일 원자폭탄 프로젝트의 책임자가 된다. 그는 자신의 멘토인 보어와 훈훈한 관계를 가져왔지만, 1941년 9월 코펜하겐에 가서 보어를 방문한 후 두 사람의 관계는 회복할 수 없을 정도로 갑자기 나빠졌다.

두 사람 사이에 무슨 말이 오갔으며, 하이젠베르크는 보어로부터 무엇을 원했을까? 역사적 배경과 하이젠베르크의 전쟁에 대한 전망, 그리고 원자탄 연구 책임자로서의 역할 등을 종합적으로 고려하면, 그는 결국 독일이 전쟁에 승리할 것이고, 유럽을 위해서 독일의 승리가 결코 나쁘지 않을 것이라고 보어를 설득하는 말을 하지 않았을까, 추측들을 한다. 독일이 승리하지 않으면 또 다른 대안으로는 러시아가 유럽을 지배하는 것인데, 그것은 나치에 의한 지배보다 훨씬 더 사악한 일이 될 것이라는 말을 하이젠베르크가 네덜란드 동료에게 말했다는 설도 있다. 그가 보어로부터 원했던 것은 미국이 만들려고 하는 원자폭탄은 독일보다 분명 훨씬 뒤처져 있을 테니, 보어가 영향력을 발휘해서 미국 과학자들에게 원자폭탄 만드는 것을 중지시켜 달라는 내용일 것이라는 이야기다.

여하튼 보어는 하이젠베르크의 의도를 눈치채고 즉시 대화를 중단시켰으며, 그날 이후로 두 사람의 관계는 소원해지게 되었다. 하이젠베르크는 보어와의 만남에 대한 질문을 받고 "유럽 문명은 유럽에 의해서 지켜져야 한다"고 말했다고 한다. 이 말을 전해들은 보어는 "하이젠베르크의 불확정성 원리는 두 가지가 있다"라는 정도로 더 이상의 언급을 하지 않았다. 보어는 하이젠베르크에 보내는 반박 글을 몇 번이나 썼으나 그를 배려하여 공개하지 않았다. 그러나 보어와 하이젠베르크의 만남에 대해 논란이 끊임없이 제기되자 보어 가족들은 보관하고 있던 보어의 기록물에서, 보내지 않았던 편지를 최근 공개했다. 그 일부를 옮겨본다.

"개인적으로 깊은 슬픔과 긴장 속에서 일어났던 덴마크에서의 우리의 만남에 대해 나는 우리 대화의 단어 하나하나까지 모두 기억하고 있소. 특히 나와 마가렛, 그리고 당신과 바이츠제커(Weizsäcker) 두 사람이 연구소에서 만난 모든 사람들은 당신들이 독일이 전쟁에서 이길 것이고, 따라서 우리가 전쟁의 결과가 달라질 것이라는 희망을 갖는다는 것, 그리고 독일의 협조 제의에 응하지 않는 것은 매우 어리석은 일이라고 말하는 당신들의 확실한 신념에 대하여, 매우 강한 인상을 받았소. 나는 또한 연구소의 내 방에서, 비록 당신이 애매모호하게 말했지만, 당신의 지휘 아래 독일에서 원자탄 무기를 개발할 모든 준비가 되어 있으며, 그러한 준비를 위하여 당신은 지난 2년간 전념하여 일을 해왔기 때문에 매우 잘 알고 있어 세부사항에 대하여는 말할 필요가 없다고 말하여, 강한 인상을 받았던 대화 내용을 분명하게 기억하고 있소."

| 맨해튼 프로젝트 |

1943년 9월, 믿을 만한 소식통이 보어에게 독일 경찰이 체포하러 올 것이라는 소식을 전해주었다. 보어의 가족들은 덴마크 레지스탕스의 도움을 받아 재빨리 낚싯배를 타고 스웨덴으로 탈출해, 그곳에서 다시 군용 비행기를 타고 영국으로 날아갔다. 거기서 보어는 당시 일급기밀이었던 원자폭탄 프로젝트에 대해 알게 되었으며, 몇 달을 영국의 연구팀과 함께 보낸 후, 원자탄 프로젝트의 핵심 거점인 미국으로 가게 된다. 그는 극비의 뉴멕시코 로스앨러모스(LosAlamos) 실험실에서 보안상 베이커(Nicholas Baker)라는 가명으로 맨해튼 프로젝트를 수행했다. 이 맨해튼 프로젝트에서 보어의 위치는 '박식한 컨설턴트' 또는 과학자들의 하소연을 들어주는 소위 '고해성사 신부'의 역할이었다. 그는 원자폭탄과 궁극적인 핵무장 경쟁에 대해 우려를 나타내곤 했는데 "내가 미국에 간 이유는 핵무장 경쟁에 대한 우려 때문이야. 그들은 핵폭탄을 만드는 데 내 도움이 필요하지 않았어"라고 말했다고 한다.

보어는 원자탄 비밀을 국제 과학계와 공유해야 한다고 믿었다. 맨해튼 프로젝트의 책임자인 오펜하이머(J. Robert Oppenheimer)는 보어와 만났을 때 "핵무기 개발을 촉진시키려면 이 프로젝트를 소련과 공유해야 한다"며 루즈벨트 대통령을 만나 설득시켜 줄 것을 제안했다. 루즈벨트 대통령은 보어에게 이야기를 듣고 영국으로 돌아가서 영국의 승인을 받아올 것을 권유한다. 보어를 만난 윈스턴 처칠은 핵무기 프로젝트를 소련에게 개방하라는 의견에는 동의하지 않았고 "내 생각엔 보어를 가두거나 또는 그가 거의 치명적인 범법행위의 근처에 있다는 것을 깨닫게 만들어야 할 것 같다"라고 썼다.

닐스 보어의 문장

종전 후, 보어는 코펜하겐으로 돌아와 핵에

너지의 평화적 사용의 옹호자로 활동했다. 덴마크 정부로부터 최고 훈장인 '엘리펀트 훈장'(Order of the Elephant)를 수여받을 때, 그는 '음과 양을' 의미하며 라틴어로 '정반대는 상호보완적'(Opposites are complementary)이라고 쓴 자신의 문장(紋章)을 디자인했다.

그는 말년에 상보성 원리가 인간의 육체와 사고, 주체와 객체, 이성과 격정, 그리고 자유의지와 인과관계 같은 수많은 문제들의 실마리를 던져 줄 것이라고 생각했다.

1962년 보어는 코펜하겐에서 심장마비로 세상을 마친다. 그의 아들 아게 보어(Aage Bohr)는 '원자핵 내의 집단운동과 입자운동의 연관성 발견과 이 연관성에 기반을 둔 핵자 구조 이론'에 대한 업적으로 아버지처럼 1975년 노벨 물리학상을 수상했다.

9. 파동역학과 슈뢰딩거의 고양이
– 색즉시공 공즉시색

Erwin Schrödinger(1887~1961)

어린 시절 에드거 앨런 포우의 〈검은 고양이〉를 읽고 난 뒤로 고양이에 대한 공포감이 마음속 깊이 자리잡고 있어, 한밤중에 고양이 울음소리는 납량특집 '전설의 고향'처럼 어린 나를 무서움에 떨게 만들었다. 그러다 커가면서 멍청한 고양이 톰과 영리한 쥐 제리가 나오는 애니메이션을 비롯해 심술 고양이 가필드나 헬로 키티 같은 귀여운 고양이 캐릭터를 접하면서 점차 고양이에 대한 공포감이 완화되었다. 그런데 요즈음은 슈뢰딩거의 고양이가 양자역학과 〈반야심경〉의 색즉시공 공즉시색(色卽是空 空卽是色)이라는 화두를 던져준다.

슈뢰딩거는 파동방정식(시간 독립적 및 시간 종속적 슈뢰딩거 방정식)을 만든 양자역학의 중요한 설계자들 중 한 사람으로, 우주론, 파동역학, 통계역학, 통일장 이론, 이론화학 그리고 분자생물학

등 과학의 거의 모든 분야에 영향을 미쳤다. 달의 큰 분화구 '슈뢰딩거'는 그의 이름을 따서 명명된 것이다. 그러나 슈뢰딩거의 파동방정식보다도 그가 제기한 양자역학에 대한 역설, 슈뢰딩거의 고양이가 더 유명하다. 그뿐 아니라 《생명이란 무엇인가(What is life?)》라는 책을 집필하여 물리학적 관점에서 생명 현상을 바라본 유전학적 문제를 다루었으며 과학의 철학적 측면, 고대 및 동양적 철학개념, 윤리, 종교 등에도 많은 관심을 가졌고, 철학과 이론생물학에 대해 글을 쓰는 등 소위 융합형 천재라 할 수 있는 '르네상스맨'이다.

| 격정적인 삶 |

에르빈 슈뢰딩거는(Erwin Schrödinger)는 1887년 오스트리아 빈(Wien)에서 외아들로 태어났다. 슈뢰딩거 집안은 독일 바이에른 지방에서 이주해 와서 몇 대째 빈에 정착해 살고 있었는데 아버지 루돌프는 폭넓은 교육을 받은 재능이 뛰어난 인물이었다. 리놀륨(linolium) 사업가이며 식물학자인 슈뢰딩거의 아버지는 대학에서 화학을 전공한 후 수년간 이탈리아풍 그림에 열중한 아마추어 화가이며, 그 후에는 식물학에 몰두하여 식물 계통발생학에 대한 논문들을 발표했다. 아들 슈뢰딩거도 아버지의 우월한 유전자 덕분인지, 김나지움에 다니던 중고등 학교 시절부터 다양한 분야에 흥미를 보여 과학 과목들을 좋아하는 것은 물론 독일시의 아름다움과 고대 문법의 엄격한 논리의 진가를 알아보고 흥미로워했다.

1906년부터 1910년까지 빈 대학에서 엑스너(Franz S. Exner)와 볼츠

만의 후계자인 하젠뇌를(Friedrich Hasenöhrl)의 지도 아래 공부를 했는데, 특히 하젠뇌를의 영향을 강하게 받았다. 이 기간 동안 슈뢰딩거는 장차 그의 위대한 연구에 기반이 되는 연속적인 매체의 물리에서의 고유값(eigen value) 문제에 대해 숙달하게 되었다. 어릴 적부터 쇼펜하우어의 영향을 받아 전 생애 동안 철학과 색채이론에 깊이 몰두했다.

슈뢰딩거는 이론분야가 아닌 〈습한 공기 속에서 절연체 표면의 전기전도에 관하여〉라는 실험논문으로 1910년 박사학위를 받았다. 그 후 제1차 세계대전에 참전해 포병장교로 복무할 때 전선에서 아인슈타인의 상대성원리에 대해 듣는 순간 그 중요성을 깨닫는다. 민간인으로 돌아온 슈뢰딩거는 1920년 안네마리 베르텔(Annemarie Bertel)과 결혼을 한다. 1920년 봄부터 1921년 가을 사이, 예나(Jena) 대학을 시작으로 슈트트가르트(Stuttgart) 공과대학, 브레슬라우(Breslau) 대학에서 교수직을 하다가 폰 라우에(von Laue) 후임으로 취리히 대학에서 6년 동안 재직했다. 이 기간이 그의 경력에서 가장 빛나는 기간으로 중요한 업적 대부분이 이곳에서 이루어진다. 여기에서 바일(Herrmann Weyl)이나 디바이(Peter Debye) 같은 많은 동료들과 토론하고 우정을 쌓으면서 이론물리 여러 분야에서 활발한 연구를 했다. 전문적 경력이 시작된 초기 몇 년 동안 플랑크(Max Planck), 아인슈타인, 보어, 조머펠트(Arnold Sommerfeld)의 연구로부터 발전된 양자이론의 아이디어들을 접하게 되었다.

슈뢰딩거의 연구에 전환점이 된 가장 중요한 순간은 1925년 11월 3일, 전자도 입자의 성질과 함께 파동의 성질도 가질 것이라는 물질파 이론을 제안한 드브로이(Louis de Broglie)의 논문을 접하게 되었을 때이다. 슈뢰딩거는 드브로이의 독창적인 아이디어에 매료되어 일주일 후 그의 논문에 관한 세미나를 발표했는데, 청중 속에 있던 조머펠트의 학생 하나가 "거기에는 틀림없이 파동방정식이 있을 겁니다"라는 의견을 말했다.

1925년 크리스마스를 며칠 앞두고 슈뢰딩거는 스위스 알프스로 크리스마스 휴가를 떠난다. 당시 아내와의 관계가 최악이던 그는 드브로이의 논문을 기록한 노트와 옛 여자친구와 함께 아로사(Arosa) 휴양지로 휴가를 떠났다. 중년의 나이에 옛 여자친구와의 격정적인 사랑이 창의적 영감을 주었던 것일까. 슈뢰딩거는 1926년 1월 8일, 휴가에서 파동역학과 함께 돌아왔다.

슈뢰딩거의 파동역학은 가히 혁명적이었다. 파동역학은 원자 속의 전자의 움직임에 대한 두 번째 양자이론으로, 첫 번째는 하이젠베르크가 제안한 행렬역학이다. 하이젠베르크의 행렬역학은 엄격하게 수학적이어서 매우 복잡한 수학을 이해하기가 쉽지 않은 반면, 슈뢰딩거의 파동역학은 전자궤도를 그려볼 수 있어 많은 물리학자들이 더 선호했다. 여하튼 슈뢰딩거는 이 두 이론이 표현만 다를 뿐 동일하다는 것을 증명했다.

| 슈뢰딩거의 파동방정식 |

고전역학에 뉴턴의 운동방정식이 있다면, 양자 물리학에는 슈뢰딩거 방정식이 있다. 슈뢰딩거는 일반적으로 받아들이고 있던 원자물리에서의 입자와 파동의 이중성에 대한 개념을 좋아하지 않았다. 그는 입자를 빼버리고, 드브로이의 영향을 받아 전자를 파동만으로 다룰 수 있는 방법을 연구하여 마침내 다음과 같은 유명한 슈뢰딩거 방정식을 얻었다.

$$i\hbar \partial\psi(x,t)/\partial t = (-\frac{\hbar^2}{2m}\frac{\partial^2\psi(x,t)}{\partial x^2} + V(x)\psi(x,t)$$

여기서 i는 허수 단위, x는 위치, ħ는 $h/2\pi$, h는 플랑크 상수, ψ 는 파동함수, V는 위치에너지를 나타낸다.

그의 방정식은 이전에 도출된 여러 가지 파동현상(음파, 현의 진동, 그리고 전자파)을 나타내는 고전 방정식들과 매우 유사했다. 슈뢰딩거의 방정식에는 파동함수로 불리는 추상적 개체가 있는데 그리스어 프사이(Psi) ψ로 나타낸다. 이 파동방정식은 시간에 따라 부드럽게 변하는 연속함수로 보른-하이젠베르크 행렬역학의 불연속적인 퀀텀점프(quantum jump, 양자도약)와는 사뭇 대조적이다. 슈뢰딩거는 자신의 파동방정식이 전혀 마음에 들지 않는 퀀텀점프 대신 연속적이고 결정론적인 고전역학이나 동역학의 본질을 회복시켰다고 생각했다. 그의 파동방정식은 수소원자에 적용하였을 때, 보어의 수소모형이나 드브로이가 얻었던 모든 결과를 재현했으며, 또한 상자 속 입자, 역장(力場) 안에서의 전자, 조화진동자 그리고 분광학(적외선, 전자)과 같은 문제를 푸는 기본식이 되었다.

그러나 슈뢰딩거의 파동역학은 상당한 성공을 거두었음에도 불구하고 극복해야 할 부분이 있었다. 슈뢰딩거 방정식에 초기 조건을 대입하여 방정식을 풀면 하나의 해(解)가 아니라 여러 개의 해가 구해지는데, 이런 해들은 각각 다른 물리량, 예컨대 에너지를 나타낸다. 우리는 전자가 이런 에너지들 중의 한 에너지를 가질 것이라고 말할 수 있지만, 그러나 그런 에너지들 중의 어떤 에너지를 가질는지를 알 수는 없다.

그렇다면 파동함수가 나타내는 것은 과연 무엇일까? 결국 파동함수의 새로운 해석은 보른(Max Born)에 의해 내려졌는데, 이 논의가 이루어졌던 도시 이름을 따서 '코펜하겐 해석'이라고 한다. 그는 수소원자의 파동함수는 그것이 놓인 각각의 물리적 상태를 나타내며, 공간의 어느 지점에서 전자를 발견할 수 있는 확률함수라고 말한다.

가령 파동방정식을 풀어 ε_1이라는 에너지를 갖는 파동함수 Ψ_1, ε_2의 에너지 상태를 나타내는 파동함수 Ψ_2의 해가 얻어졌다면, 슈뢰딩거는 Ψ_1은 ε_1의 에너지를 가지는 전자의 파동을, 그리고 Ψ_2는 ε_2의 에너지를 가지는 전자의 파동을 나타낸다고 생각했다. 그러나 코펜하겐 해석은 Ψ_1은 전자가 ε_1의 에너지를 가질 확률을 나타내고, Ψ_2는 전자가 ε_2의 에너지를 가질 확률을 나타내는 확률함수이며, 여러 가지 다른 상태가 가능한 입자의 상태는 가능한 한 여러 가지 상태의 중첩으로 나타낼 수 있다고 한다. 즉 위의 경우 입자의 상태는 두 상태를 모두 포함하는 ψ=a ψ_1+bψ_2로 나타낼 수 있다.

그러나 아인슈타인과 슈뢰딩거는 양자역학이 내포하는 근본적인 무작위성을 매우 싫어했고, 자연법칙이 확률에 의해 지배된다는 것을 결코 받아들일 수 없었다. 신이 우주를 창조할 때 어떤 목적 대신 주사위를 던져 무작위로 만들지는 않았다고 생각했기 때문이다.

슈뢰딩거는 과학연구의 중심지인 베를린 대학에서 은퇴하는 막스 플랑크의 후임으로 1927년 10월, 베를린 대학으로 옮겼다. 그곳에는 아인슈타인도 있었다. 그러나 1933년 히틀러가 집권하자, 많은 유태인 동료들과 친구들이 대학에서 쫓겨나는 것을 목격하고 독일을 떠날 결심을 한다. 그 자신은 유태인이 아니지만 슈뢰딩거는 옥스퍼드 대학 물리학과 과장 린데만(Alexander Lindemann)의 주선으로 옥스퍼드로 간다. 슈뢰딩거는 동료인 마치(Arthur March)를 자신의 조수로 임용해 달라고 린데만에게 요청하는데, 그 이유는 마치의 아내 힐데(Hilde)와 그가 사랑에 빠져 있었기 때문이다.

슈뢰딩거는 일생 동안 숱한 여성들과 염문을 뿌린 것으로 유명한데, 아내 안네마리 역시 수년 동안 남편의 친구인 바일(Herrmann Weyl)과 연인 사이였다. 슈뢰딩거가 옥스퍼드 대학 모들린(Magdalen) 칼리지의 펠로우로 2년간 임용되어 1933년 11월 4일 옥스퍼드에 도착했을 때는 아내 외에도 그의 아이를 임신한 힐데도 동반했다. 옥스퍼드에 도착한 직후인 11월 8일, 슈뢰딩거는 디랙(Paul Dirac)과 함께 파동역학으로 노벨 물리학상 수상을 통보받았으며 12월 10일 스톡홀름에서 노벨상을 수상했다.

그러나 공개적으로 두 여성(그것도 한 여성은 동료 과학자의 아내)과 함께 사는 슈뢰딩거의 특이한 사생활이 보수적인 옥스퍼드 대학에서 흔쾌히 받아들여지지 않아 그의 입지가 순조롭지는 못했다. 슈뢰딩거는 1934년 프린스턴 대학에 초청 강연을 가서 그곳에서 교수직을 제안 받았지만, 이번에도 역시 아내와 애인을 한 집에 두고 살려는 그의 희망이 문제가 되어 프린스턴행을 포기하고 만다.

| 슈뢰딩거의 고양이 |

슈뢰딩거는 양자역학의 한계를 입증하기 위하여 '슈뢰딩거의 고양이'라는 사고실험(thought experiment)을 고안해냈다. 그의 논점은 원자와 같은 (미시적) 양자입자들은 동시에 둘 또는 그 이상의 다른 양자 상태에 있을 수 있지만, 엄청나게 많은 수의 원자들로 이루어진 고양이 같은 (거시적) 고전적 물체는 두 개의 다른 상태에 동시에 있을 수 없다는 것이다.

고양이 사고실험

유명한 슈뢰딩거의 고양이 사고실험은 다음과 같다.

고양이 한 마리가 철로 만든 상자 속에 갇혀 있는데, 이 상자 안에는 독가스(HCN)가 들어 있는 유리병과 방사성 원자들도 함께 들어 있다. 유리병 위에는 망치가 장착되어 있어 원자가 방사능을 방출하는 순간 유리병을 내리쳐 치명적인 독가스가 발생하도록 만들었다. 실험을 시작할 때 한 시간 안에 원자가 붕괴할 확률을 50%가 되도록 조정한다. 만약 원자가 붕괴하여 방사능이 방출된다면 망치가 유리병을 내리쳐 독가스가 유출되어 고양이는 죽게 된다.

이 잔인한 고양이 죽이기 실험에서 고전물리에 따르면 상자 안의 고양이는 핵의 붕괴가 한 시간 안에 일어났는지 아닌지에 따라 죽거나 또는 살아남았다. 그러나 슈뢰딩거의 역설은 양자영역(원자)과 고전적 영역(고양이)의 기발한 결합으로 인해 일어난다.

양자역학에 따르면 슈뢰딩거의 고양이는 상자가 닫혀 있는 동안에는 '붕괴된 원자/죽은 고양이'와 '붕괴되지 않은 원자/살아 있는 고양이'의 중첩된 상태로 동시에 존재하는 것으로 설명할 수 있다.

슈뢰딩거 고양이=(1/2) Live Cat + (1/2) Dead Cat

즉 닫힌 상자 안의 슈뢰딩거 고양이는 동시에 죽었으며 살아 있는 모순적인 상태로 존재하지만 상자를 열어 고양이의 상태를 확인하는 순간 고양이는 살아 있거나 죽어 있는 두 가지 중 한 상태로 확정된다.

슈뢰딩거는 이러한 상황에 대해 파동함수의 표현을 고양이가 살아 있는 상태와 죽은 상태의 결합으로 나타내는 것을 비판하며 '죽었으며 동시에 살아 있는 고양이'가 실제로는 존재하지 않으므로 양자역학이 불완전하며 현실적이지 않다고 주장했다. 고양이는 반드시 살아있거나 죽은 상태여야 하기 때문에 원자 역시 붕괴했거나 붕괴하지 않았거나 둘 중 하나라는 것이다.

슈뢰딩거의 고양이는 죽었거나 살아 있는 중첩된 상태로 동시에 존재하는 것으로 설명된다.

그런데 슈뢰딩거가 매우 못마땅해 하는 '고양이가 죽었으며(空) 동시에 살아 있다(色)는' 양자역학적 해석은 어딘지 〈반야심경〉에 나오는 색즉시공(色卽是空) 공즉시색(空卽是色)이라는 가르침과 유사성(불경과 양자역학의 난해도까지)이 느껴지지 않는가? 불경의 심오한 내용을 설명하기에는 역부족이지만, 물질(色)과 비어 있는 공(空)의 세계가 둘이 아니고 하나라는 뜻이니, 부처님이 수천 년 전에 설파하여 놓은 삼라만상의 실상을 현대 양자역학에서도 같은 결론을 내린 것이 무척 흥미롭다.

| 삶이란 무엇인가? – 일과 끊임없는 사랑 |

옥스퍼드에서 3년을 보낸 후 슈뢰딩거는 1936년 오스트리아 그라츠(Graz) 대학의 정교수로 임용되어 1936년부터 1938년까지 일한다. 그러나 이번에는 독일이 오스트리아에서 슈뢰딩거의 발목을 잡았다. 독일은 오스트리아를 합병한 후 그라츠 대학을 점령하고 대학 이름도 아돌프 히틀러 대학으로 개명했다. 슈뢰딩거는 새로 임명된 나치 총장의 권고에 따라 1933년 베를린 대학에서 도망친 것을 회개하는 편지(그는 여생 동안 이 일을 몹시 후회했다)를 썼지만, 나치는 그에게 당한 모욕을 잊지 않고 소위 '참회고백'에도 불구하고 결국 정치적으로 믿을 수 없다 하여 교수직에서 해고한다.

자신이 처한 상황을 눈치챈 슈뢰딩거는 산업체에서 직장을 구하는 것과 오스트리아를 떠나는 것이 금지되었다는 말을 듣고 재빨리 로마로 도망을 간다. 그곳에서 아일랜드 수상이며 국제연맹 의장인 데벌레라(Eamon de Valera)에게 편지를 썼고, 두 사람은 제네바에서 만났다. 데벌레라는 더블린에 세울 예정인 이론물리를 위한 세계 최상급 고등연구원을 슈뢰딩거한테 맡아달라면서 전쟁이 임박했으니 하루 빨리 이탈리아를 떠나 영국이나 아일랜드로 갈 것을 권했다. 슈뢰딩거는 데벌레라의 고등연구원 제의를 받아들였으나, 곧장 더블린으로 가는 대신 옥스퍼드로 갔는데 그곳에서 벨기에의 겐트 대학으로부터 1년짜리 방문교수직 제의를 받는다. 그는 겐트 대학에서 팽창하는 우주에 대한 중요한 논문을 썼다.

더블린에서는 옥스퍼드나 프린스턴에서 문제가 되었던 두 명의 아내에 대해서도 개의치 않았고, 데벌레라의 주선으로 추가의 배우자 여권도 발급받아 1939년 가을 더블린의 고등연구원에 온다. 그의 임용은 매우 성공적이어서 슈뢰딩거의 존재는 신설 고등연구원에 국제적인 명성을 가져다주었다. 이곳에서 1955년 은퇴할 때까지 슈뢰딩거는 통일장 이론을 포함해 여러 주제들에 대하여 50여 편의 논문을 발표했다.

1943년 그는 '생명이란 무엇인가' 라는 주제로 강연을 했는데, 데벌레라는 전 내각을 이끌고 강연에 참석했고 〈타임〉지는 그 강연을 기사로 실었다. 이 강연은 1944년에 책으로 출판되어 선풍적인 인기를 끌었는데, 이 책에서 그는 **네겐트로피**(negentropy)와 살아 있는 생명체를 위한 유전적 코드를 가진 복잡한 분자의 개념을 설명했다. 자연발생적으로 일어나는 모든 현상은 **엔트로피**가 증가하는 방향으로 일어나지만, 슈뢰딩거에 따르면 생명은 네겐트로피를 먹고 자란다는 것이다.

엔트로피
자연 물질이 변형되어 다시 원래의 상태로 환원될 수 없게 되는 현상.

네겐트로피
엔트로피의 감소를 나타내는 개념으로 단순한 요소에서 복잡한 구조를, 혼돈에서 질서를 만드는 생명체의 능력을 말한다.

한편 그의 끊임없는 바람기 때문에 슈뢰딩거의 가정사는 네겐트로피 대신 오히려 엔트로피가 증가하여 더욱 위태로워진다. 그는 아일랜드의 저명한 언어학자인 데이비드 그린(David Greene)의 아내이며 전직 배우였던 쉴라 메이(Sheila May)와 격정적인 사랑에 빠졌다. 슈뢰딩거는 일기에 "내가 '삶이란 무엇인가'라고 1943년에 물었고, 1944년 쉴라 메이는 나에게 '신께 영광이 있기를'이라고 답했다"라고 적었다. 쉴라가 임신을 했을 때 슈뢰딩거는 "나는 더블린에서, 아마도 아일랜드, 아니 유럽에서 가장 행복한 사람이오"라고 적었다. 그러나 그 격정은 얼마 가지 않아 시들해져서 쉴라는 "오늘 나는 당신의 눈을 덮고 있던 콩깍지가 벗겨지는 것을 보았어요" 라는 편지를 쓴다. 그녀는 슈뢰딩거의 딸아이를 남겨두고 남편을 떠났고, 그녀의 남편은 딸을 친자식처럼 길렀다.

1955년 슈뢰딩거는 유명인이 되어 빈으로 돌아온다. 빈 대학의 특임교수로 임명되어 1958년까지 일하다가 대학에서 은퇴했다. 그는 1961년 세상을 떠날 때까지 명예교수로 있으면서 인도의 베단타(Vedanta)의 영향을 받은 마지막 형이상학적 책 《나의 세계관(My View of the World)》을 저술했다.

슈뢰딩거의 묘비

슈뢰딩거가 일생을 통해 천착했던 두 가지 주제는 인도의 일원론적 베단타 철학과 섹스였다.

슈뢰딩거의 모든 천재적 창의의 원천이 이러한 격정적인 연애사건들로부터 유래한 건지는 잘 모르겠지만, 41년 동안 그와 특이한 결혼생활을 한 안네마리는 그에 대해 어떤 생각을 했을까? 그녀의 대답이 걸작이다.

"경주마랑 사는 것보다는 카나리아랑 사는 것이 더 편하겠지요. 하지만 나는 경주마를 더 좋아한답니다."

오스트리아 알프바흐(Alpbach)에 있는 슈뢰딩거 묘지에는 슈뢰딩거 파동방정식, 슈뢰딩거의 이름 그리고 그 많던 여인들 중 오직 안네마리의 이름만이 함께 적혀 있다.

10. 천재이며 똘끼 충만한 반물질의 아버지, 폴 디랙

Paul Adrien Maurice Dirac(1902~1984)

거의 40년 전 미국 유학 시절, 공상 우주과학 TV 드라마 '스타 트렉'에 열광한 적이 있었다. 거대한 우주선 USS엔터프라이즈 선장 캡틴 커크(Kirk)가 "우주, 마지막 프론티어! 우주선 엔터프라이즈호 항해의 5년 사명: 신세계들을 탐험하고, 새로운 생명과 문명들을 찾아내며, 누구도 가본 적이 없는 미지의 세계로, 담대하게 간다"라고 오프닝 내레이션을 하면, 마냥 새로운 미지의 세계를 만날 기대로 가슴이 뛰었던 기억이 새롭다. 그런데 그 USS엔터프라이즈가 우주를 탐험하기 위해 빛의 속도 이상으로 항해할 때 쓰는 고에너지 연료가 반물질(antimatter)이라고 한다.

〈스타 트렉〉은 1966년 처음 TV 드라마로 제작되었다.

'반물질'이란 단어를 처음 들었을 때 물질의 반대어로, 정신적인 것을 뜻하는 것이 아닌가 생각하여 실제로 존재하는 것이라고는 생각하지 않았었다. 과학을 공부하는 필자에게도 개념이 불분명한 반물질을 처음으로 생각해내어 '반물질의 아버지'라고 불리는 사람이 폴 디랙이다. 그는 아인슈타인과 필적할 만한 인간 계산기로, 스티븐 호킹은 그를 뉴턴 이후 가장 위대한 영국의 이론 물리학자라고 말하는데 대부분 사람들에게는 아직 생소한 이름이다. 그런데 평범한 사람들 눈에는 너무 뛰어난 인물은 천재와 광기(狂氣)의 경계선에서 아슬아슬하게 줄타기하는 것처럼 보이는 경우가 있는데, 심지어 아인슈타인조차 디랙을 '반미치광이'라고 평했다니 똘끼 충만한 천재임에는 틀림없는 것 같다.

| 폴 디랙의 어린 시절 |

폴 디랙(Paul Adrien Maurice Dirac 1902~1984)은 양자역학과 양자전기역학(Quantum Electrodynamics)의 초기 발달 과정에 근본적인 기여를 한 영국의 이론물리학자로, 20세기 가장 위대한 물리학자들 중 한 사람이다. 그는 케임브리지 대학의 루카스좌(Lucasian Professor) 수학 교수를 역임했는데, 루카스좌 교수는 세계에서 가장 명망 있는 교수직으로, 뉴턴은 제2대 루카스좌 교수를 지냈으며 스티브 호킹은 1979년부터 2009년 은퇴할 때까지 그 자리를 지켰다. 디랙은 페르미온의 거동을 나타내는 디랙 방정식을 공식화하였으며, 이로부터 반물질의 존재를 예측했고, 1933년 31살의 젊은 나이에 슈뢰딩거와 함께 '원자 이론의 새로운 형식의 발견'으로 노벨 물리학상을 공동 수상했다.

폴 디랙의 아버지 찰스 디랙은 스위스 시민으로 제네바 대학에서 교육을 받고 1888년쯤 영국으로 건너가 브리스틀(Bristol)에서 프랑스어 교사로 일했다. 선장의 딸인 어머니 플로렌스는 브리스틀의 도서관에서 근무하던 시절 찰스 디랙을 만나 1899년 결혼을 했다.

폴 디랙은 삼남매 중 둘째로 태어났다. 아버지는 권위주의적이고 엄격한 가정교육을 하여 식탁에서는 오직 프랑스어로 말할 것을 강요했다. 디랙은 자신이 말하고 싶은 것을 프랑스어로 자유롭게 표현할 수 없다는 것을 알고 차라리 침묵하고 마는데, 이것이 나중에 성장해서도 다른 사람과의 소통에 무척 어려움을 준 것 같다. 폴과 그의 형은 독재적인 아버지로부터 소외감을 느끼며 불행한 환경 속에서 성장하는데, 1925년 폴의 형이 자살하는 사건이 일어났다. 후일 디랙은 이 일에 대해 다음과 같이 회고했다.

"부모님들은 극도로 괴로워했는데, 나는 그분들이 그렇게 깊은 관심을 갖고 있었는지 몰랐으며, 또한 부모들이 아이들을 보살펴 주어야 한다는 것도 알지 못했다. 그러나 이 일이 있은 후, 깨닫게 되었다."

| 수학에 대한 열정 |

초등학교 때부터 뛰어난 수학적 재능을 나타낸 디랙은 12살 때 과학과 현대 언어에 강점을 가진 머천트 벤처러(Merchant Venturer) 중학교에 들어갔다. 졸업 후 같은 캠퍼스에 있던 브리스틀 대학으로 진학했다. 가장 좋아하는 과목이 수학임에도 불구하고 디랙은 전기공학과에 진학하는데, 당시 수학자가 가질 수 있는 단 하나의 직업은 교사뿐이라고 생각한 아버지의 강력한 권고 때문이었다.

1921년 대학을 우등으로 졸업했지만 1차 세계대전 이후의 경제적 사정 때문에 엔지니어로서 고정적인 직업을 찾지 못하자 다시 대학원에 진학하기로 마음을 정한다. 그러나 이때쯤 디랙은 진정으로 수학에 대한 열정을 갖게 되어 수업료를 면제해준 브리스틀 대학에서 2년 동안 다시 수학을 공부해 졸업을 한 후, 케임브리지 대학에서 장학금을 받고 1923년 대학원 공부를 시작한다. 파울러(Ralph Fowler) 교수의 지도 아래 양자역학에 대한 논문을 써서 1926년 박사학위를 받았다. 박사학위를 받은 후, 보어, 오펜하이머, 보른, 프랑크(James Franck) 그리고 탐(Igor Tamm)과 교류하거나 공동 연구를 했다. 이들과의 협력 후, 디랙과 요르단(Ernst Pascual Jordan)은 각각 독립적으로 행렬(matrix)과 파동역학을 결합하여 변형이론을 만들었는데, 이 이론이 모호한 양자역학을 위한 첫 번째 수학 방정식이 되었다.

디랙은 1928년 케임브리지 대학 세인트존스 칼리지의 펠로우가 되고, 1932년 30살 나이에 영예로운 케임브리지 대학 루카스좌 수학교수가 되며, 31살에 노벨상을 수상한다.

| 극심한 침묵 속에 갇히다 |

아마도 자폐성의 징후일지도 모르지만, 만나는 상대가 견딜 수 없을 정도의 극심한 침묵이 디랙에게 나타난 것은 케임브리지 대학 시절이다.

한 미국인 학자가 케임브리지 대학을 방문해 학교 만찬에 참석하게 되었다. 그 유명한 디랙 옆에 앉아 저녁을 같이 하게 되었다는 기쁨에 들떠 있는 그에게 디랙은 완전 침묵 속에 두 번째 코스의 식사를 하고 있었다. 결국 견디다 못한 불쌍한 미국 학자가 용기를 내어 "금년 휴가 기간 동안 어디 근사한 데로 놀러가시나요?"라고 말을 건네자, 다시 35분 동안의 침묵이 흐른 뒤 디저트가 나올 때쯤 디랙은 마침내 입을 열어 반응을 보였다 "왜 물으시는 거요?"

어떤 종류의 사교나 잡담도 그에게는 상당한 고통이어서, 침묵으로 일관하는 것이 디랙의 대처 방법이었다. 1929년 8월 디랙은 일본에서 열리는 학회에 참석하기 위해 하이젠베르크와 함께 원양 여객선을 타고 함께 여행한 적이 있었다. 두 사람 다 20대의 총각들로, 하이젠베르크는 끊임없이 여자들과 춤을 추고 말을 건네며 여성들한테 매우 인기 있는 반면, 디랙은 누가 말을 걸까 두려워하며 굳은 표정으로 한쪽에 조용히 서 있었다. 디랙이 마침내 "왜 춤을 추는 건가?"라고 묻자, 하이젠베르크는 "좋은 여자들을 만나 춤을 추는 것은 즐거움이지"라고 대답한다. 그러자 5분 동안 생각하고 난 뒤 디랙은 "그러나 하이젠베르크, 어떻게 좋은 여자들인지 미리 알 수 있지?"라고 물었다고 한다.

수학적인 위대성에도 불구하고 디랙의 철벽 같은 비사교성에 좌절을 느낀 케임브리지 동료들은 "어떤 사람이 다른 사람과 함께 있을 때 상상할 수 있는 가장 적은 단어의 말을 할 수 있는 능력, 즉 한 시간에 한 단어"를 과학적 단위로 패러디하여 '1디랙'이라고 정의했다. 그를 존경하는 사람들이나 가까운 친구들인 오펜하이머, 하이젠베르크, 그리고 아인슈타인까지도 때로는 너무 심하다고 생각했는데, 아인슈타인은 그를 "천재와 광기 사이의 아찔한 경계선에서 이렇게 균형을 잡는다는 것은 끔찍한 일이다"라고 말했다.

"신은 아름다운 수학으로 우주를 창조하였다"라고 말하는 디랙에게 재미있는 일화가 있다. 디랙이 젊은 리처드 파인만(천재 물리학자로 1985

년 노벨 물리학상을 수상)을 한 컨퍼런스에서 만났는데 긴 침묵 끝에 "나는 방정식을 갖고 있는데, 당신도 갖고 있는가?"라고 말을 걸었다고 한다. 파멜로(Graham Farmelo)가 "디랙은 수학을 아름답고 우아하게 써서 물리현상을 설명할 수 있었던 수학의 셰익스피어이며, 방정식의 위대한 시인이다"라고 평한 것처럼, 언어로는 세상과 소통하기가 그렇게나 어려웠던 디랙이지만 수학으로 우주를 품는 것은 무척 쉬웠던 모양이다.

디랙은 천재성에도 불구하고 매우 겸손하다고 알려져 있다. 그가 31살에 노벨상 수상자로 결정되자, 명예나 상금에 전혀 관심이 없는 디랙은 매스컴의 관심을 두려워하여 수상을 거부하려고 했다. 그러자 러더포드가 디랙에게 "노벨상을 거부하면 더 많은 매스컴의 관심을 끌게 될 것일세"라고 설득하여 그의 마음을 돌릴 수 있었다. 그는 기사 작위도 거부했는데, 작위에 따르는 칭호로 경(卿, Sir) 뒤에 성이 아니라 이름(first name)으로 불리는 것이 싫어서였다고 한다.

우리는 물리시간에, 입자의 스핀이 0 또는 정수를 가지는 입자를 보존이라고 하며 '보즈-아인슈타인 통계'를 따르고, 한편 스핀이 반정수의 값을 갖는 입자들(예를 들면, 전자, 중성자, 양성자 등)은 페르미온이라고 하며 '페르미-디랙 통계'를 따른다고 배웠다. 그런데 디랙은 강의를 하면서 페르미-디랙 통계 대신 페르미 통계라고 부르는 것을 고집했고, 그래서 대칭성을 위해 보즈-아인슈타인 통계 대신 아인슈타인 통계라고 불렀다는 일화도 있다.

노벨상 수상 후 그의 염려대로 유명해져서 런던의 신문은 '모든 여성을 무서워하는 천재'라는 제목 아래 작은 영양(羚羊)처럼 수줍어하고, 빅토리아 시대의 처녀처럼 정숙한 디랙이라고 묘사했다.

여성에게 전혀 관심이 없어 성 정체성까지 의심 받던 디랙이 결혼한다는 소식은 모두를 놀라게 했다. 디랙은 물리학자 비그너의 여동생이며 아이가 둘 딸린 이혼녀 마지 비그너(Margi Wigner)를 1934년에 만나 3년 후 결혼한다. 마지는 디랙과 성격이 정반대여서 디랙이 하루 종일 거의 말을 하지 않고 무미건조한 반면, 그녀는 끊임없이 말하는 명랑하고 열정적인 여자였다. 말할 것도 없이 마지가 구애를 하여 디랙의 마음을 움직여 결혼에 성공하였는데, 결혼 후 1년이 지났을 무렵 인간 계산기인 그도 "당신은 나를 인간으로 만들었소. 내가 더 이상 내 분야에서 성공하지 못하더라도 나는 당신과 함께, 행복하게 살 수 있을 거요"라는 사랑스러운 편지를 그녀에게 썼다.

서로 완전히 다른 두 성격의 사람이 보완적 역할을 한 케이스로, 양자물리에서는 보어의 상보성 원리에 해당한다고 하겠다. 여하튼 두 사람은 반세기를 함께 하며 두 자녀를 두었는데, 이들 두 사람에 대해 디랙의 친구는 이렇게 말한다. "디랙은 아내에게 높은 신분을 주었고, 그녀는 남편에게 삶을 주었다."

| 과학적 업적 |

디랙 방정식과 양전자

디랙이 1926년 물리로 박사학위를 받았지만, 이 분야에서 눈에 띌 만한 첫 번째 기여는 학위를 받기 전에 이루어졌다. 디랙의 지도교수 파울러(Ralph Fowler)는 1925년 출판 예정인 하이젠베르크의 논문 사본을 디랙에게 주면서 꼼꼼히 검토하라고 말한다. 그 과정에서 디랙은 하이젠베르크의 양자역학에 대한 새로운 행렬 방법에서 제안된 양자화 규칙이

고전역학에서 사용되는 연산 '포아송 괄호'(Poisson Brackets)와 매우 유사성이 있다는 것을 알아챘다. 이를 디랙은 양자역학과 고전역학의 직접적인 연결이라고 해석했다. 디랙의 이러한 발견은 하이젠베르크가 개발한 양자역학의 행렬 방법을 더 발전시켜 보편성과 논리에 있어 다른 모든 것들을 능가하는 양자역학의 확고한 수학적 기반을 마련할 수 있게 했다. 이 일로써 비록 아직 20대 중반이고 박사학위를 받기 전이지만 디랙은 이 분야의 다른 저명한 물리학자들과 즉시 같은 반열에 오르게 되었으며, 더 중요한 것은 이를 토대로 몇 가지 다른 중요한 이론적인 진전이 가능하게 되었다는 점이다.

1928년 2월, 그는 현대 물리의 두 기둥인 아인슈타인의 특수 상대성 원리와 양자역학을 이어주는 매우 극적인 돌파구를 열어주는 연구 결과를 발표한다. 양자역학의 슈뢰딩거 방정식은 원자세계를 지배하는 법칙이지만, 입자가 빛의 속도에 비해 천천히 움직일 때 적용되는 한계를 가지고 있다. 따라서 빛의 속도에 가깝게 빠르게 움직이는 입자를 다루려면, 상대론적 양자역학이 필요하게 되고 디랙은 이 둘을 연결하여 상대론적 양자역학이라는 분야를 개척한 것이다.

1928년, 그는 힘을 받지 않고 자유롭게 움직이거나 또는 전자기적 상호작용을 포함하는 전자나 쿼크(quark) 같은 반정수 입자, 페르미온의 거동을 나타낼 수 있는 기본방정식을 행렬(matrix)을 도입하여 만들어 냈는데, 이를 상대론적 파동방정식인 '디랙 방정식'이라고 한다. 그런데 디랙 방정식을 풀면 입자의 에너지 값이 두 개가 나오는데 E가 mc^2보다 크거나 $-mc^2$보다 작다는 것이다.

그런데 에너지가 마이너스라니?

에너지가 음수라면 보통은 말도 안 되는 값이라고 휴지통에 버리고 말 것이다. 그런데 바로 여기에서 디랙의 천재성이 빛난다. 이 문제에 대한 디랙의 해법은 음의 에너지 값이 휴지통으로 들어가는 대신 페르미온인 전자에 파울리의 배타원리(pauli exciusion principle, 한 에너지 상태에 두 개 이상의 전자가 동시에 있을 수 없다는 양자론의 한 원리)를 적용하는 것이었다.

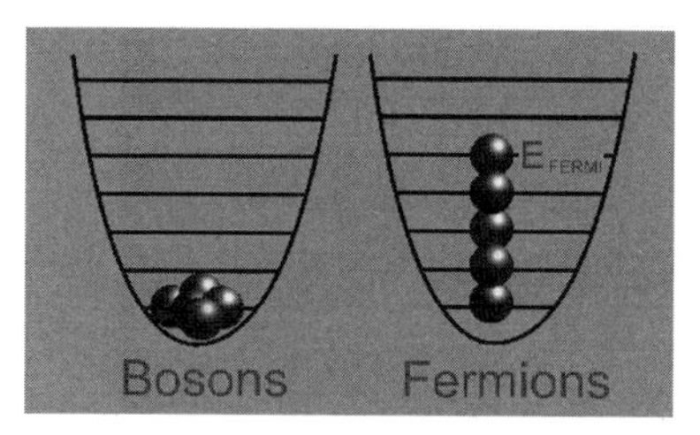

보존은 여러 개의 입자가 같은 물리적 상태에 있을 수 있는 반면, 페르미온은 같은 상태에 둘 이상의 입자가 있을 수 없다.

가령 높은 에너지 상태에 있는 전자는 낮은 에너지 상태가 비어 있을 경우, 두 에너지 차이에 해당하는 빛을 내면서 낮은 에너지 상태로 떨어져 버린다. 우주에 양의 에너지를 가진 전자가 하나 있다면, 그 전자는 순식간에 빛을 내놓고 음의 에너지 상태로 떨어진다. 우주에 전자가 무한히 많이 있다면 파울리의 배타원리에 따라 무한히 많은 음의 에너지 상태에 전자가 한 상태마다 하나씩 들어가 결국 모든 상태를 가득 채우게 되며, 이를 물리학자들은 '디랙의 바다'라고 부른다. 디랙은 이를 우리가 확인할 수 없을 뿐 실재하는 물리적 상태라고 생각했다. 즉, 진공은 아무것도 없는 상태가 아니라 음의 에너지 상태가 가득차고 양의 에너지 상태는 비어 있는 디랙의 바다에 해당하는 것이다. 그러므로 만일 우리가 하나의 전자를 더 도입하고 싶다면, 모든 음의 에너지 상태는 가득 찼기 때문에 양의 에너지 상태로 넣어야 하며, 뿐만 아니라 만일 전자가 광자를 방출하여 에너지를 잃는다 하더라도 음의 에너지 상태로 떨어지는 것은 금지

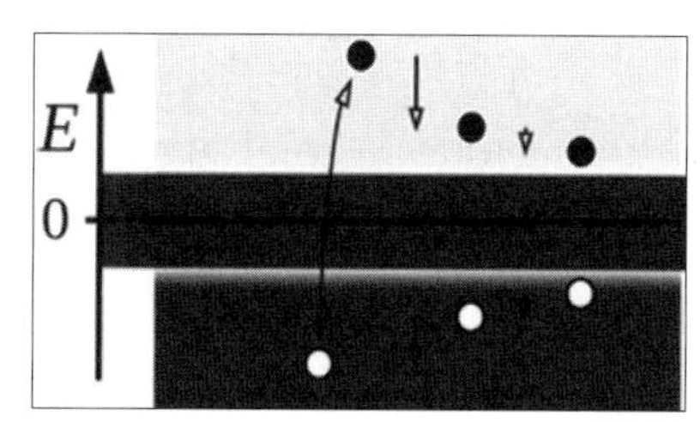

디랙의 바다

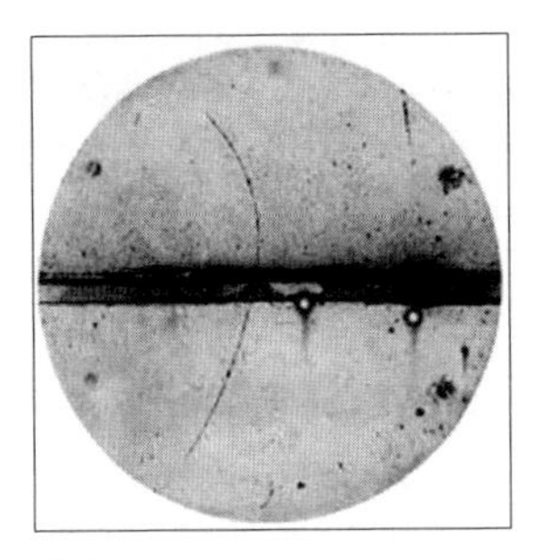
양전자

된다.

또한 디랙은 만일 진공 상태에 빛이 들어오면, 음의 에너지 상태에 있던 전자 하나가 빛을 흡수하여 양의 에너지 상태로 뛰어오르게 되고 음의 에너지 전자들의 바다 속에는 구멍(hole)이 생긴다고 추론했다. 그리고 이 구멍은 음의 에너지가 비어 있으니 마치 양으로 하전된 입자처럼 전기장에 반응을 하는, 즉 전자와 질량이 같고 전하도 같으며 부호만 반대인 입자로 우리에게 보일 것이라고 했다. 바로 디랙의 바다에 생긴 이 구멍이 양전자(positron)이다.

양전자는 이렇게 디랙이 방정식을 풀어가며 추론에 추론을 거듭하던 상상의 세계에서 태어났지만, 1932년 캘리포니아 공과대학의 앤더슨(Carl Anderson)이 우주에서 지구로 날아온 입자들인 우주선(cosmic ray)에서 디랙의 구멍으로부터 예측된 물리적 성질과 같은 입자를 발견한다. 우주선을 안개상자(일명 윌슨상자)와 납판에 통과시키고 이 장치를 자석으로 둘러싸면, 전자의 전하에 따라서 다른 방향으로 휘게 된다. 위의 사진에서 아래쪽에서 위쪽으로 원을 그리며 올라가는 곡선이 양전자의 궤적이다. 이로써 양전자의 존재는 실재가 되었으며, 앤더슨은 1936년 노벨상을 수상했다. 파멜로의 표현처럼 실험으로 관찰되기 전 먼저 수학으로 물리현상을 아름답게 설명한 디랙은 수학의 셰익스피어이고, 위대한 시인이라 하겠다.

반물질(反物質)

양전자(또는 반전자)의 발견 이후 반물질은 더 이상 스타 트렉에서처럼 공상세계의 존재가 아니라 실제로 존재하는 물질이 되었다. 전자의 반입자인 양전자뿐 아니라, 사실은 물질을 구성하는 모든 입자(양성자(p+), 중성자, 전자(e-))에 대해 반입자(반양성자(p-), 반중성자, 반전자(e+))가 존재한다. 각 반입자들은 말 그대로 정상입자의 거울상(mirror image)이어서 각 반입자들은 해당하는 입자와 질량은 같고 하전만 반대가 된다. 양성자나 중성자를 구성하는 기본 입자인 쿼크도 그 반입자인 반쿼크(antiquark)가 존재하고, 또한 중성미자, 뮤온, 타우온 등 여러 기본 입자들도 각각의 반입자(반중성미자, 반뮤온, 반타우온)가 있다. 전기적으로 중성인 입자 중에 어떤 것은 자기 자신이 반입자가 되기도 한다. 이런 대표적인 예가 빛 입자인데, 광자의 반입자는 자기 자신이다. 그리고 양성자와 중성자, 전자가 결합하여 원자나 물질을 만드는 것처럼, 반양성자, 반중성자, 반전자(또는 양전자)들도 결합하여 반원자(antiatom)와 반물질(antimatter)을 만든다.

그렇다면 디랙의 반물질에 대한 발견을 좀 더 확장하면, 완전히 반물질로 만들어진 우주의 거울상, 즉 반우주가 어딘가 존재하지 않을까 하는 추론이 가능하게 된다.

즉, 원칙적으로 반물질로 된 반엠마왓슨도 존재할 수 있으며, 그녀는 반지팡이를 들고, 반공기를 마시고, 반음식을 먹으며, 반해리포터와 함께 반지구를 걸어 다닐 것이다. 그야말로 〈해리 포터〉에 나오는 이야기와 하나도 다르지 않은 매우 흥분되는 일이 아닐까?

물리학자들은 앤더슨의 발견 이후 반물질에 대해 많은 것을 알게 되었는데, 가장 극적인 발견 중의 하나가 반물질과 물질이 접촉하게 되면 폭발이 일어난다는 것이다. 마치 죽음에 이를 수밖에 없는 치명적인 사랑에 빠진 연인들의 관계에서처럼, 물질과 반물질은 서로 반대 하전을 갖고 있기 때문에 처음에는 운명적으로 끌리지만, 그 다음은 서로를 파멸시키는 것이다. 만일 물질과 반물질이 충돌하면, 단지 광자를 방출하고 나머지 전체 입자의 질량은 아인슈타인의 유명한 공식 $E=mc^2$에 의해서 에너지로 바뀐다. 만일 1그램의 반물질이 1그램의 물질과 반응하면, 2×10^{-3}kg × $(3\times10^8$ m/s$)^2$=180테라줄(terajoule=10^{12}joule)의 가공할 만한 에너지를 방출하는데 이는 TNT 42.96킬로톤(1kiloton=1000톤)에 해당하며, 히로시마에 떨어진 원자폭탄의 3배에 해당한다. 그래서 물질과 반물질의 만남은 공상과학 소설의 중요한 소재로, 2009년 개봉된 〈천사와 악마〉라는 영화에서도 세계를 파멸로 몰고 갈 반물질 폭탄이 등장했다.

그러나 이보다 더 흥미롭고 수수께끼 같은 문제는, 자연의 법칙은 물질과 반물질이 쌍으로 정확히 같은 양들이 생성된다고 하는데, 만일 그렇다면 서로를 쌍소멸 시킨다면 처음부터 우주는 존재하지 않아야 되지 않는가, 하는 점이다. 모든 물질들이 왜 파괴되지 않았는지를 설명하기 위해서 물리학자들은 우주의 기원을 설명하는 빅뱅 이론을 가지고 빅뱅이 있은 지 10^{-3}초(millisecond) 안에 어떻게든 물질이 아주 근소한 차이, 즉 매 10억 개의 반물질에 대해 10억+1의 숫자로 우세하기 시작하여, 우주 창조 1초 안에 모든 반물질은 소멸되고 오직 물질만이 남게 되었다고 설명한다. 그렇다면, 물질과 반물질 사이에 이러한 차이 또는 비대칭성(CP 대칭성의 깨짐)을 만든 정확한 메커니즘은 무엇인지 물리학자들이 앞으로 밝혀야 숙제이다.

| 반물질의 응용 |

의료분야: 양전자 방출 단층 촬영기(PET: Positron Emission Tomography)

의료용 스캔의 한 종류인 PET는 양전자를 방출하는 동위원소 추적자를 결합한 의약품을 체내에 주입한 후, 우리 몸속에 있는 전자와 그 반물질인 양전자가 만났을 때 쌍소멸을 통해 만들어내는 빛을 이용하여 우리 몸속을 관찰하는 의료장비이다.

암 검사, 심장질환, 뇌질환 및 뇌기능 검사를 위한 수용체 영상이나 대사 영상도 얻을 수 있다. 우리는 음식물이나 물을 통해 자연에 존재하는 방사능 물질도 먹게 되는데 그런 방사능 물질이 우리 몸에서 붕괴하면서, 매 시간당 180개 정도의 양전자가 우리 몸에서 생겨난다.

연료

스타 트렉의 USS엔터프라이즈호에서처럼 반물질은 행성간 또는 성간(interstellar) 우주여행에 고에너지 연료로 쓰일 수 있다. 가령 1/1000그램의 반물질이 같은 양의 물질과 만나면 로켓연료 2000킬로그램보다 더 많은 에너지를 전달한다. 오늘날 무인 우주선이 화성에 도착하는 데 거의 1년이 걸리지만, 만일 반물질을 연료로 쓴다면 유인 우주선이 한 달만에 화성에 도착하는 데는 대략 10그램이면 충분하다. 그렇기는 하나 만일 우리가 반수소를 지금 생산해내는 속도보다 5배 더 빠르게 만들어내어 저장할 수 있다 하더라도 1/1000그램의 반수소를 만드는 데 20만 년이 걸린다.

반물질폭탄

그렇다면 앞의 〈천사와 악마〉에서 언급했던 것처럼 반물질 폭탄을 만드는 것이 가능한가?

현재 반물질을 생산해내는 모든 알려진 기술은 입자 가속기를 사용하는데, 이 기술은 여전히 매우 비효율적이며 비싸다. 현재 유럽원자핵공동연구소(CERN)에서 연간 수 피코그램(1picogram=10^{-12}그램)의 반수소를 생산하는 데 2000만 달러의 비용이 든다. 따라서 히로시마에 떨어진 원자폭탄과 동일한 폭발력을 갖는 데는 0.5그램의 반물질이 필요하지만, 현재의 생산 속도로는 200만 년이 걸리기 때문에 아직은 공상과학 영화 속에서만 가능하다고 할 수 있다.

11. 인공지능의 아버지 앨런 튜링과 독이 든 사과

Alan Mathison Turing(1912~1954)

미국의 미래학자이며 저술가인 앨빈 토플러는 1980년에 출판한 《제3의 물결》에서 컴퓨터에 의한 정보화 시대의 도래를 예견했다. 필자는 1981년부터 미국 대학에 연구년으로 나가 있었는데, 1981년 8월 IBM PC(5150)가 등장해 세계적인 베스트셀러가 되었다. IBM 5150 모델의 CPU는 인텔 8088로 속도는 4.77MHz에 불과했고 메모리는 64KB, 하드 디스크는 아예 없고 5.5인치 크기의 플로피 디스크의 용량은 160KB이었다. 모니터는 해상도도 시원찮은 흑백 모니터였지만, 새로 출시된 IBM PC에 완전히 매료된 나는 당시로는 거금 2000달러를 투자하여 PC를 사가지고 1983년 귀국했다.

이렇게 해서 컴퓨터가 필자의 인생에 들어온 이후 30년이 지난 오늘날엔 컴퓨터, 태블릿, 스마트폰 등으로 인터넷 검색에서부터 각종 문서작성, 쇼핑, 은행거래, 동영상 강의, 영화와 음악 감상, SNS 등등 온갖 일을 다 하고 있다. 1970년대 유학생 시절, 한 달 걸려서 지금의 소울메이트(!)와 손으로 쓴 편지를 주고받던 때를 생각하면 지금의 일상생활은 그야말로 상전벽해(桑田碧海)가 되었다. 그런데 우리의 삶을 송두리째 바꾸어놓은 컴퓨터와 인공지능의 선구자는 바로 영국의 비운의 천재 수학자 앨런 튜링(Alan Mathison Turing)이다. 뿐만 아니라 그는 암호분석가이고 동성애 문화의 아이콘이기도 하며 논리학, 철학, 생물학, 인지과학 등에도 많은 기여를 했다.

튜링은 멜빵 달린 바지에 코트 안에는 파자마 윗도리를 입고 다닐 정도로 괴상한 옷차림새에다 말까지 더듬었는데, 어머니가 최소한 1년에 옷 한 벌은 사라고 편지로 상기시킬 정도로 외모에 무관심했다. 그는 자신의 머그컵을 남들이 쓰지 못하도록 라디에이터 파이프에 쇠줄로 묶어 자물쇠로 잠가놓는가 하면, 꽃가루 알레르기 계절에는 정부가 지급한 가스마스크를 착용하고 자전거를 타고 출근하는 등 괴짜였다. 그럼에도 불구하고 시대를 앞질러 산 튜링의 통찰력과 고난도의 어려운 문제에 대한 두려움 없는 과감한 도전은 오늘날 우리에게 많은 영감을 주고 롤 모델이 되고 있다.

| 수학적 재능이 뛰어난 어린 시절 |

앨런 튜링은 영국령 식민지 인도에서 공무원이던 아버지가 휴가를 받아 영국으로 돌아와 있던 무렵 런던 패딩턴(Paddington)에서 태어났다. 그의 부모는 여섯 살의 튜링을 세인트 마이클(Saint Michael's) 학교에 입학시켰는데, 여자 교장과 교사들은 일찍부터 어린 튜링의 탁월한 재능을 알아보았다. 1926년 13살이 된 튜링은 유명 사립학교인 셔본

(Sherborne) 스쿨에 들어갔다. 새 학기 첫날, 때마침 영국에서 총파업이 일어나 도시의 교통이 마비되자, 그는 사우샘프턴(Southampton)에서 셔본까지 장장 97킬로미터를 혼자 자전거를 타고 등교하는 끈기와 단호함을 보였다.

튜링은 수학과 과학에 뛰어난 재능을 나타냈지만, 고전 공부에 교육의 가치를 두는 셔본 스쿨 교사들에게는 인정받지 못했다. 심지어 교장은 튜링의 부모에게 "튜링이 사립학교에 다니려면, 적절한 교육을 받으려는 목표를 가져야 한다. 만일 그 애가 단지 과학 전문가가 되려 한다면, 사립학교에서 시간을 낭비하고 있을 뿐이다"라고 말했다. 그럼에도 튜링은 기초 미적분을 공부하지 않고도 더 어려운 문제들을 푸는 등 뛰어난 수학적 재능을 계속해서 보여주었다. 1928년 16살 때 튜링은 처음으로 아인슈타인의 상대성이론을 접하였고 에딩턴(Arthur Stanley Eddington)의 《물리적 세계의 본질(The nature of the physical world)》을 통해 양자역학에 대해 알게 되었다.

그 즈음 튜링의 생애를 통해 가장 큰 영향을 준 사건이 일어나는데, 처음으로 자신의 생각과 아이디어를 공유할 친구를 만나면서 동성애 성향이 싹트게 된다. 셔본 스쿨 1년 선배이며 수학과 과학에 매우 뛰어난 크리스토퍼 모컴(Christopher Morcom)은 튜링과 함께 공부하며 과학에 대한 아이디어를 나누었고 튜링의 진로에 큰 영감을 제공해 주었다. 그러나 2년 후인 1930년 모컴이 결핵으로 사망하자, 튜링은 엄청난 충격을 받아 이후 무신론자가 되었다.

| 대학시절과 연구 |

절친한 친구의 죽음으로 매우 힘든 시기를 보냈음에도 튜링은 1931년 수학을 전공하기 위해 케임브리지 킹스칼리지에 입학했다. 인습에 얽매이지 않는 튜링에게 케임브리지는 자신의 아이디어를 탐구하고 발전시킬 수 있는 무척 편안한 곳이었다.

한편 1928년, 20세기 초 최고의 수학자 중 하나로 꼽히는 독일의 힐베르트(David Hilbert)는 수학 본질의 결정문제(decision problem)에 관한 세 가지 질문을 제기했다. 첫째, 수학은 완전한가(complete), 둘째 수학은 일관성이 있는가(consistent), 그리고 셋째 수학은 결정 가능한가, 라는 세 가지 질문에 대해 힐베르트는 모두 '그렇다'고 확신하고 수학과 물리를 포함한 과학의 전 분야에서 확고한 공리적 체계를 마련하고자 노력했다. 그런데 오스트리아의 수학자이며 논리학자인 괴델(Kurt Gödel)은 힐베르트나 러셀(Bertrand Russell)과 같이 공리적인 방법에만 의존하여 수학체계를 세우려는 확신을 부정하는 소위 '괴델의 불완전성 정리'(Incompleteness Theorem)를 발표한다. 심오한 명제를 감히 한마디로 요약하는 불경죄를 저지른다면 "진리이지만 증명되지 않는 수학적 명제가 존재한다"는 것이다.

1932년 튜링은 폰 노이만(von Neumann)의 양자역학(그의 생애를 통해 몇 번이고 되돌아오는 주제이다)에 관한 책을 읽었고, 거의 비슷한 시기인 1933년에는 러셀의 《수리철학 입문(Introduction to Mathematical Philosophy)》을 읽은 뒤 수리논리학에 흥미를 갖게 된다.

튜링은 1934년 케임브리지를 우수한 성적으로 졸업하고, 1935년 봄 위상수학자인 뉴먼(Max Newman)의 수학기초론 고급과정을 수강했다.

뉴먼의 '힐베르트의 결정 가능성에 대한 질문과 괴델의 불완전성 정리'에 대한 강의는 튜링에게 많은 영감을 불러일으켰다. 어떤 의미에서 결정 가능성은, 주어진 수학적 명제에 대하여 만일 명제가 참인지 거짓인지를 결정하는 **알고리즘**만 찾으면 되는 단순한 문제이다. 많은 명제들은 그러한 알고리즘을 찾기가 쉽지만, 그러나 어떤 명제들은 그러한 알고리즘이 존재하지 않는다는 것을 증명하는 데 정말 어려운 문제점이 놓여 있다.

알고리즘
어떤 문제를 해결하기 위해 명확히 정의된 유한개의 규칙과 절차를 말한다.

튜링은 1935년 23살의 나이에 '중심극한 정리'(central limit theorem)를 증명한 논문 덕택에 킹스칼리지의 펠로우로 선정되었다. 그러나 튜링을 그 시대에 주목받는 선도 과학자들 중 하나로 인정받게 한 것은 1936년 24살에 〈런던 수학 학회보〉에 발표한 〈계산 가능한 수와 결정 문제의 응용에 관하여(On Computable Numbers, with an Application to the Entscheidungsproblem)〉라는 논문이었다.

이 논문에서 튜링은 계산과 증명의 한계에 관해 1931년 발표한 괴델의 불완전성 이론을 다르게 공식화하여 괴델의 보편적 알고리즘에 기초한 공식 언어를 '튜링기계'(turing machine)로 대체했다.

튜링기계란 '알고리즘으로 표현되는 어떠한 수학적 계산도 수행할 수 있는 가상적인 계산 장치'를 의미하는데, 무한히 긴 테이프와 테이프에 기록되는 기호, 그 기호를 읽고 쓰는 장치, 장치의 상태 및 기계의 작동 규칙표로 이루어져 있다. 이렇게 정의된 기계가 작동 규칙표에 규정되어 있는 규칙대로 작동하면서 정해진 계산을 진행하게 된다. 따라서 튜링 논문의 주요 목적은 '정지문제'(halting problem)를 판정할 수 있는 알고리즘이 있는가를 증명하는 것이었다. 정지문제란 결정문제의 일종으로 프로그램에 입력 값을 넣고 실행할 때 프로그램이 계산을 끝내고 멈출지 아니면 무한히 계속해서 계산할지를 판정하는 것이 가능한가를 증명하는 문제를 말한다.

그는 주어진 튜링기계가 작업을 처리한 뒤 어느 때 정지할 것인가를 결정할 수 있는 일반적인 알고리즘은 존재하지 않는다는 것을 밝힘으로써 결정문제에 해답이 없다는 것을 증명했다. 비록 튜링의 증명(1936년 5월)은 처치(Alonzo Church)가 람다 대수를 이용하여 동일한 증명(1936년 4월)을 한 이후에 출판되었지만, 튜링의 증명이 훨씬 접근하기 쉽고 직관적이다.

'처치-튜링 명제'란 처치의 람다 대수에 의해 정의 가능한 것은 튜링기계에 의해 계산이 가능하다는 것으로, 알론조 처치와 앨런 튜링의 이름을 따서 지었다. 또한 튜링은 다른 모든 계산 기계들이 할 수 있는 작업을 대신할 수 있는, 다시 말해 모든 계산 가능한 문제들은 무엇이든 계산할 수 있는 보편적 기계(Universal Turing Machine)가 존재한다는 사실도 발견했다. 이로써 튜링은 수학적 상상력의 결과로 프로그래밍이 가능한 가상적 기계 장치인 '보편적 튜링기계'를 제안함으로써 현대 컴퓨터의 토대를 마련했다. 그로부터 9년이 지나 전자기술의 발달로 튜링 아이디어의 로직을 실제 엔지니어링으로 바꾸는 것이 현실적으로 가능하게 되었다.

1936년 9월부터 튜링은 처치 교수의 지도하에 프린스턴 대학에서 대학원 생활을 시작한다. 그는 순수 수학뿐 아니라 암호학을 공부했고, 2진수 곱셈용 전자계전기를 기반으로 한 암호기계를 만들면서 시간을 보냈다. 그때 이미 튜링은 '쓸데없는' 로직과 실용적인 컴퓨터 사용 사이의 연결고리를 보았다. 1938년 6월 그는 박사학위 논문 〈서수 기반 로직

시스템(Systems of Logic Based on Ordinals)〉에서 수학에서의 직관에 대한 개념을 분석하고 보편적 튜링기계로는 너무 어려워 풀 수 없는 문제들을 다룰 수 있게 하는 추상적 장치인 소위 오라클(Oracle)의 개념을 소개했다. 아마도 앨런 튜링의 논문은 프린스턴 대학에서 배출한 가장 유명한 두 논문들 중의 하나일 것이다. 다른 하나는 영화 '뷰티풀 마인드'의 실제 주인공으로도 유명한 존 내쉬(John Nash)의 〈비협력 게임(NonCooperative Games)〉이다.

| 암호 해독가 튜링과 제2차 세계대전 |

1938년 여름, 프린스턴 대학의 폰 노이만이 그에게 교수 자리를 제안했지만, 그는 케임브리지 대학으로 돌아온다. 1939년 제2차 세계대전이 발발하자 튜링은 케임브리지를 떠나 블레츨리 파크(Bletchley Park)에 있는 정부 암호학교(Government Code and Cyper School: GC&CS)의 전시 총사령부로 갔다.

에니그마

독일의 육·해·공군은 2차대전 동안 세계에서 가장 정교하고 난해한 암호 체계로 알려진 에니그마(Enigma)로 생성된 암호 메시지를 매일 수천 개씩 전송했는데 그 사용법은 비교적 간단하다. 타자기 모양의 에니그마 자판에서 원하는 알파벳을 누르면 전류가 회로를 따라 흘러 전구판에 있는 알파벳에 불이 들어오는데 그것이 바로 암호화된 글자이다. 마치 단순한 타자기처럼 보이지만 에니그마 기계의 암호문 제작 원리는

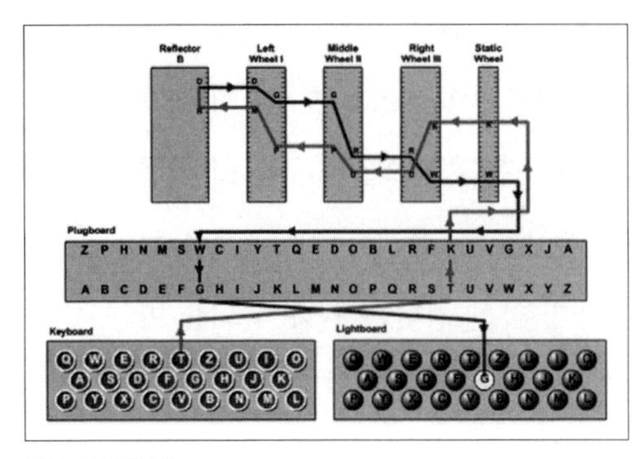

에니그마 배선도

무한히 긴 열쇠 값을 이용하여 다중 치환 암호를 전기공학적으로 구현해내는 데에 있다. 옆의 그림은 어떻게 자판의 글자 T를 누르면, 전구판의 글자 G(암호화 된)에 불이 들어오는지 그 복잡한 경로를 설명해주고 있다.

에니그마는 독일 엔지니어 쉘비우스(Arthur Scherbius)가 발명한 전기 기계식 회전자 암호기계로, 자판, 회전자(Rotor), 플러그판, 전구판으로 구성되어 있다. 앞의 사진 속의 에니그마에서는 3개의 회전자가 보이는데, 후에는 점점 더 복잡해져 8개까지 늘어난다. 각각의 회전자에는 26개의 알파벳이 쓰여 있고 한 칸씩 26번 움직이면 한 바퀴를 돈다. 그렇다면 세 개의 회전자가 동시에 각각 돌 때의 배열의 수, 세 개의 회전자가 위치를 바꿀 때의 조합의 수, 그리고 세 개의 회전자가 26개의 글자 중에서 처음 위치를 정하는 배열의 수까지 모두 고려하면 회전자의 가능한 상태의 총 수는 26×26×26×26×26×26×26=1,853,494,656이 된다.

그러나 여기서 그치는 것이 아니다. 에니그마 기계의 아주 독특한 특징은 회전자 옆에 위치한 반사체(reflector)로, 모든 움직이는 회전자의 내부 배선에서 각 글자는 다른 어떠한 글자와도 연결될 수 있다. 전쟁 초기에는 7쌍(14글자)을 서로 교환하고 나머지 12자는 그대로 통과시키게 반사체가 만들어졌는데 이렇게 생성된 경우의 수에, 위의 회전자의 상태의 수를 곱하면 가능한 총 배열의 수는 대략 10^{114}이 되고, 만일 배선과 다른 작동상의 제약 사항을 안다면 이 숫자는 10^{23}개 정도로 줄어든다. 그러나 이는 정말로 엄청난 천문학적인 경우의 수여서 독일은 절대로 에니그마는 해독될 수 없다고 확신했다.

그런데 난공불락의 에니그마에게도 결정적인 아킬레스건이 있었다. 즉 에니그마의 무작위 과정에서 반사체는 특정 글자를 절대로 자신과 똑같은 글자로 암호화하지 않도록 해준다는 것이다. 따라서 튜링은 암호의 원문에서 이미 알려졌거나 유추할 수 있는 내용과 암호문 사이에서 어느 위치에서건 똑같은 글자가 나타난다면, 추정된 해독법은 틀린 것이므로 제외시켰다. 그는 이른바 '개연성 있는 문장 공략법'이라는 방법으로, 에니그마가 생성한 거대한 경우의 수를 줄여나갈 수 있다는 것을 깨달았다. 그리고 확률을 사용하여 암호 해독 과정에서 모든 가능성들의 시도를 최적화하는 통계학적 방법을 적용했다.

1939년 튜링은 에니그마를 해독한 폴란드 암호 해독가들의 자료들을 기초로 하여 초기의 전기기계 연동기 '봄베'(Bombe)를 디자인했다. 후에 케임브리지 대학 출신의 뛰어난 수학자 웰치먼(Gordon Welchman)이 이를 좀 더 개선하여 1940년 8월 최초의 작동 가능한 봄베(Turing-Welchman Bombe)가 블레츨리 파크에 설치되었다. 독일제 표준 에니그마는 세 개의 회전자 한 세트를 한 번에 사용하지만, '폭탄'(Bombe)이라는 이름의 표준 영국제 암호 해독기는 에니그마에 해당하는 것을 36세트나 갖고 있었다. 그리고 각 세트는 세 개의 드럼으로 구성되어 있으며 에니그마 회전자가 만드는 것과 같은 스크램블링 효과, 즉 마구 섞어 놓도록 배선되었다.

1942년 초 영국 정부 암호학교(GC&CS)는 '봄베' 덕분에 매달 약 3만9000개의 도청 메시지를 해독할 수 있었고, 그 숫자는 점차 늘어나

1943년 가을에는 한 달 동안 8만4000개가 넘어 2분에 하나씩 해독할 수 있었다. 1943년 엔지니어 플라워스(Thomas Harold Flowers)와 수학자 뉴먼(Max Newman)은 진공관 1500개로 암호문 해독 전용의 세계 최초 전자계산기 콜로서스(Colossus)를 개발했는데, 콜로서스 설계에 튜링의 암호 해석에 대한 이전의 작업들이 매우 중요한 기여를 했다.

1944년 봄 영국은 콜로서스를 이용해 독일군의 교신 암호를 푸는 데 성공했고, 연합군이 마침내 6월 6일 2차 노르망디 상륙작전을 감행하여 2차 세계대전을 승리로 이끄는 데 결정적 기여를 한다. 노르망디 상륙작전을 지휘한 연합군 최고사령관 아이젠하워(Dwight Eisenhower) 장군은 튜링과 블레츨리의 암호반에서 일한 사람들 덕분에 전쟁을 2년 정도 단축하여 수백만 명의 목숨을 구했다고 평가했다. 2차대전 동안 유럽에서 매년 평균 700만 명이 목숨을 잃었다고 하니, 튜링이 이룩한 공적의 중요성을 알 수 있을 것 같다. 튜링은 이 일로 1945년 영국 정부로부터 대영제국 훈장을 받았다.

그런데 1941년 봄, 튜링은 케임브리지 대학을 졸업하고 블레츨리 파크에서 같이 암호 해독가로 일하던 조안 클라크(Joan Clarke)와 가까운 사이가 되어 그녀에게 청혼하고 조안은 기꺼이 수락했다. 그러나 불과 며칠 후 튜링은 자신이 동성애 성향이 있어 원만한 결혼생활이 불가능할 것 같아 청혼을 취소한다고 통보한다.

| 초기 컴퓨터와 인공지능 |

1945~1947년, 튜링은 런던에 살면서 국립물리연구소에서 자동계산

장치(Automatic Computing Engine: ACE) 디자인에 관해 연구했다. 그리고 1946년 2월, 최초로 디지털 컴퓨터의 가장 중요한 핵심인 프로그램이 내장된 컴퓨터의 상세 설계에 관한 논문을 발표했다. 튜링과 함께 컴퓨터의 아버지라고 불리는 폰 노이만이 설계한 에드박(EDVAC)의 불완전한 보고서의 초고가 튜링의 논문보다 먼저 나왔지만, 튜링의 논문에 비하면 훨씬 상세하지 못했다. 튜링의 자동계산장치(ACE)는 언제라도 실행 가능한 설계였지만, 전쟁 중에 블레츨리 파크에서의 작업에 대한 비밀유지 때문에 프로젝트 시작이 지연되자 튜링은 깊은 좌절을 느꼈다.

1947년 말 케임브리지로 가서 안식년을 보내는 동안 튜링은 신경학과 생리학에 대해 연구하면서 비록 생전에 출판되지는 않았지만 지능기계(Intelligent Machinery)의 신경회로망에 대한 선구적인 작업을 했다. 한편 그가 케임브리지에 있는 동안 재정이 부족했던 국립물리연구소는 축소형 ACE를 만들어 1950년 5월 첫 프로그램을 실행했다. 비록 튜링의 ACE가 풀 버전으로 만들어지지는 않았지만 많은 현대의 컴퓨터들은 튜링의 ACE로부터 많은 덕을 보았다.

1949년 튜링은 맨체스터 대학 계산연구소 부소장으로 있으면서 최초의 프로그램 내장 컴퓨터 중 하나인 '맨체스터 마크Ⅰ'의 소프트웨어를 개발했다. 이 기간 동안 그는 수학에 대한 추상적인 연구를 계속하면서 1950년 영국의 학술지 〈마인드〉에 〈계산기계와 지능(Computing machinery and intelligence)〉이라는 논문을 발표한

튜링테스트

다. 그는 이 논문에서 기계가 지능적인가를 판단하는 표준을 정의하는 이른바 '튜링테스트'를 제시한다. 1950년이면 아직은 컴퓨터시대 여명기라고 할 수 있는 때에, 튜링은 시대에 앞서 "기계가 생각할 수 있는가?"라는 인공지능에 대한 질문을 던지고 있는 것이다.

튜링은 "만일 컴퓨터가 생각할 수 있다면, 그 사실을 어떻게 확인할 수 있을까?"라는 핵심 질문에 대해 "만일 질문하는 사람이 인공지능기계(컴퓨터)와 인간과의 반응 사이에서 그 차이를 구별할 수 없다면 컴퓨터는 생각한다고 판단할 수 있다"고 주장했다. 즉 질문자가 텔레타이프로 질문하면 질문 대상인 사람은 충실한 답변을 하고, 컴퓨터는 거꾸로 자신을 사람으로 착각하도록 답변하여 질문자가 사람과 기계 중에서 어느 쪽이 사람인가를 알아내야 한다. 만일 질문자가 제대로 밝혀내지 못한다면 기계는 지능을 가진 인공지능기계라고 할 수 있다는 것이다. 튜링테스트는 반세기가 지난 지금까지도 계속되고 있는 인공지능에 대한 논란에 대해 특유의 도발적이면서 매우 중요하고 지속적인 기여를 하고 있다.

| 패턴 형성과 수리생물학 |

튜링은 맨체스터에 정착해 집도 사고 적응하면서 전혀 새로운 분야에 관심을 갖는다. 컴퓨터 분야에서의 튜링의 업적은 잘 알려져 있지만, 생물과 화학에 그가 남긴 큰 족적에 대해서는 잘 알려지지 않았다. 그의 마지막 도전은 수학적 두뇌를 생물학에 적용해 가장 오래된 수수께끼인 "자연에서 어떻게 반복되는 패턴이 생성되는가"를 풀려는 것이었다. 생물 분야의 유일한 튜링의 논문 〈형태형성의 화학적 기반(The Chemical Basis of Morphogenesis)〉이 1952년 영국 왕립학회 회보에 실렸다. 그는 이 논문을 통해 생물학적 시스템에서 규칙적으로 반복되는 무늬는 활성제(activator)와 억제제(inhibitor)가 함께 작용하는 형태형성 인자(Morphogen)의 한 쌍에 의해서 생성되며, 형태형성 인자들이 다른 속도로 확산되어 나갈 때 생긴다고 제시했다. '형태생성의 반응확산 이론'으로도 불리는 이 이론은 수리생물학의 기본 모델이 되었고, 어떤 사람들은 카오스 이론의 기원이라고까지 말한다.

자연의 패턴 형성

그로부터 60년이 지난 오늘날 영국 런던 킹스칼리지 그린(Jeremy Green) 박사는 호랑이의 줄무늬나 표범의 반점과 같은 자연에서 반복되는 패턴이 왜 일어나는가에 대한 튜링의 이론이 맞다는 첫 실험 결과를 2012년 네이처 유전학술지(Nature Genetics)에 발표했다.

| 튜링의 비극적 최후 |

맨체스터에서 39살의 튜링은 크리스마스를 앞두고 19살의 실업자를 만나 동성애 관계를 시작했다. 이듬해인 1952년 1월 23일, 집에 도둑이 들자 튜링은 경찰에 신고했는데, 조사 과정에서 그는 자신이 동성애자라는 것을 밝힌다. 당시 영국에서는 동성애 행위가 범죄에 해당했지만 그는 자신의 동성애 행위가 잘못되었다고 생각하지 않았기 때문에 이를 감추거나 변명조차 하지 않았다.

산업혁명의 도시 맨체스터는 자연과학과 엔지니어링 분야에서 획기적인 성과를 내고 있는 도시 특성상 동성애에 대해 탐탁지 않게 생각하는 보수적인 분위기였다. 튜링은 '역겨운 성문란 행위'로 기소되어 1952년 3월 31일 재판에 회부되었다. 유죄 판결을 받은 그는 감옥에 가든지 성적 충동을 줄이기 위한 화학적 거세, 즉 합성 여성호르몬인 스틸보에스트롤(stilboestrol)을 1년간 맞을 것인지를 선택해야 했다. 튜링은 감옥 대신 호르몬 주사를 선택한다.

1년간 호르몬 주사를 맞는 동안 튜링은 발기불능에다 가슴은 여성형 유방처럼 부풀어 올랐다. "틀림없이 나는 내가 알지 못하는 전혀 딴 사람이 될 것이다" 라는 그의 예측대로 정말 그렇게 되었다. 끔찍하고 굴욕적이며 수치스러운 과정에 대해 튜링은 "그들이 나에게 유방을 주었어"라고 친구에게 말하였다고 한다.

2차 세계대전 이후 세계는 냉전 상태가 되었고, 미국의 동맹국들은 동성애자들에게는 비밀정보 취급허가를 내주지 않았다. 비밀정보 허가가 취소된 그는 영국 정부를 위한 암호화 자문직도 맡을 수 없게 되었다. 그러나 그보다 더 튜링을 절망에 빠뜨린 위기가 닥쳤다. 보안 담당관은 영국 정보암호국의 일에 대해 속속들이 알고 있는 튜링을 이제 '보안상 위험인물'로 취급한 것이다. 모든 학자들이 그렇듯 튜링에게도 외국 동료들이 많았는데, 그를 만나러 온 외국 방문객들까지 경찰이 조사하기 시작했고, 그는 자신의 인생이 완전히 끝났다고 절망한다.

1954년 6월 8일, 튜링의 시신이 청소부에 의해 발견되었다. 그의 침대 옆에는 반쯤 먹은 사과가 놓여 있었고, 그는 시안화칼륨(청산가리) 중독으로 42세의 나이로 생을 마감했다. 그는 〈백설공주와 일곱 난쟁이〉 동화를 무척 좋아했다고 하는데, 독이 든 사과를 먹은 본인은 정작 왕자의 키스와 함께 깨어나는 백설공주와는 달리 영원히 깨어나지 못했다. 튜링의 어머니는 그가 자살한 것이 아니라 실험을 하다가 사고로 죽은 것이라고 믿었다.

한입 베어 먹은 사과의 애플사 로고를 처음 보았을 때 에덴동산에서 선악과를 베어 먹는 이브의 창조적 반란을 상상하고 과연 애플사다운 발상이라고 좋아했다. 그런데 혹자는 그 로고가 뉴턴의 사과를 나타낸다거나, 또는 컴퓨터의 아버지인 튜링이 베어 먹고 죽은 사과를 나타낸다고 말한다. 그러나 애플사 로고를 디자인한 사람은 로고를 만들 당시 정작 튜링의 이야기를 알지 못했다고 한다.

여하튼 제2차 세계대전에서 암호 해독가로서 세운 공적이나, 오늘날의 컴퓨터 시대를 선도하여 모든 이의 삶에 중대한 영향을 미친 그의 천재성이 이렇게 비극적 결말로 끝난 것이 무척 안타깝기만 하다.

뒤늦게나마 2012년에는 앨런 튜링 탄생 100주년을 맞아 세계 곳곳에서 그를 기념하는 행사와 특별전이 열렸고, 2013년 12월 24일 영국 여왕은 1952년 동성애로 유죄판결을 받았던 앨런 튜링을 사면 조치했다. 똑같은 죄목으로 유죄 판결을 받았던 모든 사람들이 아니라 앨런 튜링만 사면하는 것이 조금 납득이 안 가지만, 우리 같은 평범한 사람들에게는 무슨 일이든 시대를 앞질러 사는 것은 위험천만한 일같이 느껴진다.

part II

준비된 자에게 찾아온 우연한 행운

1. 나이트로글리세린과 노벨의 다이너마이트 발명

Alfred Nobel(1833~1896)

마음으로는 평화주의자이고, 천성으로는 발명가인 스웨덴의 화학자 알프레드 노벨(Alfred Nobel)은 노벨상을 제정해 자신의 이름을 남겼지만, 그보다 먼저 그는 다이너마이트를 발명했다. 그는 다이너마이트가 극도로 치명적인 살상무기여서, 결국 사람들로 하여금 모든 전쟁을 중단하게 만드는 '평화적인 발명'이라는 순진무구한 생각을 했다. 그런데 1888년 그의 형 루드비그(Ludvig)가 사망했을 때 프랑스 신문은 동생 알프레드 노벨이 사망한 것으로 착각하고 '죽음의 상인이 죽다'라는 제목의 부고 기사를 내보냈다. 기사 내용은 "알프레드 노벨 박사는 과거 그 어느 때보다 가능한 한 가장 짧은 시간에 많은 사람들을 죽이는 방법을 찾아내서 엄청난 부를 축적한 사람이다"라고 적혀 있었다.

이 기사를 읽은 노벨은 상당한 충격을 받았고, 사후(死後) 끔찍한 묘비명으로 역사에 남겨지기를 원하지 않았던 그는 자신의 전 재산을 기금으로 내놓아 과학자들이라면 누구나 꿈꾸고 가장 영예롭게 생각하는 노벨상을 만든다.

그렇다면 알프레드 노벨은 누구인가? 그는 어떻게 주원료인 매우 위험한 나이트로글리세린으로부터 우연하게 다이너마이트를 만드는 데 성공하였을까?

| 극도로 불안정한 나이트로글리세린 |

나이트로글리세린($C_3H_5(NO_3)_3$)은 1847년 튜린(Turin) 대학에서 이탈리아의 화학자 소브레로(Ascanio Sobrero)가 최초로 프랑스의 펠루즈(ThéophileJules Pelouze) 교수의 지도 아래 합성했다. 소브레로는 처음엔 이를 파이로글리세린(Pyroglycerine)이라 불렀으며, 폭약으로 사용하지 않도록 강력하게 경고했다. 소브레로는 나이트로글리세린을 만든 데 대해 공포에 사로잡혀 다음과 같이 말했다고 한다.

"나이트로글리세린의 폭발로 죽은 모든 희생자들을 생각할 때, 그리고 끔찍한 대파괴가 발생하였으며 앞으로도 계속 일어날 개연성이 높다는 생각을 할 때마다, 내가 나이트로글리세린의 발견자라는 것을 인정하기가 몹시 부끄럽다."

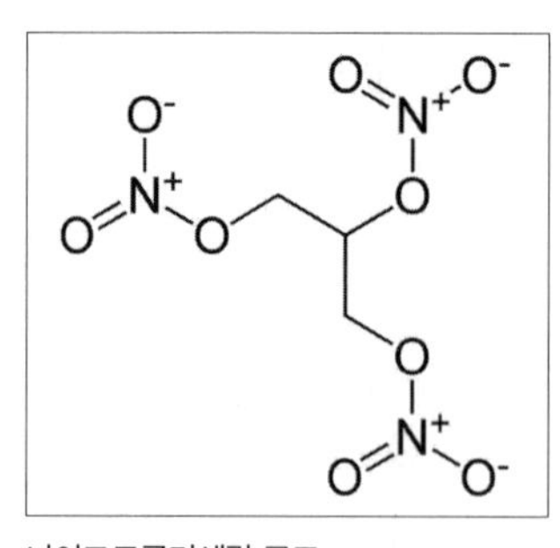

나이트로글리세린 구조

나이트로글리세린은 글리세롤을 질산과 황산의 혼합물과 반응시켜 만든 매우 민감하고 강력한 폭발력이 있는 무색의 투명한 액체이다. 또한 매우 불안정하여, 약간의 충격으로도 자발적으로 폭발하기 때문에 액체 상태로 운반하는 것이 금지되어 있다.

다음은 나이트로글리세린의 분해 반응식이다.

$$4C_3H_5(ONO_2)_3(l) \rightarrow 12CO(g) + 10H_2O(g) + 6N_2(g) + 7O_2(g)$$

위의 분해 반응에서는 나이트로글리세린의 약한 결합들이 깨져 생성된 기체분자들에 많은 강한 결합들이 만들어져 엄청난 양의 열을 발생하는데, 폭발하는 나이트로글리세린 1몰(227그램)당 1.5MJ(mega joule)의 열을 방출한다. 나이트로글리세린을 그렇게 강력한 폭발물로 만드는 것이 바로 분해반응 속도이다. 고성능 폭약들은 재료를 통과하는 초음속 충격파에 의해 거의 순간적으로 분해하는데, 시료에서 모든 분자들의 순간적인 분해를 폭굉(detonation)이라고 하며, 그 결과 뜨거운 기체들의 급팽창이 파괴적인 폭발을 일으킨다. 위의 반응식에서 보듯이 실제로 나이트로글리세린 4몰이 뜨거운 기체 35몰을 생성하는 것이다.

TNT와 같은 다른 고성능 폭약에 비해 나이트로글리세린이 갖는 한 가지 장점은 폭발할 때 검댕이나 연기와 같은 탄소의 고체 형태가 생기지 않는다는 점이다. 이러한 점 때문에 나이트로글리세린은 무연화약(無煙火藥, Smokeless powder) 제조에 사용되며, 전투시 포병대나 해군 포수들의 시야를 자욱한 연기구름으로 가리지 않는 것이 큰 장점이다. 이 폭약의 발견 초기, 액체 나이트로글리세린을 응고점인 5~10°C로 냉각하면 고체가 되면서 폭발에 둔감하게 되는 것을 발견했지만, 그러나 나중에 해동 과정에서 만일 불순물이 들어가거나 급속히 온도가 올라가면 극도로 폭발에 민감해진다. 나이트로글리세린은 화약으로 이용될 뿐 아니라, 증기를 흡입하면 혈관이 확장되는 작용을 이용하여 혈관확장제, 협심증의 치료 등 의료용으로도 쓰인다.

| 다이너마이트 |

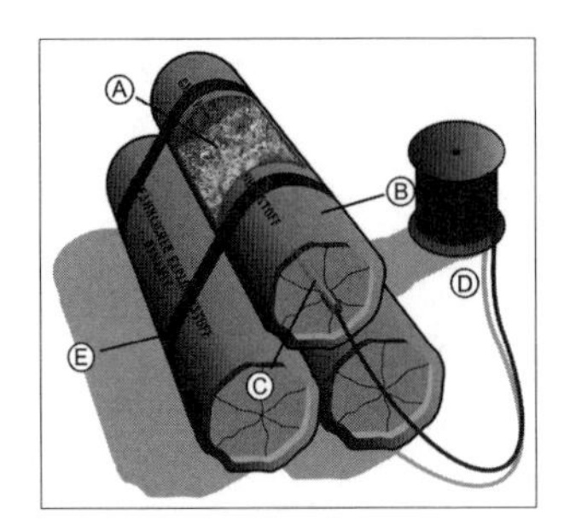

다이너마이트

다이너마이트는 나이트로글리세린을 기재(基材, basic materials)로 하여, 규조토나 조개껍질 가루, 진흙, 톱밥, 목재펄프와 같은 흡수성 있는 재료를 사용하여 안정화시킨 폭약이다. 톱밥과 같은 유기재료에 흡수시킨 것은 덜 안정하기 때문에, 일반적으로 그런 재료의 사용은 중단되었다. 다이너마이트의 제왕이라고 불리는 스웨덴의 화학자이자 엔지니어인 노벨이 독일의 게스타흐트(Geesthacht)에서 발명하고 1867년 특허를 내었으며, 다이너마이트란 이름은 고대 그리스어로 힘(power)을 뜻하는 'dýnamis'에서 따왔다. 다이너마이트는 주로 채광, 채석장, 건설공사 그리고 건물철거 산업에서 사용됐으며, 다이너마이트에 대한 대중적 익숙함은 가령 "광우병 이슈는 정치적 다이너마이트이다"라는 식의 은유적 표현법으로도 이어졌다.

전형적인 다이너마이트는 나이트로글리세린과 규조토, 약간의 탄산나트륨 혼합물로 이루어져 있으며 짧은 막대기 모양으로 만들어져 종이로 포장되어 있다. 보통 다이너마이트는 길이 20센티미터, 지름 3.3센티미터의 원통형 형태로 팔고 있으며 무게는 0.186킬로그램이 나간다.

노벨이 바라던 대로 미국에서 평화적 목적으로 대단위로 다이너마이트가 사용된 것은 철도 건설을 위해 매사추세츠에 있는 길이 8킬로미터의 후삭(Hoosac)터널을 뚫을 때인데, 900톤의 다이너마이트로 돌을 폭파한 끝에 1875년 완공되었다. 1890년에는 뉴욕의 크로톤(Croton) 저수지를 건설하는데 3100톤의 다이너마이트가 사용되었으며, 1900년 뉴욕 지하철을 놓을 때 450톤, 또한 1914년 태평양과 대서양을 잇는 길이 64킬로미터의 파나마 운하가 완공될 때까지 5700톤의 다이너마이트가 사용되었다. 미국을 방문하는 여행객들은 미국의 사우스다코타(South Dakoda)의 러시모어산(Rushmore Mountain) 화강암 언덕에 새겨져 있는 미국의 유명한 4명의 대통령 얼굴을 만날 수 있다. 1927년부터 착공한 조각상들은 원래 상반신까지 조각할 예정이었지만 얼굴 부분만 완성된 채로 아직 미완성으로 남아 있는데, 이 조각상을 만드는 데 약 480톤의 화강암이 다이너마이트로 폭파되었다. 미국은 매년 약 1만 1400톤의 다이너마이트를 사용한다고 한다.

| 노벨과 다이너마이트의 우연한 발명 |

알프레드 노벨은 1833년 스웨덴의 스톡홀름에서 태어났다. 건물과 다리를 건설하는 엔지니어이며 발명가였던 그의 아버지 임마누엘 노벨(Immanuel Nobel)은 건축자재를 실은 몇 척의 바지선의 침몰과 자신이 맡은 건설공사의 계속된 불운으로 인해 알프레드가 태어나던 해에 파산했다.

1837년 아버지가 재기를 위해 가족을 남겨두고 러시아로 떠나자 어머니는 자식들을 부양하기 위해 식료품 가게를 시작했다. 한편 러시아로 건너간 임마누엘은 상트페테르부르크(St. Petersburg)에서 러시아 군대에 장비를 공급하는 기계공장을 차렸다. 또한 그는 이 도시를 위협하는 적군의 선박을 차단하기 위해 기뢰를 만들어야 한다고 황제와 장군들을 설득해, 통 속에 화약을 채우고 물속에 잠기게 하는 단순한 형태의 기회를 만들었다. 사업은 매우 성공적이어서, 1842년 9살의 알프레드와 그의 가족은 스웨덴을 떠나 상트페테르부르크로 이주했다. 당시 러시아 법은 시민권이 없는 사람은 공교육을 받지 못하게 되어 있어, 알프레드는 일류 가정교사를 두고 개인 교습을 받았다. 알프레드는 두루두루 재능을 보여 화학과 물리뿐만 아니라 문학과 시에도 매우 뛰어났으며, 17살이 되었을 때는 스웨덴어, 러시아어, 불어, 영어, 독일어에도 능통했다.

아들이 엔지니어로서 자신의 사업에 참여하기를 원했던 아버지는 알프레드가 문학에 관심이 많은 것을 탐탁치 않게 생각했다. 알프레드가 내성적이라고 생각한 아버지는 시야를 넓히고 화학공학 분야의 연수를 더 받게 하기 위해 아들을 외국으로 보냈다. 2년 동안 알프레드는 스웨덴, 독일, 프랑스와 미국을 방문했으며 그가 가장 좋아했던 파리에서는 유명한 화학자 펠루즈(T. J. Pelouze)의 개인 실험실에서 연구를 했다. 바로 그곳에서 노벨은 강력한 폭발력을 가진 액체 나이트로글리세린을 합성한 젊은 이탈리아 화학자 소브레로를 만난다. 소브레로는 나이트로글리세린에 대해 노벨에게 경고했음에도 후에 노벨 가족이 나이트로글리세린을 상업적으로 이용하려 하고, 마침내 다이너마이트의 발명으로 성공을 거두자 매우 굴욕스럽게 여기며 자신이 무시당했다고 생각했다.

나이트로글리세린의 폭발력은 화약보다 훨씬 강력했지만 그러나 불행히도 나이트로글리세린 액체는 열과 압력이 가해지면 도저히 예측할 수 없는 방식으로 폭발하여, 실제 용도로 쓰이기에는 너무 위험했다. 즉, 나이트로글리세린을 이용해 작업할 때는 돌발적인 폭발은 피할 수 없는 현실이었다. 알프레드는 나이트로글리세린을 어떻게 실용적으로 건설공사에 쓸 수 있을까 하는 문제에 매우 흥미를 가졌지만, 그렇게 하려면 나이트로글리세린의 제어된 폭발방법을 개발하고, 안전문제를 해결해야 한다는 것을 알고 있었다.

1852년 19살이 된 노벨은 아버지 사업을 돕기 위해 상트페테르부르크로 돌아왔다. 그 무렵 러시아가 터키를 침공해 크림전쟁(1853~1856)을 일으키는데, 그 결과 노벨의 아버지가 제조한 지뢰와 기뢰가 러시아 해군에서 대량으로 사용되었다. 이 기뢰는 크림전쟁 동안 핀란드만의 해면 아래에 단단히 박혀, 영국 해군이 상트페테르부르크를 포격하기 위해 근접하는 것을 효과적으로 막았다. 임마누엘 노벨은 군수품 제작과 증기기관을 디자인한 선구자이며 발명가라고 할 수 있다.

노벨 가족은 3년 동안 상당한 부를 축적하였으나, 1856년 전쟁이 끝나자 상황은 바뀌었다. 평화시 생산품인 증기선으로의 전환에 어려움을 겪은 데다 높은 생산비와 낮은 수익으로 1859년 임마누엘은 다시 파산하게 되었다.

임마누엘은 두 아들 알프레드와 에밀을 데리고 상트페테르부르크를 떠나 스톡홀름으로 돌아왔고, 알프레드의 두 형 로버트와 루드비그는 상트페테르부르크에 남았다. 그 둘은 가족기업을 어렵게 살려내어 러시아제국 남쪽 지역에서 석유산업을 개발했다. 루드비그와 로버트는 엄청난 돈을 벌어 그들은 당대에 세계 제일의 부호가 되지만, 볼셰비키 혁명 후 공산주의자들은 러시아에 있는 노벨 가족의 어마어마한 재산을 몰수했다.

한편 스톡홀름으로 돌아온 알프레드와 아버지 그리고 동생 에밀은 1859년 실험실을 차리고 폭발성 액체 나이트로글리세린으로 실험을 시작하는 한편 대체 폭발방법에 대한 연구를 한다. 1864년 봄, 알프레드는 기폭장치, 혹은 폭파용 뇌관(blasting cap)이라는 중요한 발명을 하는데, 뇌홍($Hg(ONC)_2$)을 금속제 관체(管體)에 장전한 뇌관에 넣고, 관체 한쪽 끝을 도화선으로 연결하고 다른 쪽 끝은 폭약이나 화약에 연결했다. 그해 여름 그들은 나이트로글리세린을 열 대신 강한 충격으로 폭발시키는 장치로 스웨덴에서 '기폭장치' 특허를 받았다. 많은 과학자들은 이 '뇌관'을 흑색화약 이후로 폭약 분야에서의 가장 위대한 발명이라고 여기고 있다.

이제 알프레드의 기폭장치 덕분에 나이트로글리세린을 안전하게 폭발시킬 수 있게 되었으나, 여전히 이 위험하고 돌발적인 액체의 제조, 저장, 특히 운송은 여전히 큰 위험으로 남아 있었다. 수년 동안 알프레드는 실험실에서 여러 번의 폭발사고를 겪었고, 결국 1864년 9월 엄청난 굉음이 스톡홀름을 뒤흔들었다. 스톡홀름 근교의 헬레네보리(Heleneborg) 공장에서 에밀과 새로 고용된 엔지니어가 실험을 하던 중 큰 폭발이 일어나 동생 에밀을 포함해 4명이 희생되었다. 이 비극적이고 충격적인 사건을 겪은 아버지는 한 달 후 뇌졸중으로 마비가 되어 일을 할 수 없게 되었으며, 스톡홀름 시 당국은 시 경계 안에서 폭약을 가지고 실험을 할 수 없도록 새로운 조례를 만든다.

"절망은 나의 힘"이라고 누가 말했던가? 알프레드는 그 사건으로 연구를 포기하는 대신 말라렌 호수 위에 바지선(barge)을 띄우고 거기에 실험실과 공장을 세웠다. 그는 나이트로글리세린의 폭발을 제어할 수 있는 방법뿐만 아니라, 폭약을 안전하게 수송할 수 있는 방법도 찾아야 했다. 1864년에

스톡홀름 실험실 폭발로 4명이 희생되었다.

는 스톡홀름의 빈터비켄(Vinterviken)에 '나이트로글리세린 AB' 회사를 세워 나이트로글리세린의 대량생산을 시작했고, 이듬해 1865년에는 독일 함부르크 인근 엘베(Elbe)강을 따라 한적하고 외진 곳에 있는 크뤼멜(Krümmel) 언덕에 첫 해외공장 '알프레드 노벨 회사'를 설립했다.

이곳은 건물 한쪽이 큰 모래 언덕으로 막혀 있어서 폭발이 일어나도 인근 마을을 보호할 수 있고, 다른 한쪽은 수송이 편리하도록 엘베 강에 위치하여 유럽의 가장 큰 항구인 함부르크와도 가깝다는 장점이 있었다. 크뤼멜의 땅은 규조토로 이루어져 있는데, 훗날 나이트로글리세린의 안정화에 규조토가 매우 중요하다는 것이 증명된다.

한편, 노벨이 나이트로글리세린을 안전하게 취급할 수 있는 방법을 찾고 있는 동안, 두 번의 강력한 폭발이 일어나 1866년 크뤼멜 공장이 파괴되었다. 크뤼멜 공장을 다시 복구하는 동안 알프레드는 강 한가운데 닻을 내린 바지선에서 다시 나이트로글리세린을 생산하는데, 바로 이곳에서 과학사에 길이 남을 유명한 발견이 이루어진다. 1866년 7월 12일, 바지선에서 실험을 하는 동안 나이트로글리세린을 담은 조그만 약병이 바닥에 떨어지면서 깨져버렸다. 엄청난 폭발과 죽음까지도 각오하고 있던 알프레드는 뜻밖에도 폭발이 일어나는 대신 바닥에 있던 톱밥에 액체가 흡수되고, 톱밥은 공장 건물을 둘러싸고 있는 규조토와 섞여 있는 것을 알아차린다. 나이트로글리세린이 규조토와 섞여 안정화된다는 것을 발견한 것이다!

바지선 실험실

1867년, 노벨은 반죽처럼 유연

한 이 혼합물을 '다이너마이트'라고 명명하고 이 우연한 발명으로 특허를 냈다. 1875년에는 노벨의 가장 중요한 발명인 젤라틴 형태의 폭약을 개발해 다시 한 번 세계적인 명성을 얻었고, 뒤이어 특수 다이너마이트를 개발했다. 이후 다이너마이트는 산업혁명에서 가장 중요한 발견 중의 하나로 도로, 철도, 터널, 운하의 건설을 엄청나게 촉진시켜 건설 산업에 혁명을 가져왔고, 근대 채광 산업에도 매우 중요한 역할을 한다.

그가 발명한 다이너마이트와 기폭장치 덕분에 알프레드는 생애의 대부분을 파리에서 보내며 사업차 세계 곳곳을 여행했는데, 빅토르 위고는 그를 '유럽에서 가장 부유한 방랑자'라고 불렀다. 노벨은 사업에 관계된 활동을 하지 않을 때는 여러 곳에 있는 실험실에서 연구를 하여 모두 355개의 특허를 따냈다. 그는 일에만 열중하느라 사생활을 가질 시간도 없었고 결혼도 하지 않았지만, 사회와 평화에 관련된 이슈에는 큰 관심을 가졌고, 특히 시와 문학에 취미를 가져 몇 편의 작품들을 쓰기도 했다. 1896년, 63세의 나이로 세상을 떠날 때까지 열정적으로 일한 노벨은 우리에게 커다란 두 가지 유산을 남겼는데, 그 하나는 세계에서 가장 큰 화학회사 중 하나인 다이노노벨 사이고, 다른 하나는 노벨상이다.

1876년 어느 날 프랑스 일간 신문에 광고 하나가 실렸다.

'파리에 살고 있는 대단히 부유하고 교양 있는 노신사가 언어에 능통하고 비서 겸, 집사 역할을 할 나이 지긋한 숙녀를 구합니다.'

이 작은 개인광고가 노벨의 인생에서 한 여성을 만나게 해주는데, 그녀는 오스트리아의 평화운동가이며 명문가 출신인 베르타 킨스키(Countess Bertha Kinsky)이다. 베르타는 남작의 아들 주트너와 약혼한 사이였으나, 남자의 집안에서 결혼을 반대하자 광고를 보고 비서 겸 집사 자리에 지원한 것이다. 그런데 광고에서 말하는 교양 있는 노신사는 자신의 발명에서 나오는 돈으로 파리에서 상류생활을 하고 있던 43살의 노총각 백만장자 알프레드 노벨이었다. 노벨은 베르타를 비서 겸 집사로 채용했지만 그녀는 파리에 오래 머물지 않고 일주일 후에 빈으로 돌아가 주트너(Baron von Suttner)와 결혼했다.

비록 베르타와 알프레드 노벨의 만남은 짧았지만 두 사람의 우정은 평생 동안 지속되었다. 1889년 베르타는 《당신의 무기를 내려놓으세요(Lay Down Your Arms)》라는 소설을 출간하여 전 유럽에 큰 반향을 불러일으켰다. 그녀는 평화운동의 세계적인 인물이 되고, 노벨이 노벨평화상을 제정하는 데 큰 영향을 주었다는 일화는 유명하다.

1896년 노벨의 사망 후 유언장이 공개되었고, 재산의 약 94%를 노벨상(물리, 화학, 생리·의학, 문학, 평화) 기금으로 남긴다는 유언에 노벨의 친척들은 엄청난 충격을 받아 20명 중 12명이 이를 뒤집기 위해 소송을 걸었다. 불완전한 유언장과 다른 걸림돌로 인해 노벨재단이 세워지고 첫 번째 노벨상이 주어질 때까지 난관을 극복하는 데 5년의 시간이 걸렸다.

알프레드 노벨이 사망한 지 5주기가 되는 해인 1901년 12월 10일, 마침내 화학, 물리, 생리·의학, 문학 그리고 평화상 다섯 개 분야에서의 첫 번째 노벨 수상자가 탄생했다. 그 명단은 다음과 같다.

노벨 평화상 메달의 앞면에는 노벨의 얼굴, 뒷면에는 서로 어깨를 잡고 있는 세 사람의 모습이 새겨져 있다.

화학: 반트호프(Jacobus H. van't Hoff), 물리화학의 창시자

중 한 사람. 용액의 삼투압, 반응속도론, 화학평형.

물리: 뢴트겐(Wilhelm C. Röntgen), X선 발견.

생리·의학: 베링(Emil A. von Behring), 면역학의 창시자, 혈청요법을 디프테리아에 응용.

문학: 프뤼돔(Rene F. A. Sully Prudhomme), 시인, 서정적이고 철학적 작품.

평화: 뒤낭과 파시(Jean H. Dunant, Frédéric Passy), 국제적십자사 창립, 국제평화동맹과 국제조정기구 설립.

평화상 제정에 영향을 준 베르타 주트너 자신은 1905년 여성 최초로 노벨 평화상을 수상하고, 제1차 세계대전이 시작되기 3개월 전인 1914년에 사망했다

2. 페니실린의 우연한 발견
– 2차대전과 페니실린의 대량생산

Alexander Fleming(1881~1955)

페니실린은 미생물의 일종인 푸른곰팡이에서 만들어진 최초의 항생제이다. 항생제란, 미시적 규모의 화학전이라고 할 수 있어 다른 미생물의 발육을 억제하거나 사멸시키는 수단으로 박테리아나 균류(菌類, fungi)에 의해 주위에 방출된 천연 화합물이다.

이러한 현상은 아주 오래 전부터 알려져 있었는데 고대 이집트인들은 곰팡이가 핀 빵을 끓는 물에 적셔 찜질제를 만들어 감염된 상처 부위에 붙였으며, 유럽에서는 중세기부터 주요 민간요법으로 페니실륨(Penicillium)으로 추정되는 푸른곰팡이가 생긴 빵을 곪은 상처 치료에 사용했다.

곰팡이는 진균류에 속하는 생물로서, 우리가 먹는 식용버섯도 진균류에 속한다. 이들은 가느다란 균사들이 엉키면서 자라는데, 때때로 열매를 맺기도 하며 하나의 열매는 생식을 위해 포자라고 불리는 수백만 개의 씨앗을 대기 중에 뿌린다. 포자가 우연히 좋은 환경에 내려앉으면 새

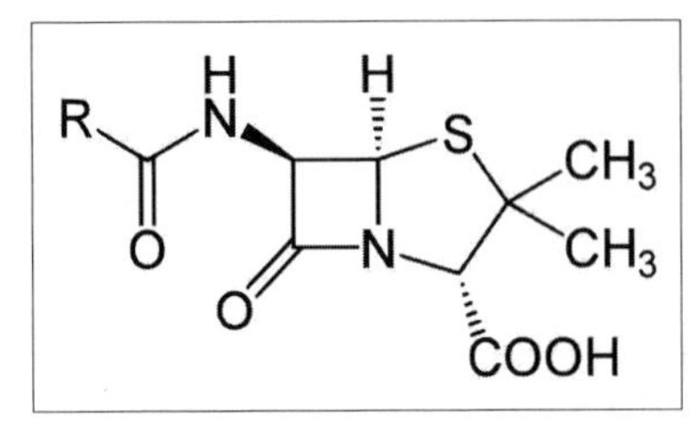

페니실린 구조

로운 곰팡이의 몸을 이루는 균사를 만들기 시작하고 대사작용을 통해 부산물들을 만들어낸다.

페니실린은 페니실륨이라고 분류되는, 최소 650종이나 되는 곰팡이들이 활동 중에 만들어내는 부산물로, 20세기 가장 위대한 발견의 하나로 기록된다. 페니실린의 발견으로 모든 항생제약 산업의 기초를 이루는 항생제 혁명의 시대를 연다.

인류 역사에 크게 공헌한 위대한 발견은 종종 아주 우연한 사건과 그것을 간단히 그냥 넘겨버리지 않는 과학자의 호기심과 끈질긴 집념으로 이루어지는데, 1928년 스코틀랜드 미생물학자 알렉산더 플레밍(Alexander Fleming)은 페니실린이 박테리아를 죽이는 기능이 있다는 것을 발견했다.

| 우연한 실수가 가져다준 발견 |

플레밍은 1881년 스코틀랜드의 록필드에서 가난한 소작인의 8남매 중 7번째로 태어났다. 어느 날 그의 아버지가 수렁에 빠져서 허우적거리는 한 소년의 목숨을 구하는데, 그 소년이 바로 훗날 2차 세계대전을 승리로 이끈 영국 수상 처칠이다.

처칠의 아버지 랜돌프 처칠 경은 아들의 목숨을 살려준 보답으로 의사가 되고 싶어 하는 가난한 농부 아들의 교육비를 지원해준다. 결국 알렉산더 플레밍은 런던 대학의 세인트메리 의과대학에 진학했고 미생물학자가 되었다.

1914년 1차 세계대전이 발발하자 플레밍은 군의관으로 프랑스로 파병되는데, 여기서 그는 수많은 부상자들을 목격하게 된다. 많은 부상자들이 세균 감염으로 죽어가지만, 당시엔 감염을 치료할 약도 없었고 감염을 예방할 소독약은 세균뿐 아니라 인체조직까지 파괴하는 독성이 강한 것들이었다.

전쟁이 끝나고 학교로 돌아온 그는 인체에는 해롭지 않고 세균만을 죽이는 약을 만드는 데 온 노력을 기울이는데, 특히 배양접시에 미생물을 키우면서 미생물의 성장을 억제하는 물질을 찾아내는 일에 관심을 가졌다.

플레밍이 일하던 아래층에는 곰팡이를 연구하던 라투슈(C. J. La Touche)가 실험을 하고 있었다. 1928년 9월 28일 금요일 아침, 휴가에서 막 돌아온 플레밍은 포도상구균을 기르던 배양접시를 실수로 열어두고 간 것을 발견했는데, 뜻밖에도 이 시료가 오염되어 배양접시 위에 푸른곰팡이가 자라고 있었다. 그런데 어찌된 일인지 곰팡이 주변의 포도상구균은 깨끗이 녹아 있었다!

이렇듯 플레밍의 깔끔하지 못하고 어수선한 실험으로 인한 실수가 우연치 않게 인류의 수명 연장에 크게 기여한 페니실린을 발견하는 계기가 된다. 참고로 1940년대의 우리나라 평균 수명은 33세였는데 현재는 80세로 불과 70년 만에 두 배 이상 늘어났다. 이처럼 평균수명이 경이적으로 늘어난 요인 중의 하나는 항생물질의 등장으로 영유아의 사망률이 낮아지고 결핵에 의한 청년층의 사망률이

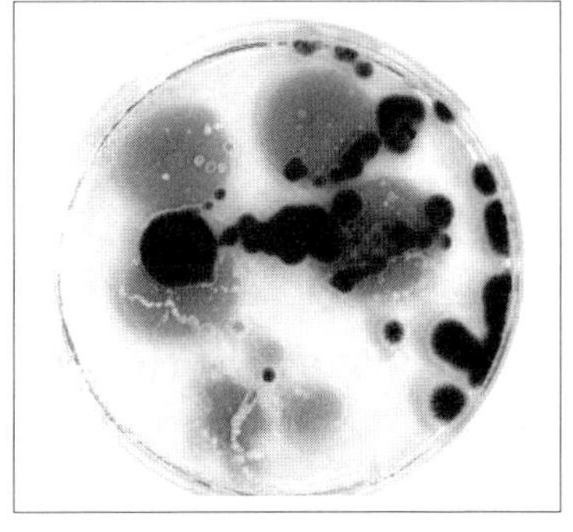
푸른곰팡이 주변에서는 포도상구균이 사라졌다.

현저하게 줄어들었기 때문이다.

플레밍은 우연한 사건을 단순한 실험적 실수로 넘기지 않고, 곰팡이가 포도상구균의 성장을 억제하고 녹이는 물질을 만들어낸다는 결론을 내리고 문제의 곰팡이를 배양했더니 배양액을 1/1000까지 희석시켰음에도 포도상구균의 번식이 억제되는 것을 알 수 있었다. 즉 곰팡이 배양액 속의 '어떤' 물질이 강력한 항균작용을 한다는 것을 확인했고, 플레밍은 페니실륨에 속하는 그 곰팡이가 만든 물질을 '페니실린'이라고 명명했다.

플레밍은 곰팡이 배양액이 연쇄상구균(streptococcus), 수막염균(meningococcus), 디프테리아균(diphtheria bacillus)과 같은 넓은 범위의 박테리아를 죽일 수 있다는 것을 발견하고 연구 보조원들에게 곰팡이 배양액으로부터 순수한 페니실린을 분리하는 어려운 작업을 수행하도록 했다. 그러나 페니실린은 매우 불안정하기 때문에 이 작업은 무척 까다로워서 순수한 원료 대신 불순물이 섞인 용액이 만들어질 수밖에 없었다.

1929년 6월 플레밍은 영국 실험병리학 학술지에 "만일 페니실린을 대량으로 만들 수만 있다면 치료적 효과가 있을 것"이라고만 간단히 언급한다. 그는 처음에는 페니실린이 사람 몸에 안전하고 항균제로서 매우 유용할 것이라고 낙관했으나, 페니실린을 정제하는 단계까지 도달하지 못하고 마음을 바꾼다. 페니실린이 몸 속에서 해로운 박테리아를 죽이는 데 필요한 기간 동안 지속되지 못할 것이라며 1931년 연구를 중단했다. 그는 1934년 다시 임상실험을 시작했지만, 페니실린을 정제하는 일을 대신해 줄 사람을 찾지 못해 결국은 포기하고 말았다.

1940년 마침내 영국의 플로리(Howard Walter Florey, 1898~1968)와

체인(Ernst Chain), 히틀리(Norman George Heatley) 등이 처음으로 페니실린을 화학적으로 안정한 형태로 만들어 분말 상태로 분리하여 항생제 시대를 열게 되었다.

| 플로리, 체인, 히틀리와 페니실린 정제 |

오스트레일리아 출신 영국의 병리학자 플로리, 독일 태생의 영국 생화학자 체인, 그리고 옥스퍼드 대학 병리학과의 동료들은 페니실린을 실험실에서의 학문적 호기심을 넘어 목숨을 구하는 기적의 약으로 만드는 연구를 하고 있었다. 그들은 다른 어떤 시약보다도 페니실린이 박테리아와 싸우는 데 가장 효과적이라는 결론을 내리고, 1939년부터 페니실린의 정제와 효능을 시험하는 간단한 방법들을 찾는 연구를 시작했다. 그러나 그때는 2차 세계대전이 발발하던 해여서 전시 상황에서 연구를 지속하기란 힘든 일이었다. 1940년 플로리의 연구팀에 생화학자 히틀리가 합류해 페니실린 시료의 활성도를 측정하는 새로운 기법을 고안해내고, 페니실린을 배양액에서 효율적으로 정제하는 역추출 방법을 개발한다.

플로리

체인

플로리 팀은 페니실린이 중요한 항생제로서 사용될 수 있는가를 시험하기 위해, 1940년 5월

페니실린을 발효하는 옥스퍼드 연구실

유리 플라스크와 우유통을 이용한 초기 페니실린 제조 과정

치명적인 연쇄상구균에 감염된 쥐에 페니실린을 주사했다. 그러자 연쇄상구균에 감염된 쥐들 중 페니실린을 주사한 쥐는 모두 회복되었으나, 주사하지 않은 쥐는 전부 죽었다. 이 같은 중요한 결과를 얻은 플로리는 효과적인 감염 치료가 영국의 전쟁 수행에 매우 중요한 기여를 할 것이며, 따라서 생산량의 확대가 필요하다는 것을 깨닫는다.

그러나 동물실험과 임상실험을 계속하려면 곰팡이 여과액을 일주일에 500리터는 만들어야 한다. 그들은 처음엔 욕조, 요강, 큰 우유통, 음식 담는 깡통과 같은 각종 용기들을 사용하여 곰팡이를 배양하다가 나중에야 발효 용기를 주문제작 했다. '페니실린 소녀들'이라고 이름 붙여진 한 팀의 소녀들이 일주일에 2파운드를 받고 발효과정을 관리하자 옥스퍼드 연구실은 난데없이 페니실린 공장으로 바뀌었다.

플로리는 임상실험을 할 만한 페니실린이 준비되었다고 생각되자, 인체를 대상으로 임상실험에 들어갔다. 1941년 2월, 장미 가지치기를 하다가 가시에 찔려 입 부분에 상처를 입은 43세의 경찰관이 최초로 옥스퍼드 페니실린의 수혜자가 되었다. 서정적 시인의 대명사 릴케가 장미 가시에 찔려 사망하지 않았던가? 바로 이 경찰관도 눈과 얼굴, 폐에 엄청난 농양이 생겨 목숨을 위협하는 패혈증에 걸렸다. 그에게 페니실린을 정기적으로 나흘 동안 주사하자 상당한 호전을 보였으나 완치되기 전 페니실린이 다 떨어져 2주일 후 경찰관은 죽고 말았다. 그래도 다른 환자들의 임상실험에서 좀 더 좋은 결과를 얻게 되자, 플로리는 페니실린이 보여준 가능성과 잠재력을 확인할 수 있었다. 그런데 기대에 부응하는 치료약으로 적정한 양을 공급하려면 페니실린의 대규모 생산이 필요하다고 생각했다.

| 제2차 세계대전과 페니실린의 대량생산 |

플로리는 모든 화학 공장이 전쟁보급품 생산에 동원되는 영국에서는 페니실린의 대규모 생산이 불가능하다고 생각하고 1941년 여름, 미국의 제약회사에서 페니실린의 대규모 생산이 가능한지를 알아보기 위해 미국으로 간다. 그들은 유명한 균류학자이며 페니실륨 곰팡이의 권위자인 농업국의 톰(Robert Thom)을 소개받게 되고, 마침내 발효부문에서 전문성을 인정받고 있는 일리노이 주 피오리아(Peoria)에 위치한 북부지역연구실의 발효과(醱酵課)와 연결되었다. 북부지역연구실은 나중에 페니실린의 대량생산을 가능케 하는 여러 혁신 사항에 중요한 도움을 주어, 프로젝트 성공에 결정적 기여를 한다.

나일론이 실험실에서 처음 합성되어 상업적으로 대량생산되기까지 수년 동안 생상공정상의 수많은 난관을 겪어야 했듯이, 페니실린의 대량

생산이라는 도전 역시 힘들고 벅찬 과제였다. 1942년, 첫 번째로 연쇄상구균에 의한 패혈증 감염 환자를 머크사(Merck & Co.)에서 만든 US페니실린으로 치료하였는데, 전체 공급량의 절반을 이 환자를 위해서 써야만 했다. 1942년 6월 당시 미국에서 보유한 페니실린의 양은 단 10명의 환자를 치료할 정도에 불과했다.

1943년 7월, 전시생산국(戰時生產局)은 유럽에서 싸우는 연합군들을 위해 페니실린 대량생산 계획을 세우고, 많은 화학회사와 제약회사들이 여기에 참여한다. 생산 규모가 커질수록 머크, 화이자(Pfizer), 스큅(Squibb) 및 기타 제약회사들에서 근무하는 과학자들과 엔지니어들은 새로운 기술적 도전에 직면하게 되었다. 페니실린 생산규모를 확장하려면 **파일럿플랜트**부터 대규모 생산을 위해 액침발효(Submerged fermentation) 과정의 필연적인 문제들을 해결해야 하는데, 이 과정에서 제약회사나 화학약품 회사들이 특히 중요한 역할을 한다.

파일럿플랜트
대규모 공장 생산 플랜트 건설에 착수하기 전에 공정, 설계, 조작 따위의 자료를 얻기 위해 먼저 만드는 소규모의 시험 설비를 말한다.

화이자의 스미스(John L. Smith)는 생산규모 확장 과정에서 회사가 직면한 복잡하고도 불확실한 상황에 대해 다음과 같이 묘사했다.

"곰팡이는 오페라 가수처럼 신경질적이고, 수득률은 낮으며, 분리는 매우 어렵고, 추출은 살인적이며, 정제는 재앙을 부르고, 분석 결과는 만족스럽지 못하다."

많은 시행착오 끝에 진공상태에서 냉동건조하는 것이 페니실린을 안정되고 소독된 형태로 정제하는 데 가장 좋은 결과를 가져왔다. 발효, 회수, 정제 그리고 포장의 각 단계들에서, 페니실린의 파일럿플랜트 생산에 참여한 화학자, 엔지니어들의 협동적인 노력으로, 마침내 1944년

3월 1일 뉴욕 브룩클린에 위치한 화이자가 액침배양액으로 페니실린을 대규모로 생산하는 최초의 상업 설비를 갖췄다. 앞에서 언급했던 회사들은 생산 목표를 달성하기 위한 설비자재나 다른 필수품을 전시생산국으로부터 최우선으로 공급받았으며, 중요한 목표 중의 하나는 예정된 유럽 상륙작전 개시일(D-day)에 맞춰 적절한 페니실린 보급량을 확보하는 것이었다.

한편, 군대와 민간부분에서의 임상실험 연구는 페니실린의 치료 효과를 확인했는데, 특히 연쇄상구균, 포도상구균, 임균(gonococcal) 감염을 포함한 광범위한 감염의 치료에 매우 효과적이었다. 미군은 외과수술이나 상처 감염의 치료나 매독 치료에 페니실린의 효과를 인정하여 1944년까지는 영국과 미국 군대의 1차치료에 페니실린이 사용되었다. 다행스럽게도 1944년 초에는 페니실린 생산량이 획기적으로 증가하여 미국에서의 생산량은 1943년 연간 210억 단위에서 1944년에는 1조 6630억 단위, 1945년에는 6조 8000억 단위 이상을 생산하게 되며, 그 후 이 기적의 약은 민간인도 사용할 수 있을 만큼 충분하게 생산된다. 생산 기술도 1리터 플라스크에서 1%보다 낮은 수득률에서 1만 갤런의 큰 통에서 80~90%의 수득률을 낼 정도로 규모와 정밀도에서 혁신적으로 발전했다.

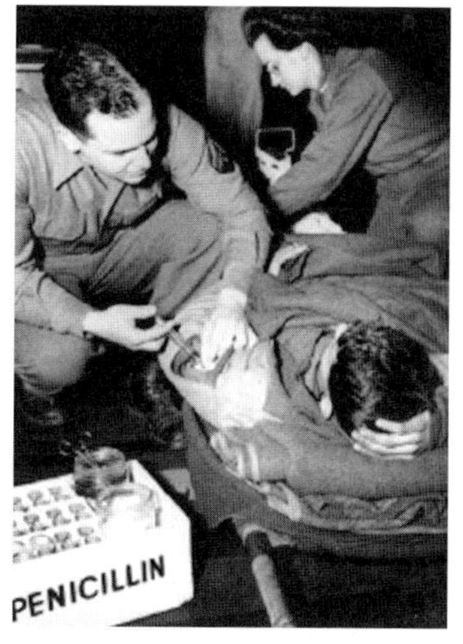

2차 세계대전에서 페니실린은 수많은 생명을 구하며 연합군의 승리를 이끌어냈다.

2차 세계대전 동안, 페니실린은 연합군들 중 사망이나, 부상에 의한 사지 절단을 현저히 줄이는 데 중요한 역할을 하여 대략 12~15%의 생명을 구할 수 있었다. 그래서 2

차 세계대전을 연합군의 승리로 이끈 과학기술적인 요인으로 원자탄, 레이더, 합성고무, 그리고 페니실린의 개발을 꼽는다.

페니실린은 현재까지 가장 널리 사용되는 항생제로, 1946년 영국의 도로시 호치킨(Dorothy Hodgkin)은 X레이를 사용하여 페니실린의 구조를 밝혀, 과학자들이 다른 항생제를 개발하는 데 큰 도움을 주었다.

플레밍, 플로리, 체인은 1945년 노벨 생리의학상을 공동 수상하는데, 플레밍은 페니실린을 만드는 곰팡이의 항생제 성질을 처음 발견했고, 플로리와 체인은 유용한 페니실린을 정제하여 치료제로 사용하게 만든 공로이다. 이들의 노력으로 대략 8200만 명이 목숨을 구한 것으로 추정되고 있다.

플로리, 체인과 함께 노벨 생리의학상을 수여받는 수상식에서 플레밍은 겸손하게 다음과 같이 말한다.

"자연이 페니실린을 만들고, 저는 단지 그것을 발견했을 뿐입니다."

3. 테프론의 발견과 다양한 용도, 그리고 건강과 안정성

Roy Plunckett(1910~1994)

초강력 접착제에서부터 포스트잇, 페니실린, 비아그라, 가황고무, 사카린, 말라리아약, 전자레인지에 이르기까지 과학자들이 다른 연구를 하다가 우연히 발견한 위대한 과학기술의 발명·발견의 많은 예들이 있다. 테프론도 그러한 유쾌한 실수들 중의 하나이다.

| 테프론의 우연한 발견과 로이 플렁킷 |

1930년대 초 GM은 냉장고에 사용할 안전한 냉매를 찾고 있었다. 당시에는 암모니아, 이산화황, 프로판 등이 냉매로 사용되고 있었는데, 이들은 냉각 효율이 낮고 가정에서 사용하기에는 유독하고 폭발성이 있어 이들을 대체할 새로운 냉매를 찾고 있었다. 마침내 GM은 메탄(CH_4)의 수소(H) 중 일부 혹은 전부를 염소(Cl)나 플루오르(F)로 치환한 클로로

풀르오르탄소(chlorofluorocarbon, CFC)인 프레온11과 프레온12를 개발했다.

GM은 냉장고용 냉매를 개발하기는 했지만, 자신들의 전문분야는 자동차나 냉장고 같은 기계류여서, 개발한 냉매를 좀 더 정제하고 대량으로 생산하기 위해서 듀폰 사를 찾아갔다. 두 회사는 카이네틱 케미칼스(Kinetic Chemicals)라는 합작회사를 설립하고, 새로운 냉매를 시험하는 동안 현실적으로 보다 효율적인 프레온14(CF_4)를 개발했다. 듀폰도 다른 냉장고 회사들을 위해 효율적인 새로운 냉매를 개발하기 시작했는데, 이 임무를 맡게 된 과학자 중의 한 사람이 오하이오 주립대학에서 화학으로 박사학위를 받은 27살의 로이 플렁킷(Roy J. Plunkett)이다.

플렁킷은 테트라플루오르에틸렌(tetrafluoroethylene, TFE)을 염산과 반응시키면 새로운 냉매를 만들 수 있다는 가설을 세운다. 플렁킷과 실험조수 잭 리복(Jack Rebok)은 실험하는 동안, 압축된 TFE가 가득차 있는 실린더 통을 사용했는데, 가스가 너무 빨리 팽창하여 폭발하는 것을 막기 위해 드라이아이스에 실린더 통을 보관했다.

1938년 4월 6일 아침, 플렁킷과 리복은 실험장치를 설치하고 TFE 실린더 통을 연결한 다음 밸브를 열자 놀랍게도 가스통에서는 아무것도 흘러나오지 않았다. 혹시 가스가 새어 나간 것이 아닌가 해서 가스통의 무게를 재보았는데, 다시 한 번 그들을 놀라게 한 것은 가스통의 무게가 전과 똑같다는 사실이었다. 이번엔 밸브가 막혔나 해서 철선으로 막힌 것을 뚫어보려고 시도했지만 별 도움이 안 되었고, 포기하는 심정으로 밸브를 가스통에서 떼어내고 흔들어댔더니 하얀 조각이 떨어져 나왔다. 플렁킷은 가스통 안에서 하얀색의 왁스코팅을 발견했고 실험노트에 "하얀 고체물질을 얻었는데, 중합 생성물로 생각된다"라고 적었다.

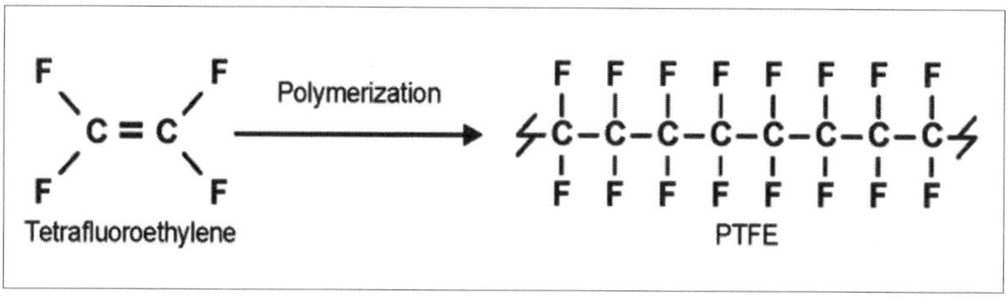

$$CF_2{=}CF_2 \xrightarrow{\text{Polymerization}} \sim(CF_2{-}CF_2{-}CF_2{-}CF_2{-}CF_2{-}CF_2{-}CF_2{-}CF_2)\sim$$

Tetrafluoroethylene PTFE

테트라플루오르에틸렌의 중합 구조

당시 모두들 TFE는 중합되지 않는다고 믿고 있었는데, 플렁킷은 압력과 온도의 결합이 TFE 분자들을 긴 사슬로 결합시킨 것이 아닌가 생각하여 결코 단념하지 않고 새로 발견한 화합물을 가지고 실험했다. 그는 이틀 안에 흥미로운 사실을 알게 되는데, 즉 이 새로운 화합물이 열가소성 플라스틱이며 온도가 적열(赤熱) 상태에 접근할 때 녹아서 계속 끓는다는 것을 발견한 것이다. 또한 이 새로운 화합물은 거의 모든 용매들(물, 아세톤, 에테르, 산, 알코올, 톨루엔, 피리딘 등등)에 녹지 않았으며, 땜질용 인두에도 녹거나 타지 않았고, 온도 변화에 강하며 썩지도 부풀지도 않았고, 햇빛에 분해되거나 곰팡이가 생기지도 않았다.

플렁킷은 자신이 발견한 화학적으로 매우 안정한 중합된 테트라플루오르에틸렌(Polymerized Tetrafluoroethylene, PTFE)이 재현될 수 있는지 다시 실험을 했고 그리고 성공했다. 그는 자신의 손 안에 신기원을 이룬 획기적인 무엇인가가 있다는 것을 직감했다. 1939년 7월 1일 그는 테트라플루오르에틸렌(C_2F_4) 고분자에 대한 특허를 신청하여 1941년 특허를 받았다. 그러나 특허 신청과 함께, 그는 듀폰의 테트라에틸납(자동차 엔진의 노킹 방지제) 공장 화학감독관으로 임명되어 테트라플루오르에틸렌에 대한 연구도 막을 내리고, 1978년 은퇴할 때까지 듀폰에서 여러 직책을 맡았다. 플렁킷은 1985년, 테프론으로 미국 발명가 명예의 전당에 이름을 올렸고 1994년 세상을 떠났다.

| 테프론과 제2차 세계대전 |

테트라플루오르에틸렌(TFE)의 자발적인 중합반응은 열을 발생하기 때문에 폭발 반응으로 이어질 수 있어서 조심스럽게 제어되어야 했다. 화학자 로버트 조이스(Robert M. Joyce)에 의해 개발된 실험은 가능성은 있으나 비용이 많이 드는 공정이었다. 한편 듀폰의 연구팀들은 산업에서 매우 유용한, 전류에 저항력이 있으며 대부분의 화학반응에 견디는, PTFE의 성질을 이용할 수 있는 방법을 연구하고 있었다. 그러다가 2차 세계대전이 일어나면서 PTFE의 개발은 큰 추진력을 얻게 된다. 맨해튼 프로젝트에 참가한 과학자들은 원자탄 제조에 필요한 동위원소 U-235(자연에서 약 0.7% 존재한다)를 U-238로부터 분리해내는 데 큰 어려움에 직면해 있었다.

과학자들은 작은 구멍이 많이 있는 다공성(多孔性) 물질을 통한 기체확산법으로 U-238로부터 U-235를 분리하고 있었다. 그런데 출발 물질인 육플루오르화우라늄(hexafluoride, UF_6, 기체)이 부식성이 매우 강해서 전통적인 개스킷이나 밀봉재는 견디지를 못하고 망가졌다. 따라서 모든 화학반응에 견디는 PTFE야말로 과학자들이 찾고 있던 꿈의 재료여서 듀폰이 생산하는 생산량 전량이 정부의 용도로만 사용되도록 예약되었다.

보안상 이유로 PTFE는 암호명 K-416으로 불렸고, 뉴저지 주 알링턴에 있는 소규모 생산단지에는 철저하게 경비가 섰다. 삼엄한 경비와 철저한 보안, 그리고 듀폰의 TFE 중합 공정을 엄격히 관리하려는 노력에도 불구하고, 1944년 어느 날 밤 알링턴 생산단지에서 폭발이 일어났다. 다음날 공장 인부들이 지켜보는 가운데 군대와 FBI 요원들은 적군에 의한 사보타주가 아닌지 증거를 찾기 위해 수색을 진행했다. 듀폰의 화학자들과 함께 수색을 하던 그들은 제어되지 못한 자발적인 중합반응에 의해 폭발이 일어난 것을 발견한다. 군대와 FBI 요원들이 떠나자 공장 인부들은 몇 겹의 바리케이드가 쳐진 속에서 하루에 12시간씩 2교대로 일하여, 두 달 만에 생산 공장을 재건했다.

알링턴의 PTFE 총 생산량의 2/3는 **맨해튼 프로젝트**에서 소비되었고 나머지는 다른 군수용으로 사용되었다. PTFE는 전기 저항성이 있고 레이더에 잡히지 않아 근접 폭탄의 탄두 재료로 이상적이라는 것이 증명되었다. 또한 비행기 엔진이나 폭발물 제조과정에서 질산이 다른 재료로 만들어진 개스킷을 파괴하자 PTFE 개스캣으로 대체되었고, 액체 연료탱크의 내벽에 사용되는 다른 재료들은 저온에서는 잘 부서지기 쉬워 대신 PTFE가 사용되었다. 군에서는 야간 폭격기의 레이더 시스템에 구리선을 1인치의 2/1000 두께로 감는 것이 필요할 때, 1파운드(453그램)에 100달러나 하는 PTFE 고체덩어리를 힘들여서 얇게 깎아내어 사용했으며, 그렇게나 비싼 비용은 PTFE가 어떤 재료도 할 수 없는 일을 해냄으로써 그 가치를 인정받았다.

맨해튼 프로젝트
제2차 세계대전 중의 미국의 원자폭탄 제조 계획. 인류사상 최초로 실전에 사용된 핵무기인 원자폭탄은 미국 정부가 2차대전 중 비밀리에 추진한 맨해튼 프로젝트의 결실이었다.

| 오믈렛이 달라붙지 않는 프라이팬 |

전쟁이 끝나자 듀폰은 PTFE가 군대에서 다목적으로 쓰인 용도로 보

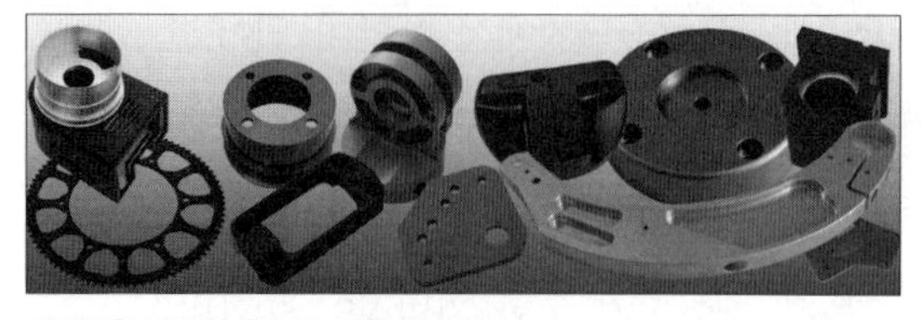
테프론은 다양한 용도로 사용되고 있다.

아, 산업적으로 매우 큰 잠재력을 가졌다고 판단하여 이를 상업화하기로 결정했다. 1944년 듀폰은 TFE라는 약자에서 힌트를 얻어 테프론(Teflon)이라는 상표로 등록한다. 이 새로운 재료는 보통의 플라스틱보다 특수 용도의 플라스틱 제조로 특화하는 듀폰의 전통적인 영업전략에 딱 맞는 이상적인 재료이었다.

1948년까지 듀폰은 PTFE의 대량 생산을 위한 준비를 마치고 2년 뒤, 연간 450톤의 테프론을 생산하기 위한 최초의 테프론 공장을 완공했다. 듀폰은 테프론이 전기장비들의 절연 테이프나 시트(sheet)의 용도로 적합함을 홍보하고, 산업적 응용을 위한 시장을 확보하기 위한 노력을 강화했다. 테프론은 개스킷, 밸브 부품, 포장재, 펌프 부품, 베어링, 실러 플레이트(sealer plate), 호퍼(hopper) 등에 사용되었다.

1년도 안 되어 테프론은 상업용 식품 가공처리에도 사용되었는데, 듀폰은 이 분야에서 테프론의 성장 잠재력을 보았다. 가령 제빵 공장에서 롤러를 테프론으로 코팅하면 반죽이 달라붙는 것을 막아 주었고, 테프론으로 코팅처리된 제빵 팬이나 머핀 틀은 많은 제과업계의 표준 장비가 되었다. 그러나 듀폰은 테프론의 잘못된 사용이 소송이나 부상으로 이어질까 염려되어, 가정용 취사도구에 응용하는 것은 삼가고, 테프론이 어떠한 조건하에서도 안전하다는 것이 입증될 때까지는 산업적 용도로만 사용하는 데 집중했다.

그렇다면 화학적으로 안정하여, 아무것에도 달라붙지 않는 매우 매끄러운 테프론으로 어떻게 다른 물건들을 코팅할 수 있을까? 방법은 코팅하려는 대상을 모래 분사하거나 산(酸)으로 에칭하여 수많은 미세한 흠집을 낸 뒤 테프론을 분사하여 흠집을 얇게 메운 다음, 이를 높은 온도에서 굽고 테프론으로 다시 코팅하여 굽는다.

테팔 광고

듀폰이 가정용으로의 응용을 주저하고 있는 동안, 진취적인 한 프랑스인 부부가 이 일을 독자적으로 추진하게 된다. 열렬한 낚시광인 마르크 그레구아르(Marc Grégoire)라는 프랑스 기술자는 동료로부터 테프론에 대한 얘기를 듣고, 낚싯줄이 서로 엉키는 것을 막기 위해 자신의 낚시도구를 테프론으로 코팅하기로 작정했다. 그러자 그의 아내 콜레트(Colette)가 자신의 요리도구에 코팅하는 것이 어떻겠느냐는 아이디어를 내놓았고, 마르크는 성공적으로 냄비에 코팅을 했다.

그레구아르 부부는 자신들이 이룬 결과에 매우 만족하여, 1954년에 이에 대한 특허권을 획득하고 자신의 집에서 사업을 차렸다. 마르크는 자신의 집 부엌에서 테프론으로 프라이팬이나 냄비에 코팅을 하고 부인은 거리에서 물건을 팔았는데, 매우 인기가 있어 날개 돋힌 듯이 팔려나갔다. 뜨거운 시장 반응에 용기를 얻은 그레구아르 부부는 1956년 5월 테팔(Tefal) 회사를 차리고 공장을 열었다. 그 후 1958년 프랑스 농림부는 음식 가공에 테프론을 사용하는 것을 허가한다. 그해 그들 부부는 공장에서 만들어낸 제품을 100만개나 팔았으며, 2년 후에는 총판매량이 300만 개를 돌파했다.

| 테프론의 산업적 용도 |

테프론 코팅 우주복

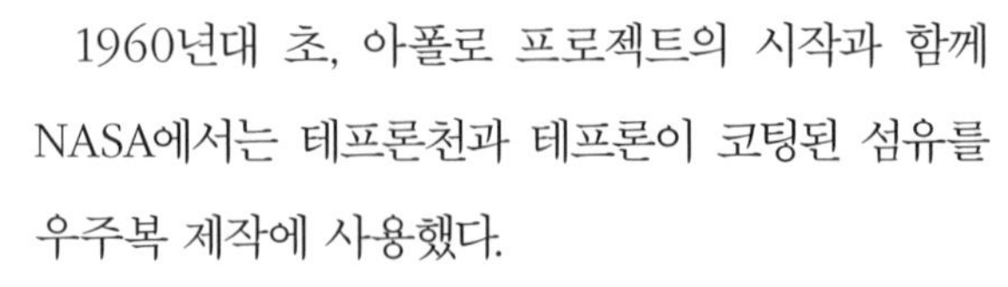
1960년대 초, 아폴로 프로젝트의 시작과 함께 NASA에서는 테프론천과 테프론이 코팅된 섬유를 우주복 제작에 사용했다.

음식이 달라붙지 않는 테프론 코팅 취사도구가 보편적으로 받아들여지게 되자 테프론은 산업용도로 주로 사용되던 소량의 특수 재료에서 점차 대량생산되는 소비 아이템으로 전환된다.

테프론 코팅 옷 광고

오늘날 테프론은 식탁보나 카펫의 절연을 위해서, 또 스팀다리미의 표면을 코팅하는 데 사용된다. 새 집을 건축할 때 테프론 배관 파이프나 밸브에도 많이 사용되고 있으며, 고어텍스로 알려진 천에도 사용되는데, 특히 야영객이나 스키를 즐기는 사람들에게 방수는 잘되면서 통풍과 방습이 잘되기 때문에 많은 사랑을 받고 있다. 그 밖에도 심장 박동기, 틀니, 인공 장기, 인쇄기판, 케이블, 우주복, 항공산업 부품에 이르기까지 수천 가지의 다양한 생산품들에 테프론이 사용되고 있다.

어쨌든 이 매끄러운 재료가 큰 성공을 거두었다는 확실한 흔적은, 정치적 담론에서 실수나 불법행위를 한 후에도 여전히 타격을 입지 않는 정치가를 나타내는 속어로 테프론이라는 단어를 사용하는 데서도 알 수 있다.

"테프론처럼 매끈한 수상은 또 한 차례의 위기를 넘겼다(The Teflon Prime Minister has survived another crisis)."

| 테프론과 건강에 대한 안정성 |

PTFE의 열분해는 200°C에서 감지되며, 더 높은 온도에서는 여러 가지 플루오르화탄소를 방출하고 승화한다. 최근의 연구 결과에 의하면, 202°C에서 이렇게 분해된 생성물에 의해서 새들이 죽었다는 보고들도 있으며, 테프론 코팅된 취사도구를 낮게는 163°C로 가열하여 새들이 죽었다는 입증되지 않은 보고도 있다. PTFE는 안정하고 비독성이지만 취사도구의 온도가 260°C에 도달하면 안정성이 악화되기 시작하여 350°C 이상의 온도에서는 테프론 코팅이 플루오르 카본 기체로 분해되는데, 이 기체는 새들에게 치명적이며, 사람에게는 독감 같은 증상이 나타나게 된다.

2003년, 환경연구단체에서는 달라붙지 않도록 테프론 코팅된 가정용 취사도구가 가열되었을 때 사람과 새에 위험하다는 경고문을 넣게 해 달라는 14페이지에 달하는 내용의 청원서를 미국 소비자제품안전위원회에 제출했다.

2004년 미국환경보호국(EPA)은, 듀폰사가 테프론 제조에 사용되는 화학물질 PFOA(Perfluorooctanoic acid 또는 C8)가 인체에 유해성을 지냈다는 사실을 지난 20년 동안 공개하지 않았다고 발표함으로써 테프론 코팅에 대한 안전성 여부가 논란이 되고 있다. PFOA는 암이나, 갑상선 질환, 궤양성 대장염 및 고콜레스테롤증과 관련 있다고 알려져 있다. 테프론의 원료인 PFOA 제조공장이 있는 오하이오 주와 웨스트버지니아 주 주민들이 2004년 지하수를 오염시켜 건강에 위협을 준다며 듀폰사를 상대로 소송을 냈는데 이 사건을 무마하기 위해 듀폰은 주민들과 3억 달러에 합의를 보았다.

지금도 테프론 제조에 PFOA가 쓰이고 있고, 이 때문에 테프론 취사도구에 대한 유해 여부는 계속 논란이 되고 있다. 여하튼 주부 입장에서는 멋진 오믈렛을 만들거나 전을 부칠 때 너무나 편리한 테프론 코팅 프라이팬을 사용하지 않기란 쉽지 않다. 다만 사용할 때 주의할 점은 테프론 코팅이 긁히지 않도록 수저나 여러 가지 금속성 취사도구를 사용하지 않도록 하며, 200°C 이상 너무 고온으로 가열하여 테프론 코팅이 분해되지 않도록 주의해야 함은 물론이다.

4. 초강력 순간접착제와 초약력 포스트잇의 '실패의 성공학'

Harry Coover(1917~2011), Spencer Silver(1941~1970)

| 초강력 순간접착제의 발명 |

1942년 쿠버(Harry Coover) 박사는 믿을 수 없을 만큼 안정한 초강력 순간접착제 사이아노아크릴레이트(Cyanoacrylate)를 우연히 발명한다. 오늘날 이 접착제는 단순한 목공일뿐만 아니라 가정용 기기 수선에서부터 공업용 바인딩이나 의학적 용도에 이르기까지 광범위하게 사용되고 있는데, 이제는 모든 가정의 필수품이 되었다.

해리 쿠버는 1917년 미국의 델라웨어에서 태어나 호바트(Hobart) 대학 화학과를 졸업하고 코넬 대학에서 공부를 계속하여 1944년 화학으로 박사학위를 받았다. 졸업 후 곧장 뉴욕 로체스터에 있는 이스트먼 코닥(EastmanKodak)의 화학 사업부에서 일하기 시작했다.

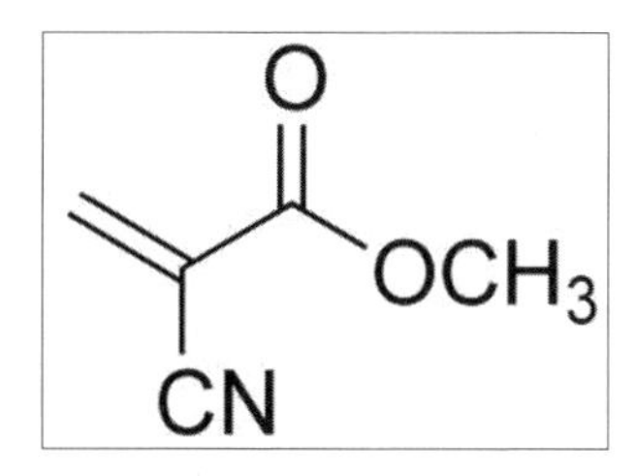

사이아노아크릴레이트 구조

제2차 세계대전 동안 쿠버는 정밀한 플라스틱 사격 조준경을 제작하기 위해 사이아노아크릴레이트(CA)라는 화학약품을 이용해 투명 플라스틱 렌즈 제조 방법을 찾아내려는 연구팀 소속이었다. 연구원들은 CA를 가지고 연구하는 동안 이 약품이 지극히 끈적거리는 것을 발견했다. 모든 물체는 표면에 얇은 수분 층을 가지고 있기 때문에 수분이 CA를 중합하게 만들어, 테스트할 때마다 번번이 접착이 일어나는 바람에 연구원들은 이 약품을 제외시키고 새로운 연구로 옮겨갔다.

6년 후인 1951년, 테네시에 있는 코닥회사 화학공장으로 옮겨간 쿠버는 그곳에서 CA를 재발견하고 이 약품의 새로운 잠재력을 알게 된다. 그는 코닥연구소의 화학자들을 이끌고 제트기의 조종실 덮개용으로 내열성 고분자물질을 개발하는 연구를 총괄 감독하고 있었다. 연구팀은 수백 개의 화합물을 일일이 테스트하고 있었는데, 팀원 중 프레드 조이너(Fred Joyner)가 910번째의 화합물을 굴절계의 두 렌즈 사이에 스프레이하고 이 사이를 통과하는 빛의 속도를 측정했다. 그런데 나중에 이 두 렌즈를 떼어내려 했지만 떨어지지가 않았다. 순간 프레드는 비싼 실험 기기를 망가뜨렸다는 두려움에 휩싸였다. 1950년대에는 굴절계 하나가 약 3000달러 정도로 당시로는 매우 큰돈이었다. 그러나 쿠버 박사는 즉시 여기서 가능성을 포착했다. 프레드와 팀원들은 사이아노아크릴레이트(CA)를 가지고 실험실에 있는 여러 물건들에 실험해보니 그때마다 물건들이 붙어 영구히 떨어지지 않았다.

쿠버는 즉시 '알코올을 촉매로 한 사이아노아크릴레이트 접착제 성분/슈퍼글루(super glue)'라는 제목으로 특허를 받았다. 그리고 이 성과를 상품화하기 위해 여러 가지를 개선하여 1958년 마침내 회사는 이 새로운 접착제를 '이스트먼 910'으로 포장하여 시장에 내놓는다. 나중에 이

제품은 '슈퍼글루'로 알려지게 되고 쿠퍼는 유명인사가 되어 1959년 개리 무어(Garry Moore)가 진행하는 TV 쇼 '나는 비밀을 가졌어요'에 출연한다. 그 자리에서 쿠버는 두 개의 금속막대기를 초강력 순간접착제로 붙인 후 막대기를 공중으로 들어올렸다. 그런 다음 막대기 위에 진행자를 올려놓고 들어올리는 유명한 장면을 연출해 이 제품의 강력한 접착력을 증명했다. 이스트먼 사에서는 슈퍼글루로 쇠사슬을 자동차에 10초 동안 접착시켜 3000파운드(약 1.4톤)의 자동차를 들어 올리는 시연을 하였는데, 최대 5000파운드(약 2.3톤)까지 들어 올리는 접착 강도를 보였다고 한다.

초강력 접착제로 자동차를 들어올리는 시연 장면.

쿠버 박사는 2004년 미국의 '발명가 명예의 전당'에 올랐고, 2010년에는 오바마 대통령으로부터 기술혁신 훈장을 수여받았다. 그는 평생 460개의 특허를 가지고 있었으며, 2011년 94세로 세상을 떠났다.

| 다양한 쓰임새 |

발명 초기부터 CA 접착제를 의료용으로 사용할 가능성을 염두에 두고, 이스트먼 코닥과 에티콘(Ethicon) 사는 외과 수술에서 접착제가 사람의 근육조직을 서로 접합하는 데 쓰이는 용도의 연구에 착수했다. 1964년에 이스트먼은 미국의 식약청에 CA를 상처 봉합용 접착제로 사

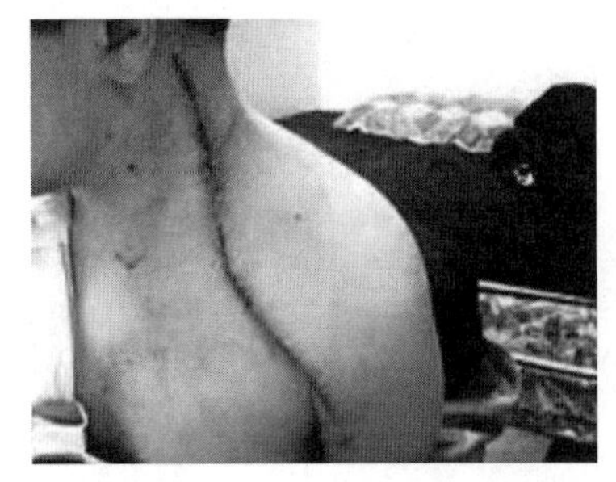
의료용 접착제

용할 수 있도록 신청서를 제출했다. 쿠버가 만든 상처봉합용 스프레이는 베트남 전쟁터에서 곧 진가를 발휘했다. 전쟁터에서 흉부 손상이나 부상으로 출혈이 있을 때 가장 심각한 문제는 어떻게 빨리 지혈을 해서 환자를 병원으로 이송할 수 있느냐 하는 것인데, 많은 사람들이 이송 도중 출혈 과다로 사망했다. 그래서 1966년 특별 훈련을 받은 외과의들이 CA 스프레이를 부상병들에게 사용한 결과 부상자의 출혈을 막아 무사히 기지병원까지 수송하고 수많은 목숨을 구할 수 있었다. 비록 CA가 전쟁터에서 유용한 것이 입증되었지만, 식약청은 민간인 용도로 사용하는 것을 꺼려했다.

그 이유는 초기 제품은 메틸-2-사이아노아크릴레이트(methyl-2-cyanoacrylate)로 만들어졌는데, 접착제가 피부에서 수분과 반응해 접착하는 동안 사이아노아세테이트와 포름알데하이드를 방출하여 피부를 자극하기 때문이다. 마침내 1998년 식약청은 좀 더 개선된 2-옥틸사이아노아크릴레이트(2-ocytylcyanoacrylate)라는 의료용 접착제를 상처봉합용이나 외과 절개에서 사용할 수 있도록 승인했고, 2001년에는 흔한 박테리아 미생물 차단용으로 쓸 수 있도록 허가했다.

이 제품은 '트라우마씰'과 '더마본드' 라는 상표명으로 시장에 출시되었다. 사이아노아크릴레이트 접착제는 정형외과, 치과, 구강의학, 수의학 분야 등과 가정용으로 일회용 반창고의 액체 버전인 액상밴드와 같은 의료용으로 사용되고 있다. 또한 폐기종에서 외과적 수술 없이 죽은 폐의 통로를 막아버리는 치료법을 탐색하고 있다.

그밖에 전자제품의 시제품 제작, 비행기 모형, 축소 모형, 목공예 등에 널리 사용되고 있다. 또한 CA는 범죄수사에서 유리, 플라스틱 등과 같은 비다공성(非多孔性) 표면 위의 드러나지 않는 지문을 채취하는 데도 쓰인다. 즉 CA가 가열되면 가스를 배출하는데, 이 생성된 가스가 보이지 않는 지문의 흔적과 공기 중의 수분과 반응하여, 지문의 돌출 부분에 하얀 폴리머를 형성한다. 그래서 대부분의 표면(하얀 플라스틱이나 이와 유사한 표면은 제외)에 형성된 지문을 눈으로도 볼 수가 있다.

| 황당한 사건들 |

1996년 런던의 타블로이드판 신문 〈더 선〉에 황당한 기사가 실렸다. 기사 내용에 의하면 개리 폭스리(Gary Foxley)라는 남자가 맥도날드 화장실에 들렀는데, 누군가가 초강력 접착제를 발라놓은 것을 모르고 변기에 앉았다가 딱 붙어버린 사건이다. 출동한 소방대원 6명, 의사 두 명 그리고 경찰관 두 명이 그를 변기에서 떼어놓으려고 했으나 떨어지지 않아 할 수 없이 변기를 통째로 들어내어 그와 함께 앰뷸런스에 싣고 갔다는 기사다.

그 밖에 범죄 용의자가 경찰이 체포하는 것을 방해하려고 자신을 여자친구에게 강력 접착시킨 사건이라든지, 한 여성이 외국인 남편을 당국이 추방시키려는 것에 대항해서 자신의 몸을 남편한테 접착시켜 추방을 중단시킨 사건 등, 초강력 순간접착제에 관한 황당한 사건들이 많다. 그러나 가장 멘붕급 황당사건은 오뉴월에도 서리가 내린다는 여자의 초강력 질투심이 빚어낸 사건이다. 여자친구나 아내 몰래 바람을 피우던 남자가 잠든 동안 여자친구(또는 아내)가 그의 생식기를 넓적다리에 강력접착제로 붙여버린 사건들이다.

그러한 사건이 아니더라도 초강력 순간접착제는 너무나 빨리 강하게 붙어버려, 어떤 사람들은 나무나 플라스틱 등으로 작품을 만들다가 자신의 손가락을 붙여버리는 경우가 종종 생기곤 한다. 그런데 세상의 모든 것들은 천적이 있게 마련이어서, 순간접착제의 최대 약점은 아세톤이다. 흔히 매니큐어를 지울 때 많이 쓰는 아세톤을 붙어버린 피부에 소량 바르면 상처 없이 떨어진다. 그러나 아세톤은 피부에 묻을 경우 탈지작용을 하기 때문에 곧 바로 비누로 씻고 핸드크림을 발라주어야 한다. 또한 이러한 순간접착제를 사용할 때에는 접착시 수분과 반응하여 가스가 방출되므로 환기가 잘되는 곳에서 작업하는 것이 안전수칙이다.

| 초약력(超弱力) 포스트잇의 우연한 발명 |

초강력 순간접착제와는 정반대인 초약력 접착제는 본래 목적한 연구에 실패한 덕분에 우연하게 태어난 발명품이다. 초약력(超弱力)의 약력은 물리학에서 나오는 '약한 핵력'의 약력이 아니라 초강력의 반대 의미로, 지금 필자의 모니터와 컴퓨터 본체, 냉장고 등에 여기저기 더덕더덕 붙어 있는 포스트잇(Post-it)의 발명에 얽힌 뒷이야기이다.

종이클립(paper clip) 이후 문구류 중에서 가장 중요한 걸작품이라고 일컬어지는 포스트잇은 잘 달라붙지만 아무 흔적도 남기지 않고 잘 떼어낼 수 있으며, 재사용할 수 있는 접착 성능 때문에 현대인들의 필수품으로 자리매김했다. 그런데 실제로 포스트잇은 회사의 연구 목표를 달성하지 못한 한 과학자와 교회의 성가대원으로서 매우 짜증이 난 한 엔지니어가 협력하여 만들어낸 발명품으로 가히 '실패의 성공학'이라고 할 수 있다.

| 스펜서 퍼거슨 실버 |

실버(Spencer Ferguson Silver, 1941~)는 1941년 텍사스의 샌안토니오(San Antonio)에서 출생하여 애리조나 주립대학에서 화학으로 학사 학위를 받은 후 1966년에 콜로라도 대학에서 유기화학으로 박사학위를 받았다. 1968년 실버는 3M 연구소에서 비행기를 만드는 항공우주산업에서 쓸 용도로 초강력 접착제를 만드는 연구를 하고 있었다. 그러나 우연히 아크릴공중합체(둘 또는 그 이상의 성분을 섞어 만든 중합체)를 마이크로 공(지름 1/1000~1㎜ 사이)으로 만들어 종이에 뿌려 사용하는 접착제를 발명했는데, 이 아크릴공중합체는 초강력이 아닌 초약력이며 압력에 민감한 접착제였다. 그런데 접착제로 사용하기에는 접착력이 너무 약해 쓸모가 없다고 생각한 3M 경영진은 별 관심을 보이지 않았다. 그러나 이 접착제는 두 가지 독특한 특성을 가지고 있었다.

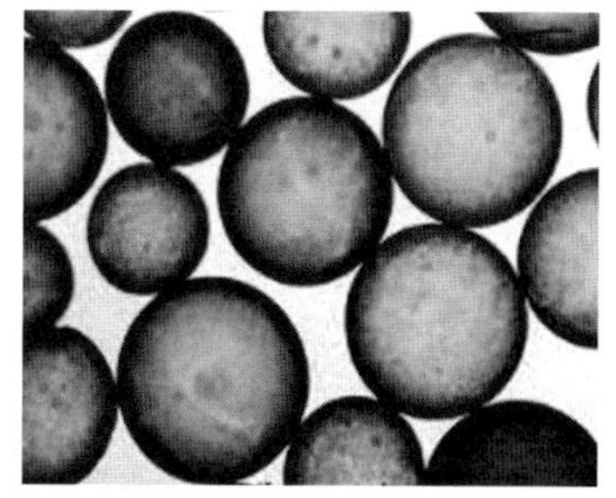
마이크로 공

첫 번째는 접착제를 표면에 붙여놓았을 때, 아무 흔적도 남기지 않고 다시 떼어낼 수 있다는 점이다. 종이 두께 정도의 아크릴 마이크로 공들은 표면에 접선으로 접착이 일어나기 때문에 접촉각이 매우 작다. 따라서 접착력이 약해 쉽게 떼어낼 수 있어 재사용할 수 있는 것이다. 반면 일반 접착제는 견고한 접촉 면적을 갖도록 접촉각이 평평하여 강하게 접착을 한다.

두 번째 중요한 특성은 떼어냈다가 다시 사용할 수 있다는 점인데, 이것은 아크릴 마이크로 공이 놀라울 만큼 강해서 깨지지 않고 녹거나 용해되지 않기 때문이다.

그러나 이러한 특성에도 불구하고 무엇인가 중요한 것을 발명한 실버 자신도 히트 상품으로서의 용도는 생각해내지 못했다. 그 후 5년 동안 실버는 자신의 발명에 대해 회사 내에서 광고도 하고 발표회도 갖고 회사 경영진들을 접촉하였으나, 결국 상품화하는 데 실패하고 만다.

| 아서 프라이 |

아서 프라이

이 사건에는 두 번째 우연한 사건의 주인공인 엔지니어 프라이(Arthur L. Fry, 1931~)가 등장한다. 프라이는 아이오와 주의 작은 시골에서 태어나 나중에 캔자스(Kansas City)에서 자랐다. 그는 어렸을 때부터 문제를 해결하고 무언가 만들기를 좋아했는데 최초의 공학적인 시도는 나무토막으로 주문에 맞춰 디자인하여 터보건(썰매의 일종)을 제작하는 것이었다.

그는 1950년 초 미네소타 대학 화학공학과에 입학하여, 졸업하기 전인 1953년부터 3M 회사에서 신제품 개발 업무를 맡았다. 그는 세미나에 참석하여 스펜서 실버의 발명품인 접착력 약한 접착제에 대해 잘 알고 있었다. 프라이는 3M 회사에서 일하는 것 말고도 미네소타의 세인트폴 교회의 성가대원으로 활동했는데, 교회에서 찬송가를 부르는 동안 찬송가책에 끼워 표시해둔 종이가 자꾸 바닥에 떨어지는 바람에 늘 짜증이 났다. 그때 프라이의 머릿속에 한 가지 아이디어가 떠올랐다. 실버의 접착제를 가늘고 긴 종이에 발라 찬송가책에 끼워두면 떨어지지 않을 것이라고 생각한 것이다.

그는 접착제를 게시판에 바르려고 시도하는 니콜슨(Nicholson)과 실버에게 역발상으로 접착제를 종이에 바르면 그 종이는 어디에고 붙을 것이라는 아이디어를 말한다. 그들은 프라이의 아이디어대로 제품을 만들었으나 공교롭게도 3M 경영진은 이 제품이 상업적으로 성공할 것이라고 생각하지 않았다. 3M 회사 직원들 사이에서는 포스트잇이 굉장히 인기 있었음에도 불구하고 경영진은 거의 3년 동안이나 상품화를 보류했다.

마침내 1977년 3M은 '프레스앤필'(Press' n Peel)이라는 제품명으로 4개 도시에서 시험 판매를 했지만 완전 실패로 끝나고 말았다. 이듬해 3M은 한 지방 도시에 포스트잇 무료 샘플을 대량으로 뿌려 점차 소비자들의 입소문을 타게 만들었다. 또한 3M 회사 회장 비서의 이름으로 〈포춘〉지 선정 500대 기업 비서들에게 견본품을 보냈다. 제품을 써본 비서들의 주문이 쇄도하기 시작했고 마침내 1980년에는 미국 전역에서 판매되고, 1981년에는 캐나다와 유럽 등 전 세계로 판로를 확장했다. 결국 이 접착제에 대한 5년 동안의 회사의 무관심과, 또 7년에 걸친 제품 개발과 초기 판매 실패를 딛고, 실버가 초약력 접착제를 발명한 지 10년이 넘어서야 마침내 포스트잇은 대박상품이 되어 세계에서 가장 잘 팔리는 5가지 문구류 중의 하나가 되었다.

포스트잇으로 만든 모나리자

지금은 다양한 모양과 다양한 색깔의 포스트잇 노트가 있지만, 초기에 나온 포스트잇의 색이 노란색인 것도 우연이다. 접착제를 바를 종이를 옆 연구실에 가서 빌려왔는데, 마침 그 색깔이 노란색이었고, 하얀 종이에 붙여진 노란색 포스트잇이 대비가 잘 되어서 계속 노란색을 쓰게 되었다고 한다. 포스트잇 노트는 가끔 예술 작품에도 쓰이는데, 가장 유명한 작품은 2008년 호벨(Shay Hovell)이 1만 2000개의 포스트잇을 가지고 모나리자의 복제품을 만든 일을 들 수 있다.

스펜서 실버는 모두 22개의 특허를 가지고 있었는데 포스트잇 발명에 대해서는 3M 회사로부터 로열티를 받지 못했다고 한다. 초강력 순간 접착제를 발명한 해리 쿠버 역시 특허권이 회사에 귀속되어 본인 자신은 금전적으로 큰 보상을 받지 못했다. CEO들의 연봉이 수십억, 또는 수백억에 이르는 것을 생각하면, 인류의 생활을 편리하게 해주는 혁신적인 제품을 만들어내는 이공계 연구자들의 대우가 무척 불합리하다는 생각이 든다. 연구자들에게도 CEO들처럼 주식의 일정 지분을 주는 보상책은 어떨까 생각해 본다.

심리학자이며 교육가인 리처드 파슨(Richard Farson)의 "실패는 성공을 낳는다" 라는 말처럼, 창의성이 발휘된 혁신을 장려하기 위해서는 포스트잇의 예에서 보는 것처럼 오히려 실패를 격려할 수 있는 경영진의 발상의 전환이 필요하다. 기존의 사고의 틀을 깨고 실패로부터 코페르니쿠스적 사고의 전환으로 오히려 성공의 가능성을 발견할 수 있는 긍정적 마인드인 '실패의 성공학'은 경영진뿐만 아니라 현대를 사는 우리 모두에게 요구되고 있다.

dge carry aw

s now on th

exclusive

foue mundique to haue du also full

ts of the said Statute duly assigns

and appointed you to be our

from tyme to tyme hereafter

Lessor may reenter upon the said

absolutely determine Provided a

CALLIGRAPHIA

part III

인류 문명사를 이끌어온 과학과 기술

1. 점성술과 천문학, 그리고 의학의 인연

Astrology(BC 3000~)

과학혁명에 관한 이야기를 쓰다가 17세기의 유명한 천문학자들이 점성술사였다는 사실이 매우 흥미로워서 점성술이 천문학과 의술에 끼친 영향이 무척 궁금해졌다. 저녁밥을 할 생각은 안 하고, 컴퓨터 앞에 앉아 점성술에 대한 기사들을 찾고 있는 실버(!) 와이프를 바라보고 있는 남편의 심정은 어떨까 생각하면서도, 아마 이것도 다 점성술에서 말하는 황도12궁의 별자리 때문이 아닐까 혼자 변명해본다.

| 고대 점성술과 천문학 |

점성술과 천문학은 고대에는 원래 같은 학문분야였으나 서구에서는 소위 이성의 시대(age of reason)인 17세기부터 점진적으로 독립된 분야로 인정받기 시작해, 18세기 말에는 점성술과 천문학이 완전히 다른

천궁도

고대의 천문학자는 점성술사의 역할도 했다.

분야로 분리된다. 천문학은 우주 전체에 관한 현상 및 우주 안의 여러 천체에 관하여 연구하는 자연과학의 한 분야를 말한다. 반면 점성술은 사람의 성격, 운명 등 세계관이나 사회문화적 요소를 포함하는 인간세계의 여러 가지 사건들이 천문학적 현상과 관계가 있다고 믿는다. 즉, 서양에서 점성술은 주로 태어날 당시의 태양과 달, 다른 행성들의 위치를 이용한 천궁도(天宮圖)로 한 개인의 성격이나 생애를 예측하거나 다른 비전(秘傳)의 지식을 보는 데 이용되어 왔으며, 과학이 아니라 전형적인 점술의 형태이다. 따라서 점성술은 역사적 맥락에서 보면 천문학의 탄생과 발전에 기여한 가장 중요한 요인 중의 하나라 할 수 있겠다.

점성술이 성행했던 고대 바빌로니아에서는 천체의 현상을 예측하는 천문학자와 이를 해석하는 점성술사의 역할을 같은 사람이 맡았다. 바빌로니아 점성학은 BC 2000년경 처음 조직적 체계를 갖췄는데, 학문적인 천체 점술의 역사는 고대 바빌로니아에서 시작되어 아시리아 시대(BC 1200년)까지 문서로 기록되어왔다. 고대 바빌로니아 천문학은 초대 바빌로니아 왕조(BC 1800년)부터 신바빌로니아 제국(BC 626년) 동안을 말하는데, 바빌로니아 사람들은 천문학적 현상이 주기적이라는 사실을 알았으며, 이러한 주기성을 처음으로 수학을 사용해 예측했다.

고대 바빌로니아 시대에 만들어진 설형문자판에는 태양년 동안 낮시간의 길이 변화가 기록되어 있다. 수백 년 동안 천체 현상을 관찰하여 설형문자판에 기록한 것으로, 암미사두카(Ammisaduqa)의 비너스 명판에는 행성 비너스(금성)의 운동이 21년간 기록되어 있는데, 이것이 행성의 주기적인 현상을 밝힌 최초의 증거들이다. 바빌로니아인들은 금성이 날씨, 가뭄, 질병, 전쟁 및 지배자와 왕국에 대해 영향을 미친다고 믿어 비너스의 위치가 기록된 기록판들을 가지고, 조심스럽게 종합하여 운세를 예측했다.

프톨레마이오스

고대 그리스의 수학자, 천문학자, 지리학자이며 점성학자인 프톨레마이오스(Klaudios Ptolemaios)가 쓴 점성술에 관한 책《테트라비블로스(Tetrabiblos)》는 특히 아랍세계에서 큰 인기를 얻었는데, 이 책을 통해 점성학에서 프톨레마이오스의 업적을 엿볼 수 있다. 이 책은 바빌로니아 사람들이 맨 처음 만든 점성술을 에우독소스(Eudoxos)가 이어받아 연구하고 체계화하여, 히파르코스(Hipparchos)를 거쳐 내려오면서 발전시킨 것을 프톨레마이오스가 최종적으로 집대성하여 펴낸 점성학의 대작이다.《테트라비블로스》는 그 이름대로 전4권으로 구성되어 있다. 제1, 2권은 지세(地勢)점성술(Astrological Chorography)과 기상(氣象)점성술(Astrometeorology)을 비롯해 천체가 지상의 물리현상에 어떤 영향을 미치는가 하는 점성술의 기본원리와 국가의 흥망성쇠에 관한 운명을 설명하고 있다. 제3, 4권은 천체가 어떻게 인간사에 영향을 끼치고 있는지, 별자리에 따라 인간 개개인의 운명이 예측된다는 출생천궁도를 자세히 풀이했다. 실제로 신생아, 정치적 라이벌, 결혼 상대자, 결혼이나 상서로운 날에 치러지는 모든 의식들이 점성술로 예측되고 점쳐졌다.

| 자연의 우주(대우주)와 사람의 신체(소우주) |

16~17세기에는 대우주(macrocosm)와 소우주(microcosm) 개념이 대중들에게 광범위하게 받아들여졌다. 즉, 많은 사람들은 자연의 우주(대우주) 전체에서 일어나는 것과 똑같은 패턴이 작은 규모로 사람의 신체(소우주)에서도 일어난다고 생각했다. 따라서 점성술사들은 왕이나 정치가의 자문역으로 중요한 공직을 맡아, 가령 국가의 조약을 맺기에 좋은 길일을 결정했고, 그래서 왕들은 직업적인 점성술사(또는 천문학자)와 수학자를 고용했다.

점성술을 의료에 응용한 분야를 의료점성학(medical astrology)이라고 하는데, 전통적으로 수리의료학(數理醫療學)으로 알려져 있다. 즉 의료점성학은 고대의 의료시스템으로서, 몸의 각 부분이나 병, 약물 등이 12별자리와 함께 태양, 달, 행성 등의 영향 아래 놓여 있다고 생각하여 로마의 의사들은 환자를 진단하는 과정에서 별자리 운세표를 찾아보았다고 한다.

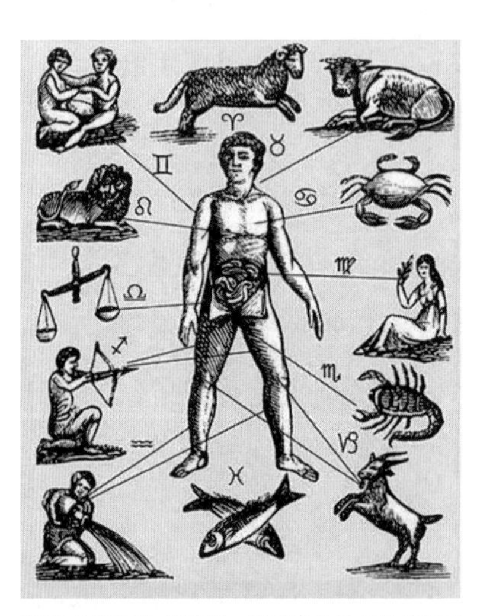
인체 각 부분에 해당하는 별자리를 표시한 12황궁도(Zodiac Sign)

예를 들어 황도12궁의 각각의 별자리는 인체의 한 부분을 지배한다고 믿었는데, 궁수자리는 넓적다리를 지배하고, 물고기자리는 발을 지배한다. 가령 달이 신체의 특정 부위를 지배하는 황도12궁에 있을 때, 그 신체 부분에 달의 인력이 작용하여 과도한 출혈 위험이 있기 때문에 방혈(放血, bloodletting)하는 것을 피해야 한다고 생각했다.

수많은 의학 관련 필사본이나 연감에는 달의 특별한 영향을 상기시키기 위해 '황도12궁 인체' 그림이 수록되어 있다. 거기에 덧붙여 달의 상태에 따라 인력(引力)이 변하기 때문에 연감에는 달의 모양까지 그려져 있다.

| 4원소와 네 가지 기질 |

4가지 기질은 고대의 의학적 기질의 개념에서 유래한 최초의 심리학적 해석이다. 기질이란 본래 고대 생리학에서 인간의 체내에 흐른다고 여겼던 혈액·점액·황담즙·흑담즙 등 4종류의 체액을 의미했다. 당시에는 이들 체액의 배합 정도로 사람의 체질이나 성격이 결정된다고 믿었고, 나아가 기질(humor)이라는 말은 성격·기분·변덕스러움 등을 뜻하게 되었다.

최초로 4원소설(불, 공기, 물, 흙)을 세운 사람은 그리스의 철학자이며 수학자인 엠페도클레스(Empedocles, BC 490~BC 430)로, 우주 만물은 4원소로 이루어지며 이것들이 사랑과 미움의 힘으로 결합하고 분리하여 여러 가지 사물이 태어나고 소멸한다고 주장했다. 선대부터 전해져오는 연구를 이용한 그의 이론은 서로 상반되는 두 쌍(뜨겁고 차며, 습하고 건조한)으로 된 물리적 세상의 성질에 대한 아주 단순하고 합리적인 관찰에 근거를 두고 있다. 다시 4원소는 각각 4계절과 네 가지 기질에 서로 연관되어 있다고 보았다. 땅과 물은 무게를 갖고 있고 방향이 아래로 향해 있어, 이 두 원소는 여성적이고 음(陰)의 속성과 연관된다. 땅과 물

4원소설에서는 사계절과 네 가지 기질이 연관된다고 보았다.

위에는 자연적으로 위로 움직이는 공기와 불과 같은 하늘(태양, 별, 행성)이 있으며, 따라서 공기와 불은 남성적이며 양(陽)의 특성을 가진다 하겠다.

4원소와 네 가지 기질에 대한 이론은 '의학의 아버지' 히포크라스테스에 의해 확립되었다. 히포크라스테스가 그의 의학 이론에 포함시킨 4가지 기질이란 낙천적이며 사교적인(sanguine), 야심차고 다혈질인(choleric), 내성적이고 사려 깊은(melancholic), 침착하고 조용한(phlegmatic) 기질로 나뉘는데, 이러한 단어들은 지금도 사람들의 성격을 표현하는 데 쓰이고 있다.

4가지 기질론은 몸속의 열(熱), 냉(冷), 건(乾), 습(濕)의 상대적인 수준에 따라 기질이 결정되며, 사람의 신체적 정신적 상태는 4가지 기질이 어떻게 균형을 이루고 있는가에 따라 결정된다고 보았다. 이러한 기질들은 행성의 힘의 영향을 받는데, 예를 들면 달은 모든 습한 물체에 영향을 미친다. 즉 조수(潮水)에 영향을 미칠 뿐만 아니라, 광기에 대한 민감성을 증가시켜 정신병(Lunacy)이라는 단어는 달(Luna)과 연관이 있다. 한편 화성(Mar)은 조급한 성질을, 토성은 우울증을 증가시킨다. 달의 인력은 조수뿐만 아니라 조개껍질, 이구아나, 그리고 여성의 생리주기에 이르기까지 생물의 생리적인 현상에 영향을 미치고 인간의 행동에도 영향을 미친다는 연구들이 많이 보고되어 있다.

다음의 표는 4가지 원소와 그에 상응하는 몸속의 4가지 체액, 그리고 사람의 기질과 별자리를 나타낸다.

원소	본질	체액	기질	계절	특성	황도12궁
공기	열(熱) 습(濕)	혈액	낙천적이며 사교적인	봄	낙천적 사교적	쌍둥이자리 천칭자리 물병자리
불	열(熱) 건(乾)	황담즙	야심차고 다혈질인	여름	다혈질	양자리 사자자리 궁수자리
흙	냉(冷) 건(乾)	흑담즙	내성적이고 사려 깊은	가을	내성적 사려 깊은	황소자리 처녀자리 염소자리
물	냉(冷) 습(濕)	점액	침착하고 조용한	겨울	침착한 조용한	게자리 전갈자리 물고기자리

당시 사람들은 같은 부모로부터 태어나, 같은 환경에서 자란 아이들이 성격도 능력도 다르다는(당시에는 DNA니 유전자니 하는 것들을 알 리 없으니!) 사실을 이러한 행성들의 영향으로 설명하는 것을 합리적이라고 받아들였다. 하지만 점성술에 반대하는 사람들은 쌍둥이로 태어난 사람들의 운명이 매우 다르다는 것을 예로 들어 공격을 했다.

기독교 신학자들은 세계와 그 안에 있는 모든 사람들을 지배하는 것은 신의 섭리이지, 별자리가 아니라고 점성술적인 설명을 비판했다. 인간은 원죄와 그들의 자유의지 때문에 죄를 짓는 것이며, 별들의 영향 때문이 아니라는 것이다. 이에 대해 많은 점성술사들은 단지 자연적인 영향에만 관심이 있다고 주장함으로써 자신들의 입장을 옹호했다. 점성술사들은 별들이 사람들의 행동을 좌우하는 것이 아니라, 단지 어떤 쪽으로 기울게 하는 경향에만 영향을 주기 때문에, 현명한 사람들은 오히려 별들의 영향을 극복할 수 있다고 말했다. 만일 별들의 영향을 피할 수 없다면 미래를 미리 알 필요도 없겠지만, 점성술은 예측을 하여 일어날 일을 미리 예방할 수 있기 때문에, 바로 그런 이유로 점성술이 매우 유용하다고 주장했다.

| 점성술의 쇠퇴 |

17세기 초 현대물리와 천문학의 발전에 크게 기여한 위대한 과학자들인 티코 브라헤(Tycho Brahe), 요하네스 케플러(Johannes Kepler), 갈릴레오 갈릴레이(Galileo Galilei)와 피에르 가상디(Pierre Gassendi) 등은 점성학에 대해 경외심을 품고 있던 점성술사들이었다. 그때까지는 점성술과 천문학이 구분 없이 같은 학문으로 인정되어 오다가 과학혁명이 시작되고 망원경의 발명과 천문학자들의 관찰로 아리스토텔레스적 우주관과 점성술의 대전제들이 쇠퇴하는 17세기 말에 이르러 점성술은 과학계에서는 더 이상 주목받지 못하게 되었다. 하지만 아직도 별자리 운세표는 출판되고 여전히 잘 팔리고 있었다.

1687년 뉴턴의 《프린키피아(Principia)》가 출판된 이후, 별들과 행성들도 지구상의 물체들과 마찬가지로 똑같은 물리적 법칙에 따라 움직인다는 것이 밝혀짐으로써, 기질 이론도 의사들로부터 신뢰를 잃게 되었다. 따라서 점성술과 의술의 연결고리도 끊어지게 되었다.

우리나라에서는 1980년대에 서울대 의대 이명복 교수가 이제마의 사상체질론(태양인, 소양인, 태음인, 소음인)을 서양의학에 응용하여 많은 관심을 불러 일으켰었다. 당시 그 이론에 심취해 있던 선배 교수들이 필자를 대상으로 소위 오링 테스트라는 것을 실험했던 적이 있었다. 솔직히 사상체질과 4기질 이론이 서로 어떤 연관이 있는지 모르겠지만, 서양이나 동양이나 4원소설에 기초한 서로 상반되는 음양론의 이치는 비슷한 것이 아닌가 짐작해본다.

18세기 말에 이르면 천문학은 체계화된 과학적 방법을 사용하는 계몽주의 시대의 중요한 과학들 중 하나로 자리잡게 되고 점성술과 뚜렷하게 구분되었다.

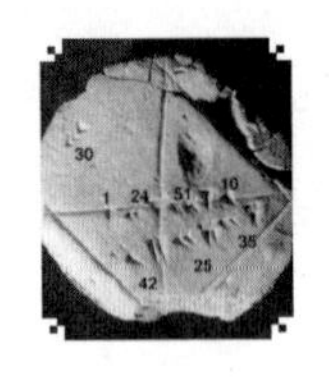

2. 고대 바빌로니아의 수학

– 60진법의 비밀

Old Babylonian mathematics(BC 2000~1600)

새뮤얼 헌팅턴이 명저 《문명의 충돌》에서 간파한 것처럼 '이슬람권'과 '기독교권'과의 오랜 충돌의 역사 때문인지, 어릴 적 교육의 영향 때문인지 이슬람에 대해 "칼이냐? 코란이냐?"하는 식의 호전적이고 배타적이라는 느낌 외에, 솔직히 이슬람권에 대해 잘 알지 못했다. 한 번도 그런 교육에 대해 의문을 품어본 적도 없고, 팔레스타인 문제에 대해서도 왜 그들이 그토록 분노하는지 이유를 이해하려기보다는 그들의 저항과 분노의 표시인 자살테러 같은 성전(聖戰)에 대한 막연한 공포감만 가질 뿐이었다. 그러다가 스페인의 알람브라 궁전과 터키의 이스탄불을 여행하고 난 뒤, 그동안 이슬람에 대해 편견을 갖고 있다는 것을 깨달았다. 그 후 이슬람 문화에 대한 호기심을 느꼈고 우리가 그동안 이슬람 문화에 대해 일방적으로 세뇌당한 것이 아닌가 하는 의문마저 들었다. 그 의문은 인류의 문명발달에 기여한 이슬람 과학에 대한 관심으로 이어졌고 특히 고대 바빌로니아 수학에 대해 살펴보게 되었다.

| 메소포타미아 수학의 시작과 발달 |

예로부터 "수학이 언제 시작 되었는가?"라는 순진한 질문에 대해, 이런 경우 대답은 보통 "당신이 말하는 수학이란 무엇을 뜻하는가?"라고 반문하는 것이다. 이런 질문들에 답하기 전에 우리는 최소한의 역사적 배경을 살펴볼 필요가 있다.

메소포타미아 문명은 티그리스강과 유프라테스강 사이에서 발생한 세계에서 가장 오래된 문명의 하나로, 개방된 지리적 조건으로 인해 수많은 민족의 이주와 정복, 이에 따른 지배자의 교체가 있었다. 대략 BC 4000~BC 300년까지 지금의 이라크 지역에서는 여러 문명이 이름을 달리하며 이어졌는데, BC 3000년경 수메르인들이 세운 도시 국가에서 시작해 바빌로니아, 아시리아, 신바빌로니아를 거쳐 페르시아(BC 550~BC 330) 등이 흥망성쇠를 거듭했다.

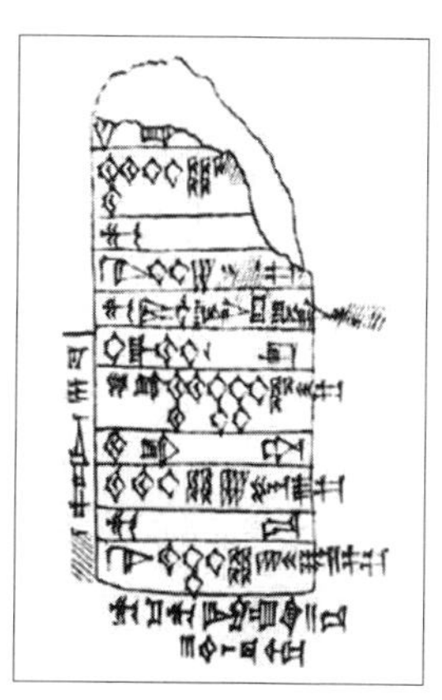

수메르인들의 추수 기록표

BC 3000년 이전에 농경생활을 기반으로 하는 수메르인이 도시국가를 건설했는데, 그들은 여기서 채색토기 문화를 흡수하여 청동기문명을 꽃피웠다. 그림문자를 쓰던 수메르인들은 추상적인 개념을 표기할 수 있는 표의·표음문자인 설형문자를 발명하여, 그 문자에 따라 12진법과 60진법에 의한 숫자 표기법을 정착시켰다. 중앙집권적 권력하에서 곡물 경작과 대단위 가축 사육을 기반으로 하는 농업경제가 매우 활발해지면서 생산된 제품들의 복잡한

수메르인들이 생산품들의 유통을 기록한 점토판.

점토판에 뾰족한 것으로 눌러 글자를 새겼다.

유통을 꼼꼼하게 통제할 필요가 생겼다. 이러한 업무를 관리하기 위해 '기록'이 발달하게 되었는데, 그 필요성으로 인해 관개(灌漑)사회(또는 농경제사회)의 개척자들은 서로 연관된 두 개의 중요한 과학, 즉 천문학과 수학의 기초를 수 세기 동안 잘 닦아놓았다.

지배계층과 피지배계층(노예, 반노예)의 관료적 체제가 잘 발달된 수메르 문명에서 왕의 신관(神官)이나 서기들은 현물로 거둔 방대한 국가의 재산을 관리할 필요가 있어 산술을 공부해 많은 계산서, 계약서, 기호표(사전)를 만들었다. 가장 기본적인 쓰기는 BC 3300년경부터 발달하여 3000년 동안 쐐기모양의 글자에서 좀 더 발달된 형태의 언어로 계속 사용하였으며 이런 기록들은 지금까지 비교적 잘 보전되어 있다. 젖은 점토판에 뾰족한 것으로 눌러 글자를 새긴 다음 햇빛이나 불에 단단하게 굳혀서 만들었기 때문에, 내다 버리거나 심지어 벽을 쌓는 돌무더기로 사용된 경우에도 잘 보전되었다.

BC 2500~BC 1750년 우루크(Uruk)에 기반을 둔, 남부 이라크 문명의 창시자이며 글자를 발명한 수메르인들은 셈족인 아카드 왕조에 의해 흡수되는데, 이들은 사회체계도 수메르 방식을 채택하고, 언어도 수메르 언어를 사용했다.

바빌로니아 수학에 대해 중요한 정보가 전해지는 시기를 구분해 보면 다음과 같다.

BC 2500년 : '파라(Fara) 시대'. 최초의 수메르인 문자. 우루크 근처 파라에서부터 표음문자 시작.

BC 2340년 : '아카드 왕조'. 사르곤(Sargon)의 지배하에 메소포타미아 지역이 통일되어 아카드에서 설형문자(楔形文字) 사용.

BC 2100년 : '우르III(Ur III)'. 고대 수메르인 도시 우르(Ur)가 수도로서 다시 복구되고 인구는 아카드인이 다수이지만 수메르인과 섞이게 되었고, 술지(Sulgi) 왕의 지배하에서 관료체제가 자리를 잡음.

BC 1800년 : 고대 바빌로니아 함무라비 왕조 밑에서 북부 도시인 바빌론이 절대적 패권을 장악. 가장 수준 높은 수학 교과서.

각각의 왕조가 대략 200년 정도 지속된 후 외부세력에 의해 정복되는 비슷한 패턴을 가졌지만, 남부 이라크 지방에서는 기본적으로 이 기간 동안 농사와 신관 관료들의 지배하에 큰 변화 없이 일상생활이 지속되었다.

이집트와 이라크, 고대 동양국가들에서는 관개를 통제하기 위한 필요에서 수학이 뿌리내리게 되었다. 고대 이집트와 이라크는 거의 비슷한 신관에 의한 관료체제를 가지고 있었는데, 따라서 이들의 목적에 맞도록 '쓰기'와 수학이 매우 일찍 발달했다. 발굴된 유물들에 의하면 '쓰기'보다 수학이 먼저 발달했음을 알 수 있는데, 가장 오래된 기록은 물품목록이었다. 표음문자보다 그림으로 묘사되던 시절에 이미 수를 세는 기호의 발달이 시작된 것이다. 이는 당연히 관료체제에선 문학보다 회계가 먼저 필요했기 때문이다.

이집트의 사회적 체계나 사회적 통제를 위한 기본적인 수학의 용도는 바빌로니아와 비슷했다. 그러나 이집트의 경우 자료가 매우 빈약한데,

그 이유는 이집트의 필기 재료는 대체로 오랜 기간 동안 보존되지 않는 파피루스였기 때문이다. 또한 바빌로니아의 수학이 이집트의 수학보다 좀 더 주목받는 이유는 숫자 체계가 12진법과 60진법에 의한 자릿수를 나타내는, 위치적 기수법을 정착시켰기 때문이다.

| 고대 바빌로니아의 60진법 |

고대 바빌로니아에서는 처음에는 젖은 점토판에 갈대로, 나중에는 끝이 삼각형으로 뾰족한 송곳 같은 것으로 글을 쓴 다음 점토를 햇빛이나 불에 구워 단단하게 만들었다. 송곳으로 수직막대 모양 위에 역삼각형을 새겨 넣으면, 머리와 꼬리가 마치 못처럼 생기게 되는데 이를 수직, 수평, 또는 사선으로 비스듬하게 새겨 넣어 소위 쐐기문자(또는 설형문자)를 만드는 것이다. 60진법을 사용한 이유는 정확하게 알 수 없으나, 1년은 약 360일이라는 데서 원둘레의 각을 360도로 삼고, 원둘레를 반지름으로 나누면 원은 6등분되고 한 부분의 중심각이 60도가 되는데, 그래서 60을 기본으로 삼는 60진법이 채택된 것이 아닌가, 추정할 뿐이다.

1	11	21	31	41	51
2	12	22	32	42	52
3	13	23	33	43	53
4	14	24	34	44	54
5	15	25	35	45	55
6	16	26	36	46	56
7	17	27	37	47	57
8	18	28	38	48	58
9	19	29	39	49	59
10	20	30	40	50	

바빌로니아의 60진법과 그에 대해 현대의 십진법으로 표기한 숫자

바빌로니아의 60진법은 후에 아라비아로 계승되고, 이어서 유럽까지 퍼져 16세기까지 천문학이나 수학의 어려운 계산에 사용되었으

며, 사실 60진법은 지금까지도 시간과 각도의 단위로 사용되고 있다.

셈족이 건설한 아카드 왕조(BC 2350년 이후) 시대에 접어들면서 이자 계산, 비례배분 문제에서부터 1차, 2차, 3차 방정식의 해법, 피타고라스 정리에 의한 계산, 산술급수 합의 공식이 발견되었고, 이러한 것들이 대수학의 기본이 되었다. 신관과 서기들은 세금 징수를 위해 전답의 넓이와 창고의 용적, 운하의 토목공사에 쓰일 토사의 양 등 실생활과 밀접한 문제 해결과 직선도형·원의 넓이, 입체의 부피를 구하는 방법 등을 연구하여 기하학의 토대를 마련했고, π의 값도 3이라는 근사값을 구했다. 또 계산을 간단히 하기 위해 60진법에 의한 곱셈표, 나눗셈을 위한 역수표(逆數表), 제곱표, 세제곱표, 제곱근표 및 $n^3 + n^2$ 표를 만들기도 했다. 요즈음 초등학교 아이들이 구구단 외우는 것을 힘들어 하는 것에 비하면, 그때 어린이들은 60진법 곱셈표를 어떻게 외웠을지 궁금하다. 아마도 외우지 않고 요즈음의 스마트폰처럼 곱셈표를 휴대하고 다녔다면 다행이겠지만, 종이가 없던 시절이고 보면, 점토판을 가지고 다니기도 쉽지 않은 일 같다.

결국 바빌로니아 수학은 이집트 수학과 함께 그리스인에게 전수되었고, 기원전 450년을 전후하여 그리스인들은 수학의 독자적인 발전을 이루었다.

3. 인류문명사에 혁명을 가져온 종이의 발명과 채륜

蔡倫(AD 50?~121?)

컴퓨터가 등장하기 이전 인류의 정신문명에 기여한 획기적인 3대 발명을 꼽는다면 문자, 종이, 인쇄술이 아닐까 싶다. 시간과 공간을 초월하여 인간의 경험이나 생각, 감정을 다른 사람과 나누고자 하는 소통과 정보에 대한 욕구가 3대 발명의 기폭제가 되었는데, 이 세 가지 발명 모두 아시아에서 시작되었다.

스페인의 북부 알타미라 동굴에서 발견된 벽화 같은 예술적 그림도 일종의 기록 언어에 포함시킨다면, 문자의 출현은 후기 구석기까지 거슬러 올라간다. 그러나 일반적으로 BC 3000년경 오늘날 이라크의 남부지역에서 수메르인이 사용한 쐐기문자를 인류 최초의 문자로 보고 있다. 일단 언어가 발달하기 시작하자 사람들은 점토판, 바위, 돌, 뼈, 파피루스, 대나무, 양피지, 실크 등 무엇이든지 평평한 표면에 자신들의 생각을 기록했다. 그러다 마침내 기원전 2세기경 중국에서 종이가 발명되고 AD 105년에 제지 기술이 표준화되면서 3세기에 이르러서는 종이가 광범위하게 사용된다.

또한 7세기에 중국에서 목판인쇄술이 발명되고 금속인쇄술은 구텐베르크보다 200년 앞서 고려에서 발명되었다. 인간의 생각을 기록으로 전달하는 데 가장 효율적인 종이와 인쇄술이 결합되었을 때 그 파급 효과는 매우 혁명적이어서 인류의 문명과 문화, 교육의 발전에 엄청난 변화를 가져온다. 종이는 정보의 전파에 가장 편리하고 저렴한 수단을 제공했을 뿐만 아니라 여러 가지 용도로 고대부터 현대 사회의 구석구석까지 파고들어 일상생활에 없어서는 안 될 필수품이 되었다. 물론 현대에는 컴퓨터와 태블릿 PC, 심지어 스마트폰까지 등장하여 새로운 통신매체의 발달로 그 역할이 축소되어가고 있기는 하다. 그러나 아직도 종이, 잉크, 인쇄술의 독특한 조합은 기본적이며 휴대하기 쉽고 영구적이어서 아마도 오늘날 우리에게 알려진 가장 값싸고, 접근 가능한 통신 장비가 아닐까 싶다.

| 종이의 발명과 발달 과정 |

종이말벌(Paper Wasp)은 수십억 년 동안 진화하면서 터득한 생존전략 기술 덕분에 인간보다 훨씬 유능한 제지 기술자가 되었다. 종이말벌은 가느다란 나뭇가지나 식물의 줄기를 침과 같이 씹어서 갈색이나 회색 종이를 만들어 물에 강한 둥지를 짓는다.

종이말벌 둥지

BC 4000년경 고대 이집트에서 만들어진 파피루스를 종이의 기원으로 보는데, 영어 종이(Paper)의 어원은 바로 이집트어 파피루스(Papyrus)에서 유래한다. 파피루스의 원료는 지중해 연안 습지나 특히 나일 강 삼각주와 상류에서 잘 자라는 사이프러스 파피루스(Cyprus Papyrus)이다. 이집트인들은 파피루스 줄기를 약 30센티 길이로 자른 후, 줄기를 세로로 얇게 자른 조각들을 나일 강의 흙탕물에 담가 당분이 빠지게 하여 부드럽게 만들었다.

파피루스

가늘고 긴 조각들을 나란히 붙여 사각형 모양을 만들고 그 위에 또 다른 긴 조각들을 직각으로 펴놓아 일종의 매트처럼 만든다. 그런 후 딱딱한 받침대 위에 놓고 두들겨서 얇은 시트처럼 만들어 무거운 돌판 같은 것으로 눌러 놓아, 물기를 빼고 약 6일간 햇볕에 말린다. 이렇게 해서 만들어진 얇은 시트는 글씨 쓰기에 알맞을 뿐 아니라 가볍고 휴대하기에 편리해서 파피루스는 이집트, 그리스, 로마인들에게 예술작품이나 종교문서, 기록 문서를 위한 재료로 사용되었다. 이들 문명에서 만들어진 대부분의 책들은 파피루스 양 끝에 막대를 단 두루마리 형태이다.

기록 역사에서 가장 중요한 글쓰기 재료 중의 하나인 파피루스는 유럽에서 11세기까지 사용되었다. 그러나 파피루스는 아열대 기후에서 자라기 때문에 지역적인 제한을 받아 북쪽에서는 양이나 염소, 송아지 가죽을 가공한 양피지가 점차 파피루스를

둠즈데이북

대체하게 된다.

양피지를 쓰게 됨에 따라 책은 두루마리 형태에서 지금의 책과 같은 양장본의 형태를 갖추게 되었는데, 양피지는 파피루스보다 유연성과 내구성이 탁월해서 책의 수명이 매우 오래가고 또한 양면으로 쓸 수 있다는 장점이 있다. 그러나 책 한권을 만들려면 많은 양들이 죽어야 하고, 따라서 가격도 무척 비쌌다. 양피지로 제작된 유명한 책들 중 하나가 《둠즈데이북(The Domesday Book)》인데, 이 책은 영국의 정복왕 윌리엄 1세가 잉글랜드를 점령한 뒤 1086년에 징세의 목적으로 작성한 두 권짜리 토지대장이다. 둠즈데이북에는 지주 이름, 토지의 경작 면적, 토지의 가격과 가축수, 노예와 자유민의 수가 기록되어 있는데 책 이름이 기독교에서 말하는 '최후의 심판의 날'(Doomsday)과 비슷하다. 이는 최후의 심판일에는 신 앞에서 어떠한 비밀도 숨김없이 다 밝혀지는 것과 마찬가지로 당시의 토지 조사가 너무 철저하여 백성들이 그렇게 불렀다고 한다. 세금에 대한 저항은 예나 지금이나 매한가지인 모양이다. 여하튼 이 둠즈데이북을 만드는 데 대략 양 1000마리가 죽었다고 하니 책 이름대로 양들에겐 둠즈데이북을 위한 최후의 날이 되었던 셈이다.

한편 대나무가 많았던 중국에서는 2세기 초, 죽간(竹簡)이 기록수단으로 사용되었다. 죽간은 대나무를 대략 젓가락 길이(20~25센티미터)로 자른 뒤, 다시 2~4센티미터 폭으로 잘라 사용했는데, 세로쓰기를 하는 한자 문화권에서는 폭이 좁고 길

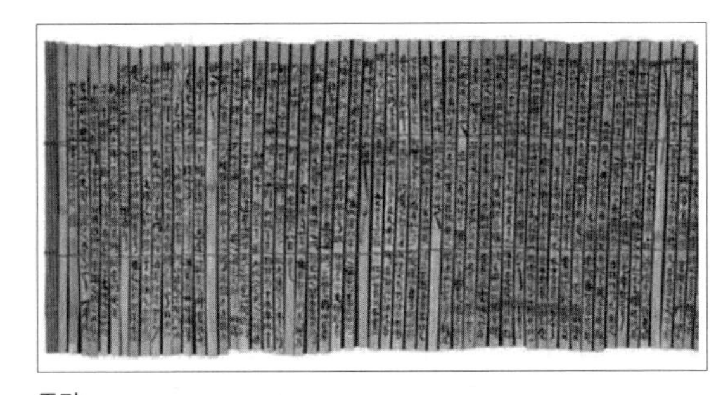

죽간

쭉한 죽간은 안성맞춤이었다. 긴 문서를 만들 때에는 죽간을 여러 개 합쳐 묶었는데, 한자로 책(冊)은 죽간을 엮은 모양에서 나왔다. 가늘고 긴 대나무나 나무의 조각 즉, 죽간 또는 목간(木簡)은 한(漢)나라 시절 가장 널리 쓰였던 종이 대용품이었으나 무겁고 부피가 크고 휴대가 어려워서 4세기에 이르면 중국에서 거의 쓰이지 않게 되었다.

| 제지기술의 전파와 영향 |

나침반, 화약, 인쇄술과 함께 중국이 세계에 선물한 4대 위대한 발명품 중의 하나인 종이는 서기 105년 후한(後漢)의 환관 채륜(蔡倫)이 발명했다고 알려졌다. 그러나 최근 고고학계의 발견에 따르면, 중국 서북부에 있는 간쑤성(甘肅省)에서 BC 8세기경으로 추정되는 한자가 적힌 종이가 발견되었다고 한다. 기원전 2세기경부터 종이는 중국에서 포장지나 충전재로 사용되어 왔으며, 3세기에 이르러서는 기록용으로 일반에게 널리 보급되었다. 6세기에는 인류 역사상 처음으로 화장지가 중국에서 사용되기 시작했고, 당나라 때는 차의 풍미를 보존하기 위해 종이를 접어 네모난 종이팩을 만들었다. 또한 송나라(960~1279) 후기에는 세계 최초의 지폐가 발행되었다.

3세기경 중국에서 발명된 제지기술의 비밀은 처음엔 베트남 그리고 다음엔 티베트로 몰래 유출되었고, 한국과 일본엔 각각 4세기경과 6세기경에 전해졌다. 네팔과 인도까지 전해진 제지기술은 서서히 아시아 전역에 파급되었다. 서기 751년 중앙아시아와 실크로드의 패권을 놓고 당나라 군대와 이슬람제국의 아바스 왕조 사이에 탈라스 전투가 벌어졌는데 이 전투에서 당나라 군대가 크게 패했고, 이때 포로가 된 중국인 대상(隊商, caravan) 중에 제지 기술자들이 있었다. 중국인 포로들은 실크로드의 도시 사마르칸트에 제지 공장을 지었고 얼마 지나지 않아 사마르칸트는 종이 생산의 중심지가 된다. 점차 제지기술은 바그다드, 다마스쿠스, 카이로 등 이슬람세계로 퍼져갔으며, 아랍은 거의 500년간 제지기술을 독점했다. 마침내 북아프리카로부터 무어(Moor)인들이 스페인과 모로코를 침공할 때 함께 가져온 제지기술로 1151년 스페인에 제지공장이 세워졌다. 종이가 중국에서 발명된 지 약 1000년 후인 12세기에 처음으로 종이가 유럽에 전해지게 되며 14세기에는 독일과 영국까지 서유럽 각지에 제지공장이 생겨났다.

9세기 중세 유럽에서 파피루스의 사용이 중단되면서 당시 문인들이나 예술가들이 선호한 기록매체는 부드럽고 윤기가 흐르는 양피지였다. 그러나 동물가죽으로부터 만든 양피지는 값이 무척 비쌌고, 양피지로 만든 필사본 성경책 한 권을 만드는 데 무려 양 300마리의 가죽이 들어갔다고 추정되니, 책이나 양피지는 오직 부자들만의 전유물이었다. 그러나 14세기 들어 유럽에서 종이가 생산되고 때마침 르네상스 시대가 도래하자 종이의 수요도 늘어났다.

하지만 일상생활에 종이를 쓴다는 개념은 15세기 구텐베르크에 의해 금속 활판 인쇄술이 발명됨으로써 획기적인 전환기를 맞는다. 그는 1456년 성경책을 출판하여 기독교의 말씀을 대중에 전파함으로써 종교개혁에 큰 영향을 주었을 뿐 아니라, 매스컴 혁명의 불꽃을 댕겼다. 현대 제지와 인쇄산업은 이때 탄생되었고 종이는 인쇄술과 함께 지식의 대중화 과정을 선도하게 되었다.

| 종이 발명의 요인들과 제조방법 |

세계사에 길이 남을 위대한 발명을 위한 전제조건은 발명을 위한 물리적·정신적 준비가 갖춰져 있어야 한다는 점이다. 즉, 민간 수요와 창조정신뿐만 아니라 발명에 필요한 적절한 재료들과 기본적인 중요한 기술들이 있어야 한다. 그렇다면 다른 문명이 아닌 중국에서 종이의 발명을 가져오게 한 요인이 무엇이었을까? 이에 대한 해답을 찾기 위해 종이의 발달을 가져온 배경을 살펴본다.

종이 제조에서 중요한 요소들은 물, 섬유(fiber) 그리고 성형틀(mold)이다. 물은 쉽게 구할 수 있고, 섬유는 헤진 천이나 마, 린넨 같은 데서 구할 수 있었다. 이 두 가지 요소들은 어디서나 흔히 사용되지만, 헤진 천을 물에 불려서 분리된 섬유소로 만드는 과정과 물을 빼서 섬유소를 건져낼 수 있는 체반이 종이 발명의 중요한 요소가 되었다.

중국에서 최초의 제지 성형은 나무틀에 팽팽하게 천을 끼워 만들었으며, 여기에 물에 불린 섬유를 체에 밭쳐 물을 뺐다. 종이 발명은 어느 순간 갑자기 이루어진 것이 아니라 오래 전부터 내려온 지속적인 과정으로, 닥나무가 종이 원료로 적절하다는 것을 발견함으로써 대량생산할 수 있는 새로운 길이 열린 것이다.

닥나무는 중국에서 자생하는 식물로 전 세계 온대와 열대지방의 여러 지역에서 재배되었다. 중국과 적도 주변 여러 지역에서 닥나무 껍질을 두들겨 천으로 짜서 옷감으로 사용했으며, 중국의 고문헌에는 중국 남부 지역 부족들이 이 옷감을 만들어서 교역했다는 기록이 있다.

닥나무 껍질로 만든 종이 발명을 2세기 초(AD 105년) 채륜의 업적으로 돌리는 것은 아마 그가 닥나무에 대해 잘 알고 있는 고향 사람들에게서 영향을 받았기 때문일 것이다. 좀 더 정확히 표현하면 그가 종이를 발명했다기보다는 종이 제조 과정을 개선하고 표준화했다고 말할 수 있다.

채륜은 후난성(湖南省) 레이양시 사람으로, 후난성에서는 나무껍질을 두들겨서 옷을 만들거나 물에 불려 가라앉혀 종이를 만들었다. 중국에서는 누더기 천을 펄프로 만드는 침용 과정이 이미 알려져 있었기 때문에, 아마 중국 남쪽 지방 사람들은 종이 제조를 위해 닥나무를 펄프로 바꾸는 방법을 처음으로 알고 있었던 듯하다. 한편 유럽에서는 18세기까지도 닥나무의 재배가 알려져 있지 않아 닥나무도 나무껍질 옷감(bark cloth)도 사용되지 않았다.

종이가 발명되고 활용된 중요한 요인은 좀 더 고품질의 글쓰기용 재료에 대한 대중적인 수요 때문이다. 중국에서는 비싼 비단이나 불편한 죽간보다는 종이가 훨씬 싸고 더욱 이상적인 기록매체였다. 그러나 유럽에서는 종이가 파피루스나 양피지보다 그렇게 많은 장점을 갖고 있지 않았다. 파피루스는 재료가 풍부하고 만들기가 쉬우며, 저렴하고 종이처럼 가볍고 편리했다. 그리고 양피지는 비록 비싸기는 하지만 표면이 매끄럽고 종이보다 훨씬 내구성이 있어 유럽에서는 찢어지기 쉬운 종이를 공식문서에 사용하는 것을 금지하기도 했다. 15세기 후반 유럽에 인쇄술이 퍼지면서 종이에 대한 수요가 급증하기 전까지 종이는 가정에서의 기록이나 원고용으로 사용되었다. 한편 중국에서는 상황이 매우 달라서 종이는 2세기에 공식적으로 채택되어 인기 있는 글쓰기 재료로서의 우수성을 입증했다.

손으로 만드는 종이 제조 방법은 그동안 기술이 발달했다고는 하지만 옛날이나 지금이나 크게 다르지 않다. 종이 제조 과정을 간략히 살펴본다.

종이 제조 과정

닥나무를 채취하여 잘라 삶은 뒤 껍질을 벗긴다.(백피) → 백피를 부드럽게 하고 불순물을 없애기 위하여 찬 냇물에 담근다. → 물에 충분히 불린 백피를 적당한 크기로 잘라 가마솥에 잿물을 넣고 삶는다. → 삶은 닥 섬유에 남아 있는 불순물을 걸러내기 위해 흐르는 물에 헹구고 햇볕에 말린다. → 하얗게 된 닥 섬유의 물기를 뺀 다음 돌절구통에 넣고 나무방망이로 두들겨서 찧는다. 이 과정을 고해(叩解)라고 하는데 닥 섬유에 물을 뿌렸을 때 뿌옇게 확 풀어지면 고해가 잘된 것이다 → 고해가 끝나면 물에 섬유가 다 풀어지도록 분해시켜 종이를 뜰 수 있는 상태로 만든다. → 분해된 닥 섬유를 가는 체에 걸러 물을 빼 종이를 뜬다. → 건조시킨다. → 종이 완성!

AD 104년 채륜은 종이 제작에 착수하는데, 대나무 섬유와 닥나무의 속껍질을 벗겨 돌절구에 찧고 여기에 물을 부어 나무망치로 완벽하게 두들긴 다음 이를 체에 밭쳐 물을 뺐다. 이것을 건조시키자 섬유질만 남아 글을 쓰기에 좋은, 표면이 매끄럽고 가벼운 재료가 만들어졌다는 것을 깨닫는다. 이어 채륜은 다른 재료들(나무껍질, 삼나무, 헌 그물, 낡은 헝겊조각 등)을 사용해 글을 쓸 수 있는 새로운 형태의 종이를 발명했다. AD 105년 채륜은 자신이 발명한 종이를 황제 화제에게 헌상하고 이후 널리 쓰이게 되자, 세상에서는 이 종이를 채후지(蔡侯紙)라고 불렀다.

그러나 최근의 고고학적 발견에 따르면 신장(新疆), 산시(陝西), 간쑤(甘

肅)성 등지에서 네 차례나 출토된 서한(西漢)의 옛 종이로 미루어 보아 채륜이 발명한 때보다 먼저 종이가 사용되고 있었음이 밝혀졌다. 정확히 말하면 채륜은 최초로 종이를 발명한 사람이라고 할 수는 없겠으나, 종이 만드는 과정을 새로이 개발하고 표준화하여 인류 문명사에 커다란 족적을 남겼다는 것만은 분명한 사실이다.

채륜은 중국에서 '종이의 신'으로 추앙받고 있다.

| 환관 채륜의 생애 |

채륜(蔡倫, 50년? ~ 121년?)은 중국 후한(後漢) 때 후난성 레이양 시(耒阳市)에서 출생했다. 그는 서기 75년 후한의 2대 황제 명제(明帝)의 환관으로 황실에 들어간다. 4대 화제가 즉위하자 어린 화제(和帝)를 양자로 삼아 섭정을 하던 두태후(3대 장제의 황후)의 편에 서서 권력을 얻은 채륜은 중상시를 거쳐 AD 89년 상방령의 자리에 올랐다.

상방령은 황실의 무기나 여러 가지 도구를 제작 감독하거나 기술을 관리하는 부서의 책임자이다. 그는 화제로부터 두터운 신임을 받아 유악이라는 국가 기획기관에 참가하여 정책 입안에도 참여했고 왕의 곁에서 자주 간언을 올리는 위치에까지 올랐다.

채륜은 두태후의 라이벌인 송귀인(3대 장제의 후궁)이 두태후의 모략에 의해 무고하게 자살로 내몰리는 황실의 권력암투에 휘말려 두태후 편에 서는데, AD 97년 두태후가 죽자 그는 등귀인(화제의 둘째 황후가 됨)과

손을 잡는다.

그러나 황제 화제의 후원을 등에 업고 권세를 누리던 채륜은 화제가 죽고 나자, 어린 상제를 대신해 섭정하던 등태후를 돕는다. 그런데 상제도 일찍 죽고 등태후는 다시 어린 안제를 황제로 봉하고 계속 섭정하였기에 채륜도 계속 권력을 누릴 수 있었다. 그러나 AD 121년, 등태후가 죽고 마침내 안제가 친히 정치를 시작하면서 채륜은 몰락의 길로 접어든다. 억울하게 죽은 송귀인의 손자인 황제 안제는 송귀인을 모함한 두 태후를 도운 사람이 채륜이라는 사실을 밝혀냈다. 채륜은 황제로부터 출두 명령을 받자, 깨끗이 목욕하고 비단옷으로 의관을 정제한 다음 독약을 마시고 자살로 생을 마감했다. 환관이란 직책상 어쩔 수 없었겠지만, 황제의 여인들의 권력투쟁 잔혹사에 얽혀들어 처참한 고문을 당하지 않고 품위를 지키며 죽을 수 있었던 것은 그나마 다행한 일이 아닐 수 없다.

채륜은 중국에서 '종이의 수호신'으로 추앙받고 있는데, 그가 태어나고 자란 후난성의 레이양 시에는 채륜박물관이 세워졌고, 오늘날에도 채후지가 복원 제조된다고 한다. 채륜은 '인류역사상 가장 영향력 있는 100인'에 선정되기도 했다.

4. 중세 아랍-이슬람 과학의 찬란한 유산과 연금술

Islamic Science in the Golden Age(750~1258)

아랍과 이슬람 문명이 인류의 문명 발달에 끼친 영향은 매우 크지만, 우리들 대부분은 그러한 사실에 대해 잘 알지 못하고 있다. 필자 역시 터키의 이스탄불을 여행한 후에야 아랍-이슬람 문화에 대해 새삼 관심을 갖게 되었고, 아라비아숫자나 십진법 외에도 매혹적인 이슬람 문양이라든지 다마스쿠스 검, 연금술 등을 통해 아랍-이슬람의 과학이 인류에게 남긴 유산에 대해 다시 생각해 보는 계기가 되었다.

아랍-이슬람 과학은 과학의 거의 모든 분야에 많은 영향을 끼쳤지만 뉴턴까지 빠져들게 했던 연금술, 특히 아랍의 연금술은 현대의 화학으로 발전해 가는 과정에서 중요한 역할을 했다.

| 유럽의 암흑기 |

유럽의 중세 초기를 종종 '암흑기'라고 부른다. 476년 강력했던 로마제국이 야만족인 게르만족의 침공으로 멸망하면서 유럽의 암흑기가 시작되는데, 그 끝나는 시기에 대해서는 여러 설이 있지만 일반적으로 900년경이라는 데 의견이 일치하고 있다. 즉, 1066년 윌리엄 1세가 노르만 정복에 성공하면서 유럽의 암흑기는 끝이 났다. 여기서 말하는 야만족이란 동굴 속에서 사는 혈거인(穴居人)을 뜻하는 것이 아니라, 마치 중국인들이 주변 국가를 오랑캐라고 부르듯이 로마인들이 로마 사람이 아닌 민족을 일컬었던 말이다.

게르만 부족들이란 알라마니(Alamannen), 앵글로색슨(Anglo-Saxons), 프랑크(Franks), 게피드(Gepids), 고트(Goths), 롬바르드(Lombards)와 반달(Vandals) 등을 지칭하는데 이들의 침공으로 로마시대의 유산인 많은 건물과 예술작품들이 파괴되었다.

게르만족의 왕국들이 로마를 대신해 유럽을 지배하게 되면서 그리스·로마의 예술과 공예 및 과학의 전통은 사라지게 되고 소위 과학과 학문의 발전이 실종된 '암흑시대'가 도래하게 된다. 이 기간 동안 인구는 감소하고 경제적으로 더 어렵게 되며 인구 대부분은 문맹이지만 기독교 신앙은 매우 빠르게 성장했다.

그렇다면 어떻게 유럽의 암흑기에서 그리스의 아리스토텔레스 학문이 다시 살아나 찬란한 르네상스 시대의 꽃을 피우게 되었던 것일까?

| 아랍-이슬람 과학의 황금시대 |

엄밀하게 말해 아랍과 이슬람은 의미가 달라서 아랍-이슬람 과학이라고 하면 해석상의 혼란을 가져올 우려가 있다. 즉 아랍인의 약 90퍼센트는 이슬람교도이지만 전체 이슬람교도 중에서 아랍인은 20퍼센트 정도만 차지하기 때문이다. 따라서 여기서 말하는 아랍-이슬람 과학은 지금의 사우디아라비아 지역을 중심으로 한 아랍 세계에서 시작해 아시아, 아프리카를 포함하는 주로 이슬람교의 국가들까지 실로 광대한 지역을 의미한다.

본래 아랍인들은 유목생활이나 혹은 반농반유목을 하는 작은 부족이었다. 그러다가 622년 이슬람교를 창시한 마호메트(Mahomet, 570?~632)가 죽기 직전인 632년 그의 추종자들이 아라비아 반도를 통일했다. 우마이야 왕조(Umayyad Caliphate)는 마호메트의 사후 세워진 아랍-이슬람 제국의 두 번째 왕조로서 661년 우마이야 가문의 무아위야 1세에 의해 지금의 시리아를 기반으로 하여 다마스쿠스를 수도로 세워졌다. 그 후 제국의 영역을 넓혀 750년까지 중앙아시아를 거쳐 중국의 국경, 인도반도, 북아프리카, 지중해 전역과 이베리아반도, 그리고 피레네 산맥에 이르는 광대한 지역을 지배하게 된다. 우마이야 왕조는 지금까지 존재했던 제국들 중 영토 면적으로 볼 때 대영제국, 몽골제국, 러시아제국, 스페인제국 다음으로 큰 제국을 이룬다.

압바스 왕조(750~1258)는 우마이야 왕조에 이은 아랍-이슬람 제국의 세 번째 칼리프조로, 750년 마호메트의 막내 숙부 후손들에 의해 쿠파(Kufa)에 세워졌으며, 762년 수도를 다마스쿠스에서 이라크의 바그다드로 옮긴다.

압바스 왕조가 세워진 750년부터 1258년 몽골제국에 의해 바그다드가 점령될 때까지가 아랍-이슬람의 황금기였다. 압바스 왕조는 지식의 가치를 강조한 코란과 하디스(마호메트의 말과 행동을 기록한 언행록)의 "학자의 잉크는 순교자의 피보다 더 신성하다"와 같은 가르침에 크게 영향을 받아, 이 기간 동안 아랍세계는 과학, 철학, 의학, 건축학, 예술, 기술 그리고 교육의 중심지가 되었다.

압바스 왕조는 지식의 수호자가 되어 1004년, 바그다드에 연구 및 번역 전문기관이자 도서관을 겸한 '지혜의 집'(House of Wisdom)을 세웠다. 이곳에서 이슬람과 비이슬람 학자들이 세상의 모든 지식들을 모아 아랍어로 번역을 했다. 이집트의 박해를 피해온 기독교도인들은 3개 국어에 능통하여 그리스 책을 시리아어로, 시리아어를 다시 아랍어로 옮겼다. 아랍-이슬람 황금기의 많은 업적들은 고대 로마, 중국, 인도, 그리스, 비잔틴 그리고 페니키아 문명으로부터 중요한 지식들을 모으고 융합하여 새롭게 발전시켜 얻어진 것들이다.

그리스어, 라틴어, 중국어 등의 언어를 아랍어로 번역할 수 있는 번역가들이 바그다드로 초빙되었고, 거기서 과학자들과 연구원들이 과거를 연구하고 미래를 창조했다. 특히 갈레노스(Claudios Galenos, 129~199)의 의학서, 프톨레마이오스의 천문학 저서, 유클리드의 수학 저서를 포함한 그리스의 과학서적들이 아랍어로 번역되어 광범위하게 연구되었다. 이러한 모든 중요한 문명의 번역서들은 이슬람 문명권의 과학자들에게 혁신적인 과학발전의 원천이 된다.

오늘날의 문명 발달에 기여한 이슬람 황금기의 과학자들 중, 이슬람 국가들의 우표에 얼굴이 실린 과학자들 몇 명의 업적을 소개하면 다음과 같다.

페르시아의 수학자인 알 콰리즈미(Al Khwarizmi, 780~850)는 인도에서 발달한 십진법과 아라비아숫자 표기법(0,1,2,3…)을 아랍세계에 들여와 널리 대중화시켜, 계산 방식에 혁명적 변화를 일으켰는데, 그에 의해 대수학(algebra)과 알고리즘이 유래되었다. 12세기 후반에는 수도승 아벨라르(Abelard, 1079~1142)가 십진법을 유럽에 전한다.

이슬람 과학자들

또한 아랍-이슬람 의사들은 입원실, 수술실, 진찰실, 목욕실, 식당 등을 갖춘 병원을 세웠고 수술법과 약리학을 발전시켰다. 알 라지(Al Razi, 865~923)는 20권짜리 《의학총서(Comprehensive Book)》를 저술해 그리스, 인도, 아랍 의학의 진수를 집대성했다. 소아학의 선구자로 불리는 그는 홍역과 천연두를 소개하고 임상적 진단방법을 서술했다.

이슬람 황금기의 가장 유명하고 영향력 있는 박식가인 이븐시나(Ibn Sina, 980~1037, 라틴어 이름은 아비센나)는 '아랍의 아리스토텔레스'라는 호칭으로도 불린다. 그는 방대한 철학·과학 백과사전인 《치유의 책(Book of Healing)》과 많은 중세 대학에서 표준 의학 교과서로 사용된 《의학규범(The Canon of Medicine)》을 저술했다. 이 때문에 그를 '근대 의학의 아버지'라고 부른다.

이븐 루슈드(Ibn Rushd, 라틴어 이름 Averroës)는 중세 이슬람의 철학자로, 신학과 법학을 공부했고 뒤에 철학과 의학에서 두각을 나타냈다. 그는 아리스토텔레스의 여러 저작에 주석을 붙이는 일과 유명한 의학서 《의학 개론》을 저술하였는데 이 책은 해부, 생리, 병리, 진단, 위생 등을 광범위하게 기술한 종합 의학서이다.

아바스 왕조 7대 왕 알 마문(Al Mamun)은 아랍어로 번역된 인도 천문학과 그리스 천문학을 바탕으로 829년, 바그다드에 천문대를 설치하여 천문학을 발전시켰다. 유명한 천문학자 알 바타니(Al Battani, 858~929)의 최대 업적은 태양력을 도입해 1년을 365일 5시간 46분으로 정한 것이다. 그는 천체 관측 기구를 만들어 프톨레마이오스의 것보다 한층 정확한 황도의 경사와 세차(歲差) 값을 얻었고 41년 동안 천체 관측 후 천체의 운동을 예측할 수 있는 천문계산표를 작성했다.

알 하이탐(Al Haytham, 963~1039, 라틴어 이름 Al hazen)은 아리스토텔레스의 전통과 수학적, 해부학적 전통을 결합시켜 아랍의 광학을 체계화하는 데 큰 공헌을 했다. 그는 위대한 사상가들이 주장했던, 인간의 눈에서 나오는 빛이 물체에 닿아 보게 된다는 '발광설'이 틀렸음을 실험을 통해 증명했다. 그리고 빛이 인간의 눈에 들어옴으로써 물체를 보게 된다는 현대적인 사고방식을 정립했다. 확대경에 대해서도 연구한 그는 현대적 과학연구법의 창시자로 '현대광학, 실험 물리와 과학방법론의 아버지'라고 알려졌으며 최초의 이론물리학자로 여겨진다.

이슬람 지식의 역사에서 가장 영향력 있는 인물들 중 한 사람인 나시르 알 딘 알 투시(Nasir alDin Al Tusi, 1201~1274)는 수학자, 천문학자, 철학자, 신학자, 생물학자이며 저술가이다. 그는 천문학에 사용하기 위한 독창적인 모델을 만들었는데, 천문대에서 12년을 보내면서 정확한 행성 운동에 대한 도표를 만들었다. 이 도표는 1600년까지 천문학자들 사이에서 인기가 있었다. 수학에서는 구면삼각법의 개척자이고 삼각법을 수학의 새로운 분야로 취급하였으며, 윤리에 관한 책 《나시르 도덕론(The Nasirean Ethics)》을 저술했다.

내셔널 지오그래픽에서 출판한 《1001가지의 발명: 이슬람 문명의 위대한 유산》에는 이슬람 과학과 기술이 인류에게 남긴 유산 중 지금까지도 사용되고 있는 1001가지의 발명들에 대해 적고 있다.

뿐만 아니라 모든 분야에서 엄청난 발전을 이루게 된 이슬람 르네상스는 건축가, 시각예술가, 서예가와 모든 분야의 예술가들이 협력하여 그리스와 로마인들을 뛰어넘는 이슬람 건축양식의 걸작과 기념비, 예술품을 생산했다.

이처럼 아랍-이슬람 과학이 전성기를 누리고 있는 동안 당시 유럽은 중세 과학의 암흑기였다. 아랍-이슬람 황금기의 과학은 유럽이 암흑기에서 르네상스 시대를 거쳐 과학혁명으로 갈 수 있도록 중요한 가교 역할을 하며 과학의 거의 모든 분야에 영향을 미쳤다. 이런 의미에서 이슬람 과학과 문명은 진정한 근대과학을 태동시킨 산실이며, 인류 문명사에 크게 기여하였음을 인식할 필요가 있다.

| 고대 문명에서의 연금술과 화학 |

BC 4000년경 메소포타미아와 이집트의 고대 문명과 함께 화학적 지식이 시작되었다. 금, 은, 구리, 철 등 금속은 옛날부터 다양한 목적으로 사용되어 광석을 캐고 금속을 추출하며 합금하고 성형하는 기술은 상당히 일찍부터 발달했다. 또한 유리 제조, 유약, 염색, 가죽 제조법, 기름의 추출, 비누와 향수의 제조업도 발달했다.

연금술사

화학물질 제조에 쓰였던 몇 가지의 원료들도 알려졌는데, 그 중 명반과 여러 종류의 염과 질산염이 있다. 이러한 사실은 화학적 지식 자체는 고대 문명이 발생하면서부터 이미 알려져 있었음을 의미하지만, 경험적인 지식과 연금술과 화학은 아직 과학으로까지는 발전되지 않았다는 것을 뜻한다. 일반적으로 과학의 탄생은 메소포타미아와 이집트 두 고대문명에서 시작되어 그리스로 전해졌다고 본다.

영국 작가 조앤 롤링의 해리포터 시리즈의 첫번째 작품 《해리포터와 현자의 돌(Harry Porter and The Philosopher's stone)》(우리나라에서는 '마법사의 돌'로 번역됨)에 나오는 665살의 연금술사 플라멜(Flamel)은 '현자의 돌'을 갖고 있다. 대부분 우리에게 연금술사라는 단어는 중세의 음침하고 사악한 기운이 도는 실험실에서 까만 망토를 걸친 늙은 마법사가 도가니와 증류 장치를 사용하여 구리나 철 같은 비금속(卑金屬)들을 금으로 변환시키고, 불로장생을 가져다주는 현자의 돌을 만드는 장면을 상상하게 된다.

수학, 물리학, 천문학의 대변혁을 가져온 근대과학의 아버지 뉴턴도 우주를 이루고 있는 물질들에 관한 신의 비밀코드를 해석하기 위해 일생 동안 심혈을 기울여 연금술을 연구했다. 오죽하면 영국의 경제학자 케인스는 "뉴턴은 이성의 시대(age of reason)의 최초의 인물이 아니라, 최후의 마술사"라고 했을까.

연금술(Alchemy)은 고대 이집트에서 시작되었다고 하며, 단어 Khem

은 나일 강이 범람하면 물에 잠기는 강가의 까맣고 비옥한 땅을 지칭한다. 사후 세계를 믿는 이집트인이 미라를 만드는 기술을 개발하는 과정에서 불멸의 삶이라는 목표와 이를 성취하기 위해 화학의 기본 지식을 터득하는 계기가 되었던 듯하다.

기원전 332년경, 알렉산더 대왕이 이집트를 정복하면서 그리스의 철학자들은 이집트인의 삶의 방식과 철학에 관심을 갖게 된다. 물질이 자연의 4가지 기본요소(불, 흙, 공기, 물)로 이루어졌다고 보는 그리스인의 관점은 이집트인의 신비주의적 과학과 융합하는데, 그 결과물이 이집트를 뜻하는 그리스어 'Khemia'이다. 7세기 무렵 이집트가 아랍에 의해 점령되었을 때 그들은 단어 'Khemia'에 정관사 al을 붙여 '검은 땅'을 뜻하는 'alKhemia'라는 단어를 만들었는데, 이것이 연금술(Alchemy)의 어원인 것으로 추측되고 있다.

대부분의 사람들은 연금술을 철, 구리, 납과 같은 비금속을 은과 금으로 바꾸는 '가짜 기술'이라고 묵살해 버리지만, 이런 피상적인 견해와는 달리 일부 현대과학, 화학의 역사가들은 연금술을 화학의 유아기, 혹은 서곡이라고 지칭하며 근본적으로 연금술을 '중세의 화학'이라고 말한다.

| 자비르 이븐 하이얀과 연금술 이론 |

라틴어 이름으로 게베르(Geber)라고도 불리는 자비르 이븐 하이얀(Jabir Ibn Hayyan, 721~815)은 유명한 아랍의 박식가로 천문학자, 엔지니어, 지리학자, 철학자, 물리학자, 약학자, 의사이며, 근대화학이 탄생하

자비르 이븐 하이얀

기 전까지 동서양을 통틀어 가장 위대한 화학자이자 연금술사이다. 그는 역학 장치와 군사 기계류에 관한 책 1300권, 철학에 관한 책 300권과 연금술에 관한 책 수백 권을 썼는데, 그의 명성은 주로 연금술 때문에 알려졌지만 실제로 공업화학, 의술, 물리, 수학 등 당시에 알려진 모든 분야의 과학에 대해 저술했다. 자비르의 저작들을 조사한 화학 역사가들은 상당수의 책은 그가 직접 썼지만, 나머지들은 다른 사람들이 쓴 것을 그의 책으로 돌린 것이라고 믿고 있다.

연금술 이론에 따르면, 물질의 모든 형태의 기원은 하나이며 서로 바꿀 수 있다고 한다. 이러한 견해는 현재의 물리과학(생물학을 제외한 수학, 물리, 화학을 지칭)과 밀접한 유사성을 갖고 있다. 사실 현대과학은 원소들의 많은 변환을 유발하는 가능성을 보여주고 있는데, 가령 핵실험은 비록 엄청난 비용이 들고, 의도한 것은 아니지만 납을 금으로 성공적으로 변환시킨다.

자비르 이븐 하이얀이 정립한 유황-수은 이론은 근본적으로 물질은 흙, 공기, 불, 물의 4원소로 이루어졌다는 아리스토텔레스 이론에서 파생된 것으로 보인다. 첫째, 자연에는 4가지 기본적인 성질, 열(heat, 熱), 냉(cold, 冷), 건(dry, 乾), 습(humidity, 濕)이 있으며 이 4가지 성질들이 물질과 합해지면 다음과 같은 1차 결합물이 얻어진다는 것이다.

열(熱)+건(乾)+ 물질→ 불

열(熱)+습(濕)+ 물질→ 공기

냉(冷)+습(濕)+ 물질→ 물

냉(冷)+건(乾)+ 물질→ 흙

현자의 돌

자비르는 아리스토텔레스의 4원소설을 받아들이지만, 이것을 다른 방향으로 전개했다. 그는 행성의 영향 아래서, 지구상에서 금속은 열(熱)과 건(乾)의 성질을 제공하는 유황과, 냉(冷)과 습(濕)의 성질을 제공하는 수은의 결합으로 이루어진다는 '유황-수은 이론'을 정립하여 연금술 사상에 크게 기여한다.

자비르에 의하면 다른 종류의 금속이 존재하는 이유는, 유황과 수은이 항상 순수한 것이 아니며 항상 같은 비율로 결합하지 않기 때문인데, 만일 유황과 수은이 순수하고 완벽한 비율로 결합한다면 그 생성물은 가장 완전한 금속, 즉 금이 된다고 믿었다. 뉴턴시대에도 연금술로 구리나 철을 금으로 바꿀 수 있다고 믿어서, 국가에서는 금본위제의 국가경제 근간이 흔들릴까 염려하여 연금술을 금지하고 위반시 교수형에 처했다. 여하튼 유황과 수은에 불순물이 섞여 있거나 특히 비율이 부족하면, 납, 주석, 철, 구리와 같은 비금속들이 얻어지며, 이러한 잘못을 바로잡아 완벽한 금으로 변환시키는 것을 가능하게 하고, 영원한 젊음의 생명을 주는 영약(靈藥, Elixir)을 써서 적절한 조치를 하면 된다고 믿었다. 엘릭시르가 유럽 연금술에서는 '현자의 돌'로 알려졌다.

자비르 이븐 하이얀이 정립한 유황-수은설로 이루어진 금속에 관한 개념은 이슬람과 유럽의 후대 화학자와 연금술사들에게 기본 원리로 받아들여졌으며, 18세기 화학혁명 직전까지 풍미했던 플로지스톤(Phlogiston, 熱素)설의 원조로 자리를 잡는다. 그는 연금술의 목적을 달

자비르 이븐 하이얀이 사용한 기본적인 화학실험 장비들

성하기 위해 실험을 중시했는데 시약과 천칭을 사용하고, 20가지가 넘는 종류의 증류기, 여과장치, 승화장치, 열중탕(heat bath), 건류용 가마 같은 기본적인 화학실험 장비들을 사용하여 화학반응을 정량적으로 연구하고, 정밀하게 측정하여 기록하고 정리했다.

또한 이러한 장비들을 활용하여 증발, 여과, 승화, 여러 형태의 연금술적 증류, 용융, 결정화 등의 실험기법을 써서 비소와 주석, 염화수은, 황산, 질산, 염산, 질산은, 질산암모늄 등의 제조법을 발견했다. 자비르는 또한 금속의 정제, 철 제조법, 옷과 가죽의 염색, 금이나 백금을 녹일 수 있는 왕수의 제조, 옷의 방수나 철의 부식을 막기 위한 코팅제, 이산화망간을 사용한 유리 제조법, 식초를 증류한 아세트산 제조법, 포도주 양조 과정의 잔여물로부터 주석산의 제조, 황철광을 써서 금색 글씨를 쓰는 등 여러 가지로 응용했다.

연금술사들은 자신의 발견을 비밀로 하기 위해 '불도마뱀의 피', '초승달의 침' 같은 자신만이 아는 이상한 주술적인 용어를 사용하고 있었는데 자비르가 후대에 지대한 영향을 끼친 업적 중에는 근대에서도 쓰는 화학 용어들을 처음으로 쓰기 시작했다는 사실이다. 이러한 과학 기술 용어 가운데에는 황화비소, 산화아연, 알칼리, 안티몬, 알렘빅(alembic, 증류장치), 알루델(Aludel, 증류 승화장치) 등이 있다. 화학 역사가인 홈야

드(Erick John Holmyard)는 자비르의 업적은 연금술을 체계적으로 연구하는 실험과학으로 발전시킨 데 있다고 보며, 화학사에서 자비르의 중요성은 보일(Robert Boyle)이나 라부아지에(Antoine Lavoisier)와 버금갈 정도라고 말한다.

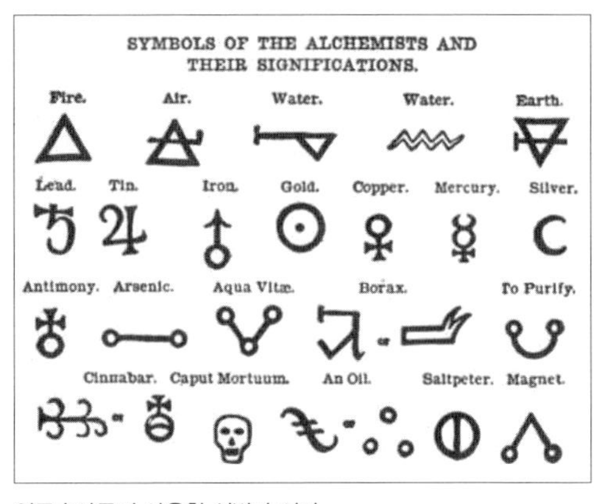

연금술사들이 사용한 심벌과 의미.

중세에는 초기 야금학의 매우 실용적인 작업 외에도 물리적 문제에 관한 신비적, 심령적 접근이 발달하여 자비르도 물리화학과 심령적 화학의 두 가지 접근 방법으로 실험을 했다. 그는 엘릭시르를 가지고 'takwin'이라고 하는 인공적인 생명의 창조에 대한 고대 연금술의 탐구에 몰두했는데, 이러한 연구는 전통적인 종교의 가르침과 마찰을 일으키지 않도록 감시의 눈을 피해 비밀리에 행해졌다.

인공 생명을 만들겠다는 자비르의 아주 오래 전 꿈은 현대에 와서 게놈 연구와 유전자 해독, 인공수정과 복제기술과 같은 매우 세련된 도구들의 발달로 좀 더 현실성을 갖게 되었다. 지금으로부터 1200년 전, 아랍 중세 초기의 과학적 사상가들이 엄청난 치욕, 종교적 비판과 목숨을 잃을 위험을 무릅쓰고 인공생명에 대한 탐구를 했다는 사실은 우리들에게 많은 감동을 준다.

5. 세상을 바꾼 정보기술의 원조, 인쇄술의 혁명과 구텐베르크

Johannes Gutenberg(1395?~1468)

흔히들 21세기는 디지털혁명의 기초가 되는 컴퓨터와 인터넷에 의한 정보화 시대라고 말한다. 실상 스마트폰이 출현하기 전만 해도 컴퓨터를 통해야만 접속이 가능하던 인터넷은 이제 우리 같은 일반인도 걸어 다니면서 스마트폰이나 아이패드 같은 태블릿으로 인터넷에 연결할 수 있다. 요즘은 컴퓨터보다도 모바일 인터넷을 더 많이 쓰고 있는데, 어디에서건 궁금증을 즉석에서 해결해주는 해결사 역할뿐만이 아니라, 특히 필자처럼 방향치인 사람에게는 스마트폰이 길을 찾는 데 내비게이션 역할도 톡톡히 해주고 있다.

2012년 통계자료를 보면 모바일 인터넷을 포함하여 전체 70억 세계 인구의 35%가 인터넷을 사용하고 있다고 한다. 지역별로 보면, 북미가 인구의 78.6%로 가장 많고, 오세아니아 67.6%, 유럽 63.2%, 중남미 42.9%, 중동 40.2% 아시아 27.5%, 그리고 아프리카는 인구의 15.6%로 가장 적다. 한국은 영국(83.6%), 독일(83%) 다음으로 인터넷 강국답게

총인구의 82.5%가 인터넷을 사용하고 있다. 정보화 사회에서는 정보를 지배하고 활용하는 능력이 개인이나 국가의 경쟁력을 나타내며, 이러한 디지털 디바이드로 인해 빈부격차라든가 불평등, 소외 등의 사회적 문제를 심화시키고 있다. 한마디로 "아는 것이 힘이다"라는 단순한 문장이 더욱 더 요즈음의 시대를 대변하고 있는 표어가 된 것이다.

그런데 오늘날의 인터넷만큼 인류 역사에 위대한 정보혁명을 가져온 것이 바로 인쇄기의 발명이다. 1620년 영국의 철학자 베이컨(Francis Bacon)은 세상을 바꾼 세 가지 중요한 발명으로 인쇄술, 총포, 그리고 나침반을 꼽았고, 〈타임 라이프〉지는 1997년 이전으로 거슬러 올라가 과거 1000년 동안 일어난 가장 중요한 발명이 구텐베르크의 금속활자라고 선정하고 있다. 어떤 사람들은 글자와 컴퓨터 발명 사이에서 인쇄기가 가장 중요한 발명이라고까지 말하고 있는데, 어쨌든 인쇄술의 발명이야말로 세계의 역사에 가장 중대한 영향을 미친 발명 중의 하나임에는 틀림없다.

| 인쇄술의 역사 |

인쇄술의 역사를 이야기하려면, 더 거슬러 올라가 문자를 기록할 재료부터 시작하지 않을 수 없다. 책의 역사는 BC 3000년경 이집트에서 사용되기 시작한 파피루스에 갈대줄기로 만든 펜을 사용하여 검댕이나 숯을 물에 섞은 잉크로 글자를 쓴 두루마리 형태로부터 시작한다. BC 220년 양피지가 발명되어 유럽에서는 중세에 이르기까지 책의 재료로 사용하였으며, 중국에서는 처음에는 대나무 같은 좁고 긴 나무나 천에

〈무구정광대다라니경〉

글자를 쓰다가 105년 후한(後漢) 시대에 채륜(蔡倫)이 종이를 발명한다.

인쇄의 최초 형태는 돌이나 나무에 문자나 그림을 새기고 표면에 잉크를 묻혀 찍어내는 석판 또는 목판인쇄였다. 현존하는 최초의 목판 인쇄물로는 220년 중국 한나라 때 3색의 꽃들을 비단에 찍은 것이 남아 있다. 그 후 종이에 찍은 최초의 목판인쇄는 7세기 중국 당나라 초기에 나타난다. 목판인쇄가 등장하기 전에는 책이라고 하면 손으로 베껴쓰는 필사본이었는데 두루마리 형태로 되어 있었다. 9세기에 이르면 획기적으로 발전해서 종이에 인쇄를 하는데, 제작 날짜가 찍혀 있는 가장 오래된 목판 인쇄본은 〈금강경(金剛經)〉으로, 당나라 때인 868년 5월 11일에 종이에 인쇄한 것이었다. 우리나라에서는 통일신라시대 이후 불교 경전이 보급되는 과정에서 인쇄술이 발전한다. 1966년 불국사 석가탑 사리함에서 발견된 〈무구정광대다라니경(無垢淨光大陀羅尼經)〉은 세계에서 가장 오래된 목판본으로 석가탑(통일신라 경덕왕, 751년)이 세워지기 전에 간행된 것으로 추정되고 있다.

현존하는 세계 최고(最古)의 금속활자본 〈직지심체요절〉

10세기 중국에서는 경전과 그림 40만 부가 인쇄되었는데 주로 유교 고전들이 출판되었다. 특히 송·원나라 2대에 걸쳐 출판이 크게 번성하여 출판의 선진국이 되었다.

1040년대에 북송(北宋)의 필승(畢昇)이 세라믹과 나무를 가지고 고정식 목판인쇄보다 더 효율적이며 빠른 이동식 활판 인쇄술을 최초로 발명한다. 그 후, 고려시대의 금속활자에 의한 이동식 활판인쇄술은 독일의 구텐베르크보다 80년 앞서 세계 최초로 〈백운화상초록불조직지심체요절(白雲和尙抄錄佛祖直指心體要節)〉이 1377년(우왕 3년)에 간행되었다. 프랑스 국립도서관이 소장하고 있는 이 책의 하권이 1972년 '책의 역사' 전시회에 전시되어 세계 최초의 금속활자 인쇄본으로 공인되었다.

| 현대 인쇄술의 아버지, 구텐베르크와 금속활자 |

구텐베르크(Johannes Gutenberg)의 생애에 대해서는 알려진 바가 별로 없다. 출생 연도는 정확하지 않아 1395년경 독일의 마인츠(Meinz)에서 부유한 집안의 막내아들로 태어났다. 조폐국에서 일한 아버지의 영향으로 그는 성장 과정에서 금화제조법을 배워서 금속가공에 대한 상당한 지식과 기술을 습득했다. 1434년 구텐베르크는 고향 마인츠를 떠나 스트라스부르크로 가서 본격적으로 인쇄술을 연구한다. 그의 아버지가 일하던 조폐국에서는 문양이 새겨진 펀치로 금덩어리를 두들기는 방법으로 금화를 만들었는데 그는 이 기법을 훗날 새로운 인쇄술에 응용했던 것으로 추측된다.

구텐베르크

1440년, 구텐베르크의 이동식 금속활자 발명은 세계 최초라기보다는 이미 존재하고 있던 인쇄기술을 효율적이고 유용하게 혁신함으로써 인쇄술의 대변혁을 가져와 그를 '현대 인쇄술의 아버지'라고 부르게 했다.

인쇄술의 탄생은 여러 가지 발명과 혁신이 융합되어 이루어졌는데, 즉 목판인쇄, 넝마를 원료로 해서 만드는 고급지 래그 페이퍼(rag paper), 유성잉크, 상호 교체할 수 있는 금속활자, 압착 프레스와 같은 기술들이다. 이미 종이와 목판인쇄는 중국에서 발명되었고, 1295년 마르코 폴로(Marco Polo)가 인쇄술에 관한 아이디어를 유럽에 들여온다.

구텐베르크는 이미 알려져 있던 세 가지 다른 기술, 즉 목판인쇄의 아이디어에 올리브오일이나 포도주 생산에 쓰는 나선식 압착기, 그리고 유성잉크를 결합했다. 또한 한 글자만 잘못되어도 판 전체를 갈아야 했던 목판인쇄와는 달리, 글자 하나씩 자유로운 배치가 가능하고, 닳았을 때는 바꿀 수 있어 경제적인 이동식 금속활자를 발명했다. 구텐베르크는 거푸집으로 제작된 인쇄용 금속활자를 나무틀에 하나하나 심어서 글자판을 짠 뒤, 인쇄기에 놓고 세게 눌러 종이에 찍어냈는데, 이러한 전 과정은 서적 인쇄의 대량생산을 가능하게 만들었다.

구텐베르크가 아름답게 디자인한 《구텐베르크 성서》는 한 페이지에 2단 42행이 들어간 최초의 인쇄본 가운데 하나로 1455년에 완성되었다. 이 책은 전2권, 총 1227페이지에 달하는 방대한 양으로 대략 180세트가 종이 또는 양피지에 인쇄되었는데, 유럽에서 인쇄된 근대적 의미의 최초의 책이다. 이 성서의 인쇄를 위해 10만 개의 활자가 주조됐을 것으로 추정된다. 성경책은 한 세트당 평균 사무원의 3년치 봉급에 해당되는 30플로린에 팔렸다. 오늘날 48세트가 거의 완벽한 상태로 남아 있으며, 그 중 2세트는 영국 국립도서관에 소장되어 있다.

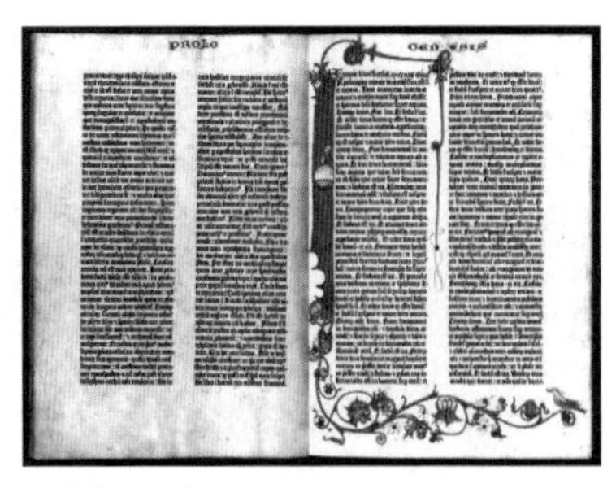
구텐베르크 성서

| 금속활자의 발명이 끼친 영향 |

이쯤에서 한 가지 의문이 든다. 중국이나 우리나라에서는 유럽보다 훨씬 전에 금속활자가 발명되었는데, 왜 구텐베르크의 금속활자가 인류 역사에 큰 영향을 끼치게 되었을까?

중국이 가장 먼저 인쇄술을 선도해오며 다른 나라의 인쇄술에 영향을 주었지만, 이동식 활자 인쇄술이 중국에서 실질적으로 뿌리 내리지 못한 가장 큰 이유는 중국 한자의 글자 수가 엄청나게 많기 때문이다. 수천, 수 만개의 이동 활자가 단순하고 빠른 인쇄판의 조판을 어렵게 만들었기 때문이다. 이에 비하면, 우리나라는 구텐베르크의 발명과 거의 비슷한 시기에 세종대왕이 단지 28개의 자모(字母)로 된 한글을 창제하여 1444년에 공식적으로 공표했다. 구텐베르크가 마인츠에서 그의 유명한 《성서》를 인쇄한 때와 거의 비슷한 시기이다. 그렇다면, 왜 우리나라가 아니고 독일이 인쇄술 개혁의 발상지가 된 것일까?

당시 한글은 언문이라고 하여, 사회의 지배계층과 엘리트계층으로부터 천대를 당하였는데, 집현전 학자 최만리(崔萬理)는 한글 창제의 부당함을 아뢰는 상소문까지 올렸다. 상소문의 내용은 "천박하고 상스러우며 무익한 글자인 언문을 만들면, 중국을 섬기고 사모하는데 부끄러운 일이고 또한 언문을 시행하면, 관리들이 오로지 언문만을 배우려 하려하기 때문에 절대 안 된다"고 주장했다.

인류 역사에 영향을 준 모든 위대한 발명이나 사건은 그 자체의 장점과는 별개로 '적당한 때와 적당한 환경'이라는 요건 또한 충족되어야 했던 것처럼, 우리나라는 그러한 요건을 갖추지 못했다. 거기다 덧붙여, 중세 교회에서 성직자들이 일반 대중들은 알아듣지도 읽지도 못하는 라틴어를 구사하며 어리석은(!) 신도 위에 군림하던 것과 흡사한 사고방식을 조선시대 사회 지배층에서도 찾아볼 수 있기 때문이다.

한편 15세기 당시 유럽에는 인쇄술의 혁신을 위한 조건이 모두 갖춰져 있었다. 후기 중세시대 유럽에서 일어난 눈부신 경제적, 사회·문화적 발전은 구텐베르크의 발명을 촉진시키기에 유리한 지적(知的), 기술적 환경을 만들었다. 또한 자본주의와 기업가정신이 유럽에 급부상하면서 중세의 생산방식, 경제적 마인드의 확립, 그리고 중세의 생산방식과 전통적인 작업공정에 대한 효율적인 개선에 큰 영향을 미친다. 거기다 중세 중산층의 학식과 읽기 쓰기 능력이 급격히 향상됨으로써 책의 수요가 점점 늘어났지만 오랜 시간이 걸리는 필사 방법으로는 그 수요를 감당할 수 없었다. 따라서 유럽에서는 인쇄술의 대변혁을 위한 모든 여건이 이미 갖추어져 있었으며, 사라예보에서의 한발의 총성이 제1차 세계대전의 도화선이 되었듯이, 구텐베르크는 단지 방아쇠를 당김으로써 인쇄술의 대변혁을 촉발시켜 유럽 문명에 극적인 변화를 가져온 것이다.

| 인쇄술이 유럽에 끼친 영향 |

인쇄술이 발명되기 전까지 유럽에서 책을 만들려면 매우 공들여 손으로 필사하고 삽화를 그려넣어 만들어야 했다. 오늘날까지도 전해오는 대부분의 고전들(플라톤, 아리스토텔레스, 오비디우스, 호메로스, 유클리드의 기하학, 성경, 고대 기독교 역사와 기록물 등)은 수백 년에 걸쳐 수도사들이 수도원 기록실의 가물가물한 촛불 밑에서 인고의 작업 끝에 보존된 것이다.

구텐베르크에 의한 새로운 인쇄술은 최초로 책의 조립라인식 대량생산으로 이어졌다. 프레스(압착기) 가동은 인쇄기업과 같은 의미가 되어 미디어의 새로운 분야, 즉 언론(Press)과 동의어가 되었다.

하루에 필경사는 고작해야 수십 페이지 정도를 베끼고, 목판인쇄술로는 2000페이지를 찍은 것에 비하면 이제 새로운 인쇄술로는 하루에 3600페이지를 인쇄할 수 있었다. 마르틴 루터나 에라스무스와 같은 베스트셀러 저자의 책은 일생 동안 수십만 권이 팔렸다. 구텐베르크의 인쇄기가 발명된 지 50년이 지난 1500년까지 서부유럽에서는 2000만권 이상의 책이 간행되었고, 16세기에는 인쇄기가 더욱 널리 보급되면서, 책의 총 발행량은 1억5천만~2억 권으로 10배나 증가한다. 필사본 시절 엄청나게 비싸서 부자들만의 전유물이던 책은 이러한 대량 인쇄로 제작원가가 낮아지게 되어, 저렴한 가격으로 수많은 사람들이 모든 종류의 정보를 쉽게 얻을 수 있게 되었다. 따라서 새로운 이동식 인쇄술의 출현은 르네상스 시대의 유럽에 매스 커뮤니케이션 시대를 열게 되고, 유럽의 사회구조에 일대 변혁을 가져오게 된다.

정보와 혁명적인 아이디어들이 자유로이 국경을 넘어 확산되기 시작하면서, 종교개혁이 일어나자 대중들의 열렬한 지지를 얻었고 정치적, 종교적 지도자들의 권위에 저항하게 만들었다. 새로운 인쇄술의 영향은 '르네상스, 종교개혁, 계몽시대, 과학혁명, 산업혁명, 자본주의 발달'에 중요한 역할을 했으며, 현대 지식 기반 경제와 대중교육이 확산되는 토대를 마련했다.

인쇄술과 종교개혁의 연관관계를 살펴보면, 성경은 오직 라틴어로만 쓰였고 필사본으로 제작되었기 때문에 엄청나게 비싸서, 필경사에게 돈을 지불할 수 있는 귀족, 성직자, 왕족들만이 소유할 수 있었다. 따라서

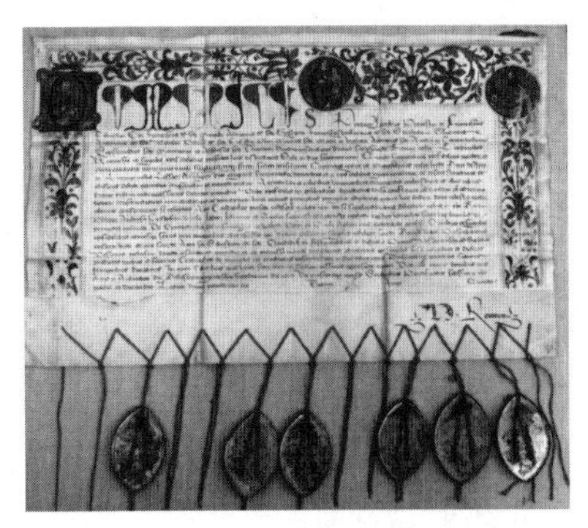

면죄부

일반 백성들에게 교회는 신비롭고 두려운 곳이었으며 성직자들이 자신의 의도대로 성경을 해석한다 할지라도, 신의 가르침으로 받아들일 수밖에 없는 상황이었다. 그래서 "아는 것이 힘"이라고 하지 않던가?

한편 봉건영주제였던 독일에서는 교회의 착취와 부패가 특히 심해 민중들의 불만이 최고조에 달하고 있었다. 사치가 심한 교황 레오 10세는 "신께서 우리에게 교황직을 주셨으니 마음껏 즐겨보자"라고 말한 인물로 유명한데, 그는 웅장한 성베드로 성당 신축 비용을 조달하기 위해 구텐베르크의 새로운 인쇄술로 면죄부를 인쇄하여 발행했다. 이 면죄부를 독일에서 위탁받아 판매한 사람이 테첼(Johann Tetzel)이라는 사람인데, 그는 "금화를 면죄부 헌금함에 넣어 딸랑 하는 소리가 나면 죽은 자의 영혼이 천국으로 향한다"고 설교했다. 면죄부 문제에 대해 고민하던 마르틴 루터는 이에 맞서기 위해서 '95개조 반박문'을 발표했다. 그런데 아이러니컬하게도 이 반박문도 면죄부와 마찬가지로 구텐베르크가 발명한 인쇄기에 의해 신속하게 대량으로 인쇄, 배포됨으로써 종교개혁의 막이 올랐고, 곧 새로운 시대가 열리게 된다.

종교개혁 이전에는 가톨릭 평신도가 라틴어가 아닌 모국어로 인쇄된 성서를 가지고 있으면 이단으로 단죄되어 교회에 의해 공개적으로 화형에 처해졌다. 그러나 종교개혁의 결과 이후 간행된 독일어 번역 성서가 인쇄술 덕분에 널리 보급되어 현대 독일어를 확립하는 결과를 가져왔다. 인쇄술이 발명되기 전에는 읽고 쓰기 비율은 평균적으로 서유럽 남성

인구의 5~10%에 불과했으나, 발명 후에는 50%로 늘었다.

성경이 널리 보급됨으로써 가톨릭교회의 성스러운 힘이 약화되었으며, 지식인 엘리트들에 국한된 교육과 학습 분야에서의 독점이 깨지고, 일반사람들의 읽고 쓰기 능력은 현저히 증가하여 신흥 중산층을 강화시켰다. 인쇄술의 발명은 연쇄 반응을 촉발하여, 서유럽에서 도시의 성장, 민족주의 증가, 중국까지의 무역 확대, 그리고 중세 대학들에도 긍정적인 영향을 끼쳤다. 그리고 예술, 문학, 철학, 정치에까지 영향을 주었다.

무엇보다도 인쇄술로 인해 자연에 관한 많은 책들이 출판됨으로써 과학에 중대한 결과를 가져온다. 유럽의 각 지방에서 똑같은 주제를 가지고 연구하던 과학자들은 자신의 연구 결과를 출판하여 다른 많은 과학자들과 공유할 수 있었기에 가장 많은 혜택을 받았다. 과학자들은 정확한 정보를 얻어 연구하고, 지식을 향상시켰는데 결국 이러한 과정은 1600년대의 과학혁명을 이끈 견인차 역할을 했다. 계몽시대의 과학혁명은 세계와 우주에 대한 유럽인들의 생각을 급진적으로 변화시켜 제2차 산업혁명의 토대가 되었다.

이제 21세기 정보사회에 이르러, 구텐베르크의 인쇄술 발명에 버금가는 인터넷 혁명이 시작되었다. 인터넷을 통한 시공을 초월하는 정보의 교환은 제3차 산업혁명을 가져와서, 소위 e비즈니스뿐만 아니라, SNS를 통한 정치적 영향, 온라인 강좌를 통한 교육의 영향, 의료서비스 분야, 과학의 발전, 개인의 사회적 행동 등 모든 분야에서 우리 사회에 심대한 영향력을 끼치고 있다.

6. 과학혁명과 근대화
– 코페르니쿠스, 케플러, 갈릴레오, 뉴턴

Scientific Revolution(1550~1700)

과학혁명(Scientific Revolution)이란 1550~1700년 사이에 이루어진, 고대 그리스 학문과 로마·비잔틴 과학, 중세 이슬람 과학에 의해서 발전된 중세 과학의 전통에서 근대과학으로 전환되면서 나타난 자연에 대한 과학사상의 큰 변혁을 일컫는 말이다. '과학혁명'이란 용어는 케임브리지 대학의 근대사가(近代史家) 버터필드(Herbert Butterfield)가 그의 저서에서 처음 'Scientific Revolution'이라고 대문자로 사용했다. 종래의 '르네상스'나 '종교개혁'을 대신해 근대를 구분하는 보다 보편적인 시대 구분으로, 17세기 갈릴레오에서 뉴턴에 이르는 근대과학의 성립을 가리키는 의미로 제창되었다. 이것은 주로 과학사가에게서 인용되었지만 오늘날 일반인들 중에서도 이에 동의하는 사람들이 있다.

여하튼 과학혁명은 인류사적인 측면에서 근세에 발생한, 중대한 지성의 변화를 처음으로 인식하게 된 사건이다. 토머스 쿤(Thomas Samuel Kuhn)의 《과학혁명의 사회적 구조》와 같은 심오한 내용은 잠시 미뤄두고, 여기서는 아리스토텔레스 철학의 전통에서 벗어나 과학으로 뿌리를 내리기까지의 일련의 중요 사건과 인물을 중심으로 '과학혁명'을 풀어나가 보기로 한다.

| 현대 과학의 문을 열다 |

수세기에 걸친 긴 중세(5~15세기) 동안 과학적 지식의 규범은 큰 변화 없이, 가톨릭 교회는 종교적 교리에 녹아 있는 고대 그리스·로마인들의 사상에 기초한 신념체계를 고수하고 있었다. 이 기간 동안 과학적 연구나 실험은 거의 없었고, 오히려 과학을 공부하는 학생들은 이른바 권위자들의 저서를 읽고 그들의 말을 진리로 받아들였다. 지금과는 대조적으로, 과학적인 혁명이 시작되던 16세기 중반~16세기 말에는 유럽의 학자들 중 소수의 사람들만이 자신을 '과학자'라고 생각했다. '자연철학자'(natural philosopher)라는 단어가 '과학자'보다는 훨씬 더 학문적인 권위를 가졌고, 따라서 과학이론에 관한 연구의 대부분은 독립적인 과학 영역이 아닌, 철학의 한 영역에서 '경험론', '목적론'과 같은 과학적 방법으로 진행되었다.

그러나 르네상스 기간 동안에 인간성의 해방과 인간의 재발견, 그리고 합리적인 사유가 중시되면서, 교리에 대한 수동적인 태도에도 변화가 나타나기 시작했다. 또한 1517년 마르틴 루터에 의해 시작된 종교개혁은 유럽의 신학적, 정치적 풍토를 급진적으로 바꾸어 놓았다. 많은 유럽인들이 교회의 권위에 의문을 갖기 시작했고, 실제로 교회로부터 많은 분파가 떨어져 나갔으며, 그렇게 됨으로써 지식 탐구에 대한 제약에서 자유롭게 되었다. 종교개혁에 대한 반발로써 반종교개혁이 일어나 극심한 검열로 이어지자, 시대에 뒤떨어진 교리를 어리석게 옹호하는 것처럼 보여 많은 사람들을 가톨릭교회로부터 더 멀어지게 했다. 이러한 분위기에서 아리스토텔레스 체계가 무너지게 되고, 과학혁명이 현대 과학으로의 문을 열게 되었다. 16세기 말~17세기 동안 이루어진 많은 성과들이 물리, 화학, 생물, 의학 그리고 천문학을 포함한 현대 과학의 토대가 되었다. 학자들은 과학혁명이 르네상스 시대 말기에 유럽에서 시작되어 계몽주의 시대라고 알려진 18세기 말까지 계속되었다고 설명한다.

과학혁명 동안 베이컨, 갈릴레오, 데카르트 그리고 뉴턴에 의해 제안된 새로운 방법들이 지지를 받아 중세의 과학철학은 밀려났고, 과학적 방법에 기초한 실험의 중요성이 다시금 확인되었다. 과학에 대한 신(神)의 중요성은 대부분 무효화되었으며, 철학으로보다는 과학 자체로서의 추구가 타당성을 얻게 되었다. 과학에 대한 중세기적 발상의 큰 변화는 다음의 네 가지 이유 때문에 일어나게 되었다.

1. 17세기 과학자들이나 철학자들은 수학과 천문학 분야와 협력하여 모든 분야에서 발전을 가져왔다.

2. 과학자들은 중세기적 실험방법이 자신들의 연구에 부적합하다는 것을 깨닫고, 새로운 방법을 고안해낼 필요성을 느꼈다.

3. 학자들은 유럽, 그리스, 중동의 과학철학의 유산을 접할 수 있어서(그 이론들이 틀렸다고 증명하든지, 또는 그 토대 위에서 만들든지) 그것을 출발점으로 사용할 수 있었다.

4. 영국 왕립학회와 같은 단체가 과학자들의 연구를 출판할 기회를 마련해 줌으로써 과학을 학문의 한 분야로 인정하는 데 도움을 주었고,

또한 과학자들 간의 토론을 조성하여 유럽에서 사실상의 과학 아카데미가 되었다.

과학혁명은 1543년 과학의 항로를 바꾼 두 권의 책이 출판됨으로써 점화되었다. 코페르니쿠스의 《천체의 회전에 관하여(De revolutionibus orbium coelestium)》와 베살리우스(Andreas Vesalius)의 《인체의 구조(De humani corporis fabrica)》가 그것이다. 당대의 중요한 과학자로 코페르니쿠스, 케플러, 갈릴레이 그리고 뉴턴을 들 수 있는데 이들의 생애와 과학적 성취를 살펴본다.

| 니콜라우스 코페르니쿠스 |

코페르니쿠스(Nicolaus Copernicus, 1473~1543)는 지동설을 주장하여 근대 자연과학의 획기적인 전환, 이른바 '코페르니쿠스적 전환'을 가져온 폴란드의 수학자이며 천문학자이다. 코페르니쿠스는 논의에만 몰두하던 스콜라학파의 전통을 따르지 않고 천체 관측과 궤도 계산을 위주로 하던 천문학자였다.

코페르니쿠스

코페르니쿠스는 지금의 폴란드 중북부에 있는 당시의 한자동맹 도시인 토룬에서 태어났다. 그는 1491년 당시 독일의 작센에 속했던 폴란드 남부지방의 대도시 크라카우(현 크라쿠프)의 대학에 입학하여 1494년까지 수학 및 천문학을 공부했다. 대학을 졸업한 후 1495년 이탈리아의 볼로냐로 가서 삼촌의 권유로 신학과에 입학한다. 이탈리아에 머무르면서 로마 대학, 파도바 대학에 등록하여 강의를 들은 것으로 기록되어 있다.

그는 이탈리아 유학 시기에 접한 플라톤주의와 고대 문헌 연구로 지동설을 구상하게 되었는데, 때마침 프톨레마이오스의 천동설에 대한 핵심을 제기한 레기오몬타누스(Regiomontanus)의 《알마게스트 요약(Epytoma in almagesti Ptolemei)》을 접한 뒤 자신의 우주관에 대한 개략적인 생각을 더욱 발전시켜나갔다.

1510년 코페르니쿠스는 태양 중심 천문체계의 기본적인 틀을 완성했으며 얼마 뒤 〈짧은 논평(Commentariolus)〉이라는 제목의 요약본 형태의 원고를 지인들에게 돌렸다. 〈짧은 논평〉 발표 이후 끊임없는 연구를 통해 지동설을 창안했지만, 저서 《천체의 회전에 관하여(전4권)》는 그보다 훨씬 뒤인 1525~1530년 사이에 집필된 것으로 추측된다. 그가 출판을 주저한 것은 당시의 상황으로 보아 종교적 이단으로 몰릴 것을 우려한 때문인 것으로 생각된다.

그러나 그는 〈천체의 운동과 그 배열에 관한 주해서〉라는 논문을 자비로 출판하여 몇몇 천문학자들에게 배포했는데 그 중 한 부가 교황 클레멘트 7세에게도 전달되어, 1536년에는 쇤베르크 주교로부터 이 책의 출판을 권유받기도 했다. 그가 책 출판의 뜻을 굳힌 직접적인 동기는 독일의 젊은 수학자 레티쿠스(G.J. Reticus)의 권유 때문이었다. 1539년 코페르니쿠스로부터 1년 정도 직접 가르침을 받은 레티쿠스는 스승의 생각을 출판할 것을 간청했다. 결국 1542년부터 레티쿠스는 뉘른베르크에서 《천체의 회전에 관하여》 인쇄 작업을 진행했고 루터파 신학자 안드레아 오시안더에게 감독 작업을 맡겨 이듬해에 출간되었다. 오시안더는 교회와의 마찰을 우려하여 코페르니쿠스의 허락도 없이 서문에 코페르니쿠스의 체계가 "계산상의 편의를 위한 추상적인 가설에 지나지 않는다"고 써 넣었다.《천체의 회전에 관하여》 인쇄 견본이 코페르니쿠스에게 전달된 것은 이듬해인 1543년 5월 24일 그의 임종 자리에서였다고 한다. 이 책에서 코페르니쿠스는 우주와 지구는 모두 둥근 구형이며 천체가 원운동을 하는 것처럼 지구도 원운동을 할 수 있다고 주장했다. 또한 행성을 하나 하나 따로 생각한 것이 아니라 태양을 중심으로 한 행성체계로 보아 행성간의 관계를 부여함으로써 프톨레마이오스의 패턴과 큰 차이점을 두었다.

코페르니쿠스가 등장하기 이전에는 고대 그리스에서 르네상스에 이르기까지 우주에 대한 통념이 기본적으로 변한 것이 없었다. 그러나 코페르니쿠스의 등장으로 암흑기에서 과학혁명으로의 길로 나아갈 수 있는 계기가 되었다. 그는 지구와 태양의 위상을 바꿈으로써 지구가 더 이상 우주의 중심이 아님을 천명했는데, 이것은 당시 누구도 의심하지 않던 프톨레마이오스의 천동설에 정면으로 도전한 것이었다. 이 도전은 "지구가 우주의 중심이고 인간은 그 위에 사는 존엄한 존재이며 달 위의 천상계는 영원한 신의 영역"이라고 생각했던 중세의 우주관을 폐기시키는 결과를 가져왔다.

책에 대한 반응은 처음엔 매우 미약했으나 시간이 흐를수록 널리 확산되어 1616년 가톨릭 교회로부터 금서 목록에 추가되기도 했다. 그러나 후대에 이르러 천문학과 물리학이 발전할 수 있는 토대를 마련해 줌으로써 과학혁명의 씨앗으로서의 역할을 했다. 당시 인간중심, 지구중심설에서 코페르니쿠스의 객관적인 입장의 태양중심설로의 발상의 전환을 '코페르니쿠스적 전환'이라고 부르는데, 흔히 대담하고 획기적인 생각을 의미하는 말로 쓰이기도 한다. 그만큼 코페르니쿠스의 이론은 당대 사람들에게 큰 충격을 주었다. 코페르니쿠스의 체계는 관측 결과와 완전히 부합한 것은 아니어서, 이후 많은 과학자들, 특히 케플러, 갈릴레이, 뉴턴 등에 의해 수정되고 보완되어 오늘에 이르고 있다.

| 요하네스 케플러 |

케플러

케플러(Johannes Kepler, 1571~1630)는 독일의 수학자, 천문학자, 점성술사이자 17세기 천문학 혁명의 핵심 인물이다. 그는 전 생애 동안 다양한 경력을 가졌는데, 오스트리아 그라츠 신학교의 수학 교수, 천문학자 티코 브라헤의 조수, 루돌프 2세·마티아스·페르디난트 2세 등 세 황제를 모신 신성로마제국의 제국수학자, 오스트리아 린츠에서의 수학 교수, 발렌슈타인 장군의 점성술사 등등이었다. 또한 케플러는 광학 연구 분야의 기초를 닦았고, 굴절 망원경을 개조하여 성능을 향상시켰으며(케플러식 망원경), 동시대의 인물인 갈릴레오가 망원경을 이용해 이룬 발견이 공식적으로 인정받는 데 공헌했다.

슈투트가르트 인근의 바일에서 출생한 케플러는 튀빙겐 대학에서 신학을 공부했는데 이때 지동설을 접했다. 그라츠 대학에서 수학과 천문학을 가르쳤고(1594~1600), 프로테스탄트였기 때문에 신교가 박해를 당하자 프라하로 가서 티코 브라헤(덴마크의 천문학자)의 조수가 된다. 브라헤가 죽은 후 그가 남긴 화성 관측 결과를 정리하여 "행성은 태양을 초점으로 하는 타원 궤도를 돈다"고 하는 소위 '케플러의 법칙'인 '행성운동'의 제1법칙과 면적 속도가 보존된다고 하는 '행성운동'의 제2법칙을 도출했고 이것을 1609년 《신(新) 천문학》으로 출판했다. 그리고 행성과 태양 간의 거리와 그 주기의 관계에 관해 "행성의 공전주기의 제곱은 궤도의 장반경의 세제곱에 비례한다"라고 밝힌 행성운동의 제3법칙을 논문 〈우주의 조화(Harmonice mundi)〉를 통해 발표했다.

그러나 이러한 각 법칙은 뉴턴의 출현 이전에는 충분히 설명되지 않아 인정받지 못하였으나 후대의 천문학자들은 그의 저서 《신 천문학》, 《우주의 조화》, 《코페르니쿠스 천문학 개요》를 바탕으로 케플러 법칙을 정립했다. 또한 이 저술들은 아이작 뉴턴이 만유인력의 법칙을 확립하는 데 기초를 제공했다.

1626년 케플러는 종교전쟁을 피해 울름(Ulm)으로 이사했고, 다음해에 로그를 사용하여 행성의 위치를 계산한 '루돌프 표'를 만들었는데, 이것은 당시의 원양 항해자들로부터 큰 신뢰를 얻었다. 종교전쟁으로 인해 케플러는 후원자를 모두 잃고 경제적으로 어려운 상황에 놓이게 되었는데, 비주류라는 이유로 루터교에서 쫓겨났던 케플러는 이번에는 루터교에 가깝다는 이유로 가톨릭의 박해를 받았다. 마지막 눈을 감기 직전 케플러는 곁에 있던 목사에게 자신은 개신교와 가톨릭을 화해시키려고 최선을 다했다는 뜻을 밝혔다. 그러자 목사는 그것은 예수와 사탄을 화해시키려는 발상이라고 대꾸했다.

케플러의 대표적 저서 중 하나인 《코페르니쿠스 천문학 개요》는 유럽 각지의 천문학자들에게 읽혀졌고, 케플러의 사후 그의 이론을 확산시키는 데 가장 큰 역할을 했다. 1630~1650년 동안 이 책은 천문학 교재로 가장 널리 사용되었으며, 천문학의 기반을 타원궤도로 전환시켰다. 과학사가 뵐켈(James R. Voelkel)은 케플러의 업적이 갈릴레오의 업적보다 천문학적으로 더욱 중요하다고 평가했다. 케플러는 행성운동 제3법칙을 연구할 당시 지구에 적용되는 측정 가능한 물리 법칙, 즉 정량적으로 기술할 수 있는 법칙들이 천체에서도 똑같이 적용된다는 점을 간파했고, 이로써 인류사 최초로 천체 운동에서 신비주의가 배제되었다.

| 갈릴레오 갈릴레이 |

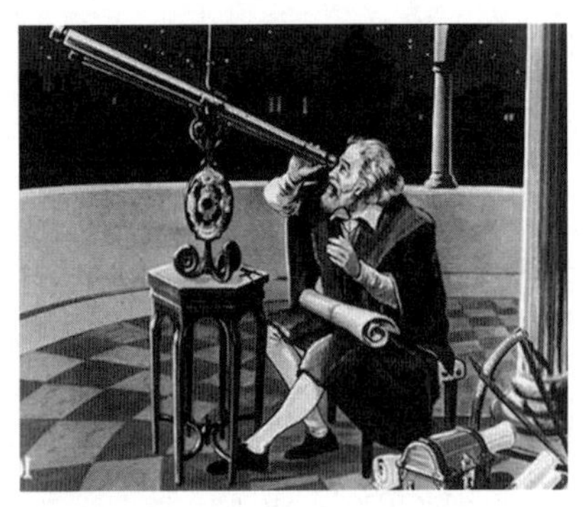
갈릴레오

갈릴레오(Galileo Galilei, 1564~1642)는 이탈리아 태생의 철학자이자 과학자, 물리학자, 천문학자이며 과학혁명의 주도자로, 케플러와 동시대 인물이다.

그는 1604년경, 자연낙하 하는 물체가 등가속 운동을 하는 것을 이론적으로 증명했다. 1609년 망원경을 개량해 천체 관측에 응용해서 '목성의 위성', '달의 반점', '태양의 흑점' 등을 발견하여 코페르니쿠스의 지동설이 정당함을 입증했다. 그의 관측 천문학의 업적은 금성의 위상 변화 관측, '갈릴레이 위성'이라 불리는 목성의 가장 큰 네 개 위성의 발견, 태양 흑점의 관측과 분석이라 할 수 있다. 갈릴레오는 또한 나침반 디자인의 개량 등 과학·기술에 기여했다.

갈릴레오는 코페르니쿠스의 이론을 접한 뒤 그 탁월함에 감복하며 그의 이론을 지지하게 되었다. 1610년 갈릴레오는 코페르니쿠스의 이론을 토대로 스스로 알아낸 천문학의 새로운 발견들을 다룬 《시데레우스 눈치우스(Sidereus Nuncius)》를 출간했다. 《시데레우스 눈치우스》는 성서를 문자 그대로 해석할 경우 성서와 상당히 배치되는 내용을 포함하고 있었다. 갈릴레오는 코페르니쿠스 이론의 열렬한 지지자이기는 했지만, 교황청과 대립하는 것은 결코 원치 않았다. 그는 천동설을 암시하는 성서의 내용을 글자 그대로 해석할 필요가 없다며, 코페르니쿠스의 이론이 꼭 성서와 배치되는 것이 아니라고 주장했다. 교황청의 일부는 그런 주장에 동조하기도 했지만, 일부는 코페르니쿠스의 이론을 지지하는 갈릴레오를 가톨릭의 교리에 어긋나는 이단자로 규정할 것을 주장했다. 이로 말미암아 갈릴레오는 로마의 이단 심문소에 직접 소환되지는 않았지만 재판에 회부되어, 앞으로 지동설을 일절 언급하지 말라는 경고를 받았다(제1차 재판).

갈릴레오는 〈프톨레마이오스와 코페르니쿠스의 2대 세계체계에 관한 대화〉 원고를 완성했는데 가능한 한 제1차 재판의 경고에 저촉되지 않는 형식으로 지동설을 확립하려고 했다. 이 책은 우여곡절 끝에 1632년 2월 피렌체에서 발간되었으나, 곧 반대 세력의 격렬한 항의가 이어져 그해 7월, 교황청에 의해 금서 목록에 오르게 된다. 1633년 갈릴레오는 종교 재판소에서 유죄 판결을 받고 투옥될 예정이었지만, "철학적으로 우매하고 신학적으로 이단적인 지동설을 포기하겠다"고 서약하고, 70세의 고령에 건강이 나쁘다는 점이 참작되어 가택연금과 3년 동안 매주 '7대 고해성시'(사순절 동안 기도하면서 읊도록 정한 시편)를 암송하는 것으로 감형을 받았다. 갈릴레오가 "그래도 지구는 돈다"고 말했다는 일화가 그의 과학적 진리 탐구에 대한 열정을 나타내는 상징으로 널리 알려져 있기는 하지만, 갈릴레오가 진짜 그런 말을 했는지에 대해서는 신뢰

할 근거가 없다.

1992년 로마교황 요한 바오로 2세는 갈릴레오 재판이 잘못된 것이었음을 인정하고 갈릴레오에게 사죄하였는데, 이는 갈릴레오가 죽은 지 350년 후의 일이다. 독일의 저널리스트 베른트 잉그마르 구트베를레트(Bernd Ingmar Gutberlet)는 갈릴레오가 흔히 교회에 맞선 과학의 순교자라는 이미지로 널리 알려진 것은 잘못된 것이며, 그런 이미지는 오히려 케플러에게 더 어울린다고 말한다. 갈릴레오는 케플러와 달리 과학의 자유를 위해 적극적으로 투쟁하지 않았으며, 오히려 종교와의 대립을 피하려고 애썼다. 그의 최대 업적은 과학적 연구 방법으로서 보편적 수학적 법칙과 경험적 사실의 수량적 분석을 확립한 점에 있다고 평가되며, '근대 관측천문학의 아버지', '근대 물리학의 아버지' 또는 '근대 과학의 아버지'라 불린다.

| 아이작 뉴턴 |

뉴턴

아이작 뉴턴(Isaac Newton, 1642~1727)은 인류 역사상 가장 영향력 있는 사람 중 한 명으로 꼽히는 영국의 물리학자이며, 수학자, 천문학자, 광학자, 자연철학자이자 연금술사, 신학자이다. 1661년 케임브리지 대학의 트리니티 칼리지에 입학했는데, 이때를 즈음해서 그는 과학혁명 과정에서 근간이 되는 다양한 사상과 접하게 된다. 그는 데카르트의 기하학과 기계적 철학, 가상디의 원자론, 보일의 화학을 공부했으며, 케임브리지 플라톤주의자 헨리 모어(Henry More)를 통해 연금술사와 마술사들이 주로 믿었던 신비주의(Hermeticism) 사상도 접했다.

뉴턴이 평생 연금술에 많은 관심을 가졌고, 원격작용에 의한 힘인 보편중력을 생각해내게 된 데에는 신플라톤주의와 신비주의 사상이 어느 정도 영향을 미쳤다. 1665년 흑사병으로 대학이 문을 닫게 되자 뉴턴은 2년 동안 고향에 내려가 있었는데, 이 무렵 떨어지는 사과를 보며 "사과를 떨어뜨리는 중력이 달 또한 궤도에서 벗어나지 못하게 묶어두는 것은 아닐까?"라는 아이디어를 얻었다. 이 아이디어는 20년 후에 출판되는 그의 저서 《프린키피아》에서 만유인력의 개념으로 완성된다. 또한 이 기간 동안 미적분학, 색깔에 관한 이론, 역제곱 법칙 등 훗날 자신의 주요 업적을 이룩하는 데 기본 바탕이 되는 핵심적인 생각을 정립하게 되었다.

수학에서는 1665년 이항정리(二項定理)의 연구를 시작으로, 무한급수(無限級數)로 발전하여 1666년 유율법(流率法, Methodus fluxions), 즉 플럭션법을 발견하고 이것을 **구적**(求積) 및 **접선**(接線) 문제에 응용했다. 이것은 오늘날의 미적분법에 해당하는 것으로, 그 성과를 1669년에 논문 〈무한급수에 관한 해석(De analysi per aequationes numero terminorum infinitas)〉으로 발표했다. 유율법의 전개에 대해서는 〈무한급수와 유율법(The method of fluxions and infinite series)〉에 수록되어 있다. 1676년 그와 동일한 미분법을 발견한 라이프니츠와 우선권 논쟁이 격

구적(求積)
넓이와 부피를 계산함.
접선(接線)
곡선상의 두 점 P·Q를 연결하는 직선을 가정하고, 점 Q가 이 곡선에 따라 한없이 점 P에 접근할 때의 직선 PQ의 극한의 위치. 또는 그 자취.

렬하게 벌어졌고, 또 방정식론 등의 대수학(代數學) 분야의 여러 업적은 〈Arithmetica universalis sive de compositione et resolutione arithmetica liber(1707)〉로 간행되었다.

뉴턴의 최대 업적은 물론 역학(力學)에 있다. 일찍부터 역학 문제, 특히 중력 문제에 관해서는 광학과 함께 큰 관심을 가지고 있었으며, 지구의 중력이 달의 궤도에까지 미친다고 생각하여 이것과 행성의 운동(이것을 지배하는 케플러법칙)과의 관련을 연구한 것은 고향 울즈돕(Woolsthorpe)에 머물 때 이루어졌다고 한다. 1670년대 말로 접어들면서 당시 사람들도 행성의 운동중심과 관련된 힘이 거리의 제곱에 반비례한다는 사실을 어렴풋이 알고는 있었지만, 수학적 설명이 곤란해 손을 대지 못하고 있었는데, 뉴턴은 자신이 창시해낸 유율법을 이용해 이 문제를 해결하고 '만유인력의 법칙'을 확립했다.

1687년 발간된 《자연철학의 수학적 원리(Philosophiae naturalis principia mathematica)》 일명 《프린키피아》는 이론물리학의 기초와 뉴턴역학(고전역학)의 기본 바탕을 제시하며 과학사에서 가장 영향력 있는 저서 중의 하나로 꼽힌다. 이 책에서 뉴턴은 이후 3세기 동안 우주의 과학적 관점에서 절대적이었던 만유인력과 세 가지의 운동 법칙을 저술했다. 뉴턴은 케플러의 행성운동 법칙과 자신의 중력이론 사이의 연결성을 증명하는 방법으로, 중력이론이 어떻게 지구와 천체상의 물체들의 운동을 증명하는지 보여줌으로써 태양중심설에 대한 마지막 의문점들을 제거하고 과학혁명을 촉발시켰다. 또한 최초의 실용적 반사 망원경을 제작했고, 프리즘이 흰 빛을 가시광선으로 분해시키는 것을 관찰한 결과를 바탕으로 색에 대한 이론을 발달시켜, 《프린키피아》와 쌍벽을 이루는 그의 저작으로 빛의 다양한 성질에 대해 논의한 《광학(Opticks,

1704)》을 출판했다.

1688년 명예혁명 때는 대학 대표의 의회의원으로 선출되고, 1691년 조폐국의 감사가 되었으며, 1696년 런던으로 이주, 1699년 조폐국 장관에 임명되어 화폐 개주(改鑄)라는 막중한 임무를 수행했다. 1703년 왕립협회 회장으로 추천되고 1705년 기사 칭호를 받았다. 힘의 단위를 나타내는 뉴턴(기호 N)은 아이작 뉴턴을 기념하기 위해서 따왔다.

| 과학혁명의 영향 |

1500년경까지만 해도 미미한 정도였던 과학의 사회적 위상도 엄청난 변화를 보여서, 1725년경이 되면 유럽 사회가 실제로 과학을(특히 뉴턴의 이름으로 특징지어진 '뉴턴 과학'을) 그 시대가 지닌 근대화의 상징으로까지 여기게끔 되었다. 즉 17세기에 발전된 과학적 방법을 18세기 들어 인간의 행동과 사회에 적용함으로써 전통적인 교회의 영향이 감소하고, 대신 '과학정신', '경험주의', '실험철학' 등으로 무장한 새로운 계몽시대가 세계사의 분수령이 된 것이다.

7. 영국의 산업혁명
– 과학과 기술의 역할

Industrial Revolution(1760년~1820, 또는 ~1840년)

산업혁명은 인류 역사상 중요한 전환점의 하나로, 농업, 섬유산업, 금속제조업, 경제정책, 사회·정치적으로 근본적 변화가 일어난 시대(1760~1850)를 일컫는다. 영국에서 일어난 산업혁명은 그 후 유럽의 여러 나라와 미국, 러시아 등으로 확산되었다. 혁명이라 하면 이전의 방식이 철저히 파괴되는 대격변의 의미를 담고 있지만, 일시에 갑작스런 변화를 내포한다는 의미에서 산업혁명이라는 말은 적절치 않다. 실제로 산업혁명은 점진적으로 변화가 일어났기 때문이다.

일반적으로 1760년을 산업혁명의 시작으로 보고 있는데, 실제로는 이보다 약 200년 전부터 점진적으로 변화가 일어나 과학혁명을 가져온 갈릴레오, 베이컨, 데카르트, 코페르니쿠스, 뉴턴 등의 아이디어나 발견들이 18세기 말~19세기 초에 이르러 그 결실을 이룬 것이라고 할 수 있다. 산업혁명의 핵심은 '새로운 기술'인데, 제니 방적기, 증기기관, 코크스 제련법 등과 같은 유명한 발명들이 인류의 번영을 가져오는 긴 과정의 시작을 알리는 테이프를 끊었다. 영국의 산업혁명에 끼친 영향에 대해서는 여러 각도에서 여러 해석이 있을 수 있으나, 여기에서는 발명과 기술혁신이 산업혁명에 어떠한 영향을 끼쳤는지, 특히 기술의 역할과 여러 분야에서의 기술 변혁을 집중적으로 살펴본다.

| 농업혁명 |

영국에서 농업은 국민들의 식량 자급자족을 위해서뿐만 아니라, 섬유산업에 필수적인 원자재의 공급원이다. 17세기 후반, 명예시민혁명 이후의 영국에서는 중세 봉건사회의 생산 양식인 봉건제와 길드체제가 쇠퇴하고, 개방경지나 황무지를 울타리나 돌담으로 둘러쳐놓고 사유지임을 명시하며 추진한 인클로저운동(enclosure movement)이 일어났다. 그리고 농업기술과 농기구의 발달로 식량뿐만 아니라 면직물과 모직물의 생산이 꾸준히 증가해 섬유산업의 발달을 촉진시켰다.

주로 사람이나 동물의 힘을 이용하던 농사에서 벗어나 농기계를 사용하기 시작했는데, 1731년 툴(Jethro Tull)은 말이 끄는 파종기를 발명했고, 1784년 메이클(Andrew Meikle)은 마력을 이용한 탈곡기를 발명했다. 농기구도 나무에서 쇠쟁기와 같은 견고한 금속으로 바뀌기 시작했고, 초기 농업에서는 경작으로 땅이 척박해지면 휴경하던 관습에서, 땅을 다시 비옥하게 해줄 수 있는 작물로 4번 윤작했다. 즉,

메이클의 탈곡기

보리, 밀, 순무, 클로버나 알팔파 건초를 돌아가며 경작했는데, 특히 순무나 건초작물의 증가는 가축들의 증식에 기여했다. 또한 농약에 의한 해충의 방제, 발전된 관개법, 새로운 작물의 개발, 가축들의 신품종 번식, 보다 개선된 비료, 그리고 동력으로 황소 대신 말의 사용 등, 이러한 모든 것들이 농업혁명에 기여했다. 이러한 복합적인 발전으로 노동자 1명당 잉여농산물은 25%에서 50%로 증가하게 되고 농업에서 더 이상 필요치 않게 된 잉여인력이 제조업 인력으로 전환될 수 있었다.

농업에서의 혁신으로 공업 중심지에 몰려든 공장노동자를 모두 먹일 수 있는 충분한 곡물과 육류를 공급하게 되어, 영국에서의 경제와 산업의 팽창을 위한 여건이 마련된 것이다. 또한 18세기의 영국에서는 제2차 인클로저운동에 의해 마을의 공유지가 개인의 사유지로 전환되어 소수에게 농지가 집중된 결과, 개선된 농작기법의 도입이 가능해져 보다 대규모로 효율적인 농지 이용을 할 수 있게 되었다. 이로 인해 경쟁력을 잃게 된 중소 농민들은, 대토지 소유자들에게 토지를 매각하고 농촌을 떠나 공장노동자로서 산업혁명의 기반이 되었다.

| 섬유산업 |

면(綿)은 엔지니어링 산업의 성장을 뒷받침해주는 매우 중요한 역할을 했다.

첫째는 면직산업이 엄청난 규모로 성장했다는 점인데 이것은 글로벌 경쟁의 결과이다. 18세기 초 영국은 세계의 무명실과 무명옷 시장에서 아주 작은 몫을 차지하고 있었을 뿐 주 생산국은 아시아였다. 그 결과 영국산 면직물은 가격 변동에 따라 수요 변화가 매우 커서, 만일 영국이 경쟁력만 갖춘다면 인도와 중국산을 대체하여 생산을 크게 확장시킬 수 있었다. 영국은 옛날부터 내려오던 수공업 방식의 섬유산업을 기계화함으로써 이 목표를 달성하여, 면직업의 거대 산업화, 시골의 도시화, 그리고 고임금의 경제로 성장하는 토대를 마련했다. 면직업이 성장하자 기계에 대한 의존도가 커지고 기계산업에 대한 시장과 함께 제철산업도 발달하게 되어 엔지니어링 산업의 성장을 촉진시켰다. 19세기 중반에 이르러 면직공업은 상당히 기계화된 공장에서 면을 생산하게 되는데, 면직산업의 역사는 끊임없이 기계의 디자인을 개선시키는 역사라고 말할 수 있다.

제니 방적기

1760년 이전에는 섬유 제조는 가내수공업 형태여서 원자재부터 마지막 생산품까지 이루어지는 지루한 공정으로, 면직산업에서 제일 먼저 변화가 시작되었다. 1733년에 케이(John Kay)가 플라잉셔틀(Flying Shuttle)을 발명했는데, 셔틀(북)이란 베틀에서 날실 사이에 씨실을 넣는 데 쓰는 배 모양의 도구로 당시 획기적인 발명품이었다.

1765년에는 한 명의 작업자가 동시에 수십 개의 실을 뽑을 수 있는 하그리브스(James Hagreaves)의 제니 방적기(spinning Jenny)가 등장하고, 1769년에는 동력을 사람의 힘에서 수력으로 바꾸어놓은 아크라이트(Arkwright)의 수력방적기가 발명된다. 이러한 기계들은 면직산업에 대변혁을 가져와서 1790년이 되자 실의 생산량은 1770년의 10배에 달하였고 1800년에 이르러서는 영국의 주요 산업이 되었다. 시골 지역에

우후죽순처럼 생겨난 이러한 공장들은 먼지투성이에 조명도 나쁘고, 환기도 잘 안 되어 작업환경이 매우 열악했다.

영국의 산업혁명하면 맨체스터를 떠올리게 되는데, 산업혁명 이전에는 아주 작은 도시에서(1717년에는 인구가 대략 1만 명이었지만 1911년에는 인구 230만 명의 대도시로 변모한다) 엥겔스가 말하는 소위 공업생산의 '악마 같은 공장'들로 가득한 엄청난 도시로 성장했다. 맨체스터는 면직공업에 유리한 다습한 기후와 수력을 이용할 수 있는 풍부한 물, 그리고 멀지 않은 곳에 강이 있어 제품 수송에 유리한 환경을 가지고 있었다. 18세기 후반 맨체스터는 도시 안에 여기저기 산재해 있는 방적 공장들과 세계 면직물 무역의 중심지로서의 역할로 인해 '목화의 도시'(Cottonopolis)라는 별명이 붙었다.

1793년 휘트니(Eli Whitney)가 목화에서 씨를 빼내는 조면기(Cotton gin)를 발명함으로써 면의 생산능력은 비약적으로 늘어났다. 향상된 기술과 세계 시장에 대한 통제력을 배경으로 영국 무역상인들은 식민지의 농장에서 원자재인 목화솜을 들여와 랭커셔(Lancashire)의 공장에서 면직물로 만든 후 다시 서아프리카, 인도, 중국 등에 재수출함으로써 랭커셔는 산업혁명의 탄생지가 된다.

맨체스터 섬유 공장

한편 전통적인 영국의 모직산업도 여전히 중요한 위치를 차지했는데, 그 당시 유명한 프랑스인의 발명품인 자카드식 문직기(紋織機, Jacquard loom)가 레이스나 니트웨어의 제조원가를 낮춰서 어느 정도 생산량이 증가했지만, 그러나 편물은 글로벌산업이 아니어서 수요의 가격탄력성이 면직물 만큼 크지 않아 생산량 증가에는 한계가 있었다.

| 증기 동력(steam power) |

19세기 후반 증기 기술은 영국에서 노동생산성의 성장의 거의 반을 차지하였는데, 증기동력의 발전과 그에 따른 응용은 산업혁명의 가장 위대한 기술적 업적이라고 할 수 있다. 많은 산업에서 생산의 증가를 위해서는 증기기관이 만들어내는 엄청난 동력의 활용이 필요했다. 제임스 와트가 증기기관의 발명가로 인정받고 있지만, 실상은 와트의 엔진은 세이버리(Thomas Savery)와 뉴커먼(Thomas Newcomen)이 발명한 증기기관의 디자인을 개량한 것이다.

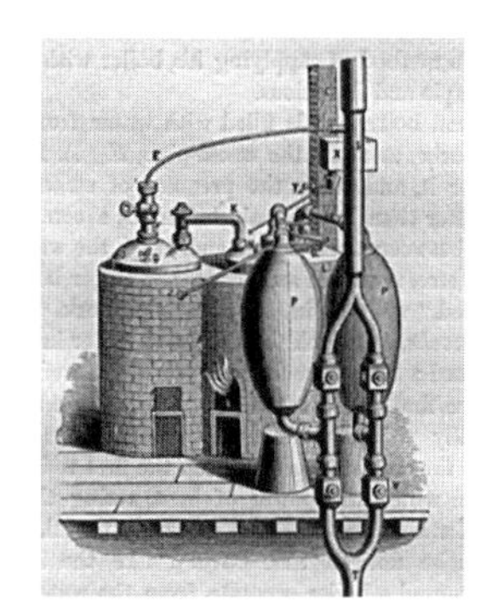
세이버리의 증기기관(1702)

18세기 초 탄광의 배수 작업에 사용되던 기존의 증기기관은 상하로 작동하였는데, 이것을 회전하는 동력으로 바꿈으로써 와트의 엔진 효율은 뉴커먼 엔진 효율의 4배가 되었다. 와트는 이 최신 기술을 절대적으로 정밀도가 필요한 총포 제조에도 활용했다. 처음에는 와트의 증기기관이 방적기와 동력 직조기(power loom)에 이용되었지만 점차 다른 산업분야로 확산되었다. 즉 석탄산업, 제철공업이 비약적으로 발전하게 되었고, 증기기관차, 증기선 등 수송 분야에도 응용되어 운송수단의 혁명을 가져왔다.

사실상 증기기관의 응용 범위는 끝이 없어서 증기기관이 산업을 유아기에서 성인으로 성장시켰다고 해도 과언이 아니다.

| 석탄 채굴 |

19세기 엔지니어링 산업은 석탁산업에서 비롯되었다고 해도 과언이 아니다. 왜냐하면 19세기의 생산성의 증가는 특히 증기기관과 싼값의 철에 많이 의존하였는데, 두 가지 다 석탄과 아주 긴밀하게 연결되어 있기 때문이다. 증기기관은 탄광에서 물을 배수하기 위해 발명되었는데, 증기기관을 작동하려면 석탄을 필요로 했다. 또한 싼값의 철을 얻기 위해서는 비싼 숯 대신 코크스로 대치해야 했고, 싼값의 석탄은 싼값의 철을 생산케 했으며, 또한 영국의 탄광은 철광산과 가깝다는 지리적 장점도 갖고 있었다. 영국 제조업의 성공을 설명하는 주요 원인으로, 풍부한 석탄 매장량이 영국의 고임금과 싼 가격 구조에 기여한 점을 지목하고 있다.

뉴캐슬 지역은 석탄 매장량이 풍부할 뿐만 아니라 영국의 북부와 서부 또는 탄광 가까이에서는 석탄 가격이 무척 싸다. 값싼 석탄은 에너지를 많이 쓰는 산업(예를 들면 제철산업, 증기기관)에 크게 기여를 하게 된다. 또한 급격한 인구 증가는 석탄산업 발전에 한몫을 하는데, 한 예로 16세기 말 런던이 크게 팽창하면서 연료에 대한 수요가 증가하자, 나무와 숯의 가격이 급등하게 된다. 한편, 석탄은 15~19세기까지 실질적으로 같은 값으로 거의 무제한으로 공급되었다. 1585년에는 동일 열량당 나무의 가격이 석탄의 두 배가 되어 이 가격 차이로 인해 구매자들은 나무 대신 어떻게 석탄으로 대치할까를 생각하게 되고, 따라서 도시 팽창으로 인한 인구 증가도 석탄산업 발전의 한 원인이 되었다.

18, 19세기의 탄광의 작업환경이나 채굴방법은 완곡하게 말하면 위험하고, 최악의 경우는 거의 자살행위나 마찬가지로 매우 열악했다(이 산업에는 오늘날에도 항상 위험이 도사리고 있다). 영국 전역의 서로 다른 지역에서는 저마다 다른 채굴법이 사용되었지만, 하나의 공통점이 있었다. 즉 갱도에서 석탄을 운반하는 것은 근육의 힘(동물, 남자, 여자, 어린이)에 의존했는데, 특히 여자와 어린이는 좁은 갱도에 알맞은 작은 체구에다, 임금도 성인 남자에 비해 훨씬 싸서 가장 선호되었다. 석탄은 수평터널을 따라 운반되어 수직 갱도를 따라 바깥으로 끌어 올려졌다.

수직 갱도에서의 가장 큰 문제는 지하수를 제거하는 일이었다. 그런데 증기기관의 도입으로 손쉽게 배수를 할 수 있었고, 더 많은 석탄을 채굴할 수 있도록 수직 갱도를 더욱 깊게 파내려 갈 수 있게 해주었다. 물론 증기기관은 산업혁명 이전에도 있었지만, 보다 효율적인 제임스 와트의 증기기관은 광산업에 더 많은 이윤을 가져다주었다. 탄광은 석탄층에 있는 폭발성 가스 때문에 매우 위험했는데, 1816년에 험프리 데이비(Humphrey Davy)경이 발명한 안전등으로 터널 안을 밝게 비추게 되어 수많은 목숨을 건지게 되었다. 그 밖에도 갱도의 환기장치, 석탄층의 화약 폭파, 개선된 갱도 내에서의 석탄운반 등으로 안전성이 조금 나아졌지만 여전히 19세기 동안 작업환경은 매우 열악했다.

| 제철산업 |

다른 산업들과 마찬가지로 제철산업도 석탄 산업에서 파생된 산업이

셰필드는 철광석 탄광과 강이 가까운 지리적 요건으로 강철 도시가 되었다.

다. 제철산업은 1709년 에이브러햄 다비(Abraham Darvy)가 석탄 용광법(코크스를 연료로 녹인 선철)에 성공함으로써 시작되었다. 전에는 목탄으로 선철(pig iron)을 얻었는데 널리 사용된 이 방법으로 인해 영국의 삼림이 심각하게 훼손되었을 뿐만 아니라 목탄의 가격이 비싸 철의 생산원가도 아주 높았다.

목탄 대신 코크스를 사용하는 다비의 제철법이 큰 인기를 얻었지만, 이렇게 해서 얻어진 선철은 불순물이 많아 딱딱하고 잘 부서지는 성질이 있어 단련 등의 가공을 할 수 없었다. 이것을 1784년에 헨리 코트(Henry Court)가 푸들법(Puddling process)을 발명하여 재질이 유연하고 가공하기 쉬운 연철(wrought iron)을 만들었으나 강도가 다소 부족한 것이 단점이었다.

현대의 제강은 1858년 영국의 헨리 베서머가 개발한 베서머 공정(Bessemer process)에 의해 강철을 값싸고 대량으로 생산할 수 있는 방법이 개발되자, 강철이 연철을 밀어내고 가장 중요한 재료로 자리 잡았다. 강철은 다른 구조 재료에 비해 인장강도, 압축강도, 전단강도가 크게 높고 또 고른 편이어서 어떤 무게나 힘에도 견디는 강력한 재료로, 주로 배, 철도, 기계, 철교와 건축물에 쓰였다.

영국에서 철강 산업이 가장 발달된 도시가 셰필드(Sheffield)였다. 셰필드가 강철도시로 세계적인 명성을 쌓았던 것은 근처에 탄광과 철광석 광산이 있고 풍부한 공업용수와 제품을 수송할 수 있는 강이 가까이에 있다는 지리적 요건으로 일찍부터 제강업이 발달할 수 있었다. 특히 산업혁명 후에는 잉글랜드의 대표적 중공업도시가 되어 1740년에는 1만 7000톤 정도였던 강철 생산이 1840년경에는 300만 톤으로 급격히 늘어난다.

| 수송산업 |

도로

영국의 기존 도로 체계는 수천 개의 행정교구에 의해 엉망으로 유지되었으나, 1720년부터 통행료를 징수하고 도로를 유지하기 위해 유료 고속도로 트러스트가 설립되었다. 영국과 웨일즈의 주요 도로는 1750년 이후부터 대부분 유료화되었고 메트캘프(John Metcalf) 등에 의해 런던을 중심으로 방사형으로 뻗은 신 도로가 만들어졌다. 1750~1815년 동안 약 160킬로미터의 개선된 도로가 건설됨으로써 수송 경비를 20~30% 감소시켰다.

운하

18세기 후반 중요한 산업단지가 있는 미들랜드(Midland)와 북쪽의 항구 도시, 그리고 당시 영국에서 가장 큰 산업단지가 있는 런던을 연결시켜 주기 위해 운하가 건설되기 시작했다. 운하는 영국 안에서 물자를 대량으로 쉽게 운송하는 첫 번째 기술이었다. 브리지워터 공작(3rd duke of Bridgewater)은 1759년 웨슬리에 있는 자신의 영지에서 생산되는 석탄을 수송하기 위해 맨체스터까지의 운하를 계획하고 에거튼(Francis Egerton)을 시켜 브리지워터 운하를 건설했다. 1761년 웨슬리-맨체스터 사이에 운하가 만들어졌고, 나중에 맨체스터-렁컨(Runcorn), 그리고 웨슬리-리하이(Lehigh) 간에도 건설되었다.

운하의 개통은 맨체스터의 석탄 가격을 반으로 떨어뜨릴 정도로 매우 성공적이어서 잉글랜드와 웨일즈에 한동안 '운하 매니아'라고 알려진 엄청난 운하 건설붐을 불러왔다. 그러나 이 운하는 나중에 리버풀-맨체스터까지의 철도와 치열한 경쟁에 직면하게 된다.

철도

철도는 석탄산업의 파생산업으로, 광산에서 석탄을 수송하거나 광산에서 강이나 운하로 수송하기 위해 발명되었다. 처음 발명된 이후 노반과 레일을 개선하기 위해 지속적인 실험이 필요했고, 그 결과 18세기에 철도 레일이 만들어져 기관차 시장이 형성되었다. 당시 도로 포장이 잘 안되어 있어서 증기를 동력으로 하는 지상 차량을 위한 시장은 아직 형성되지 않았다. 1804~1820년 영국에서는 여러 명의 기술자들이 철도 개발을 위한 실험을 했다. 1801년 트레비식(Richard Trevithick)은 스티븐슨보다 먼저 증기기관을 동력으로 한 증기차의 도로 시운전에 성공한 데 이어, 1804년 주철로 만든 레일 위를 달리는 증기기관차를 시험했다. 이 기관차는 최초의 철도용 증기기관차가 되었고, 그를 '증기기관차의 아버지'라고 부른다. 그러나 이 시연은 그리 성공적이지 못했는데, 차량의 중량을 이기지 못해 철로가 파괴되면서 기관차가 탈선하는 바람에 시험운행을 포기해야만 했다.

1813년에는 크리스토퍼 블랙킷(Christopher Blackett)과 윌리엄 헤들리(William Hedley)가 와일럼 탄광의 철도용으로 개발한 퍼핑 빌리(Puffing Billy) 호가 등장하는데, 바퀴로 동력을 발생시키는 '점착식 구동'을 달성한 최초의 차량으로 꼽힌다. 철도의 개척자는 조지 스티븐슨(George Stenvenson)이다. 그는 1823년 뉴캐슬에 세계 최초의 기관차 공장을 설립했고, 1824년에는 스톡턴-달링턴 간의 세계 최초의 공공 여객용 철도가 건설되었다. 1825년 그의 공장에서 제작한 개량형 기관차 로커모션호(號)를 달리게 함으로써 철도 수송 시대가 개막되었다. 1824년부터 리버풀-맨체스터 간의 철도가 건설되기 시작했고, 1829년 기관차 경주에서 스티븐슨은 자신의 '로켓' 호를 달리게 하여 우승함으로써 1830년에 정식 개통시켰다. 그 후 1830년대부터 거의 모든 선진국에 철도가 건설되었다. 철도는 거의 1세기 동안 영국에서 가장 중요한 수송수단이 되어 건설된 철도만 1836년 1600킬로미터에서 1852년에는 1만1000킬로미터로 급증했다. 안전하고 효율적인 철도 서비스의 개발은 특정 산업과 국가 경제 전체의 성장에 결정적으로 기여했다.

| 공작기계(machine tools) |

산업혁명 시대까지는 기계부품들은 기어장치나 샤프트를 포함해 대부분 나무로 만들어졌는데, 기계화의 확산으로 무쇠나 연철 같은 금속 부품들을 필요로 했다. 공작기계의 기원은 벽걸이 시계나 손목시계 혹은 과학기기 제조업자들이 정밀한 기계 부속품들을 많이 만들어낸 데서 시작되었다. 손목시계나 벽시계 자체는 산업혁명에서 그다지 중요하지 않은 지엽적인 부분에 지나지 않았지만, 디자인이 점점 개선됨에 따라 시계의 생산량이 급격히 증가했다. 시계의 대규모 생산은 중요한 파급효과를 불러와, 그 결과 싸고 정밀한 기어의 대량생산을 가져왔다. 저렴한 기어는 기계부품들의 디자인에 대변혁을 가져와서 산업혁명 시대의 기어는 작고 정교하며 철이나 놋쇠가 주재료였다.

제임스 와트는 첫 증기기관을 만드는 데 몇 년 동안 구멍이 정확하게 뚫린 실린더를 구할 수가 없었다. 마침내 윌킨슨(John Wilkinson)이 1774년에 정확한 천공기(boring machine)를 발명하고 1776년에 볼튼(Matthew Boulton)과 와트(James Watt)의 첫 번째 상용 증기기관의 천공을 정확히 해주었다. 1800년경 머리(Matthew Murray)가 영국에서 처음으로 공작기계를 제작하여 판매했다. 공작기계는 여러 제조 산업에서, 즉 무기제조업(대포, 권총), 운송업(증기기관차), 농업(농기계), 섬유산업(방직기) 등등에서 수요가 엄청나 산업혁명은 공작기계 없이는 일어날 수 없었다.

| 화공약품 |

산업혁명 동안 일어난 중요한 발전 중 하나는 화공약품의 대규모 생산이다.

로벅(John Roebuck)이 발명한 연실법(鉛室法) 공정으로 황산이 대규모로 생산되었다. 마찬가지로 알칼리의 대량 생산도 중요한 목표가 되었는데, 1791년 프랑스의 화학자 르블랑(Nicolas Leblanc)이 탄산나트륨(소다회) 생산 공정을 만드는 데 성공했다. 이 합성 소다회는 이전까지 소다회를 만드는 원료였던 특정 식물이나 켈프

브르넬이 건설한 테임즈 강 터널

(해초의 일종)를 태우는 것보다 훨씬 경제적이었다. 소다회는 유리, 섬유, 비누, 그리고 제지산업에 많이 사용되었고, 황산은 처음엔 쇠와 강철의 녹 제거와 천을 탈색하는 데 사용되었다. 영국의 공업화학자 찰스 테넌트(Charles Tennant)는 1800년경에 표백제로 사용했던 염소용액을 소석회(消石灰)에 흡수시킴으로써 분말화에 성공, 표백산업에 혁명을 가져왔다. 북부 글래스고의 세인트 롤록스(St. Rollox)에 세운 테넌트 공장은 세계에서 가장 큰 화학공장이었다.

1824년 영국의 애스피딘(Joseph Aspdin)에 의해 발명된 포트랜드 시멘트는 건설업에 매우 중요한 발전을 가져온다. 유명한 마크 부르넬(Marc Isambard Brunel)은 '토목공학의 대승리'라고 하는 테임즈강 터널을 포트랜드 시멘트로 완공했고, 후에 시멘트는 런던의 하수도 체계를 건설하는 데 대량으로 쓰였다.

| 가스등, 유리 제조, 제지산업 |

산업혁명 후반기의 또 다른 주요 산업은 가스등이다. 윌리엄 머독(William Murdoch)이 가스등의 대량생산을 가능케 했는데, 그 과정은 노(爐)에서 대규모로 석탄을 가스화하고 가스를 정제한 후 저장하고 유통시키는 단계로 이루어졌다. 1812~1820년 사이 최초로 가스등 공사가 런던에 설립되었으며, 영국에서 가스등 사업은 석탄의 주요 소비처가

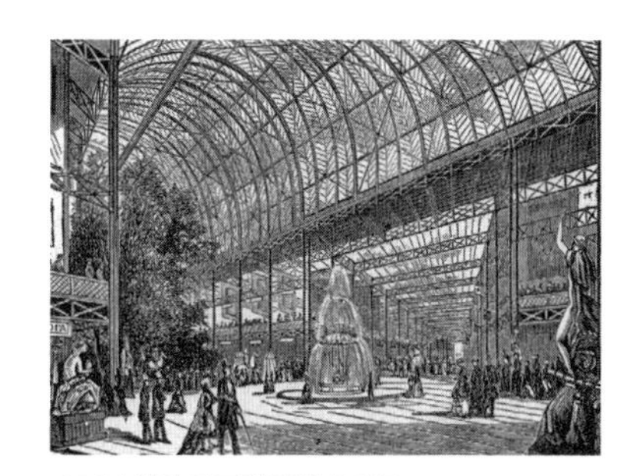
1851년 런던 만국박람회 수정궁

되었다. 가스등은 사회단체, 산업단체에 큰 영향을 주었는데, 가스등이 수지 양초나 기름보다 공장이나 사무실, 상점 문을 오래 열 수 있게 해주었기 때문이다.

1832년 챈스(Lucas and William Chance) 형제는 원통법(cylinder process)을 이용해서 판유리를 만들었다. 형제가 세운 '챈스 브러더스' 사는 창유리와 판유리의 선두적인 제조업체로 영국에서 가장 큰 유리업체였으며 유리제조 기술의 개척자였다. 1851년 런던 만국박람회 건물로 세운 수정궁(crystal palace)은 새롭고 창의적인 구조로 판유리를 사용해서 만든 최고의 모델하우스였다.

1798년 프랑스인 로베르(Nicolas Louis Robert)는 종이의 원료를 철망 위로 흘려보내 탈수하여 지층(紙層)을 만드는 장망식 초지기(長網式抄紙機)를 발명했다. 이 제지기는 투자가인 영국의 푸어드리니어(Fourdrinier) 형제의 이름을 따서 '푸어드리니어 머신'이라고 불렸다. 비록 다양한 변화로 대폭 개선되긴 했지만, 푸어드리니어 머신은 오늘날까지도 제지 공정에서 가장 중요한 수단이다. 제지산업의 기계화는 신문과 대중잡지 출판의 거대한 팽창을 가져왔는데, 이로 인해 대중의 정치참여에 대한 요구가 높아졌고 읽고 쓰는 능력이 향상되었다.

결론적으로 과학혁명으로 인한 기술의 혁신이 산업혁명의 토대가 되었다. 그리고 영국 산업혁명의 위대한 업적은 사실상 생산성 향상을 위한 기계를 대량 생산하는 최초의 엔지니어링 산업을 창출하였다는 데 있다. 기계생산은 산업 전반의 기계화, 철도, 증기로 움직이는 철선(鐵船)의 토대가 되었다. 기계화는 영국 경제의 생산성을 높였고, 철도와 증기기관은 글로벌 경제와 국제적 분업의 형성을 가져와 유럽 전역에 걸쳐 생활수준이 현저하게 올라가게 된 원인이 되었다.

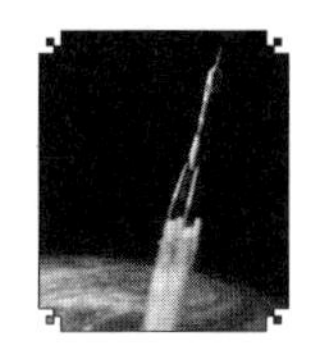

8. 로켓의 역사와 우주여행의 꿈
– 작용과 반작용의 비상(飛上)

Tsiolkovsky(1857~1935), Goddard(1882~1945), Oberth(1894~1989), Braun(1912~1977)

북한은 수년 전부터 장거리 미사일 발사와 몇 차례의 단거리 미사일 발사 그리고 핵실험 등으로 한반도를 백척간두의 위기로 몰아넣더니, 남북대화에 대해서도 오락가락 청개구리 같은 행태를 보이고 있다. 그들에게 과연 진정성이 있기나 한 건지 궁금하다.

그러나 이공학도로서 더 유쾌하지 않은 것은 과학기술 강국이라고 자부하는 한국이 2009년부터 러시아의 기술 지원을 받았다는 사실이다. 그것도 과학기술위성 2호를 지구 저궤도(低軌道)에 올려놓는 나로호 발사를 몇 차례나 시도하여 온 국민을 안타깝게 하다가 2013년 1월 30일에서야 드디어 성공할 수 있었다. 더구나 나로호 1단 로켓은 소련에서 들여왔다고 하고, 북한이 자체 개발에 성공한 은하로켓 3단의 기술보다 약 10년 가량 뒤지고 있다고 하니 여간 자존심 상하는 일이 아니다.

미사일과 우주발사체의 차이점은, 로켓에 핵탄두 등 무기를 실으면 미사일이 되고, 인공위성, 인공행성, 달 탐사선 등 우주비행체를 실어 쏘아

올리면 우주발사체가 된다는 것뿐이다. 따라서 로켓이야말로 대륙 간 탄도 미사일로 전쟁에서뿐만 아니라, 언젠가는 꿈의 우주여행을 가능하게 할 우주선 발사체로, 인류 역사에 중대한 영향을 주고 있다. 그래서 고대로부터 현재에 이르는 로켓 역사의 개요를 들여다보는 것도 의미 있는 일일 것 같다.

| 로켓의 역사 – 고대에서 중세까지 |

로켓이 20세기 들어 우주 탐사나 미사일로 쓰이고 있다고 해서 최근에 새로이 발명된 것은 전혀 아니다. 로켓은 과거의 과학기술에 오랜 뿌리를 두고 있는, 글자 그대로 로켓과 로켓 추진에 대한 수천 년간의 실험과 연구로부터 생긴 자연스러운 결과물이다.

로켓 비행의 주요 원리를 성공적으로 적용한 최초의 기기 장치는 고대 그리스의 철학자이자 수학자, 천문학자이고, 플라톤의 친한 친구인 알키타스(Archytas of Tarentum, BC 430~BC 365)가 2400년 전에 나무로 만든 비둘기 로켓이다. 알키타스가 속을 물로 채운 나무새를 천정의 철사줄에 매달아 놓고 양초 같은 열원으로 물을 가열하자, 비둘기 꼬리에 나 있는 구멍에서 스팀이 분출되면서 철사줄을 따라 날아갔다. 약간은 촌스런 이 나무 비둘기야말로, 17세기가 되어서야 뉴턴이 발견한 운동의 제3법칙, 즉 작용과 반작용의 원리를 이미 기원전 4세기에 이용한 로켓이라고 할 수 있다. 뉴턴의 작용과 반작용의 법칙은

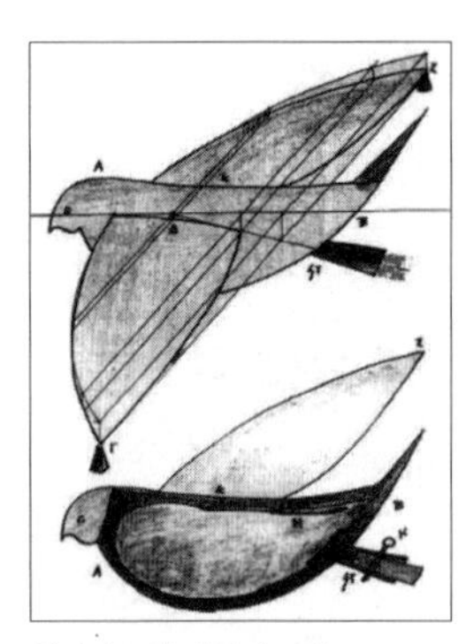

알키타스의 비둘기 로켓

두 물체가 서로 힘을 미치고 있을 때, 한쪽 물체가 받는 힘과 다른 쪽 물체가 받는 힘은 크기가 같고 방향이 반대라는 것이다.

헤로의 에오리파일

나무 비둘기 이후 300년쯤 지나 역시 그리스 사람인 알렉산드리아의 헤로가 로켓과 같은 장치인 에오리파일(Hero's aeolipile)을 발명했는데 이 장치는 추진가스로 증기를 사용했다. 둥근 물 냄비 위에 속이 빈 공을 올려놓고 냄비 밑에서 불을 때면, 파이프를 통해 증기가 공 속으로 들어가서 반대편에 있는 두 개의 L자 모양의 관을 통해 가스가 배출된다. 그렇게 해서 생긴 추진력이 작용, 반작용 원리에 따라 장치를 회전시키는 것이다.

역사적으로 로켓의 진화는, 결정적으로 중요한 화합물인 흑색화약의 발명으로 시작되었다. 화약은 7세기경 중국의 연금술사들이 불로장생의 영약인 단약(丹藥)을 만들려는 과정에서 발견되었다는 것이 학계의 일반적인 정설이다.

흑색화약의 성분에 대한 최초의 기록은 11세기 송나라 시대 《무경총요(武經總要)》라는 군사학 책에 쓰여 있는데, 수천 년 전에 질산칼륨(KNO_3)·황·목탄을 혼합해서 처음 만들어진 이후 19세기 말경까지 유일한 화약으로, 추진제 점화용, 도화선의 심약, 광산 채광용 폭파약, 수렵용 발사약 등에 사용되었다. 흑색화약의 성분 중 질산칼륨은 산화제이고 유황과 목탄은 연료인데, 성분의 함량 비율에 따라 유황이 다음과 같은 반응에서 산화제로도 작용할 수 있다.

$$2KNO_3 + S + 3C = K_2S + N_2 + 3CO_2$$

고대 중국에서는 종교적 축제 기간 동안, 잡귀를 쫓기 위해 대나무통 속에 흑색화약 혼합물을 넣고 불 속에 던져 폭죽을 터뜨렸는데, 이 대나무 중 몇 개가 불 속에서 폭발하는 대신 화약이 타면서 생긴 가스들과 불꽃에 의해 추진력을 얻어 날쌔게 튕겨져 나갔다. 이들은 화약으로 채워진 대나무로 실험을 계속하다가, 아마도 어떤 시점에서 화살에 대나무 화약통을 달아 활로 발사했을 것이다. 그리고 곧, 화약으로 채워진 대나무에서 분출하는 가스에 의해 생긴 동력으로 화약통 자체가 날아간다는 것을 발견한다. 진정한 의미에서의 로켓이 탄생한 것이다!

로켓이 최초로 전쟁터에서 무기로 사용되었다고 보고된 때는 1232년으로, 중국 금(金)나라 인들이 개봉(開封)에서 몽골의 침략을 불화살의 집중 포화로 물리쳤다고 전해진다. 불화살은 단순한 형태의 고체 추진제 로켓으로, 화약이 들어 있는 관의 한쪽 끝은 막혀 있고, 다른 한쪽 끝은 열려 있으며 관은 긴 막대기에 붙어 있었다. 화약에 불이 붙어 빠르게 타면서 생긴 가스, 연기, 불이 한쪽 관의 열린 끝에서부터 분출되면서 추진력을 얻게 되는 것이다. 긴 막대기는 로켓이 공중을 날아갈 때 한 방향을 유지하도록 해주는 간단한 유도장치이다.

이 놀라운 불화살에 대한 심리적인 효과는 엄청나서, 모든 적들을 공포에 떨게 했다. 몽골인들은 개봉에서의 전투 이후 훗날 중국의 북부를 점령하고 로켓 전문가를 용병으로 고용함으로써 중국의 로켓 기술을 획득했다. 또한 칭기즈칸이 러시아와 유럽의 일부를 점령할 때 처음으로 사용하여 로켓 기술은 유럽에 전해진다.

로켓이라는 이름은 1379년 이탈리아 기능공 무라토리(Muratori)가 만든 작은 폭죽의 이름 '로케타'(Rocchetta)에서 따왔다고 한다. 13~15세기 로켓에 관한 실험에 대한 많은 보고들이 있는데, 예를 들면 15세기 이탈리아의 발명가 폰타나(Joanes de Fontana)는 적군의 배를 불사르기 위해 로켓 추진식 수면용 어뢰를 만들었다.

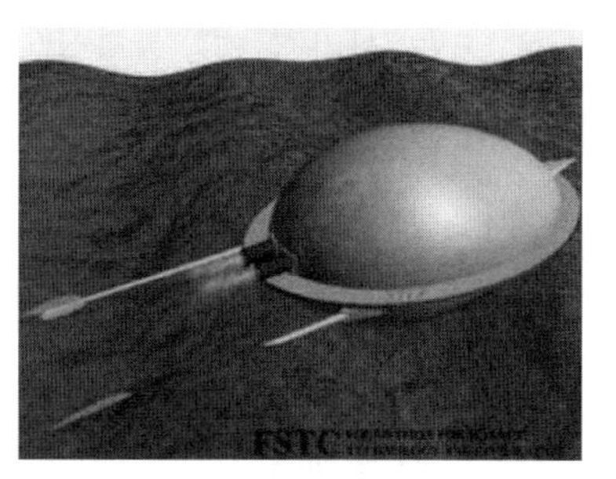

수면용 어뢰

1591년, 독일의 폭죽 제작자 슈미트라프(Johann Schmidlap)는 로켓을 좀 더 높이 쏘아올리기 위해 최초로 다단계 로켓을 발명했다. 첫 번째 단계에서 좀 더 큰 로켓이 하나 혹은 여러 개의 작은 로켓을 들어올리고, 큰 로켓이 다 타버리면 작은 로켓이 점화되어 계속 더 높은 고도로 올라가 벌겋게 달아오르는 잉걸불로 하늘에 소나기처럼 뿌려놓는다. 이러한 슈미트라프의 아이디어는 현대의 모든 다단계 로켓 공학의 기초가 되었다.

로켓의 용도는 거의 대부분 전쟁이나 불꽃놀이에 관한 것이었으나, 로켓이 운송수단으로 사용되었다고 기록된 재미있는 중국의 일화가 있다. 16세기 명나라 중기에 로켓에 의해 우주공간으로 날아가 세계 최초의 우주비행사(?)가 되려고 시도한 만호(萬虎 또는 萬戶, Wan-Hu)라는 관리가 있었는데, 그는 많은 사람들의 도움으로 로켓 추진식 '날으는 의자'(flying chair)를 조립했다. 의자는 두 개의 나무 막대기 사이에 고정되었고, 두 개의 커다란 연이 의자에 부착되어 있으며, 연에는 다시 47개의 불화살 로켓이 고정되어 있었다.

드디어 비행하는 날, 만호는 의자에 앉아서 로켓에 불을 붙이라고 지시를 했고, 횃불을 든 47명의 조수들이 일제히 불을 붙이자 순간적으로 굉음과 함께 연기가 자욱하게 피어올랐다. 연기가 걷힌 뒤 보니 만호와 '날으는 의자'

만호의 날으는 의자

는 사라졌는데, 불화살은 날아가는 것만큼이나 쉽게 폭발해서 아무도 그에게 어떤 일이 벌어졌는지 알지 못하였다고 한다. 여하튼 달 표면의 분화구 'Wan-Hoo'는 그의 이름을 따서 명명되었다.

| 로켓 공학, 과학이 되다 |

뉴턴

17세기 후반기 동안, 위대한 영국의 물리학자 뉴턴경(1642~1727)에 의해서 현대의 로켓을 위한 과학적 기초가 세워진다. 뉴턴은 물체의 운동을 분석하는 데 있어서 근본이 되는 운동의 3대 법칙, 즉 관성의 법칙, 가속도의 법칙, 작용·반작용의 법칙을 처음으로 확립했다. 뉴턴의 법칙들로 인해 어떻게 로켓들이 작동하며, 왜 우주공간의 진공 속에서도 작동할 수 있는지를 설명해 줄 수 있었고, 또한 로켓을 설계하는 데 있어서 곧 실제적인 도움을 주기 시작한다.

1720년경, 네덜란드의 그라베산데(Willem Gravesande) 교수는 증기 분사에 의해서 나아가는 모형차를 만들었으며, 한편 독일과 러시아에서는 무게가 45킬로그램 이상 나가는 로켓을 가지고 실험을 했다. 이 로켓들 중 몇 개는 너무나 강력해서, 분출하는 배기가스 불꽃이 로켓이 이륙하기 전에 땅바닥에 깊은 구멍을 뚫기도 했다.

18세기 말~19세기 초에 로켓들이 전쟁의 무기로서 잠시 다시 유행하게 된다. 인도는 1792년과 1799년 영국과의 두 차례의 전쟁에서 매우 성공적으로 영국군에게 로켓 세례를 퍼부었다. 이 신무기에 놀란 영국

군 포병 전문가 콩그리브(William Congreve) 대령은 로켓에 큰 관심을 갖게 되고 영국 군대의 용도로 로켓 설계에 착수한다. 1812년 영미전쟁에서 영국 군함에서 발사된 콩그리브 로켓은 볼티모어의 맥킨리 요새(Fort McHenry)를 초토화하는 데 성공했다.

변호사이자 작가, 아마추어 시인인 키(Francis Scott Key)는 영국의 로켓 해상공격을 지켜보면서 쓴 시 〈맥킨리 요새의 방어(Defense of Fort McHenry)〉를 1814년 출판했는데, 이 시는 나중에 미국의 공식 국가인 '별이 빛나는 깃발'(The Star Spangled Banner)이 된다. 아래에 가사를 옮겨본다.

오, 그대는 보는가, 이른 새벽 여명 사이로
어제 황혼의 미광 속에서 우리가 그토록 자랑스럽게 환호했던
넓은 줄무늬와 빛나는 별들이 새겨진 저 깃발이
치열한 전투 중에서도 우리가 사수한 성벽 위에서 당당히 나부끼고 있는 것을.
로켓의 붉은 섬광과 폭탄이 창공에서 작렬하는 순간에도
밤새 우리의 깃발이 여전히 휘날리고 있네.
오, 용감한 국민들 자유의 땅에서
별이 빛나는 성조기여 영원무궁하라.

이 가사를 옮기다보니 갑자기 울컥해지며 연평도 해전이 가슴을 두드린다.

콩그리브 로켓은 1815년, 나폴레옹과의 워털루해전에서 다시 사용되었다.

| 현대 로켓 공학의 선구자들 |

콩그리브 로켓까지만 해도 정확성 면에서는 초창기의 로켓에 비해 별반 개선된 점이 없었다. 무기로서 로켓의 파괴력은 정확성보다는 물량 공세에 있었고, 전형적인 점령 작전 동안 수천 발의 로켓이 적군에 퍼부어졌다. 이후 전 세계의 과학자들은 로켓의 정확성을 높이기 위한 실험에 몰두했다.

치올코프스키

콘스탄틴 치올코프스키

러시아의 교사이자 과학자인 콘스탄틴 치올코프스키(Konstantin Tsiolkovsky, 1857~1935)가 1898년 로켓에 의한 우주 탐사를 제안하면서 현대 로켓의 역사가 시작된다. 1903년 출판된 보고서에서 치올코프스키는 액체 추진제의 사용이 로켓의 비행거리를 늘리는 데 도움이 될 것이라고 제안했다. 그는 또한 로켓의 속도와 비행거리는 배출가스의 배기속도에 의해 영향을 받는다고 말했다. 치올코프스키는 그의 위대한 비전과 아이디어와 면밀한 연구 때문에 현대 우주항행학(宇宙航行學, Astronautics)의 아버지라고 불린다.

고다드

로버트 고다드

미국의 물리학자이며 발명가인 고다드(Robert Hutchings Goddard, 1882~1945)는 현대 로켓의 두 번째 선구자이다. 그는 1915년 고체 추진제 로켓을 가지고 다양한 고체연료와 배출가스의 배기속도 측정 실험을 하면서 액체연료를 사용하면 로켓의 성능이 훨씬 나을 것이라고 확신했다. 그러나 액체연료 로켓은 연료, 산소탱크, 터빈, 연소실이 더 필요하기 때문에 고체 추진제 로켓보다 훨씬 힘든 작업이라, 그때까지 아무도 액체 추진제 로켓 제작에 성공한 적이 없었다. 상당히 어려운 과제임에도 불구하고 고다드는 1926년 3월 16일 최초의 액체 추진제 로켓 비행을 성공시켰다. 액체 산소와 가솔린 연료를 공급받은 로켓은 2.5초 동안 12.5미터 상공을 올라가 56미터 떨어진 배추밭에 착륙했다.

오늘날의 기준으로 보면 신통치 않지만, 마치 1903년 라이트 형제가 만든 최초의 동력 비행기처럼, 고다드의 가솔린 로켓은 로켓 비행 분야에서 새로운 시대의 선두 주자가 된다. 고다드와 그의 팀은 1926~1941년 동안 34개의 로켓을 발사하여 고도 2.6킬로미터, 속도는 시속 885킬로미터까지 달성했고, 그러한 업적으로 그를 '현대 로켓 비행의 아버지'라고 부른다.

헤르만 오베르트

오베르트

세 번째 우주 로켓의 선구자는 루마니아에서 태어나 독일에 귀화한 물리학자이자 엔지니어인 오베르트(Hermann Oberth, 1894~1989)이다. 1922년 로켓 과학에 대한 그의 박사학위 논문은 너무 이상적이라는 이유로 하이델베르크 대학으로부터 거부당했다. 1923년 오베르트는 92페이지에 달하는 자신의 연구를 《행성 공간으로의 로켓 여행(By Rocket into interplanetary Space)》이라는 미래 예측서로 출판했다. 우주여행의 기초적 이론을 확립한 이 책은, 십대의 어린 베르너 폰 브라운을 포함해 우주여행을 꿈꾸는 수많은 사람들을 매혹시켰고, 책에 고무되어 전 세계에 수없이 많은 소규모 로켓협회들이 만들어졌다. 그러한 로켓협회 중의 하나로 독일에서 '우주여행협회'가 만들어졌는데, 후일 이 단체는 2차 세계대전 때 런던 폭격에 사용된 V-2 로켓의 개발을 이끌기도 했다. 이러한 공로로 오베르트를 '우주여행의 아버지'라고 한다. 덧붙인다면, 그는 하이델베르크 대학에서 퇴짜맞은 바로 그 논문으로 루마니아의 클루지(Cluj) 대학에서 박사학위를 받았다.

브라운

베르너 폰 브라운

브라운(Werner von Braun, 1912~1977)은 1930~1970년대에 활동한 로켓 과학자이자 항공우주 엔지니어이며 우주 탐사의 챔피언으로 가장 유명한 사람들 중 한 사람이다. 그는 2차대전 동안 나치 독일에서 로켓 기술 개발에 선도적 역할을 하며 V시리즈 로켓을 개발했다. 그 중 당시 최고의 로켓으로 유명한 V-2 로켓(독일에서는 A-4 로켓이라고 부른다)을 개발하여 1942년 발사에 성공했고, 1944년에는 이를 영국 공격용으로 실용화시켰다.

베르너 폰 브라운은 지금의 폴란드 지방인 독일 제국 포젠 주에서 마그누스 폰 브라운 남작의 차남으로 태어났다. 그는 열한 살 때 오베르트의 《행성 공간으로의 로켓 여행》을 읽고 우주 탐사에 대한 가능성에 매료되어, 로켓공학의 물리를 이해하고자 미적분과 삼각함수를 마스터했다. 10대 때부터 우주비행에 깊은 관심을 가진 브라운은 1929년 17살의 나이에 독일의 우주여행협회에 가입했다. 베를린 공대에 다니면서 여가시간에 멘토인 오베르트를 도와 액체연료 로켓 엔진을 개발, 테스트했고, 1932년 독일 육군 병기국에서 로켓 개발 책임을 맡고 있던 도른베르거(Walter Dornberger) 소장의 눈에 띄어 그곳에서 로켓 연구에 종사했다. 1934년 22살에 베를린 대학에서 박사학위를 받고, 2년 후에는 독일의 군사용 로켓 개발 프로그램을 지휘했다.

1937년 독일 북부 발트해 연안의 작은 섬 페네뮨데(Peenemunde)에 로켓 연구기지가 세워지자 도른베르거는 그곳 군사령관으로 임명되었다. 한편 이 로켓연구소의 기술소장이 된 브라운은 많은 과학자들과 함께 본격적으로 장거리 탄도 미사일 A-4와 초음속 대공미사일의 개발을 시작했다. 로켓은 계속 개량되어 2차대전 때에는 연합군에게 큰 피해를 주는 강력한 무기로 발전했고, 마침내 장거리 탄도미사일 A-4를 1942년 완성했다. 1943년 A-4의 생산이 시작되었고, 1944년 9월 V-2로 개명된 A-4가 영국 본토 공격을 위해 네덜란드에서 최초로 발사되었다.

오늘날의 탄도 로켓 유도탄과 인공위성 발사용 로켓은 모두가 A-4로부터 발전된 것이다. 그러나 런던과 연합군에게는 다행스럽게도 V-2는 전세를 뒤집기에는 너무 늦게 등장했다. 1945년 4월이 되자 독일 군대는 총퇴각을 하고 있었고, 히틀러는 베를린에 있는 그의 벙커에서 자살했다.

한편 오버요흐(Oberjoch) 인근 모텔에서 브라운과 100명이 넘는 로켓 전문가들은 종전 소식을 기다리고 있었다. 히틀러는 이 팀이 포로가 되는 것을 막기 위해 팀 전원을 처형하라는 명령을 내렸는데, 히틀러의 친위대 SS심복들이 도착하기 전에 브라운의 동생 마그누스(Magnus)가 근처에 있는 미국군과 간신히 접촉할 수 있었다.

1945년 5월 2일, 베를린이 소련군에 함락되던 바로 그날, 폰 브라운과 그의 로켓 팀은 안전하게 미군 관할 지역으로 피신을 했다. 독일의 패

Apollo 11 astronaut Buzz Aldrin on the Moon

아폴로 11호

배로 인해 그들의 행로도 갈리게 되는데, 과학자들은 미국으로, 실무진들과 기술자들은 소련으로 가게 되면서 이후 미국과 소련 두 나라가 우주 로켓 분야의 선두주자가 된다.

미국으로 건너간 브라운은, 1950년부터 미국 육군병기창의 유도탄 연구 기술부장으로서 장거리 로켓을 연구했고, 1960년 이후에는 미국항공우주국(NASA)에 소속되어 20년 동안 아폴로 계획을 비롯한 우주개발계획에서 중요한 역할을 했다. 그 결과 레드스톤(Redstone), 아틀라스(Atlas), 타이탄(Titan) 같은 로켓들이 우주로 우주비행사를 보내게 된다.

브라운은 1969년 아폴로 11호의 추진기관인 총 길이 110미터의 거대한 '새턴 5호'를 만들어 우주 개발에 크게 공헌했다.

1969년 7월 16일 아침, 미국 케네디 우주센터에서 아폴로 11호를 실은 새턴 5호 로켓이 성공적으로 우주로 발사되어, 암스트롱(Neil Armstrong)이 인류 최초로 달에 착륙했다. 바로 이 순간이야말로 수천 년 동안 인류가 꿈꾸어 왔던 우주탐사에 대한 가능성을 확인한 것이었고, 미국으로선 당시 최대의 라이벌인 소련의 스푸트니크 1호 발사로 인해 상처받은 자존심을 회복하게 되는 순간이다. 또한 파란만장했던 브라운의 생애 최고의 순간이었다.

성공적으로 유인 우주선을 발사시킨 베르너 폰 브라운은 달을 뛰어넘어 화성에 유인 우주선을 보낼 프로젝트를 계획하고 있었지만, 닉슨 대통령이 우주 예산을 대폭 삭감하면서 아폴로 계획은 취소되고, 그는

1972년 NASA를 떠났다. 그 후 브라운은 페어차일드 항공우주회사의 기술개발 부사장으로 일하다가 1977년 드라마처럼 극적이었던 그의 생을 평화롭게 마감했다.

에너지원으로 반물질을 사용하는 우주선의 개념도

화성에 유인 우주선을 보내려던 베르너 폰 브라운의 꿈 덕분인가, 벌써 우주여행객을 모집하고 있는 회사가 있는가 하면, 이미 몇몇 열성 우주여행객들은 예약까지도 마쳤다고 한다.

9. 시대가 낳은 비극적 인물 프리츠 하버와 하버-보슈 공정

Fritz Haber(1868~1934)

인도와도 바꾸지 않겠다는 영국의 자부심 셰익스피어는 '4대 비극'을 쓴 것으로 유명하다. 만일 셰익스피어가 살아 있다면 암울한 시대가 낳은 가장 역설적 비극의 주인공으로, 유태계 독일 과학자 프리츠 하버를 '셰익스피어 비극'의 딱 맞는 주인공으로 삼지 않았을까?

히틀러, 간디, 아인슈타인 등과 함께 프리츠 하버는 '지난 100년 동안 인류에 가장 강력한 영향을 끼친 인물'로 꼽힌다. 그와 카를 보슈(Carl Bosch)가 만든 하버-보슈 공정은 20세기의 가장 중요한 발명으로, 굶주림에 허덕이던 수많은 사람들을 구하고 식량문제를 해결했다. 1900년 불과 16억이었던 인구가 100년 남짓 지난 지금은 70억으로 증가하여 그야말로 인구 대폭발이 일어났다. 무엇보다도 개발도상국 아시아의 변모나 중국과 인도가 21세기 세계 경제의 거인으로 등장하게 된 것은 노먼 볼로그(Norman Borlaug)가 개발한 병해에 강한 다수확 밀의 품종 덕분이라고 할 수 있다.

그런데 볼로그 밀 품종이 성공을 거두게 된 데에는 공중질소 고정법인 하버-보슈 공정으로 질산질 비료가 생산된 것이 크게 기여했다. 어떤 이들은 오늘날 지구상 5명 중 2명은 하버의 암모니아 발명 덕분에 존재한다고 말하며, 하버를 가리켜 "공기로부터 빵을 만들어내는 공기의 연금술사"라고도 한다. 비료와 폭발물 생산에 중요한 요소인 암모니아를 합성한 하버는 역사적 요구에 의해 인류에게 삶과 죽음을 동시에 가져다준 야누스적 과학의 도구가 되고 말았다.

프리츠 하버는 제1차 세계대전 당시 조국 독일을 위해 독가스 개발과 살포를 주도해 '화학전의 아버지'라고도 불리는데, 그 때문에 1918년 암모니아의 대량생산을 가능케 한 업적으로 노벨 화학상을 수상할 때도 많은 논란이 있었다. 또한 유태인 하버가 그토록 열렬히 짝사랑했던 조국 독일은 2차 세계대전 동안 그가 살충제로 개발한 지클론 B(Zyklon B)로 수백만 명의 유태인을 대학살했다. 위대한 화학자 하버의 지극히 아이러니컬한 비극적 삶은 이러한 역사의 소용돌이 속에서 과연 "과학자가 지켜야 할 윤리란 무엇인가" 라는 무거운 명제를 우리에게 던져준다.

| 공중질소 고정과 비료 |

질소는 식물, 동물 그리고 다른 생명체의 기본이 되는 빌딩블록(생체단위체)인 단백질을 생합성하는 데 필수적인 구성원소이다. 그러나 콩과 식물을 제외한 모든 동식물은 공기 중에 78퍼센트나 되는 질소를 직접 사용할 수 없기 때문에 질소 결핍으로 죽을 수도 있다. 그래서 우선 공기 중의 질소를 생물체가 사용 가능한 질소 화합물로 전환해야 한다. 그러나 공기 중의 질소 즉 질소분자(N_2)는 삼중결합을 하고 있어 매우 안정하며 다른 화학물질과 결합하여 새로운 화합물을 만들지 않으므로 공중 질소고정이 필요하다. 질소고정이란 안정한 불활성 질소 분자를 반응성이 높은 다른 질소 화합물(암모니아, 질산염, 이산화질소 등)로 변환하는 과정을 말하는데, 크게 자연적 질소고정과 인공적 질소고정이 있다. 자연적이든 인공적이든 질소고정은 비료의 제조와 폭발물(화약, 다이너마이트, TNT 등)의 제조에 매우 중요한 공정이다.

자연적 질소고정에는 번개와 같은 공중 방전에 의한 것과 박테리아나 고세균(Archaea, 古細菌) 같은 미생물에 의한 것이 있다. 공중 방전에 의한 질소고정의 경우, 번개가 치면 6만℃가 넘는 온도로 공기가 가열되어 질소분자는 삼중결합을 깨뜨리는 데 충분한 에너지를 공급받게 된다. 이렇게 해서 따로 떨어진 질소원자는 대기 중의 산소와 결합하여 질소산화물을 생성하고 이는 다시 수증기에 녹아 식물들이 사용할 수 있도록 비나 눈에 섞여 땅으로 떨어진다.

미생물에 의한 질소고정은 남조류(bluegreen algae)나 아조토박터(Azotobacter), 클로스트리듐(Clostridium)처럼 토양과 물에 살고 있는 미생물, 그리고 완두콩, 알팔파, 클로버 같은 콩과식물에 기생하는 뿌리혹박테리아의 두 가지 그룹에 의해서 일어난다. 뿌리혹박테리아는 콩과식물로부터 양분을 공급받고 그 대신 콩과식물이나 같은 토양에

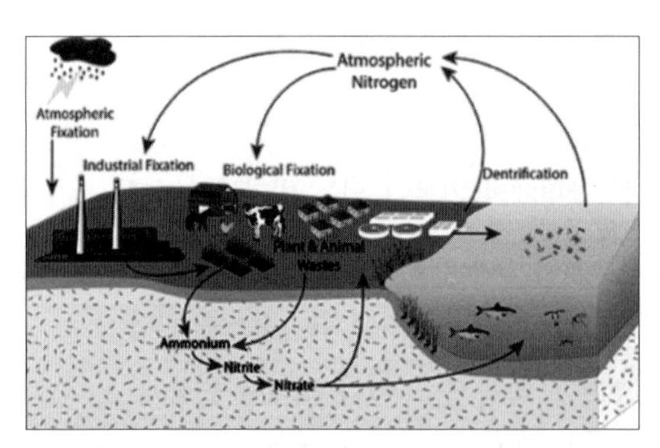

질소순환 과정

서 자라고 있는 다른 식물들에게 필요한 암모늄 화합물을 분비한다. 또한 식물들은 광물, 비료, 동물 배설물, 생물체 부패 등에서 만들어진 질산염을 토양에서 흡수하고, 이를 암모늄 이온으로 전환시키는 소위 '질소순환 과정'을 한다.

그러므로 토양에 이들 화합물이 충분치 않으면 인공비료로 공급해 주어야 한다. 식물들이 사용하는 거의 모든 질소들은 암모니아(NH_3)나, 질산염(NO_3^-) 화합물의 형태이다. 인공적 공중 질소고정은 화학 공업적 합성에 의한 것으로, 가장 널리 쓰이는 질소고정이 바로 유명한 하버-보슈 공정이다.

| 칠레초석, 구아노 |

농작물의 재배로 인류를 위해 안정적인 식량 공급을 하던 토지는 점차 수확량이 떨어지면서 생산량이 줄어들게 되었다. 그리고 식량 공급이 인구 증가를 따라가지 못하게 되자, 전 세계가 기근으로 엄청난 피해를 입게 되었다. 수천 년 동안 농부들의 마음을 사로잡고 있던 핵심 문제는 "어떻게 하면 토지를 비옥하게 관리하느냐" 하는 것이었다.

19세기 독일의 화학자 리비히(Justus von Liebig)는 식물영양에 대한 과학적 연구를 시작해, 질소가 식물의 필수영양분이라는 것을 발견하여 '비료산업의 아버지'로 불린다. 질산염이 부족한 토양은 식물의 질산염 결핍 현상을 가져왔고, 엽록소 합성에 꼭 필요한 질산염이 결핍되면 식물의 잎이 누렇게 뜨고 잘 자라지 못한다. 이것은 농부들에게 엄청난 시련을 안겨 주었지만 농작물에 필요한 질산염의 실질적 원천을 찾을 수 없었다. 1900년에 이르면 비옥했던 땅들은 대부분 다 영양분이 소진되어 황폐해졌다.

자연에서 얻어지는 질산염은 통틀어 대략 1억 톤에 지나지 않아, 농부들은 질산염 부족 현상을 해결하기 위해 동물의 배설물을 거름으로 사용했다. 또한 농부들은 토양에서 자연적으로 질소를 고정하여 질산염을 재활성화시키는 땅콩, 콩, 피스타치오(견과류) 같은 콩과식물을 특별히 경작했다. 그러나 이러한 방법은 특수작물과 식량작물을 번갈아 심어야 하기 때문에 결과적으로 식량작물 수확량이 줄어들게 된다. 어쨌든 이와 같은 방법들로는 증가하는 인구를 먹일 만큼 충분히 수확량을 증가시킬 수 없었고, 결과적으로 영국을 포함해 세계 많은 곳에서 기근이 발생했다.

그런데 질 좋고 엄청나게 많은 양의 고정된 질소 원천 중의 하나가 칠레에서 발견되었다. 칠레 해안가에는 무수히 많은 바닷새들의 배설물이 수천 년 동안 쌓인 구아노(남미 케추아어로 '바닷새의 똥'이라는 뜻)가 1.5미터 높이로 350킬로미터에 걸쳐 퇴적물로 쌓여 있었다. 이것이 바로 칠레초석($NaNO_3$)인데, 1840년대에 와서 비료로 사용할 수 있다는 것이 알려졌다.

칠레초석은 비료뿐 아니라 폭발물의 중요 성분이라는 것이 알려지면서 이 지역은 전략적으로 매우 중요한 지역이 되었다. 칠레초석의 소유권을 놓고 칠레는 페루-볼리비아 연합군과 1879~1884년 동안 태평양전쟁(The Pacific War, 혹은 '새똥전쟁')까지 치르고, 구아노 퇴적층이 가장 많은 지역을 차지했다. 당시는 인공적인 질소고정이 알려져 있지 않았던 때이므로 세계는 전적으로 비료와 고성능 폭약 제조를 칠레초석에 의존할 수밖에 없었다.

전 세계에 칠레초석을 공급하기 위해 거대한 산업이 발달하게 되고, 1900년 칠레는 초석으로 전 세계 비료의 3분의 2를 생산했다. 만일 전쟁이 발발한다면 칠레로부터 초석을 공급받지 못하는 나라는 탄약이 금방 바닥나버릴 거라는 사실을 군 지휘관들도 잘 알고 있었다. 그런데 1914년 제1차 세계대전이 일어나기 직전, 독일 화학자 프리츠 하버와 카를 보슈가 공기 중의 질소로부터 암모니아를 대량으로 합성하는 이른바 '하버-보슈 공정'을 개발하여 최초로 독일의 화학회사 바스프(BASF)의 오파우(Oppau) 공장에서 산업적 규모로 생산되었다. 1세기가 지난 지금도, 하버-보슈 공정으로 연간 총 5억 톤의 인공비료가 생산되고, 전 세계 에너지 소비량의 1~2퍼센트가 인공비료 생산에 쓰이고 있다.

| 하버-보슈 공정 |

하버-보슈 공정은 고온 고압에서 철 촉매를 사용하여 암모니아를 대량으로 합성하는 방법인데 화학반응식은 다음과 같다.

$N_2(g) + 3H_2(g) \rightleftarrows 2NH_3(g)$; $\Delta H = -92.4 kJ\ mol^{-1}$

$K_{298} = 6 \times 10^5$

위 반응식에서 정반응은 발열반응이며, 질소와 수소는 1:3의 몰(mol) 비율로 반응하여 2몰의 암모니아를 생성한다. 평형 반응 혼합물에서 암모니아를 최대로 생산하기 위해서는 평형의 위치를 가능한 한 오른쪽으로 최대로 옮겨야 하며, 열역학적 평형이동은 '르샤틀리에 원리'(Le

Chatelier's Principle)에 따라 일어난다.

르샤틀리에 원리란, 평형 상태에 있을 때 외부에서 농도, 온도, 압력 등 평형의 조건을 변화시키면 반응은 그 변화를 없애는 방향으로 움직여 새로운 평형에 도달하는 것을 뜻한다. 가령 옆에 있는 친구가 한 대 치면 옆으로 살짝 피하는 것과 같은 이치라 할 수 있겠다. 따라서 앞의 반응식에서 암모니아를 생산하는 정반응은 발열반응이기 때문에 평형 혼합물에서 암모니아를 가능한 한 최대로 얻으려면 르샤틀리에 원리에 따라 반응온도를 낮추어야 한다. 그러나 온도를 낮추면 반응 속도가 느려지는 문제점이 생기는데 평형의 위치와 반응 속도를 잘 절충한 온도는 400~500℃ 범위가 된다. 또한 철 같은 촉매를 사용하면 평형의 위치에는 아무 영향을 주지 않지만 활성화 에너지를 낮추어 반응 속도를 촉진시킨다.

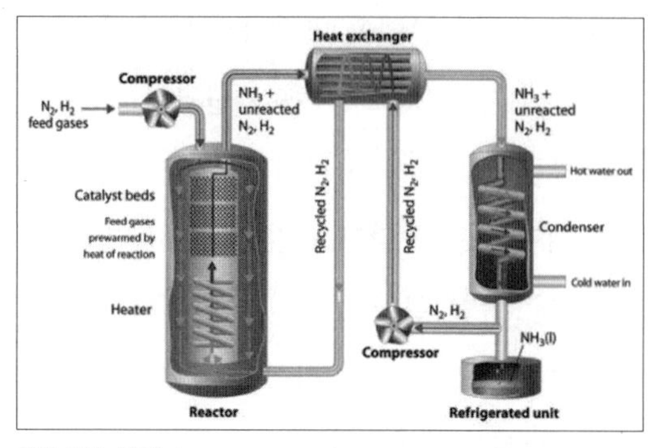

하버-보슈 공정도

또 다른 실험 변수는 압력이다. 앞의 반응식은 왼쪽에서 4몰의 기체가 반응하여 오른쪽에 2몰의 기체가 생성된다. 따라서 압력을 높이면 기체의 몰수가 큰 쪽에서 작은 쪽으로 즉, 정반응으로 반응이 진행되고, 압력을 낮추면 반응은 역방향으로 진행됨을 알 수 있다. 그러므로 암모니아의 수율(收率)을 높이기 위해선 고압을 써야 하지만, 공장을 짓고 기계를 가동할 때의 위험성을 최소화하려면 200기압 정도가 적당하다. 암모니아의 수율은 200기압, 500℃에서 철을 촉매로 사용하면 10~20퍼센트 정도가 되는데, 고압에서 암모니아를 합성할 수 있도록 기술적인 문제를 해결한 사람이 카를 보슈(Carl Bosch, 1874~1940)이다.

| 프리츠 하버의 생애 |

프리츠 하버(Fritz Haber, 1968~1934)는 독일의 브레슬라우(Breslau, 지금의 폴란드 브로츠와프)에서 부유한 유태계 집안에서 태어났다. 아버지는 도시에서 유명한 화학약품 회사를 운영했고, 어머니는 하버가 태어난 지 3주 뒤 출산 후유증으로 사망했다. 아버지는 아내의 죽음이 아들 프리츠 때문이라고 생각한 탓인지 부자 사이는 원만하지 못했고 자주 갈등 관계에 있었다.

하버는 브레슬라우에 있는 김나지움(St. Elizabeth Gymnasium)에 다니면서, 문학과 철학 등 인문학에 소양과 애정을 갖게 되었다. 특히 괴테로부터 영감을 받아 시도 쓰고 연극을 좋아했지만 화학을 전공하기로 정한다. 그러나 아들이 상업교육을 받기를 원하는 아버지의 희망과는 반대로 하버는 1886~1891년까지 여러 대학에서, 즉 베를린 대학에서 호프만(A. W. Hofmann), 하이델베르크 대학에서 분젠(Robert Bunsen), 그리고 샤를로텐부르크(Charlottenburg) 공과대학에서는 리베르만(Carl Liebermann)의 지도 아래 화학을 공부했다. 그는 샤를로텐부르크에서 학위 논문을 마친 후, 베를린 대학에서 1891년 유기화학으로 박사학위를 받았다.

아들이 기업가가 되는 것을 여전히 포기하지 않던 아버지를 위해 하버는 학문의 길을 시작하기 전, 6개월간 회사에서 일을 했다. 그러나 아들이 전혀 사업에 소질이 없다는 것을 깨달은 아버지는 마침내 그가 과학자로서의 인생을 사는 것을 허락했다. 1893년 하버는 아버지 뜻과는 달리 유대교에서 개신교(루터교)로 개종했다.

그는 카를스루에(Karlsruhe) 대학에서 1894~1911년까지 17년 동안, 자신의 인생에서 가장 '성과 있던' 시절이라고 말하는 보람찬 시간을 보냈다. 1901년 하버는 십대 때부터 알고 지내던 클라라(Clara Immerwahr)와 결혼했다. 브레슬라우에서 존경받는 유태계 가문의 딸인 클라라 역시 개신교로 개종했는데 야망과 투지에 있어서는 하버와 맞수가 될 만했다. 그녀는 항상 편견과 반대에 맞서 싸우며 브레슬라우 대학에서 화학으로 박사학위를 받은 최초의 여성이었다.

하버는 1904년부터 촉매반응을 이용해 공기 중에 무한히 존재하는 질소를 수소와 반응시켜 암모니아를 합성하는 연구에 착수했고, 1909년 화학회사인 바스프에 하버 공정 시험을 의뢰했다. 하버는 암모니아 제조 가능성에 대해 바스프를 설득하여 계약을 맺었고, 그것을 실용화하는 업무를 맡은 사람이 바스프의 연구원 보슈였다. 마침내 두 사람은 하버-보슈 공정(Haber-Bosch process)이라고 불리는 암모니아의 대량생산 공정 개발에 성공하여 제1차 세계대전이 일어나기 직전인 1913년에는 하루에 수천 톤의 암모니아를 생산했다.

이러한 연구 성과를 배경으로 1911년, 하버는 카이저빌헬름 물리화학·전기화학연구소 소장과 베를린 대학의 교수가 되었다. 제1차 세계대전이 발발하자 영국 해군은 즉시 해상을 봉쇄하여 독일이 칠레로부터 공급받아 오던 초석을 차단했다. 그러나 공기 중의 질소를 수소와 반응시켜 암모니아를 합성해 폭약을 만들 수 있었던 독일은 2년 동안 더 전쟁을 버틸 수 있게 되었고, 결과적으로 하버-보슈 공정으로 인해 700만 명이 더 희생되었다.

제1차 세계대전에서 독가스전은 어떤 의미에서는 화학자들 간의 전쟁이었다. 전쟁 동안 연합국과 독일 양쪽 다 무기로 사용될 가능성이 있는 화학약품 3000가지 이상을 조사했다. 독일을 포함한 대부분의 국가들이 포탄 같은 발사체에 독가스를 장전하는 것을 금지하는 헤이그 협약에 1907년 서명했지만, 독일은 발사체가 아니라 땅에서 독가스통을 사용해 바람으로 독가스를 퍼뜨리는 방법으로 이러한 금지를 피해나갔다.

독일에서는 프리츠 하버가 프랑스의 노벨상 수상자 그리냐르(Victor Grignard)에 맞서 독가스 개발에 진력했다. 전쟁과 평화에 관해 하버는 "평화 시에는 과학자는 세계를 위해서 일하지만 전쟁 시에는 그는 조국을 위해서 일한다"라고 말하기도 했다. 그리고 전쟁에서의 독가스 사용에 대한 논란에 대해서도 그는 "어떤 방법으로 죽든지 죽음은 죽음일 뿐이다. 총을 맞고 피를 흘려 서서히 죽는 것과 독가스에 질식해서 빨리 죽는 것이 무엇이 다른가?" 라는 태도를 견지했다.

하버는 투철한 애국심을 가지고 염소(chlorine)를 독가스로 개발하여 1915년 4월 22일 벨기에 이프르(Ypres) 전투에서 프랑스군을 상대로 첫 번째 대규모 염소가스 살포를 지휘했다. 그는 민간인으로 너무 나이가 많아 입대할 수 없었지만, 대위로 특별히 복무했고 나중에 훈장까지 받았다. 훗날 노벨 수상자가 되는 프랑크(James Frank), 헤르츠(Gustav Hertz) 그리고 오토 한(Otto Hahn)도 하버 부대의 가스 병으

1차 대전 당시 염소가스 살포로 수많은 사상자를 냈다.

로 복무했다. 5700개의 가스통에 들어 있는 녹색을 띤 168톤의 염소가스가 퍼져나가자, 6~7킬로미터에 걸친 참호 속에 있던 연합군은 약 1만 5000명의 사상자를 냈지만, 독가스로 인한 독일군의 사망자는 수백 명에 지나지 않았다.

염소가스 공격의 효과에 대해 처음에는 반신반의하던 독일군조차 너무도 완벽한 공격에 상당히 놀랐다. 그러나 독가스 효과를 확신하지 못했던 독일군은, 전선이 뚫릴 때를 대비해 총공격을 할 수 있도록 예비부대를 준비하지 않아서 성공적인 전투로는 이어지지 않았다. 더구나 초기에 독일에게 유리했던 화학전도 양쪽 군대 모두 재빨리 독가스와 가스마스크를 생산해 사용하기 시작하면서 별반 큰 효과를 보지 못하게 된다. 독가스 화학전은 심리적 무기이긴 하지만 전쟁에서 결코 결정적인 요인은 되지 못했다.

한편 남편의 화학무기 개발을 강력하게 반대하던 아내 클라라는 하버가 독가스 화학전을 성공시킨 직후인 5월 2일 권총 자살로 생을 마감했다. 그러나 하버는 아내가 죽은 다음날 동부전선의 러시아 군대에 첫 독가스 공격을 지휘하기 위해 집을 떠났다.

하버는 1918년 암모니아 합성법을 발견한 공로로 노벨화학상을 수상하지만(실제로는 종전 후인 1919년에 받았다) 제1차 세계대전 중 독가스 개발에 앞장선 그에게 노벨상을 주는 것이 합당한가 하는 논란이 일었고, 연합국에선 그에게 전범(戰犯) 딱지까지 붙였다. 자고이래로, 패한 자는 할 말이 없는 법!

1919년 하버는 이온화합물의 격자에너지(lattice energy)를 구하는 방법인 '보른-하버 순환'(Born-Haber cycles)을 발표한다. 1920년에는 종전 후 베르사유 조약에 의해 독일에 부과된 엄청난 전쟁배상금 마련을

사용된 지클론B의 빈 깡통들과 가스실

돕기 위해, 바닷물에서 금을 추출하기 위한 연구를 진행했다. 하지만 이 연구는 바닷물에 포함된 금의 함량이 극히 적어 경제성이 없다는 결론을 내리고 중단되었다.

하버는 1911~1933년까지 카이저빌헬름 물리화학·전기화학 연구소장으로 재직하면서, 세계적으로 유명한 연구소로 키우고 독일 화학의 발전을 주도했다. 연구소 명칭은 1953년에 그의 이름을 따서 프리츠 하버 연구소로 바뀐다.

1930년 초 독일에서는 잔인한 반유대주의가 횡행하고 그동안 독일의 투철한 애국자로 일해온 하버의 공적은 아무런 보호막이 되지 못했다. 정권을 잡은 나치는 1933년 4월 7일 '직업공무원 정비법'을 제정하고 유태인을 공직에서 추방하기 시작했다. 하버는 그 자신이 그토록 애정을 갖고 일해오던 연구소에서 사임했다. 그러나 독일을 조국으로 짝사랑해오던 그에게 더욱 가혹한 일이 벌어졌다. 1920년에 하버는 곡물저장고 속 벌레들을 죽이기 위해 훈증제로 쓰일 살충제 시안화수소(HCN) 가스, 지클론A(Zyklon A)를 개발했다. 그런데 홀로코스트 기간 동안 지클론A는 지클론B로 이름이 바뀌어 강제수용소 가스실에서 수백만 명의 유태인들을 학살하는 데 쓰였다. 그 중에는 하버의 친척들도 포함되어 있었다.

하버는 연구소를 그만둔 뒤 케임브리지 대학의 초청을 받아 영국으로 떠났다. 그러나 영국에서 몇 달 머무는 동안 그는 독가스 개발을 주도했다는 이유로 영국 왕립학회장 러더퍼드(Ernest Rutherford)에게 악수조차 거부당하고, 또한 영국의 날씨도 그의 건강에 도움이 되지 않아 정착에 어려움을 겪었다. 그런데 때마침 화학자로서 훗날 이스라엘 초대 대통령이 되는 바이츠만(Chaim Azriel Weizmann)으로부터 새로 설립하는 시프연구소(Sieff Research Institute, 지금의 Weizmann Institute of Science)의 소장을 맡아달라는 부탁을 받고 이를 수락했다.

그러나 이스라엘로 가는 도중 하버는 스위스의 바젤(Basel)호텔에서 심장마비로 파란만장한 65세의 생을 마감하고 그곳에 묻혔다.

10. 제2차 세계대전의 핵개발 경쟁
– 맨해튼 프로젝트와 과학자의 윤리

Manhattan project(1942~1946)

| 맨해튼 프로젝트 |

1941년 12월 7일, 일본은 선전포고도 없이 미 태평양함대가 주둔해 있던 진주만을 기습 공격했고, 이로 인해 미국이 2차 세계대전에 참전하는 결정적 계기를 제공했다.

일본과 독일에 선전포고한 지 얼마 뒤 루즈벨트 대통령은 육군에 원자폭탄의 개발을 지시하는 한편 영국의 처칠 수상에게 협력 의사를 전달하였는데, 이로써 원자탄을 만드는 맨해튼 프로젝트(Manhattan project)가 시작되었다. 미국의 과학자들은 물론 나치를 피해 미국에 와 있던 유럽의 과학자들과 동맹국인 영국과 캐나다가 공동으로 원자탄 개발에 참여하여 맨해튼 프로젝트라는 암호명 하에, 레슬리 그로브스(Leslie Groves) 장군이 지휘하는

그로브스

미 육군 공병대의 관할로 1942년부터 1946년까지 진행되었다.

민관합동으로 진행된 맨해튼 프로젝트의 군사 부문은 '맨해튼 구역'이라고 불렸고, 전체 프로젝트를 총괄하는 공식 이름은 '대체자원개발'이었다. 맨해튼은 공식 명칭을 대신하는 미국 측 암호명이었고, 영국 측 참가 조직의 암호명은 튜브 얼로이즈(Tube Alloys, 특수강관(特殊鋼管))였다. 미국보다 먼저 핵무기 개발을 시작했던 영국은, 원자탄 개발에 협력해달라는 미국의 요청을 처음에는 거부하려 했지만, 미국의 엄청난 자원과 인력을 인정할 수밖에 없어 결국 튜브 얼로이즈는 맨해튼 프로젝트의 일부로 포함되게 되었다.

원자탄의 연구개발과 제조는 미국, 영국, 캐나다 등에 있는 30곳 이상의 지역에 분산되어 진행되었는데, 크게 세 가지 과제로 나눌 수 있다.

1. 우라늄폭탄과 플루토늄폭탄의 두 가지 핵폭탄 개발.

2. 여러 가지 방법을 써서 천연 우라늄(우라늄-235와 우라늄-237의 혼합물)으로부터 핵분열이 가능한 우라늄-235를 분리하여 90퍼센트 이상의 U-235로 농축하는 방법.

3. 감속제로 흑연과 중수를 써서 핵분열을 제어하는 방법.

맨해튼 프로젝트의 연구 책임자인 오펜하이머와 그로브스 장군은 모든 면에서 독특한 커플이라고 불릴 만하다. 그러나 이 독특한 커플은 거의 불가능이라고 여겨지던 방대하고 엄청난 규모의 핵폭탄 개발을 훌륭하게 성공시켰다.

| 로버트 오펜하이머 |

오펜하이머

오펜하이머(Robert Oppenheimer, 1904~1967)는 1904년 뉴욕의 독일계 유태인의 이민자 가정에서 태어났다. 어릴 때부터 천재적인 두각을 나타내서 하버드 대학을 3년 만에 졸업하고, 나중에 노벨상을 수상하는 영국 케임브리지 대학의 톰슨(J. J. Thompson) 밑에 연구를 하러 갔다. 그러나 3개월 후, 독일의 괴팅겐 대학의 보른(Max Born) 교수의 제의를 받아들여, 같은 대학의 슈뢰딩거(Erwin Schrődinger, 1933년 노벨 물리학상 수상)와 양자역학에 대한 기초 연구를 시작한다.

오펜하이머는 1927년에 박사학위를 끝내고, 맨해튼 프로젝트를 맡기 전에 캘리포니아 버클리 대학과 캘리포니아 공과대학(Caltech)에서 이론물리학 연구팀을 이끌었다. 버클리에서는 사이클로트론(Cyclotron)의 발명으로 유명한 실험물리학자 로렌스(Ernest O. Lawrence)와 협력하여 공동으로 핵폭탄 개발 연구를 수행했다. 그는 공산주의자는 아니었지만, 대공황 기간 동안 자신이 가르친 학생들이 일자리를 찾지 못하는 것에 매우 절망해 좌익 활동에 관심을 가져 미국 공산주의자들과 왕래를 하고 있었다. 그 전력 때문에 그로브스 장군이 오펜하이머를 민간인 연구책임자로 선정하자 FBI는 보안상의 이유로 이를 거부했다.

그러나 그로브스 장군은 자신 앞에 놓여 있는 임무가 역사상 전례 없는 굉장한 프로젝트로, 많은 과학자들의 존경을 받고 있는 오펜하이머가 동료 과학자들을 다룰 수 있는 조직관리 능력이 뛰어난 적임자라고 생각했다. 더구나 첫 번째 질문에서 본인의 좌익 활동에 대해 거리낌없이 인정하는 사람은 결코 스파이가 될 수 없다고 생각한 그로브스는 오펜하이머를 연구 책임자로 선정하는데, 훗날 결국 그가 옳았음이 증명되었다.

맨해튼 계획은 미국 곳곳에 분산되어 진행되었다. 가장 은밀하고 핵심적인 곳은 테네시의 오크리지와 뉴멕시코 주의 생그레 데 크리스토(Sangre de Cristo) 산중에 있는 로스앨러모스(Los Alamos), 워싱턴 주의 핸퍼드(Hanford)와 사상 최초의 핵폭발 실험인 트리니티 실험이 진행된 뉴멕시코의 앨러모고도(Alamogordo)를 들 수 있다.

천연우라늄으로부터 원자폭탄의 원료로 사용되는 U-235를 분리해내는 연구와 실험은 풍부한 물과 수력발전소를 가지고 있고 비교적 외진 오크리지에서 진행되었다. 천연우라늄은 99.3%가 핵분열되기 어려운 우라늄-238이며 핵분열되는 우라늄-235는 0.7%밖에 되지 않는다. 그런데 U-238과 U-235는 화학적 성질이 같아서 화학적 방법으로는 분리할 수 없기 때문에 두 원소의 작은 질량 차이를 이용하여 분리해내는 물리적 방법들을 사용해야 한다.

첫 번째 방법은 자기장 안에서 원자를 빠른 속도로 회전시킬 때, 작은 질량 차이로 인해 동위원소들이 약간 다른 원 궤도를 돌게 되는 것을 이용해 분리하는 전자기(電磁氣)적 분리기술이다. 두 번째 방법은 기체의 확산 비율이 해당 기체의 분자 질량의 제곱근에 반비례한다는 '그레이엄의 법칙'을 이용하여, 두 기체가 혼합되어 있는 상자를 연다면 분자 질량이 작은 기체가 더 빨리 확산되므로, 확산 속도의 차이를 이용하여 분리하는 기체확산 분리기술이 있다. 그리고 세 번째 방법으로, 혼합 기체가 서로 다른 온도를 갖는 구역에 있을 때 무거운 기체는 차가운 쪽으로, 가벼운 기체는 더운 쪽으로 몰리는 것을 이용하여 두 기체를 분리하는 열확산 기술법이 검토되었다. 그런데 어떤 방법이 가장 우수한지를 결정할 수가 없어 이 모든 방법을 사용하여 동위원소를 분리했다. 오크리지에서는 3만4000명의 노동자가 U-235를 추출해내는 작업에 참여하였다고 한다.

우라늄과 병행하여 플루토늄을 생산하려는 작업이 워싱턴 주 핸퍼드에 있는 반응로(反應爐)에서 이루어졌다. 즉, U-238이 중성자 방사선에 노출되면 가끔 핵은 중성자를 포획해서 U-239로 변한 후 다시 베타선을 방출하면서 Pu-239로 바뀌는 것이다. 이 물질은 U-235 동위원소처럼 핵분열이 가능하고 연쇄반응을 일으킬 수 있는 중성자를 방출하는데, 중요한 사실은 플루토늄으로 변환되면 원자 자체가 달라지므로 우라늄으로부터 어려운 물리적 방법 대신 화학적 방법으로 분리할 수 있다는 점이다.

한편 뉴멕시코의 로스앨러모스는 높은 산과 깊은 골짜기로 외부와 격리된 산중에 있어 비밀 프로젝트를 진행하기에 안성맞춤이었다. 오펜하이머의 추천에 따라 그로브스 장군은 로스앨러모스를 선정했고, 원자탄의 개발과 관련된 연구는 대부분 이곳에서 추진되었다. 작은 마을이었던 이곳에 세계적으로 유명한 과학자들이 몰려들어, 유명한 물리학자나 수학자들만 해도 백 명이 넘었다. 이들 중 많은 사람들은 이미 노벨상을 받았거나 후에 받은 사람들이다. 이곳에 온 과학자, 수학자, 공학자, 기술자 그리고 조수들은 각자의 암호명을 부여받았고, 누구에게도 자신들이 하는 일에 대해 발설하면 안 된다는 지시를 받았다.

1942년 5월 이탈리아 출신 물리학자인 엔리코 페르미(Enrico Fermi)는 콜롬비아 대학에서 흡수된 중성자보다 5% 정도 더 많은 중성자를 원자로에서 얻는 데 성공했다. 뉴욕의 심장부에서 이룬 거의 성공에 가

페르미

까운 시험운전은 맨해튼 프로젝트에 엄청난 영향을 준다. 시카고에서 32킬로 떨어진 아르곤 국가지정 연구실에 영구적인 원자로 시험시설이 건설되고 있는 동안, 페르미의 지도하에 원자로 테스트는 콜롬비아 대학에서 시카고 대학으로 이관되었다.

1942년 12월, 시카고 대학 스쿼시 경기장 지하에 흑연 핵반응로가 건설되었는데 그 책임자는 페르미였다. 불순물을 제거한 500톤의 순수한 흑연 4만 개로 만들어진 최초의 핵반응로 이름은 '시카고 파일'이었다. 페르미는 중성자를 흡수하는 물질인 카드뮴 제어봉을 원자로에 넣거나 빼는 방법을 이용해 핵연쇄반응의 속도를 조절했다. 12월 2일 9시 54분, 모든 카드뮴 제어봉을 원자로에서 빼내자, 점차 중성자가 흡수되는 양보다 방출되는 양이 많아지더니 3시 21분, 연쇄반응이 일어나는 것을 보고 카드뮴 제어봉을 다시 집어넣어 연쇄반응을 중단시켰다. 독일의 원자로 실험이 실패로 끝난 이후, 역사상 처음으로 핵연쇄반응을 성공시킨 것으로 인류는 중대한 기로의 모퉁이를 돌게 된 것이다.

| 원자탄 폭발시험과 히로시마 폭격 그리고 과학자의 고뇌 |

맨해튼 프로젝트는 핵폭탄 개발 임무뿐만 아니라 독일 핵에너지 계획에 대한 정보를 수집하는 임무도 병행했다. 적국의 핵무기 개발 정보를 탐지하고 방해하는 이와 같은 첩보 작전에는 미 해군정보국과 과학연구개발국, 미 육군정보참모부 G-2 등이 참여했다. 맨해튼 프로젝트의 첩보 활동 작전명은 알소스(Alsos)였는데, 이는 맨해튼 프로젝트 책임자인 그로브스의 성 'Groves'를 그리스어로 표기한 것이다.

한편 유럽에서는 독일이 패전을 거듭하고 있었다. 1945년 4월 12일 독일의 항복을 눈앞에 둔 시점에서 프랭클린 루즈벨트 대통령이 뇌출혈로 사망하고, 해리 트루먼(Harry Truman)이 부통령이 된 지 82일 만에 전격적으로 대통령직에 오른다. 당시 트루먼은 루즈벨트 대통령과 국내외 문제를 논의한 적이 거의 없었고, 세계 최초로 핵폭탄실험을 시행하려는 국가 1급 기밀 맨해튼 프로젝트나 전쟁에 관련한 중요한 계획에 대해서도 정보를 갖고 있지 않았다. 대통령직에 올라 국방장관 헨리 스팀슨(Henry Stimson)으로부터 맨해튼 프로젝트에 대한 브리핑을 받고 첫 각료회의를 소집한다.

1945년 4월 30일 히틀러가 베를린의 지하 벙커에서 자살했고, 5월 8일 독일의 패배로 유럽에서의 전쟁은 끝이 났다. 그러자 나치 독일이 일으킨 전쟁을 종식시켜야 한다는 일념으로 원자폭탄 개발에 전념하던 과학자들은 이제 자신들이 하고 있던 연구에 대해 다시 생각해보지 않을 수 없었다.

폴란드 출신의 영국 핵물리학자인 조지프 로트블랫(Joseph Rotblat, 1908~2005)은 나치의 패배가 확실해지자 핵무기 개발에 반대하고 맨해튼 프로젝트에서 떠난 첫 번째 과학자이다. 아인슈타인에게 원자탄을 개발하도록 루즈벨트 대통령을 설득하는 편지를 쓰도록 권했던 실라드(Leo Szilard, 1898~1964)는 자신들의 연구가 과학자

실라드

들의 의도를 벗어나 인류를 파멸로 이끌지도 모른다는 것을 잘 인식하고 있었다. 과학자들이 핵개발 연구와 핵무기 사용에 대해 점차 주도권을 잃어가는 것에 실망한 실라드는 군부 책임자 그로브스 장군과 자주 충돌하게 된다.

1945년 6월 실라드는 일본에 공개적으로 항복을 요구하고, 일본이 그 요구를 받아들이면 원자폭탄을 사용하지 말 것을 내용으로 하는 트루먼 대통령에게 보내는 청원서를 작성한다. 70명이 넘는 맨해튼 프로젝트 참여 과학자들이 청원서에 서명했다. 그러나 이 청원서는 트루먼 대통령에게 전달되지도 않았고, 오히려 청원서에 대한 반발로 그로브스 장군은 실라드가 불법적인 행동을 한 증거를 찾으려고 했다. 그리고 청원서에 서명한 대부분의 과학자들은 직장을 잃게 된다.

1945년 7월 16일, 오펜하이머는 로스앨러모스에서 남쪽으로 340킬로미터 떨어진 앨러모고도에서 실시된 원자폭탄 폭발실험을 지켜보면서 "도대체 내가 무슨 짓을 했단 말인가? 이제 우리가 알고 있던 세계는 더 이상 예전과 같지 않다"고 탄식한다. 최초의 원자폭탄 폭발로 강철 탑은 녹아내린 금속 자국 몇 개만 남긴 채 사라져 버렸으며, 아스팔트는 녹색의 유리재로 뒤덮였다. 당시 과학자들은 5000톤의 TNT와 맞먹는 폭발을 예상했으나, 실제로는 2만 톤의 TNT에 해당하는 위력을 발휘했다고 한다.

한편 트루먼은 독일의 포츠담에서 영국, 중국과 함께 일본의 항복 권고와 2차대전 이후의 일본 처리문제에 대해 의논하고 있던 중 원자탄 폭발실험의 성공 소식을 듣는다. 그로부터 약 2주일 후인 1945년 8월 6일 월요일, 트루먼 대통령의 명령에 의해 원자폭탄 '리틀 보이'가 히로시마에 투하되었고, 3일 후인 8월 9일 플루토늄 폭탄 '팻맨'(Fat man)이 나가사키에 투하됐다. 원폭투하 이후 2~4개월 동안 히로시마에서는 9만~16만6000명이, 나가사키에선 6만~8만 명에 이르는 사망자가 집계됐다. 각 도시 사망자의 절반은 원폭투하 당일에 희생된 사람들이다.

히로시마·나가사키 원폭 투하

오펜하이머는 원자탄을 사용하게 된 배경이 군사적 목적을 달성하기 위한 극단적인 경쟁 때문이라는 것을 곧 깨달았다. 그리고 원자탄 개발을 도운 자신에 대한 혐오감과 공포감을 느끼고 "나는 세계의 파괴자, 죽음이 되었다"라고 말했다. 이 말 속에서 그가 얼마나 고뇌로 번민했을지 가슴에 절절하게 와 닿는다.

오펜하이머는 1945년 10월 25일 처음으로 트루먼과 대면한다. 소련이 언제 원자탄을 만들 것인가 예측해보라는 트루먼의 질문에 오펜하이머는 '모른다'고 대답했다. 그러자 트루먼이 "결코 만들지 못할 것(Never)"이라고 쏘아붙이자, 오펜하이머는 셰익스피어의 〈맥베스〉에 나오는 대사를 인용하여 "대통령 각하, 내 손에 피가 묻어 있습니다"라고 대답했다. 이에 불같이 화가 난 트루먼 대통령은 "피는 내 손에 묻어 있고, 그 문제는 내가 걱정할 일이다"라고 말했다. 트루먼은 나중에 국무장관 애치슨(Aheson)에게 "이 집무실에서 다시는 그 개자식(son of bitch)을 만나고 싶지 않다"고 했다. 훗날 트루먼은 또 다시 오펜하이머를 '징징거리는 아기 같은 과학자'라고 조롱하기도 했다.

로스앨러모스에 모인 과학자들이 엄중한 보안 속에서 기밀을 유지하며 원자폭탄을 만들기 위한 연구를 하고 있는 동안 소련의 핵기술 첩보원들은 이미 원자탄 프로그램 각 부문에 침투해 있었다. 소련은 나치 독일의 독일 핵에너지 프로젝트에도 첩보원을 심어두고 미국과 독일 양쪽에서 정보를 수집했다. 소련은 추후 독자적인 핵무기 개발을 위해 독일의 핵 기술자를 납치하는 러시아판 알소스(Alsos) 작전을 진행하는데, 향후에는 맨해튼 프로젝트의 핵 기술자를 납치하려는 계획까지 세우고 있었다.

1944년 12월, 소련의 비밀경찰국장 베리야(Lavrentij Berija)는 소련의 원자탄 프로젝트(Task No.1)의 책임을 맡게 되자, 미국의 핵 프로그램에 대해 성공적인 스파이전을 벌였다. 미국의 원자탄 독점이 문제라고 생각한 로스앨러모스 연구소의 푹스(Klaus Fuchs)라는 이론물리학자가 소련에 원자탄 설계도를 유출시키면서, 4년여의 짧은 기간 안에 소련은 드디어 1949년 8월 29일, 원자탄 실험을 성공적으로 마쳐 두 번째 핵 보유국이 된다.

| 지구 종말을 향한 핵개발 경쟁 |

히로시마와 나가사키 폭격 이후 세계 각국의 원자탄 경쟁은 치열해져서 지금까지 실험과 위협 목적으로 2000여 건의 핵폭발 시험이 있었다. 미국, 러시아, 영국, 프랑스, 중국, 인도, 파키스탄, 북한 등이 공공연하게 핵실험을 했고, 이스라엘도 핵을 보유하고 있는 것으로 알려져 있다.

한편 소련과 냉전 상태로 대치하고 있던 미국은 1949년에 소련이 핵폭탄 실험에 성공하자, 이번에는 더 큰 위력을 나타내는 핵융합폭탄인 수소폭탄을 만들고자 했다. 트루먼 대통령은 당시 미국 원자력위원회의장이었던 오펜하이머에게 수소폭탄을 만들 것을 주문하자, 오펜하이머는 "나는 이미 원자력 에너지를 사용하는 것을 개발해 인류 전체에 씻을 수 없는 범죄를 저질렀다. 내가 왜 또 인류를 위협하는 범죄를 다시 저질러야 하는가? 나는 차라리 맨해튼의 엠파이어스테이트 빌딩 꼭대기에 선 채, 소련이 미국을 핵폭탄으로 첫 공격을 할 때, 그 폭탄을 맞고 죽겠다"라고 말했다고 한다.

프로메테우스가 제우스로부터 불을 훔쳐 인류에게 주었듯이 핵이라는 불을 인류에게 선사해 준 오펜하이머는 '수소폭탄 개발의 반대자'로 돌아서, 하루아침에 국가적 영웅에서 국가 안보를 위태롭게 하는 인물로 낙인찍히고 모든 공직에서 쫓겨났다. 결국 그의 뒤를 이어 헝가리 출신의 열렬한 반공주의자인 텔러(Edward Teller)가 원자력위원장에 임명되고 수소폭탄을 성공적으로 만든다. 1954년 미국은 수소폭탄의 외각을 우라늄-235로 싼 폭탄을 개발하여 3월 1일 남태평양의 비키니 섬에서 실험했는데, 그 위력은 TNT 1500만~2000만 톤에 달했다. 현재까지 실험된 수소폭탄들 중 최대의 것은 소련이 1961년에 실시한 것으로 TNT 4800만 톤의 위력인 것으로 알려졌다.

이렇게 과학자의 손에 의해 만들어진 핵무기가 과학자의 의도와는 상관없이 통제할 수 없는 상황으로 굴러가면서, 세계 각국이 인류의 종말을 향해 미친 듯이 핵개발 경쟁에 뛰어들기 시작했다. 그러자 아인슈타인은 버트란드 러셀과 함께 1955년 7월, 핵전쟁의 위험과 전쟁 회피를 호소하는 내용을 담은 '러셀-아인슈타인 선언'을 발표한다. 이 선언문에는 핵개발에 참여했던 과학자들뿐만 아니라 다른 저명한 과학자들(막스 보른, 브리지먼, 아인슈타인, 인펠트, 졸리오 퀴리, H. J. 뮐러, 라이너스 폴링, 조지프 로트블랫, 버트란드 러셀, 유카와 히데키)이 동참하여, 과학과 국제 정세

2차대전이 끝난 후 연합군이 하이거로흐에 있던 독일의 실험용 원자로를 해체하고 있다.

에 관한 '퍼그워시 회의'를 캐나다 퍼그워시에 설립했다.

미국의 맨해튼 프로젝트를 이끌었던 오펜하이머가 수소폭탄 개발을 적극적으로 반대하여 공산주의자, 배신자로 낙인찍혀 말년을 고통스럽게 보냈다면, 비록 핵무기 개발에는 실패했지만 나치 독일 하에서 핵무기를 개발했던 독일의 원자력에너지 개발 책임자 하이젠베르크는 인류 최초의 원자탄 폭발에 대해 어떤 생각을 가졌을까? 미국보다 먼저 우라늄의 핵분열을 발견했고, 이론물리의 메카로 여겨지던 독일이 과학에서 유럽보다 훨씬 뒤쳐져 있다고 생각한 미국과의 핵무기 개발 경쟁에서 패배한 것에 대해 그는 어떻게 생각했을까?

1944년 미국 그로브스 장군은 독일의 핵무기 개발을 저지하기 위해 '알소스'(Alsos)란 암호명의 특공대를 조직했다. 그리고 1945년 4월경 하이젠베르크를 비롯한 독일의 우라늄클럽 과학자 10명을 체포해 영국 케임브리지 근처 팜홀이라는 시골에 6개월 넘게 억류했다. 이곳에서 이들의 대화 한마디 한마디가 비밀리에 녹음됐는데, 50년간 극비문서로 분류됐던 이 자료가 1990년대 후반에 공개됐다. 미국이 히로시마에 원자폭탄을 투하했다는 소식이 전해진 직후 이들이 나누었던 대화는 다음과 같다.

오토 한 : 어떻게 30킬로그램 정도의 순수한 우라늄-235를 가지고 폭탄을 만들 수 있었을까? 하이젠베르크! 자네는 왜 2톤이 필요하다고 했

었나?

하이젠베르크 : 그들은 아마 우리가 모르는 동위원소 분리법을 사용했던 것 같아.

디브너 : 우리가 실패한 이유는 관리들이 즉각적인 결과에만 관심이 있었기 때문이었어. 미국처럼 장기적인 정책을 펴지 못한 게 우리가 패배한 원인이야.

하이젠베르크 : 나는 우리가 우라늄 엔진을 만들 수 있다고 믿었어. 하지만 나는 우리가 폭탄을 만들고 있다고는 결코 생각한 적이 없네. 나는 그것이 폭탄이 아니라는 사실이 진심으로 기뻤을 뿐이야.

하이젠베르크가 원자탄을 만들 의도가 없어 고의적으로 방해했다는 이야기를 들은 보어(Niels Bohr)는 하이젠베르크의 '불확정성 원리'는 두 가지라고 코멘트를 했는데, 하나는 입자의 위치와 운동량을 동시에 정확히 측정할 수 없다는 것을 뜻하는 불확정성 원리이고, 또 다른 하나는 '원자탄을 만들 의도가 없었다'는 하이젠베르크의 말의 진실성에 의문을 표시한 것이다.

두 사람의 천재 과학자, 오펜하이머와 하이젠베르크에게서 보듯이 굴러가는 역사의 수레바퀴 속에서 과학자가 할 수 있는 역할이란 무엇이며, 인류의 멸망을 향해 달리는 핵개발 경쟁은 어떻게 막을 수가 있는지, 특히 북한의 핵을 머리에 이고 살아야 하는 우리에게 그 답을 찾기란 핵폭탄 개발보다도 더 어려운 난제인 것 같다.

참고로 미국 정부는 오펜하이머에게 케네디 대통령이 엔리코 페르미상을, 존슨 대통령이 프리덤 메달을 수여함으로써 그의 공적을 인정하고 명예를 회복시켜 주었다.

11. 생화학전의 역사와 21세기 인류가 직면한 도전

Biochemical Warfare(BC 4세기~미래)

2012년 구미의 화공약품 제조업체에서 불산 누출로 직원 5명이 사망하고, 마을 주민 18명이 부상, 1000명이 대피하는 사고가 일어났다. 유독가스 확산으로 농작물이 타들어가고 주민들이 후유증을 호소하고 있다고 연일 TV와 신문에 보도되었다. 사실 전공이 전공이니만큼, 화학약품들을 가지고 실험을 하면서 안전문제에 대해 항상 걱정이 많아, 학생들에게 실험실에서의 옷차림에서부터, 보호안경을 착용해라, 마스크나 가스마스크를 쓰고 실험해라, 레이저 빛에 대한 보호안경을 써라, 고무장갑을 껴라… 등등 수많은 잔소리를 해왔다.

그러나 무엇보다 다루고 있는 화학물질에 대해 유해성 여부와 그런 유해물질을 어떻게 취급해야 하는지 정보를 얻지 못해 어려움을 겪었던 경험이 있다. 그래서 국립도서관이고, 학교 도서관이고, 또는 어느 국가정부기관 사이트이고 간에 각각의 화학약품마다 취급시 지켜야 할 안전수칙과 사고시 대처 방법에 대한 정보를 손쉽게 검색할 수 있도록 공개되어야 한다고 생각한다.

우리나라에서 산업재해로 인한 사망자나 피해는 OECD 국가들 중에서도 으뜸일 정도로 상당한 숫자라고 하며, 화학제조업체에서도 사고가 많이 일어나는 것으로 알려져 있다. 뿐만 아니라 대학 실험실이나 연구소에서조차 가끔 실험사고 발생 기사가 나는 것을 보면, 아직은 이러한 종류의 방재 대비책이나 안전수칙, 나아가서 사고발생시의 면밀한 대응 시스템이 잘 작동되지 않음을 알 수 있다. 게다가 안전에 대한 불감증까지 더해진 때문이 아닌가 생각된다.

그런데 화학이나 생물작용 물질들은 산업재해뿐만이 아니라, 소위 '가난한 자의 핵폭탄'이라고도 하여 전쟁에서도 사용되어 왔고, 테러리스트 또는 사회에 불만을 품은 자나 개인적인 원한으로도 계속해서 사용되어 왔다.

| 생화학전의 역사 : 고대부터 18세기까지 |

최초로 알려진 화학무기는 기원전 1만 년경 석기시대 때 남부 아프리카에서 뱀이나 전갈, 독성식물 같은 자연에서 얻은 독을 나무, 뼈, 돌화살촉에 칠해 사용한 것으로 알려져 있다. 수많은 화학무기의 예가 있지만 이집트, 바빌론, 인도, 그리고 중국의 고대문명에서 기록된 역사에는 독약에 대한 언급이 있다. BC 3000년경 이집트의 초대 파라오 메네스는 식물, 동물, 광물로부터 독극물을 채취했으며 이집트인들은 시안화수

그리스 불

소산(일명 청산)의 치사(致死) 효과에 대해서도 연구했다. BC 2000년대 초, 인도의 강력한 왕조들은 연막과 잠을 유발하는 유독한 연기들을 전쟁에서 대규모로 사용했다. BC 1000년경 중국에서는 비소 가스와 같은 불쾌하고 자극적인 유독가스들을 제조하는 방법이 기록되어 있다.

BC 590년경 아테네의 솔론(Solon)은 키르하(Kirrha)를 점령하는 동안 플레이스토스(Pleistos) 강에서 키르하로 이어지는 수로에 헬레보어(hellebore) 뿌리를 넣어 심한 설사병에 걸린 적군을 격파했다. 그리고 BC 429~424년경 펠로폰네소스 전쟁 동안 스파르타와 동맹군이 아테네를 점령할 때 역청(瀝靑), 유황, 나무로 된 혼합물을 태워 유독가스와 불길을 사용하여 아테네와 동맹군들을 무력화시켰다.

화학작용제 중 고대 전쟁에서 가장 많이 사용한 것은 소이탄(燒夷彈) 혼합물들이다. 가장 유명한 소이탄 혼합물은 비잔틴 제국의 '그리스 불'(greek fire)이다. 그리스 불은 현대에 와서 붙여진 이름이고 비잔틴에서는 '바다 불'(sea fire)로, 그들의 적인 무슬림들은 '로마 불'이라고 불렀는데, '석유, 역청, 유황, 수지'의 혼합물인 것으로 추측되며 콘스탄티노플 함락(AD 637)때 사용되었다. 이 새로운 대량살상 무기는 무슬림 점령지역인 시리아의 화학자이며 건축가인 칼리니코스(Kallinikos)가 만들어서 비잔티움 제국(동로마 제국)에 전해졌다고 하는데, 이 무기 덕분에 로마인들은 콘스탄티노플을 점령하려는 아랍의 위협으로부터 자신들의 신앙과 문화를 지킬 수 있었다.

이 '그리스 불'의 조성은 철저하게 비밀에 부쳐져 오늘날에도 제조 비법이 알려져 있지 않아, 단지 추측만 할 뿐이다. 사이펀과 펌프를 이용해 구리 관으로부터 이 소이탄 혼합물이 적군의 배에 분사되면, 배의 젖은 곳이나 바닷물과 접촉할 때 불이 붙어서 칼리니코스는 이 무기를 '젖은 불'이라고 불렀다고 한다. 연소하는 데 물이 중요한 역할을 하는 것으로 보아 아마도 생석회가 들어 있을 것으로 추측할 수 있다. 이 무기 덕분에 비잔티움 제국은 678년경 키지코스(Kyzikos) 전투에서 아랍 함대를 대파할 수 있었고, 훗날 717~718년 아랍의 공격과 941년과 1043년 두 차례 러시아의 공격을 막아내어 승리에 큰 역할을 했다.

중세기 생물학 전쟁에서는 병에 걸리거나 감염된 시체를 성 안으로 투척하는 것이 전투의 한 형태였다. 가장 최초로 알려진 이러한 방식의 전투는 백년전쟁(1337~1453) 동안인 1340년, 북부 프랑스의 툰레베크(Thun l'Eveque)를 점령할 때 썼던 것으로 기록되어 있다. 14세기에는 타타르(Tatar) 군대가 카파(Kaffa)를 점령할 때, 적군에게 전염병을 퍼뜨리려는 의도로 흑사병에 걸린 시체들을 도시 안으로 던졌다고 한다. 전해 내려오는 말에 의하면(아마도 사실이 아닐지도 모르지만) 14세기 유럽 인구의 4분의 1을 죽게 한 흑사병(black death)은 타타르 군대가 전염병 희생자의 시체들을 마치 포탄처럼 사용하자, 도망쳐 나온 피난민들에 의해 퍼졌다고 한다. 이러한 일은 1710년 에스토니아 레발(Reval)에서 스웨덴 군대를 포위한 러시아 군대가 전염병으로 사망한 시체를 던지는 사건에서 되풀이되었다.

중세 르네상스 시대로 오면서 화약과 화기, 대포가 전쟁에서 중요한 역할을 하기 시작하여, 마침내 이 무기들이 전투의 승패를 좌우하게 된다. 1672년 뮌스터(Münster)의 주교인 갈렌(Christoph Bernhard von Galen)은 흐로닝언(Groningen)을 포위하고 있는 동안 여러 가지의 폭약과 소이탄 장비들을 사용하였는데, 그 중에는 유독가스를 만들어내는 것도 포함되어 있었다. 화학무기 사용을 제한하는 최초의 국제적 합의는 1675년 프랑스와 독일이 끔찍한 유독 장치들의 사용을 금지하는 스트라스부르(Strasbourg) 협정을 맺으면서 시작된다.

세균전의 사용은 유럽과 아시아에만 국한된 것이 아니었다. 1773년 뉴잉글랜드에서 그레이트 레이크(Great Lake) 지역에 대한 영국의 정책에 불만을 품은 인디언들이 폰티악(Pontiac)을 주축으로 반란을 일으켰을 때, 영국군 부케(Henry Bouquet) 대령은 펜실베이니아 피트 요새(Fort Pitt)에 협상하러 온 인디언들에게 천연두 균이 묻은 담요와 손수건을 주었다. 이 선물은 의도했던 목적을 달성하여 인디언들 사이에 삽시간에 천연두를 퍼뜨렸다. 천연두 균에 노출된 적이 없었던 인디언들은 면역학적으로 매우 취약하여 결과적으로 인구수에 엄청난 파괴적인 결과를 가져온다.

| 제1차 세계대전과 생화학전 |

수천 년간 생화학 무기들이 전쟁의 도구로 사용되어 왔지만 현대적인 의미의 생화학전의 시작은 제1차 세계대전의 전쟁터에서 시작되었다. 화학무기는 핵폭탄과 같은 대량살상 무기들과는 달리 수많은 사람을 살상하지는 못하지만, 비교적 싸고 쉽게 만들 수 있으며, 수송이 용이하다는 장점을 갖고 있다. 따라서 엄청난 시설과 막대한 돈이 드는 핵무기를 갖지 못한 초강대국이 아닌 나라들(북한은 예외지만)로 하여금 대량 살상 무기인 생화학무기를 갖고 싶다는 갈망을 자극한다. 화학작용제는 개발

비용이 싸게 들 뿐만 아니라 소규모 분쟁에 이용할 수 있다는 장점이 있으며 또한 그러한 무기를 소유함으로써 초강대국에 대한 의존도를 줄일 수 있어 여러 나라들이 화학무기의 가능성을 찾는 연구를 시작했다. 더구나 숙련된 화학자들에겐 **전구체**만 있다면 대부분의 화학작용제를 쉽게 만들 수 있어서 많은 테러단에게는 화학무기가 최상의 공격 방법으로 생각될 수 있다.

전구체(前驅體)
어떤 물질대사나 반응에서 특정 물질이 되기 전 단계의 물질.

염소가스를 무기로 처음 사용한 것은 제1차 세계대전 중인 1915년 4월 22일로, 벨기에의 이프르(Ypres) 전투에서 프랑스와 알제리 군에 대해 독일이 최초의 염소가스 공격을 했다. 그런데 전쟁에 사용된 염소가스를 개발한 사람이 공기 중의 질소와 수소로부터 암모니아를 합성하여 노벨상을 탄 물리화학자 하버(Fritz Haber)이다. 그의 아내는 남편이 독가스를 만든 것에 심리적, 정신적 고통을 겪다가 자살을 택했다. 염소가스는 공기보다 무겁기 때문에 공기 중에 살포하면 위로 날아가는 대신 참호나 터널을 채워버려 무방비 상태로 만든다. 독일군은 5730개의 염소가스 실린더를 설치하고 밸브를 열어 약 180톤의 염소가스를 방출해, 표백제 냄새가 나는 짙은 녹색 구름이 연합군 진지를 뒤덮었다. 이 유독가스 공격으로 사망자 5000명, 부상자 1만 명이 발생했다.

제1차 세계대전 동안 약 12만5000톤의 유독성 화학물질이 사용되었으며, 특히 머스터드 가스에 의한 총 사망자 수는 130만 명인데 그 중 약 10만 명만이 전쟁터에서 사망할 정도로 고통을 주었다. 한편 같은 전쟁에서 재래식 무기에 의한 총 사망자 수는 2670만 명으로 이 중 약 680만 명이 전쟁터에서 사망했다. 이처럼 유독가스에 의한 피해는 끔찍한 고통을 수반하기 때문에 비인간적인 무기이다.

제1차 세계대전에서 가스에 의한 추정 사상자			
국가	전투 장소	사상자 수	사망자 수
오스트리아·헝가리	주로 동부전선	10만 명	3000명
독일	동부와 서부전선	20만 명	9000명
러시아	동부전선	47만5000명	5만6000명
서방연합군(영국, 프랑스, 미국, 이탈리아)	서부전선	51만 명	2만2000명

1차 세계대전 종전 후인 1925년, 전쟁에 독성가스의 사용을 금지하는 '제네바 의정서'를 체결하였으나 화학무기의 확산과 사용을 금지시키는 데 성공하지 못했다. 제2차 세계대전은 1차 대전에서의 정적인 참호 전투와는 달리 신속하게 움직이는 기동 공격 스타일이어서 화학무기의 사용이 효율적이지 못했다. 그런데다 연합군이 독일군보다 좀 더 발전되고 더 많은 화학무기를 갖고 있어서 상호간에 화학무기의 사용을 억제할 수 있었다.

그러나 일본은 중일전쟁(1937~1945)에서 화학무기 및 세균을 사용했다. 그 실상이 제대로 알려지지 않았지만 가장 광범위하고 가장 끔찍한 생물무기의 연구와 개발이 일본군에 의해 1932년부터 제2차 세계대전이 끝날 때까지 진행되었다. 일본 731부대는 3000명이 넘는 과학자와 기술자를 고용하여 죄수를 대상으로 인체실험을 했으며, 1만 명 이상의 죄수들이 병의 진행과 관찰을 위해 전염병, 탄저병, 매독, 그

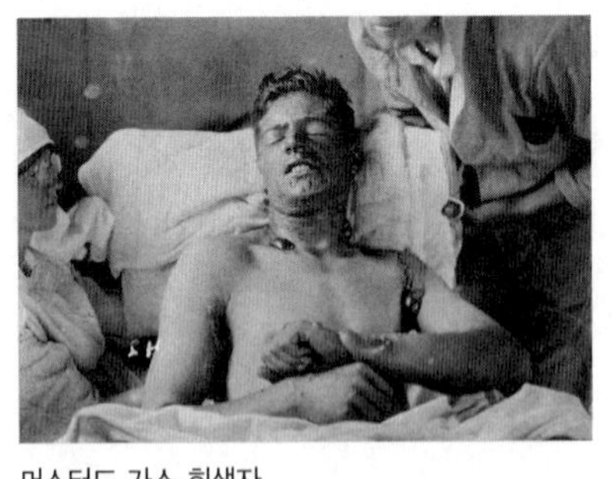
머스터드 가스 희생자

외 다른 세균에 노출되어 희생되었다. 어떤 희생자들은 병의 감염으로 죽기도 하고, 실험 후 처형되기도 하였으며 인체의 내부를 이해하기 위해 시체 해부(심지어는 생체 해부)가 자행되었다. 그러나 생물전쟁은 양날의 검이다. 731부대는 일급비밀이었고, 중국에 주둔한 일본 군대는 생물전을 다루기에는 너무 미숙하고 장비도 제대로 갖추어져 있지 않아, 세균의 공격으로부터 일본 군대도 사상자가 생겨 거의 1만 건의 콜레라 발생과 1700명의 사망자가 발생했다. 자신의 군대를 보호하는 데도 어려움이 따르는 것이 생물전의 단점이다.

731부대 희생자

한편 이라크는 1980년대 이란과의 전쟁에서 머스터드 가스를 이란 군대에 살포하여 상당한 사상자를 냈고(1만 명이 중상을 입었다고 하며, 사망자 수는 미상) 1988년 이라크 북부 할랍자(Halabja)의 쿠르드족에게 머스터드 가스와 신경가스를 사용했는데, 참혹한 할랍자 희생자들 모습의 사진이 공개되어 전 세계를 경악케 했다. 최근에는 2011년 시리아 내전 중에 화학전이 시행된 것이 확인되었는데, 그 공격 주체가 누구인지를 두고 논란이 되고 있다.

한편 걸프전을 계기로 화학무기 금지를 요청하는 국제 여론이 비등해져 1993년 9월 파리에서 개최된 군축회의에서 '화학무기의 개발·생산·비축·사용금지 및 폐기'에 관한 서명이 이루어졌고, 1997년 4월 29일 이후 조약이 정식 발효되었다. 2012년 현재 한국을 포함 188개국이 이 조약을 비준했다. '생물무기협정'(Biological Weapons Convention)은 생물작용제와 독소, 무기의 배치, 생산, 축적 및 습득을 금지하는 내용으

걸프전 이후 화학무기 금지 여론이 확산되고 있다.

로 1972년 스위스 제네바에서 서명하여, 1975년 발효되었으며 현재 165개국이 조약을 비준했다.

그러나 역사가 말해주듯 어느 나라도 대량살상용 무기생산을 자제하기란 매우 어려운 일이다. 특히 "너는 갖고 있으면서, 왜 나는 안 돼?"라는 경제 민주화가 아닌 소위 '무기 민주화(?)' 경쟁 때문에 국제협약이라는 것도 효율적인 검증 없이는 거의 무용지물이 아닌가 하는 생각이 든다. 가령 소설이나 영화에서처럼 어떤 기존의 약으로도 치료하지 못하는, 유전학적으로 조작된 슈퍼박테리아가 어느 미친 과학자에 의해 만들어져서 유포된다면, 중세 때 유럽 인구의 4분의 1을 죽게 한 흑사병보다도 더 엄청난 결과를 가져오지 않을까? 문제는 예전에 영화나 공상소설에서나 읽던 이야기들이 하나둘씩 현실에서 실현되고 있다는 사실이다.

불행하게도, 병원체에 대항하여 신약이나 백신을 개발하는 데 필요한 똑같은 지식이 생물무기를 개발하는 데 오용될 가능성도 충분히 있다는 점이다. 특히 유전자공학, 분자생물학, 생물공학 그리고 유전체학(genomics) 분야가 엄청나게 빠르게 발달하고 있어, 세계는 그 어느 때보다 심각한 환경적, 정치적, 윤리적 그리고 사회적 도전에 직면하고 있는 것이다.

part IV

100세 수명에 공헌한 위대한 발견과 인류의 건강

1. 치유의 신 아스클레피오스와 최초의 정신병원 아스클레피온

Asclepion(BC 400~)

얼마 전 친구가 박물관 학교에 가자고 찾아왔다. 마침 강연 주제가 터키의 이슬람 문화라고 하니, 그렇지 않아도 지난해 터키여행의 즐거움이 아련히 남아 있는 터라 체계적으로 터키 문화와 역사를 들어 보는 것도 좋을 것 같아 비가 추적추적 내리는 중에도 친구를 따라 나섰다.

그날의 강연 내용 중에서 흥미로웠던 것은 최초의 정신병원인 아스클레피온에 관한 것이었다. 아스클레피온은 터키의 페르가몬(지금의 베르가마)에 세워진 심리치료와 물리치료를 동시에 병행한 병원인데 그 규모와 시설이 웅장하고 체계적이어서 가히 고대 그리스 사람들이 현대인들보다 더 우수하다는 찬탄이 저절로 나올 정도였다. 하긴 유럽 여행지 곳곳에서 고대 로마의 원형극장이나 공중목욕탕, 수로(水路) 같은 수천 년 전 유적들의 위용을 만나게 되면 로마인들의 스케일과 실용 분야에서의 천재성에 주눅이 들곤 하는 것도 사실이다.

| 아스클레피오스의 출생과 성장 |

그리스 신화에 나오는 아스클레피오스(Asclepios)는 의술과 치유의 신으로, 아버지는 아폴론이고 어머니는 테살리아(Thessalia) 왕 플레기아스(Phlegyas)의 딸 코로니스(Coronis)였다. 코로니스는 아폴론의 아이를 임신한 상태에서 다른 인간과 사랑에 빠지는데, 올림포스 산에서 지구상에서 일어나는 일을 모두 볼 수 있는 아폴론은 코로니스의 외도를 알아차리고 격분했다. 아폴론의 쌍둥이 동생인 사냥의 여신 아르테미스(Artemis)가 부정을 저지른 코로니스를 활로 쏘아 죽이고(신의 시누이도 무섭긴 마찬가지다!), 시신은 화장용 장작더미 위에 던져졌다. 그녀의 시신이 막 불타려고 할 때, 아폴론은 아직 태어나지 않은 아들에 대한 아비의 정으로 큰 슬픔을 느끼고 최초의 제왕절개 수술을 행하여 아스클레피오스를 죽음에서 건져낸다. 따라서 아스클레피오스의 탄생 자체가 제왕절개라는 의술에 의한 영웅적 행위로 가능했던 것이다.

아폴론은 태어난 아기를 현명한 반인반마(半人半馬)인 켄타우로스(Centauros)족의 케이론(Chiron)에게 맡겨 기르게 했다. 케이론은 가정교사자 멘토로서 아스클레피오스에게 치유의 기술을 가르친다. 그밖에도 외과의학에 대한 지식, 약물의 사용, 사랑의 묘약과 주술을 가르쳤으며, 지혜의 여신 아테나(Athena)는 메두사의 피로 만들어진 마술의 묘약까지 주었다. 신화에 따르면 메두사의 피는 머리의 정맥의 어느 쪽에서 흘러나왔느냐에 따라 효과가 달라서, 오른쪽 정맥에서 흘러나온 피는 죽은 사람을 살려내는 기적 같은 효과가 있고 왼쪽 정맥에서 흘러나온 피는 치명적인 독약이다.

| 의술과 치유의 신, 아스클레피오스 |

치유의 신 아스클레피오스

아스클레피오스는 위대한 외과의가 되어, 의술을 전례 없는 높은 위치로 올려놓았을 뿐만 아니라, '기적의 선물'을 가지고 인간 지식의 한계를 넘어 죽은 사람도 살려냈다. 그가 메두사의 오른쪽 정맥의 피를 사용하여 죽은 사람을 살려내자 위대한 하늘의 신 제우스가 격노한다.

또 다른 버전에 의하면, 그리스의 영웅 히폴리투스(Hippolytus)는 아테네 왕 테세우스의 아들로, 아버지의 후처 파이도라의 구애를 받았으나 거절했다. 파이도라는 의붓아들이 그녀를 강간했다는 거짓 유언을 남기고 자살했고, 히폴리투스는 어리석은 아버지의 저주를 받고 죽었다. 그래서 히폴리투스를 총애하는 사냥의 여신 아르테미스가 아스클레피오스에게 그를 부활시키라고 간청하였다 한다.

제우스의 눈으로는 인간이 죽은 사람을 살려낸다는 것은 우주의 자연 질서를 무너뜨리는 지극히 불경한 행위이다. 게다가 제우스의 동생이자 죽음을 관장하고 지하 세계를 다스리는 신 하데스(Hades)가 불평을 하자 제우스는 벼락을 내려 아스클레피오스와 히폴리투스 둘 다 죽인다. 한편 아폴론은 이유야 어떻든 아들의 죽음에 분노하여, 아버지 제우스에게 번개를 만들어 준 타이탄족의 장인(匠人) 키클롭스(Cyclops)를 죽여 대신 복수를 한다. 결국 제우스도 아스클레피오스가 인간에게 좋은 일을 한 점과 아폴론과의 불화를 끝내기 위해 그를 신으로 만들어 뱀주인자리 성좌(constellation Ophiuchus)의 별들 사이에 놓는다.

의술의 상징 카두세우스

국제보건기구 로고

아스클레피오스의 신화는 오늘날까지 전해지며 의술에서부터 천문학에 이르기까지 영향을 주고 있는데, 그 중 가장 눈에 띄는 것은 의술 분야이다.

오늘날 널리 알려진 의술의 상징 두 가지가 있는데, 하나는 헤르메스의 지팡이 카두세우스로, 두 마리의 뱀이 감겨 있는 꼭대기에 두 날개가 펼쳐진 모양이며, 다른 하나는 한 마리의 뱀이 휘감고 있는 아스클레피오스의 지팡이다. 카두세우스는 일반적으로 북미에서 의술의 상징으로 널리 알려져 있고, 아스클레피오스의 지팡이는 세계보건기구(WHO) 로고로 쓰이고 있다. 허물을 벗는 뱀은 생명과 소생을 상징하는데, 고대 그리스에서는 병을 치유하는 의식에서 뱀이 사용되어, 환자가 아스클레피온에 들어가 아바톤의 맨바닥에서 하룻밤 자고 있는 사이 숙소에 독이 없는 뱀들을 풀어놓았다고 한다.

기원전 300년경, 아스클레피오스 숭배가 대중적인 인기를 끌자 그에게 바치는 아스클레피온(Asclepion) 성전을 환자 치료 장소로 사용하게 되었다. 아스클레피오스에게 바치는 제물로는 수탉이 사용되었다. 로마인들도 아스클레피오스 숭배를 채택하여 라틴어로 아이스쿨라피우스(Aesculapius)라고 부른다.

고대 그리스 곳곳에 아스클레피오스의 이름을 딴 성전(聖殿) 아스클레피온이 세워져 봉헌되었다. 즉 아스클레피온은 치유의 신 아스클레피오스에게 영광을 돌리기 위하여 지은 유명한 메디컬센터로, 세계 최초의 정신병원인 셈이다. 고대 그리스 전역에 많이 세워졌으나 가장 유명한 곳은 에피다우루스, 코스(Kos), 그리고 페르가몬의 아스클레피온이 있다.

| 에피다우루스의 아스클레피온 |

에피다우루스의 아스클레피온 모형

에피다우루스(Epidaurus)는 그리스 펠레폰네소스 반도 아르골리스(Argolis) 주 북동 해안에 위치한 고대 도시 유적지로, 작은 계곡을 따라 의술의 신 아스클레피오스 신전을 비롯해 여러 신전들과 1만5000명을 수용할 수 있는 원형극장, 병원, 온천 및 숙박시설 등이 남아 있다. 1936년에 만들어진 모형을 보면, 그 웅대한 스케일을 짐작할 수 있다.

가장 먼저 지어진 것은 아스클레피오스 숭배와 관련된 건축물들이었다. 기원전 4세기경 아스클레피오스 신전과 제단, 천정이 둥근 지하 분묘, 아바톤(Abaton)이라 불렀던 신전 옆 치료소 등이 세워졌다. 성스러운 건축물들에 이어 원형극장, 목욕탕, 숙박시설, 체육관, 검투사 양성소 등 세속적인 건축물들이 들어섰다. 특히 이곳의 원형극장은 1만5000명을 수용할 수 있는 규모에 그리스 시대 원형이 가장 잘 보존되어 있는 곳으로 유명하다. 전형적인 헬레니즘 건축양식으로 지어진 원형극장은 그리스 건축예술의 걸작으로 꼽힌다. 기원전 4세기 말에 건축되어 기원전 2세기 중반에 관객석을 늘리는 증축을 한 것으로 추정된다.

이 원형극장의 특징은 음향 효과가 완벽하도록 지어져서, 1만5000명의 관중들이 앰프 없이도 객석에서 대사를 놓치지 않고 다 들을 수 있다는 점이다. 당시에는 음악회, 시낭송 경연대회, 연극공연장 등으로 쓰였으며, 지금도 여름이면 이곳에서 축제가 벌어지고 밤에는 고대 그리스 비극들이 공연된다.

이곳은 애초 태양의 신 아폴론을 섬기던 곳이었으나 어떤 연유에서인지 그 아들인 아스클레피오스를 극진히 섬기게 되었고, 기원전 6세기경에는 아스클레피오스 숭배가 아폴론 숭배를 능가하게 되었다. 원래 좋은 온천지이던 에피다우루스가 의술의 신을 숭배하게 되면서 치료시설까지 겸비하게 되자 많은 이들이 치료 목적으로 이곳을 찾았다. 덕분에 이곳은 아스클레피오스의 성역으로 불리면서 고대 세계에서 가장 유명한 힐링센터가 되었다.

| 페르가몬의 아스클레피온 |

페르가몬(Pergamon)은 터키 아나톨리아 북서쪽 미시아(Mysia)의 고대 그리스 도시로, 에게 해에서 25킬로미터 정도 떨어진 카이우스 강 북쪽에 자리한다. 그리스 시대의 중요한 왕국인 페르가몬은 왕국이 안정기에 접어들면서 소아시아 교역권을 손에 넣게 되었다. 지금의 베르가마에 해당된다. 페르가몬의 아스클레피온은 그리스 신화의 의술의 신 아스클레피오스에게 봉헌된 신전으로 AD 1세기경 세워진 것으로 추정된다. 설립자는 토착 귀족 아르키아스(Archias)로 알려져 있다. 본래는 신전의 기능만 있었으나 알렉산드리아, 그리스 등지에서 의술을 익힌 이 지역 출신 의사 갈레노스(Claudious Galenos, 129~216)에 의해 의료시설로서 명성을 얻게 되었다.

아스클레피온에서는 어느 곳에서나 공통적으로 환자들에게 마사지, 진흙 목욕, 광천수에 의한 냉온탕, 약초, 식이요법 등을 이용한 다양한 치료를 했다. 뿐만 아니라 꿈의 해석을 통한 심리 분석, 치유의 음악 감상이 이루어졌다. 환자들은 맨 처음 자신들을 정결히 하는 의식 후에 신에게 제물을 바치고 성소에서 가장 성스러운 장소 아바톤(Abaton)에서 하룻밤을 지낸다. 꿈이나 환영 모두 사제에게 보고되며, 이를 해석하는 과정에서 적절한 치료법이 처방된다.

프로이트가 꿈의 분석을 하기 2천 년 전에, 환자들은 물소리와 조용한 음악이 흐르는 방에서 치료과정의 하나로 꿈의 해석을 받을 수 있었다. 뜨거운 온욕 치료법과, 약초·꿈 해석·꿀 테라피는 지중해 전 지역에 널리 알려져 아주 먼 곳에서부터 후원자들이 찾아왔다. 현대 정신병원과는 달리 내로라 하는 사람은 누구나 다 아스클레피온에 들어가고 싶어 했다. 유명한 환자로는 로마의 황제 하드리아누스(Hadrian), 아우렐리우스(Marcus Aurelius), 그리고 카라칼라(Caracalla) 등이 있다.

당대의 상당한 영향력을 가지고 있던 저명한 의사 갈레노스는 이곳 페르가몬 출신으로 스미르나(Smyrna), 코린트(Corinth), 알렉산드리아에서 의학을 공부했다. 그리고 157년에 돌아와 페르가몬의 검투사 학교에서 검투사들의 부상과 트라우마를 치료하여 처음 명성을 얻게 되었다. 162년부터는 로마에 살면서, 황제 아우렐리우스와 그의 아들 코모두스의 주치의로 일했다. 갈레노스는 실험생리학의 창시자이고 병리학의 체계를 만들었다. 페르가몬의 에스클레피온은 세계에서 잘 알려진 치유센터로, 그리스의 에피다우루스, 코스(Kos) 다음으로 널리 알려졌다.

| 코스의 아스클레피온 |

코스(Kos)는 소아시아의 남서 연안에 위치하는 그리스령 섬으로 예로

코스의 아스클레피온 복원도

부터 의학의 중심지로 알려져 있다.

1902년 두 사람의 고고학자, 코스의 자라프티스(Iakovos Zaraftis)와 독일의 헤르촉(Hertsok)에 의해 발굴이 시작되었다. 의학의 아버지라고 불리는 히포크라테스(BC 460?~BC 377?)는 코스 섬 출신으로 코스의 에스클레피온에서 의학 공부를 했다고 전해진다. 코스의 아스클레피온은 에피다우로스 다음으로 중요한 고대 그리스의 힐링센터이다. 해발 100미터에 위치한 지형 때문에 경사가 심해 3개의 연결된 테라스로 이루어져 있다.

코스의 아스클레피온 복원도(復元圖)를 보면, 첫번째 테라스는 기둥이 나란히 늘어선 회랑으로 3면이 둘러싸여 있고, 나머지 한 면은 웅대한 옹벽으로 되어 있다. 벽의 중간쯤에 분수와 중앙 테라스로 가는 계단, 그리고 환자들을 위한 철이나 유황 온천물을 저장한 저수탱크들이 있고 계단과 저수탱크들 사이에는 조그만 신전이 있다. 아마 이 테라스에서는 운동경기나 다양한 종류의 시합들이 벌어지는 아스클레피안 축제가 열렸던 것 같다. 중앙 테라스의 오른쪽에는 성소(聖所)에서 가장 오래된 BC 4세기 말~3세기 초에 세워진 신전이 있으며 신전 뒤에는 사제가 사는 집으로 보이는 로마식 주택이 있다. 신전의 왼쪽에는 U자를 거꾸로 세워 놓은 듯한 제단이 있고 제단 왼편에는 로마 신전이 있다. 맨 위쪽 테라스에는 아스클레피오스의 웅장한 신전이 있으며 테라스의 삼면은 회랑으로 둘러싸여 있다.

2. 고대 로마의 수로와 위생시설
- 수로, 화장실, 공중목욕탕

Roman Aqueducts(BC 312~AD 226)

고대 그리스 사람들이 과학, 문학, 철학, 예술 등에 크게 기여했다면, 로마인들은 실용적인 엔지니어링과 기술의 귀재로, 500년간 서구 세계를 지배했던 대로마제국 건설에 엔지니어링이 중요한 역할을 했다. 그러나 로마의 엔지니어링과 기술들은 독창적인 발명이라기보다 이미 알려진 아이디어나 개념, 그리고 발명에 자신들의 아이디어를 더해 특별한 기술로 만드는 재주가 있다. 예를 들면 로만 아치(Roman Arch)는 에트루스크인(Etruscan)들로부터 유래한 것이고, 수로는 그리스인들로부터 빌려온 것이다. 2000년이 넘는 세월을 견뎌낸 장엄한 공공건물과 다리, 댐, 수로, 도로, 항만, 공중목욕탕, 하수도 시설 같은 로마의 유산들은 21세기를 사는 우리들에게도 여전히 영감과 경외감을 주고 있다. 로마인들은 특히 토목, 건축, 엔지니어링 재료, 그리고 군사기술에 탁월했는데, 로마의 수로와 위생시설은 유럽 곳곳에서 오늘날까지 그 위용을 자랑하고 있다.

| 로마 수로(水路) |

고대 로마인들은 로마 시는 말할 것도 없고, 정복 지역 주민들이 진심으로 로마에 동화되도록 하기 위해 원형극장, 도로, 상하수도, 공중화장실, 공중목욕탕 같은 주민 생활의 질을 높이는 사회기반 시설을 지었다. 현대에도 아프리카나 동남아시아 여러 나라들에서는 많은 사람들이 오염된 식수 때문에 고통 받고 있으며, 장티푸스, 이질, 콜레라 같은 수인성 전염병으로 목숨을 잃거나 비소 중독 등으로 고통받고 있다. 물은 인간의 건강과 수명에 직결되는 문제로, 로마인들은 이를 해결하기 위해 현대의 토목 기술로도 이루기 힘든 아름답고도 정교한 수로와 하수도를 만들었다.

로마가 점점 팽창해가고 도시화하면서 티베르 강의 물은 수인성 전염병균과 오염물질로 상태가 매우 좋지 않아 로마 시민들은 식수 공급의 압박을 받게 되었다. BC 312년경에는 샘터나 우물, 마을의 물탱크가 마르면서 물의 공급보다 수요가 훨씬 많아졌다. 로마 정부는 BC 312년 정치가 카에쿠스(Appius Claudius Caecus)를 임명하여, 길이 16킬로미터의 세계 최초의 아피아 수로(Aqua Appia)를 건설하는 것을 시작으로, 장장 90킬로미터에 이르는 가장 긴 마르키아 수로(Aqua Marcia)를 포함해, AD 226년에 완성된 알렉산드리아 수로(Aqua Alexandria)까지 약 500년 동안 총 길이 400킬로미터 이상 되는

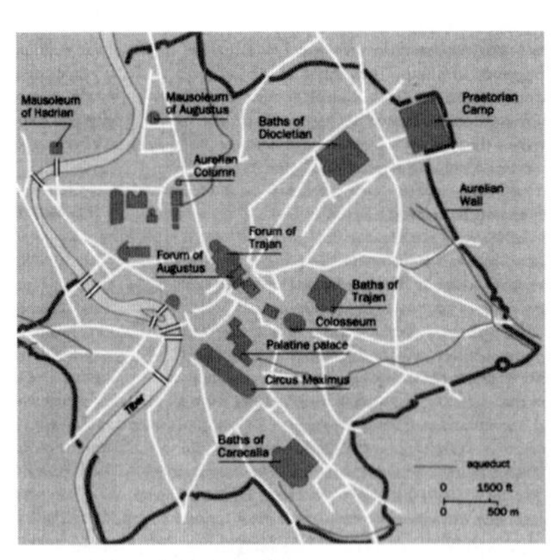

AD 350년 로마의 수로 지도

11개의 수로를 건설했다.

300년까지는 로마제국 안에도 오늘날의 유럽, 중동, 아프리카에 위치한 약 200개의 도시에 600개 이상의 로마 수로가 만들어졌는데, 대부분 무너지거나 파괴되었지만 아직도 몇몇 수로가 남아 있는데, 그 중 유명한 곳이 프랑스의 퐁 뒤 가르(Pont du Gard)와 스페인의 세고비아 수로(Aqueduct of Segovia)이다.

퐁 뒤 가르

처음 세워진 4개의 수로의 원천은 로마의 동쪽 티베르 강 지류인 아니오강(Anio river)으로, 수로를 통해 도시로 들어온 물은 침전지에서 불순물을 제거한 다음 로마시 외곽 가장 높은 곳에 세워진 저수조에 저장된다. 그곳에서 다시 배수조로 보내진 물은 현대의 시스템과 비슷하게 땅 속에 묻은 도관(陶管)이나 납관을 통해 주택, 공중목욕탕, 공중화장실, 분수대, 공공건물, 병영까지 공급되었다. 로마 멸망의 이유 중 하나가 시민들의 납중독이라고 보는 견해도 있지만 당시의 물은 항시 흐르는 상태여서, 물 속에 납이 용해되어 축적될 수 있는 상황이 아니다.

대부분의 수로는 복개된 지하 수로이고, 수로의 5% 미만이 아치형 기둥으로 받친 지상 수로이며, 로마 공화정 시대 말기에는 11개의 수로를 통해 약 백만 명의 시민들에게 1인당 하루 1000리터의 물을 공급할 수 있었다고 한다. 그런데 이 숫자는 오늘날 대부분의 도시에서 감당할 수 있는 물 공급량을 훨씬 능가하는 엄청난 양이다.

| 수로 체계 |

로마의 수로 시스템의 원리는 간단하다. 높은 곳에 위치한 풍부한 수원지로부터 물을 아래로 흐르게 하여 멀리 떨어져 있는 배수장으로 보내면 되는 것이다. 그러나 실제로는 땅의 기울기가 지형에 따라 상당히 다르기 때문에 수로 건설은 생각보다 훨씬 복잡하다. 그렇다면 로마의 기술자들은 어떻게 땅의 높낮이를 극복할 수 있었을까?

로마인들은 먼 거리까지 물이 계속 흐를 수 있도록 아주 작은 경사를 유지하기 위해 지하에 관을 묻고, 땅 속에 사이펀(siphon)을 설치했다. 관은 보통 콘크리트로 만들었지만, 재정이 풍부할 때는 비싼 납(BC 300년경)으로도 만들었다. 관이 계곡을 건너야 할 때는 지하에 역(逆)사이펀(inverted siphon)을 설치했는데, 경사가 급한 땅에서 물이 빠르게 떨어질 때 생기는 운동량으로 인해 반대편 언덕을 올라갈 수 있게 된다. 바로 이 원리는 변기의 물이 쏟아지는 메커니즘과 같다.

사이펀은 역시 비용이 문제인데, 역사이펀이 효율적으로 작동하려면 물의 속도를 올려야 하기 때문에 실제로 납관이 필요하다. 그러나 사이펀 설치 비용을 감당하기 어려울 때는, 계곡에 아치형 기둥들을 건설하고 아치 꼭대기에 뚜껑이 덮여진 도수관(導水管)들을 설치했다.

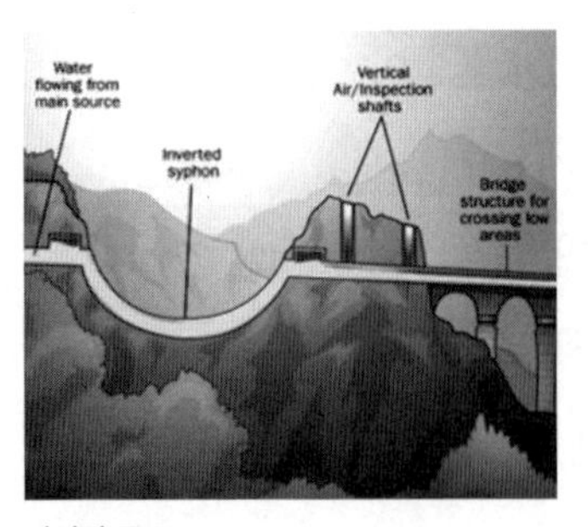

사이펀 구조

아치형의 다단계 다리는 낮은 지역을 건너기 위한 것이고, 역사이펀은 특히 급경사인 계곡에 쓰였으며, 터널은 수질을 점검하고 청소하기 위한 수직 갱도를 갖추고 있다.

수로를 따라 어떤 지점에는 침전 탱크를 두

어 물에서 불순물을 걸러냈고, 또 다른 부분에서는 나뭇가지나 낙엽 같은 부유물을 치울 수 있도록 출입구를 만들어 물 관리자들이 도수관 안으로 들어갈 수 있도록 했다. 그리고 물 관리를 쉽도록 하기 위한 방법으로 두 개의 관을 나란히 지나가게 하여 관리자가 하나의 관에 들어갈 때면 물을 다른 관으로 돌리기도 했다.

로마제국 중기부터 말기의 도시개발 단계에서는 개인 가정에서도 납관으로 물을 끌어와 최상의 물을 공급받았으며, 그보다 수질이 떨어지는 물들은 분수대, 공중목욕탕, 농작물을 위한 관개용수, 변기 물내림용으로 공중화장실에 공급되었다. 1세기에는 도시의 상하수도를 관리하는 감독관으로 로마의 가장 유명한 귀족 중 한 사람인 프론티누스(Sextus Julius Frontinus)가 임명된다. 그는 많은 노예들과 전쟁 포로들을 데리고 상하수도 시설 도면을 만들고 유지·보수했으며, 그의 가장 유명한 책 《로마 수도론(水道論)》은 로마시의 수도시설, 정책, 엔지니어링, 관련법, 연혁 등을 기록하고 있다.

| 로마의 위생시설 |

로마로 신선한 물을 가져오는 수로가 있었다면, 상수 확보만큼이나 중요한 일이 하수 처리이다. 목욕이나 설거지로 생기는 생활 오수는 길에다 내다버릴 수도 있겠지만, 분뇨나 쓰레기 처리는 인구 백만이 넘는 로마와 같은 대도시에서는 굉장히 심각한 문제였다. 특히, 고대와 중세 도시에서 만연되는 수인성 질병을 예방하기 위해서는 식수를 오염시키지 않도록 반드시 하수도를 건설해야 했다.

클로아카 맥시마

하수도

고대 로마의 클로아카 맥시마(Cloaca Maxima)는 2500년이 넘은 지금도 운용하고 있는 세계에서 가장 오래된 하수도로, 오수와 빗물을 내보내는 용도로 건설되었다. BC 500년경 에트루스크인들에 의해 건설된 클로아카 맥시마는 로마 시내의 넓은 지역(로마광장)에 공공건물을 지으려고 원래의 모래 습지로부터 물을 빼내기 위해 도랑과 운하로 만들어졌다. 로마 신화에 따르면 클로아키나(Cloacina)는 클로아카 맥시마를 관장하는 하수도의 여신으로, 로마왕정 때 로물루스(Romulus)와 함께 통치했던 타티우스(Titus Tatius)가 이 여신을 위한 조각상을 처음 세웠다. 클로아키나는 원래 에트루스크인의 신화에서 유래된 여신으로 하수도를 주재할 뿐 아니라, 결혼생활에서 성교의 수호자이다. 클로아키나는 나중에 비너스(Venus)가 된다.

광장이 세워지고 도로 포장이 된 후 클로아카 맥시마는 사실상 하수도로 바뀌었다. 공중목욕탕, 화장실, 분수대, 공공건물이나 도로의 배출수들은 곧장 이곳으로 흘러들어가고, 이 오수는 다시 티베르 강으로 흘러들어갔다.

로마제국 전성기에는 로마 밖으로 나가는 7개의 중요한 하수도가 있었는데, 오늘날의 기준으로도 매우 놀라운 하수도 구조물이 로마의 지하에서 발견되고 있다. 그 밖에도 로마제국 내의 다른 큰 중요 도시에서도 많은 하수도 시설이 건설되었다. 로마의 부유층은 상하수도나 화장실을 개인 저택에 설치할 수 있었지만, 일반 평민들은 공동 상·하수도와 공중화장실을 이용했다.

화장실

집 안에 화장실이 없는 로마의 서민들은 어쩔 수 없이 두 가지 중 하나를 선택해야 했다. 비교적 싼 요금을 내고 도시의 공중화장실을 이용하거나 아니면 요강을 이용해 용변을 보는 것. 우리나라에서도 수세식 실내 화장실이 없던 시절, 요강은 혼수품 목록에 필수적으로 들어 있었다. 근대식 화장실은 16세기에 들어서야 발명되었기 때문에, 로마의 공중화장실은 인류 역사상 최초의 유료 공중화장실이라 할 수 있겠다.

로마의 대부분의 가정에선 요강을 이용했는데, 용변 후 계단 밑에 놓인 통 속에 내용물을 비우고, 그 통이 차면 나중에 집 가까이에 있는 하수구나 개울에 버렸다. 그러나 주민들 중 상당수가 가파른 계단을 내려가거나, 밖에 있는 하수구까지 가는 수고를 아끼려고 요강 속의 오물을 그냥 창문 밖으로 버리는 경우가 많았던 모양이다. 때마침 엄청 재수 없는 보행자가 그 밑을 지나다가 오물을 뒤집어쓰는 경우가 종종 발생하여 분쟁이 끊이지 않자, 마침내 오물 투척으로부터 재수없는 보행자를 보호하기 위한 법까지 제정되었다.

베스파시안(Vespasian) 황제는 역사상 최초의 유료 화장실을 만드는데 그치지 않고 오줌을 수거할 때 '오줌세금'을 붙여 악명이 높았다. 우리나라에서도 예전에 공중화장실에서 남성용 소변기에 큰 플라스틱 통을 놓아 오줌을 받는 것을 본 적이 있는데, 오줌 속의 유로키나아제가 제약회사의 혈전 용해제 재료로 쓰인다고 한다. 옛날부터 동서양에 전해 내려오는 민간요법에 요로법이라고 하여 오줌을 마시는 것이 건강유지와 난치병 치료에 도움이 된다고 하는데, 《동의보감》에도 오줌이 뇌출혈 방지와 정력 증강에 효과가 있다고 기록돼 있다. 여하튼 로마에서는 오줌을 동물들의 가죽을 무두질하는 데 쓰거나 세탁소 주인들이 오줌 속에 들어 있는 암모니아를 모직류 옷의 세탁이나 표백에 사용했다.

로마재정의 파산 상태에서 황제 자리에 오른 베스파시안 황제는 재정 확보 차원에서 궁여지책으로 오줌을 수거하는 데까지 세금을 물린 것이다. 베스파시안의 아들 타티우스가 이에 반대하자, 그는 아들의 코앞에다 대고 동전을 흔들어대며 냄새가 나느냐고 묻는다. 아들이 냄새가 안 난다고 말하자, 그는 "돈은 냄새가 나지 않는다!"는 유명한 말을 남겼다. 그 덕분인가, 황제가 죽었을 때 로마는 파산 상태에서 벗어날 수 있었다.

우리나라 재래식 뒷간과 유사한 로마의 공중화장실에는 뒤는 둥그렇고 앞쪽은 길쭉한 모양으로 뚫린 좌변기가 칸막이도 없이 큰 방에 여러 개 놓여 있다. 바로 그 밑에는 수로에서 흘러들어온 물이 계속해서 통속으로 들어가 오물을 흘려보내고, 하수도로 떠내려간 오물은 결국 티베르 강으로 흘러들어간다. 화장실은 목욕탕과 마찬가지로 남녀 공용이고, 로마인들은 별로 부끄러워하지 않고 이야기를 나누며 생리현상을 해결했던 모양이다.

그렇다면 이들은 용변 후 뒤처리로 무엇을 썼을까? 화장지 대용으로는 왼손을 써서 물로 닦아내거나 무화과 잎, 그리고 막대기 끝에 스펀지가 달려 있는 스펀지아를 사용하는 방법이 있다. 그 중 가장 흔히 쓰는 방법이 스펀지아인데, 앞에

로마의 공중화장실

길쭉하게 뚫려 있는 변기 구멍으로 막대기를 넣어 엉덩이를 스펀지아로 닦아낸 후, 다 쓴 후에는 밑에 흐르는 물에 씻어서 다음 사람이 쓸 수 있도록 대야 모양의 그릇에 놓아둔다.

1세기의 로마에는 100개가 넘는 공중화장실이 세워졌는데, 그 중 대다수가 대리석으로 된 좌변기이고 벽에는 그리스 신화의 벽화, 그리고 몸이나 손을 씻을 수 있도록 분수가 마련되어 있었다. 프라이버시가 없다는 것 빼고는 현대의 공중화장실과 비교해도 손색이 없다.

공중목욕탕

로마 주택들은 납관을 통해 물을 공급받았는데, 이 파이프들의 크기에 따라 세금이 매겨졌다. 그래서 일반 서민 가정에서는 목욕탕까지 갖출 수가 없어 생활에 필요한 기본적인 물만 공급받고 목욕은 공중목욕탕을 사용했다. 그 지역 목욕탕 건물은 만남의 장소이며, 매우 유용한 사교적 장소와 공동체로서의 기능을 겸비했다. 이곳에서 사람들은 운동도 하고 목욕을 하며 휴식도 취하면서, 수다도 떨고 최근 뉴스들을 듣게 된다.

로마에 있는 디오클레티아누스(Diocletian) 목욕탕은 가장 호화롭고 웅장한 공중목욕탕으로 디오클레티아누스와 여러 황제들에 의해 306년에 완공되었다. 축구 경기장 크기의 목욕탕 복합건물은 신들의 조각상과 어마어마한 대리석 기둥과 모자이크로 장식되어 로마제국의 위용을 한껏 자랑하고 있다. 로마제국이 영국을 점령했던 때인 2000년 전에 바스

로마가 바스에 세운 공중목욕탕

(Bath)라는 도시에 세운 공중목욕탕은 지금까지도 잘 보존된 역사 유적지로 세계적인 관광 명소가 되고 있다.

로마의 공중목욕탕은 싼 입장료만 내면 계급, 성별, 인종, 종교의 차별 없이 누구나 사용할 수 있는 완전히 민주적인 모임 장소였다. 일반적으로 고객이 공중목욕탕에 입장료를 내고 들어가면 옷을 벗어 종업원에게 맡기고, 땀이 날 정도의 운동을 한 후 온탕으로 간다. 그런 다음 오늘날의 사우나 같은 열탕으로 옮겨가 사우나를 마친 후, 마사지룸으로 가면 노예가 고객의 몸에 올리브오일을 바르고 마사지를 해준다. 좀 더 호화스러운 목욕탕에선 전문적인 마사지사가 이 일을 했다. 고객은 다시 사우나를 한 후 몸을 식히기 위해 냉탕을 이용하거나 또는 도서실, 수영장, 운동실, 단련장(gymnasium)에서 사람들과 사귀기도 하며 토론도 하고 휴식도 취한다. 찜질방에 열광하는 우리네의 일상을 떠올리면 사람 사는 모습은 고금동서를 막론하고 매한가지인 모양이다.

로마제정 초기 스토아학파 철학자이며 극작가이고 웅변가인 세네카는, 공중목욕탕에서 운동을 하거나 마사지를 받으면서 사람들이 내는 갖가지 소음과 소매치기에 대해 불평을 한 다음, 다음 같은 구절로 욕탕 속 풍경을 실감 있게 묘사한다. "욕탕 안에서 자기 목소리를 듣고 싶어 시끄러운 소리를 내는 남자가 있는가 하면, 물을 사방팔방 튕기면서 엄청난 소음을 내며 다이빙하는 녀석도 있다."

목욕탕 건물에 난방을 하고 물을 데우는 것은 난로와 우리의 온돌과 비슷한 바닥 난방(hypocaust)으로 해결했다. 이러한 대규모의 목욕탕 복합건물을 짓는 것은 상당한 엔지니어링 기술이 요구되는데, 고대 로마인들은 이미 수천 년 전에 지극히 제한된 장비나 도구를 가지고 이러한 위업을 달성한 것이다.

3. 수술의 대혁명을 가져온 마취제의 발견
– 웃음가스, 에테르, 클로로포름

Ether(1275), Laughing Gas(1772), Chloroform(1831)

〈삼국지〉에 보면 고대 중국의 전설적인 명의 화타(華陀)가 전투 중 팔에 독화살을 맞은 관운장의 상처를 치료하는 유명한 외과수술 장면이 나온다. 화타는 독이 뼈까지 침투해서 칼로 뼈를 긁어내야 하는데, 너무 고통스러워 몸부림치게 될 터이니 몸을 묶고 시술하자고 제안하지만 관운장은 이를 거절한다. 뼈를 긁어내는 소리가 너무 끔찍해 주변 사람들은 사색이 되지만 정작 관운장 자신은 그동안 태연히 바둑을 두었다는 이야기다. 이 이야기가 관우를 신격화하기 위한 전형적인 중국인의 과장법인지 사실인지는 알 길이 없지만 우리 같은 보통사람에게는 마취제가 등장하기 전의 외과수술이나 발치(拔齒)는 상상조차 끔찍하다. 그렇지 않아도 30여년 전, 마취를 하고 사랑니를 빼는데 의사가 엄청 힘을 가하는데도 빠지라는 사랑니는 잘 빠지지 않고, 대신 턱이 떨어져나갈 듯한 공포에 질렸던 경험이 있어 더욱 그렇다.

19세기 초까지 마취 없이 수술을 하는 동안 환자들은 고문과도 같은 극심한 통증으로 비명을 질렀고, 어떤 환자들은 미리 공포에 질려서 자살을 선택하는 사람까지 있었다. 그래서 다소 야만적인 방법이지만, 무감각을 유도하기 위하여 환자를 머리를 강타하여 기절시키기까지 했다고 한다.

이런저런 연유로 외과의사의 사회적 신분은 상당히 낮은 편이어서 중세시대의 의료업은 의사, 외과의, 그리고 이발사 세 분야로 분류되었는데, 16세기경 영국에서는 이발사와 외과의를 합쳐 이발외과의(barber-surgeon)를 만들기도 했다. 이발사는 머리만 깎는 게 아니라 이발소에서 수술, 발치, 그리고 피 뽑기(bloodletting)도 했다고 한다. 따라서 이발소 앞에서 나선형으로 빙글빙글 돌아가고 있는 빨강, 파랑, 하양 3색 줄 원통에서 빨간색은 피, 파란색은 정맥, 그리고 하얀색은 붕대를 상징한다.

인류 역사 이래, 어떻게 하면 수술시 통증을 줄일 수 있을까 하는 노력은 계속되어 왔고, 마취제의 출현은 누군가의 말처럼 2000년 역사에서 가장 위대한 발견 중 하나로 기록되어도 좋을 것 같다. 마취제(웃음가스, 에테르, 클로로포름)의 출현과 함께 외과의사의 사회적 신분도 상승한다.

| 마취제의 역사 |

마취제의 기원에 대해 이야기하기 전에 먼저 고대에서 사용했던 통증 완화 방법에 대해 간단히 언급하지 않을 수 없다. 고대에서는 무감각하게 만드는 물질(에틸알코올, 만드라고라, 대마초, 아편 등)을 하나 혹은 여러 가지를 같이 써서 수술하기 전에 감각을 무디게 했다. 고대 이집트인들은 양귀비 씨를 사용했고, 로마인들은 가지과의 다년초인 만드라고라(mandragora)를, 그리스인들은 대마, 중국 사람들은 대마초를 사용하여 통증을 완화시켰다. 역사의 아버지 헤로도토스(BC 482~BC 432)는 스키타이인(Scythians)이 대마의 증기를 흡입하여 어떻게 무감각하게 만들었는지를 언급하고 있다. 이집트 외과의들은 할례를 하는 동안 처음에 어린이의 목을 졸라 거의 반쯤 기절시켰다고 한다. 이러한 관습은 수술 자체만큼이나 거의 야만적으로 들린다.

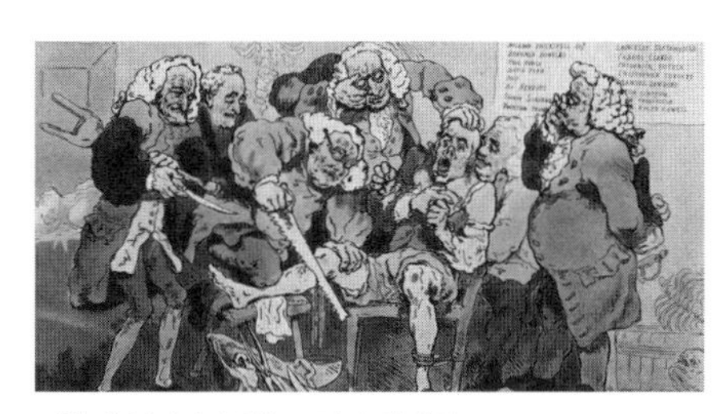
마취제 없이 수술하는 5명의 외과의

2~5세기 무렵 사람들은 수술하기 전 만드라고라를 와인이나 아편에 섞어 사용했고, 때로는 혈관이나 신경을 무디게 하기 위하여 집게로 수술 부위를 꽉 누르는 방법도 사용되었다. 신체의 부분 절단이나 종양을 짜내는 수술을 할 때는 수술 부위를 찬물이나 눈(snow)을 이용해 무감각하게 만드는 '냉기 마취'를 했다. 그러나 이러한 방법들은 참으로 고문과도 같은 고통스러운 일이었다.

콘스탄티누스에 의해 추방된 포아티에의 주교 세인트 힐라리(Saint Hilary Bishop of Poitiers)는 동양에 와서 '잠들게 하는 약'에 대해 설명하며 적정 양을 초과해 먹으면, 이 세상에서 영원히 깨어나지 않을 위험성이 있다고 묘사했다. 5세기경, 의학서적 편찬자인 아풀레이우스(Apuleius)는 만일 가족 중에 수술로 절단해야 할 일이 생기면, 통증이나 감각이 없도록 와인을 마시게 해서 수술하는 동안 잠들어 있게 하라고 권고했다. 하지만 불행하게도 극심한 통증은 술을 깨도록 하는 경향이 있었고, 깨어난 후의 장면은 상상에 맡기겠다. 여하튼 수술하는 동안 온갖 방법들이 동원되었으나 오늘날과 같은 마취제는 한참 후에야 등장한다.

| 에테르의 발명 |

에테르(ether)란 일반적으로 화학식 R-O-R′로 표시되며, 휘발성과 인화성이 크고 마취성이 커서 의약용 마취제나 살충제로도 사용된다. 대표적인 것으로는 디에틸에테르($C_2H_5OC_2H_5$)나 메틸에틸에테르($CH_3OCH_2CH_3$) 등이 있다. 에테르의 작은 유기분자는 최초로 1275년 스페인 화학자 룰리우스(Raymundus Lullius)가 황산염(당시는 vitriol로 부름)에 알코올을 반응시켜 재증류하여 나온 산물을 'sweet vitriol'(후일 에테르라고 부름)이라고 불렀으나 마취제로서의 가능성은 알지 못했다.

그 후 1540년의 문헌에 독일 과학자 콜두스(Valerius Cordus)의 에테르의 합성이 다시 언급되고, 거의 같은 시기에 스위스 의사이자 연금술사인 파라켈수스(Paracelsus)가 에테르의 최면 효과에 대해 간단히 설명하는 대목이 나온다. 나중에 1730년, 독일 과학자 프로베니우스(W. G. Frobenius)에 의해 sweet vitriol이라는 이름은 '에테르'로 바뀐 채로 있다가, 1800년대 초 점차 사람들은 디에틸에테르(보통 에테르라고 부름) 증기가 기분 좋은 환각상태를 만드는 유흥용 약으로 쓰일 수 있다는 것을 깨닫는다. 그러나 에테르를 마취제로서 사용하기 시작한 것은 그 후로 40년이나 더 기다려야 했다.

| 아산화질소, 혹은 웃음가스 |

'에테르 유희'라는 파티에서 에테르 증기를 마시고, 그에 취해 우스꽝스러운 행동들을 하고 즐기는 모습을 그린 그림.

또 다른 마취제인 아산화질소는 일명 웃음가스(laughing gas)라고도 하는데, 이 단순한 화학약품은 영국의 프리스틀리(Joseph Priestly)에 의해 1772년 최초로 만들어졌다. 처음에 사람들은 이 기체는 적은 양일지라도 매우 치명적이라고 생각했다. 그러나 1799년, 영국의 화학자이며 발명가인 데이비(Humphry Davy)가 사실 여부를 알아내려고 자신에게 실험을 했다. 그 결과 아산화질소가 기절할 때까지 웃음을 참을 수 없게 만드는 것을 발견하고, 이 기체를 '웃음가스'라고 불렀다. 데이비는 아산화질소를 흡입했을 때의 상태를 4단계로 설명했는데, 1단계: 무통증, 2단계: 망상 또는 섬망, 3단계: 외과적 마취상태, 4단계: 호흡기관 마비로 묘사하며 외과수술의 마취제로서의 가능성을 언급했다. 그러나 당시에는 아무도 그 문제를 더 이상 논의하지 않았다. 그런데 미국과 영국에서 아산화질소나 에테르를 흡입하여 도취 상태를 즐기는 '에테르 유희'가 일종의 유행처럼 되었다.

웃음가스를 풍자한 길레이의 카툰

1802년경 풍자만화가 길레이(Gillray)가 그린 만화에서는 아산화질소(웃음가스)에 대한 실험을 하는 장면을 나타내고 있다. 웃음가스를 흡입하면 흥분된 도취상태에 도달하나 방귀를 꿔는 것은 아니지만, 만화에서는 유머를 섞어 사실을 약간 비튼 풍자를 보여주고 있다. 1820년대 한 신문에서는 '웃음가스'를 사용해서 잔소리가 심한 마누라를 어떻게 다루기 쉽고 나긋나긋하게 만들어 삶을 편하게 할 수 있는지 그 방법을 만화로 그려내기도 했다.

말하자면 지금 중요한 마취제로 쓰이고 있는 두 기체가 처음에는 단순한 유흥이나 오락으로 쓰였다는 사실이다. 1830년대에는 대학생들 사이에서 '에테르 유희'라고 알려진 파티가 점점 인기를 얻었다. 학생들은 휘발성의 톡 쏘는 듯한 에테르를 코로 킁킁거리며 냄새를 맡으며 기분 좋은 환각 상태에 이르렀다. 동시에 또한 웃음가스는 장사꾼에 의해 전국에서 시연되었는데, 손님들은 같은 청중들이 가스에 취해 바보짓을 하며 스스로를 웃음거리로 만드는 광경을 돈을 내고 구경했다.

| 마취제의 발견 |

마취제의 발견에 대해서는 4명의 의사들이 제각기 자신들이 발견했다고 주장하면서 분쟁이 시작되었다. 그들 사이의 분쟁은 워싱턴 D.C.와 프랑스 학술원까지 비화되었으며, 각계각층의 유명인들과 나중에는 역사가들조차 이 사람 또는 저 사람을 지지하고 나서면서 분쟁은 오랫동안 지속된다.

첫 번째 인물은 미국 조지아 주의 약사이며 의사인 크로포드 롱(Crawford W. Long)으로, 에테르를 외과적 마취제로 최초로 사람에게 사용한 것으로 대부분 인정하고 있다. 그는 펜실베이니아 대학 의과대학 시절, 미국에서 유행하던 에테르 유희에서 에테르를 흡입한 사람들이 비틀거리며 돌아다니다가 다쳐도 아픔을 느끼지 못하는 것을 발견하고, 즉시 수술 용도로의 에테르의 잠재력을 알아챘다. 그런 에테르 유희에 참가한 학생 중 때마침 베너블(James Venable)이라는 이름의 학생이 있었는데, 그는 목에 두 개의 조그만 종양을 갖고 있어 이를 제거하고 싶었으나 수술에 대한 공포 때문에 계속 수술을 미루고 있었다. 그래서 크로포드 롱은 그가 에테르에 취해 있는 동안 수술할 것을 제안했고 베너블이 실험용 기니피그가 될 것에 동의하여 1842년 3월 30일, 통증 없이 종양을 제거하는 데 성공했다. 그러나 롱은 자신의 발견을 1849년까지 발표하지 않았다. 나중에 에테르가 수술시 마취제 용도로 널리 알려지게 된 후에야, 그는 4년 전 이미 자신이 최초로 사용하였다고 주장을 한다. 하지만 이것은 그의 중대한 실수였다. 누구든지 과학계에서 업적을 인정받으려면 공식적인 구두 발표 또는 학술지를 통한 논문 게재가 이루어져야 하는데 그것을 간과한 것이다.

두 번째 인물은 치과의사 웰스(Horace Wells)로, 그 역시 아산화질소 흡입 시연회 같은 곳에 참석했을 때, 한 남자가 웃음가스를 들이마시고, 갑자기 강당 안에서 다른 청중을 미친 듯이 쫓아다니다가 다리를 심하게 다친 것을 보았다. 웰즈가 그에게 아프지 않으냐고 묻자, 아무런 통증도 느끼지 못하고 있던 그 남자는 자신의 피를 보고는 그제서야 경악했다. 웰즈는 아산화질소가 치과 수술에도 쓰일 수 있다고 확신하고, 집으로 돌아와 자신에게 먼저 시도해 보기 위해 아산화질소를 깊이 들이마신 후, 동료에게 잇몸에 묻혀 있는 자신의 어금니를 빼도록 시켰다. 그때의 경험에 대해 웰스는 핀으로 찌르는 정도의 통증뿐이었다고 말한다.

웰스는 매사추세츠 종합병원 외과과장 워런(John Warren)에게 하버드 대학 의학과 학생들 앞에서 아산화질소를 써서 치아를 빼는 시범을 하게 해달라고 요청한다. 1844년, 시범을 보이기로 하고 시술이 시작되었다. 아산화질소는 짧은 시간만 작용하기 때문에 꽤 오랫동안 들이마셔야 하며, 그리고 마취 상태를 계속 유지하기 위해서는 자주 기체를 들이마셔야 한다. 여하튼 무슨 이유에서였든, 수술이 거의 끝나갈 무렵 환자는 얼굴을 찡그리며 비명을 질러서 실험은 실패로 돌아가고 말았다. 그러자 참관인들은 실험이 사기라고 조롱했고 웰스는 굴욕을 당하고 자리를 떠났다. 아산화질소를 써서 치과수술에 성공하여 그에게 깊이 감사하는 환자들이 많았음에도 공식적인 시연회에서 실패했다는 사실이 그를 더욱 화나게 했다. 웰스는 이후로도 계속해서 아산화질소가 통증을 완화시킨다는 것을 의사들에게 확신시키려고 노력했다.

아산화질소의 마취제로서의 가능성에 대한 입증의 기회는 다른 치과의사 모튼(William Thomas Morton)에게 넘어간다. 그는 한때 웰스의 동료였고, 화학자 잭슨(Charles Jackson)과 같이 공부를 한 친구 사이였다. 웰스의 공개시범이 실패한 지 몇 달 후, 지독한 치통을 겪고 있던 환자가 모튼을 찾아왔다. 모튼은 잭슨에게 아산화질소를 갖고 있느냐고 물었고 잭슨은 아산화질소는 없지만, 에테르도 똑 같은 기능을 할 것이라고 대답한다.

그런데 하버드 대학 교수인 잭슨은 중요한 발견들마다 자기가 영향을 주었다고 주장하는 독특한 성격의 소유자였다. 그는 전신을 발명한 모스(Morse)에게도 모스부호의 아이디어를 자기가 주었다고 주장하고, 그 밖에도 여러 발견에 대해 비슷한 주장을 했다. 그는 위의 두 기체들에 대한 마취제로서의 가능성도 웰스와 모튼에게 자신이 제안했다고 주장한다. 그런데 잭슨 자신이 이 사실을 입증하거나 또는 초기에 이러한 사실을 기록으로 남긴 것이 아니어서 역사가들은 마취제 발견에 대한 잭슨의 우선권에 엇갈리는 반응을 보였다. 몇몇 사람들은 그를 인정해주기도 하는가 하면, 다른 사람들은 그를 사기꾼에다 아마도 약간은 반(反)사회적 인격 장애자라고 깎아내렸다.

어쨌든 모튼은 에테르를 가지고 치과수술을 성공적으로 마쳤으며, 재빠르게 일반 외과수술에도 에테르를 사용할 수 있다는 것을 확신하였다. 모튼은 자신도 매사추세츠 종합병원 외과과장 워런과 같이 시범 수술을 하려고 스케줄을 잡는다. 그는 마취제로서의 에테르의 중요성을 알고 있었고, 또한 자신이 에테르의 판매권을 갖는다면 엄청난 돈을 벌 수 있다는 것도 잘 알고 있었다. 그러나 에테르는 수세기 전에 다른 사람이 발명한 것이라 특허를 낼 수가 없었다. 그래서 모튼은 에테르의 냄새를 가릴 수 있는 첨가물을 혼합하여 레티온(Letheon)이라고 이름 지었다.

드디어 1846년 10월 16일, 모튼과 워런은 레티온을 사용해 환자의 종양을 고통 없이 제거함으로써 마취제의 새로운 역사가 만들어졌다. 후일 그 수술실은 국가 역사 유적지로 지정된다. 워런은 "신사분들, 이것은 사기가 아닙니다"라고 말했고, 이 믿을 수 없는 소식은 전 세계로 신속하게 퍼져나갔다. 하버드 의대 교수이며 시인, 문필가인 올리버 홈스(Oliver Wendell Holmes, Sr.)는 시범 수술에 대해 전해듣고 모튼을 칭송하면서, '마취제'(Anesthesia)라는 용어를 쓰도록 제안한다. 모튼은 큰 돈을 벌 생각으로 레티온의 진짜 성분을 비밀로 했으나, 얼마 안 가서 외과의들은 그 레티온의 성분이 에테르인 것을 알아챘다.

모튼은 다른 사람의 에테르 사용을 막기 위해 에테르의 발견자로 자신을 보상해주기를 의회에 청원했으나, 의회는 에테르가 상당히 오래 전부터 존재해 왔다는 이유를 들어 그에게 아무런 보상도 해주지 않았다. 한편 웰스는 프랑스 학술원에 자신이 최초 마취제 발견자로 인정을 받아야 한다고 호소했다.

이렇게 각자 권리를 주장하는 네 명의 사람들은 공식적인 인정 이외에 금전적 이득을 바랐으며, 또 다양한 유명인들이 서로 편을 들고 나서면서 이 싸움은 수년간 계속되었다. 어쨌든 마취제의 발견은 진실로 인류 역사상 위대하고 획기적인 발견이어서, 짧은 시간 안에 문명세계 전체로 전파되었다.

| 마취제의 발견자는 누구? |

그렇다면, 마취제의 발견자로 누가 인정을 받게 되었을까?

이 분쟁의 결말은 욕심이 화를 낳는 슬픈 스토리로 끝나고 만다. 웰스는 자신이 최초 발견자이며 부도덕한 모튼이 자기의 업적을 가로챘다고 알리려고 노력하다가, 흥미롭게도 몇 년 후 상당히 매력적인 클로로포름(Chloroform)을 발견한다. 그는 아산화질소의 대체물로 클로로포름을 가지고 실험하다 중독이 되어, 나중에는 모튼에게 적의를 품은 채 미쳐서 감옥에서 자살하고 만다.

마취제의 발견자들

한편 잭슨은 모튼이 자신의 아이디어를 훔쳐갔다고 주장하고 모튼은 이를 부정하면서 평생에 걸친 분쟁이 시작되었다. 모튼은 1868년, 분쟁 와중에 심장마비로 숨졌는데 그의 묘비명에는 마취제의 유일한 발견자라고 선언하는 다음과 같은 글귀가 새겨져 있다.

마취제 흡입의 발명가이며 발견자
모튼 전에는, 전 시대에 걸쳐 외과수술은 극도의 고통이었으나,
그에 의해 수술 중 통증을 피할 수 있게 되었고
그로부터 과학은 통증을 제어하게 되었다.

이를 본 잭슨은 나중에 정신병에 걸려 정신병동에서 1880년에 생을 마감한다.

마지막 네 번째 인물 롱은 당시 조지아 주 상원의원인 도슨(Dawson)에게 자신이 1842년에 에테르를 마취제로 처음 사용했다는 것을 인정해 달라고 청원했다. 그러나 롱은 자신이 발견한 사실을 몇 년이 지난 1849년에야 출판했기 때문에, 많은 학자들은 모튼, 잭슨, 웰스 세 사람을 마취제의 발명에 일정 부분 기여한 사람들로 인정한다. 그럼에도 불구하고 롱은 4명 중 가장 행복한 최후를 맞아 자연사로 생을 마감했다.

| 클로로포름의 발견 |

클로로포름(chloroform, $CHCl_3$)은 무색에 달콤한 냄새가 나는 액체인데, 쉽게 기체로 기화하는 성질이 있다. 1831년 미국의 화학자 새뮤얼 거스리(Samuel Guthrie)가 위스키와 클로로석회를 가지고 만들었다. 이

신비한 화합물을 일부 지역에서는 '거스리의 달콤한 위스키'라고 불렀으며, 클로로포름의 단맛은 설탕의 40배나 되었다. 클로로포름이 마취제로 널리 사용된 것은 스코틀랜드의 의사 심슨(James Young Simpson) 경에 의해서였다.

1847년 1월, 심슨은 당시 세계에서 가장 유명한 의과대학 중 하나인 스코틀랜드 에든버러 의과대학에서 출산의 고통을 완화시키기 위해 에테르를 사용했다. 그러나 결코 이상적인 마취제가 아닌 에테르는 환자들에게 기침을 유발하거나 가슴을 답답하게 하거나 때로는 토하게 만들었다. 그래서 심슨은 다른 대체 마취제를 찾기 위해 상당히 많은 종류의 유기화합물들을 조사하다가 우연히 클로로포름을 발견하게 된다. 클로로포름을 자신과 친구들에게 실험해 보니, 정신을 잃게 했지만 에테르보다 냄새가 좋았고 일종의 기분 좋은 무의식 상태가 되었다. 마침내 심슨은 환자들과 산부인과 환자들에게 클로로포름을 마취제로 사용하는 데 성공했다.

1853년 유명 마취과 의사인 스노우(John Snow)는 빅토리아 여왕이 왕자 레오폴드(Leopold)를 출산할 때, 무통 분만을 위해 성공적으로 클로로포름을 사용한다. 그 후로 클로로포름이 마취제로서 더 많이 사용되어 주류가 된다. 흥미로운 사실은 클로로포름이 좋기는 하지만 처음에 생각했던 만큼 그렇게 안전하지는 않다는 사실이다. 그로부터 30년이 지난 후 통계를 내보니 에테르는 1000명당 3명, 클로로포름은 14명 가량의 사망자가 생겼다.

4. 백신의 선구자, 에드워드 제너
– 백신과 천연두의 역사

Edward Jenner(1749~1823)

인류의 역사상 가장 위대한 발견 중의 하나가 치명적인 전염병으로부터 수많은 목숨을 구해내어 인간의 수명 연장에 크게 기여한 백신의 발견이다. 우리가 초등학교 다닐 때만 해도 천연두는 무서운 전염병이어서 우두 예방접종을 했는데, 천연두(마마, 또는 두창이라고도 불린다)의 후유증으로 얼굴에 얽은 자국이 남은 사람들이 많았다. 일제 강점기 때의 통계자료에 의하면 1923~1939년까지 우리나라에서 천연두 환자의 치사율은 24.3%인데, 그 중 10세 미만의 아동이 전체 사망자의 75.3%를 차지했다고 하니, 천연두가 특히 영유아 사망의 큰 원인이 되었음을 알 수 있다. 그런데 1980년 세계보건기구(WHO)는 선사시대 때부터 인류의 크나큰 재앙이었던 천연두가 백신으로 인해 완전히 소멸했다고 공식적으로 선언했다. 근대 의술의 기적이라고 할 만한 백신의 의미와 메커니즘, 그리고 천연두의 역사와 백신의 선구자 제너가 어떻게 천연두를 예방하는 종두법을 발견하였는지 그 과정을 살펴본다.

| 면역체계와 백신의 의미 |

인간의 신체는 정교한 소우주라고 할 만하다. 외부 침입자로부터 우리의 몸을 보호하는 '면역체계'라고 불리는 방어시스템이 잘되어 있어, 박테리아나 바이러스에 대항하여 3중의 방어 진지를 구축하고 있다. 첫 번째 방어진은 피부와 입, 코 같은 우리 몸 안으로 통하는 통로의 내벽, 즉 점막에 의한 물리적 장벽이다. 우리는 항상 바이러스나 박테리아에 둘러싸여 있지만 대부분이 우리 몸 안으로 들어오지 못하게 되는 것은 이들 장벽 때문이다. 두 번째 방어진은 불특정 면역반응으로, 위협의 정체가 무엇이든 붓는다거나 충혈되거나 통증과 같은 반응을 말한다. 어떤 부위가 위험에 노출되면 특정 면역세포가 즉시 달려와 공격하는 박테리아를 집어삼키며 방어하다 죽는데 그들 시체가 '고름'이다. 원시동물까지도 이러한 불특정 면역반응을 갖고 있지만, 그러나 고등동물이나 인간들은 한 가지 더 세 번째 방어진으로 매우 강력한 면역반응을 갖고 있는데, 즉 몸에서 항체를 생산해내는 것이다.

항체란 특정 박테리아나 바이러스를 인식하는 단백질로, 이들에 달라붙어 다른 면역세포들에게 신속한 무력화 반응이 필요하다는 신호를 보낸다. 각 항체는 특정 박테리아나 바이러스의 특정한 자리에 결합한다. 우리가 태어날 때는 이러한 항체가 없지만, 위험에 처했을 때 그에 대한 대처 반응으로 항체를 만든다. 예를 들어 수두에 대한 항체를 가지고 태어나지는 않지만, 수두바이러스에 노출되면 시간이 걸리지만 점진적으로 바이러스의 공격을 막아낼 수 있는 충분한 항체를 만든다.

그러나 불행하게도 우리는 언제나 필요한 만큼의 충분한 시간을 갖고 있지 않아서, 예를 들면 우리 몸이 천연두에 대한 항체를 만들 수는 있지만, 많은 사람들이 병을 막아낼 만한 충분한 항체가 만들어지기 전에 바이러스에 굴복하여 죽게 된다. 만일 항체를 충분히 만들어내어 이 죽음의 경주에서 이겨 살아남는다면, 이제 영원히 천연두로부터 보호받게 되는데, 그것은 우리의 면역체계가 천연두 바이러스에 대한 특정 항체를 만들 능력을 갖게 되기 때문이다. 처음 바이러스에 노출될 때는 천연두 항체를 만들어내는 데 여러 날이 걸리지만, 두 번째 노출에서는 신속하고 대량으로 항체를 만들어내어 병에 걸리지 않도록 막아준다. 따라서 실제로 병에 걸리지 않으면서 몸을 방어해 주는 항체를 만들어내는 것이 백신의 목적이다.

바이러스(또는 박테리아)에 대한 항체를 만들기 위해서는 몸이 바이러스에 직접 노출되어야 하는데, 그러나 바이러스가 반드시 기능을 작동하지는 않아도 돼서, 인체가 안전하도록 독성을 약화시킨 바이러스(live attenuated virus)나 또는 죽은 바이러스(inactivated virus)를 가지고도 몸에 면역반응을 만들어낼 수 있다. 즉 외부에서 공격하는 병균인 것처럼 꾸며 우리 몸의 면역체계를 속임으로써 병균에 대한 방어진을 구축하도록 활성화시키는 것이 백신의 역할이다.

| 백신의 메커니즘 |

병을 일으키는 병원균이 우리 몸에 침입하여 들어오면 즉각 면역 시스템이 가동되며, 특별한 방법으로 병균들과 싸우도록 고안된 다양한 세포 부대가 대부분의 일을 수행한다. 침입한 병원균은 가장 먼저 대식세포(macrophage, 大食細胞)라 불리는 백혈구를 포함하는 선봉장과 만나게 되는데, 대식세포는 먹을 수 있는 만큼 많은 병원균을 먹어치운다. 그렇다면 대식세포들은 어떻게 병원균을 인식할 수 있을까? 그것은 체내에 병원균이 침입한 경우 병원균에 있는 항원(抗原, antigen)이라고 불리는 분자가 특이한 면역반응을 일으키기 때문에 가능하다.

대식세포들은 항원만 남겨놓고 병원균의 대부분을 먹어치운 다음, 림프절로 항원을 가져가 밖으로 토해낸 뒤 전시함으로써 림프구라고 불리는 특별한 방어 임무를 맡은 백혈구가 알아차릴 수 있도록 경고음을 낸다. 림프구에는 **T림프구**와 B림프구라는 중요한 두 종류가 있는데, 둘 다 감염을 막기 위해 자신들의 역할을 다해 싸운다. **T세포**는 흉선(가슴샘)에서 유래하는 림프구로, 면역에서의 기억능력을 가지며 B세포에 정보를 제공하여 항체 생성을 도울 뿐만 아니라 세포의 면역에 주된 역할을 하는 방어적인 역할과 공격적인 역할을 수행한다. '세포독성의 T세포' 혹은 '킬러 T세포'라고도 부르는 공격적인 T세포는 병원균을 직접 공격하는 것은 아니지만, 이미 감염된 인체 세포를 제거하기 위해 화학적 무기를 사용한다. 이 킬러 T세포는 병원균의 항원에 노출되어 이미 프로그램이 되어 있어, 병원균이 잠복해 있는 것을 감지해서, 병든 세포에 달라붙어 화학약품을 방출해 안에 잠복해 있는 병원균을 죽인다.

T세포와 T림프구

T세포는 흉선에서 T림프구로 분화하는데, T림프구로 분화하기 전을 T세포라고 한다. 그러나 림프구도 세포이기 때문에 일반적으로 T세포와 T림프구를 특별히 구분하지 않는다.

한편 '헬퍼(helper) T세포'라고 불리는 방어 T세포는 다른 면역체계 세포들의 활동을 지휘하는 화학적 신호를 분비함으로써 신체를 방어한다. 즉 헬퍼 T세포는 킬러 T세포를 활성화하는 데 도움을 주거나 또는 B세포를 활성화시키거나 B세포와 긴밀하게 협력한다. T세포에 의해서 행해진 일을 '세포성' 혹은 '세포매개성 면역반응'이라고 부른다.

한편 B세포는 '항체'라고 부르는 매우 중요한 분자 병기를 만들고 분비한다. 항체는 처음에 병원균의 항원을 붙잡아서 병원균에 달라붙어 덮어버린다. 항체와 항원은 마치 퍼즐 조각들처럼 꼭 맞게 되어 있어서, 한 항체는 보통 한 개의 항원과 서로 결합한다. 그래서 면역시스템은 어떤 외부 침략자에 대항해 싸울 준비를 위해 서로 다른 항체를 수백만 개 또는 아마도 수십억 개를 공급하도록 유지한다. 이와 같은 작업은 끊임없이 새로운 B세포를 만들어냄으로써 이루어지는데, 티스푼으로 하나 정도의 인간 혈액엔 대략 5000만 개의 B세포가 순환하고 있어 각각의 B세포는 무작위적인 유전자의 '뒤섞임'(shuffling)으로 독특한 항체를 만들어낸다. 이 B세포가 짝이 맞는 병원균의 항원과 만나게 되면, B세포는 '형질세포'(plasma cell)라고 불리는 많은 더 큰 세포들로 나누어지도록 자극을 받는데, 형질세포는 병원균에 결합할 항체를 대량으로 분비한다.

B세포에 의해 분비된 항체는 몸속을 순환하다가 아직 어떤 세포도 감염시키지 않은 채, 혈액 속이나 세포 사이 공간에 숨어 있던 병원균을 공격한다. 항체가 병원균을 포위하면, 병원균은 꼼짝 못하게 되는데, 이때 항체는 대식세포나 다른 방어세포들에게 병원균을 잡아먹도록 신호를 보낸다. B세포의 이러한 작업을 '체액성 면역반응' 또는 간단히 '항체반응'이라고 부른다. 대부분의 백신의 목표는 이러한 반응을 고무시키는 것으로, 사실상 많은 감염성 병원균은 킬러 T세포의 도움 없이도 항체만으로 패배시킬 수 있다.

T세포와 항체가 병원균의 재생 속도보다 더 빠른 속도로 병원균을 제거하기 시작하면, 바이러스는 몸속에서 점차적으로 사라지게 된다. 신체가 병을 이기고 난 후, 병원균과 싸우던 일부 B세포와 T세포는 '기억세

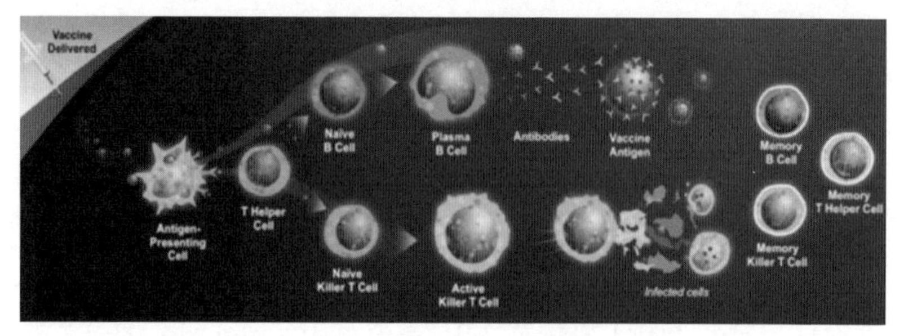

백신의 메커니즘

포'(memory cell)로 전환된다. 그래서 같은 병원균에 또 다시 노출되어 필요할 때엔, 기억세포 B세포는 형질세포로 나누어져 항체를 생산하게 되고 기억세포 T세포도 나누어져 병균과 싸우는 군대로 자라게 된다.

백신이란 자연감염처럼 모방하여 면역체계를 가동시키는 것으로, 인간의 대식세포 같은 '항원 표출세포'(antigenpresenting cell)는 백신 바이러스가 약하게 되었는지 또는 죽었는지 알 수 없으므로 이들을 위험한 것으로 생각하고 집어 삼키게 되며, 앞에서 설명한 일련의 반응으로 메모리 T세포와 B세포가 만들어져, 공격해올 병원균에 미리 대비할 수 있도록 하는 것이다.

| 백신의 역사 |

백신의 원리를 발견한 데 대한 최초의 기록은 기원전 429년 그리스의 역사학자 투키디데스(Tuchydides)가 "아테네에서 천연두에 걸렸다가 회복된 사람은 다시는 이 병에 걸리지 않는다"라는 기록이다.

900년경 중국에서는 인두접종(人痘接種, variolation)이라고 부르는 원시적인 형태의 예방접종을 처음으로 사용했고, 이르게는 10세기경 특히 14~17세기 사이에 인두접종이 행해졌다. 그 방법은 천연두에 걸린 환자의 고름을 채취하여 분말로 만들어 코나 피부를 통해 건강한 사람에게 접종함으로써 천연두를 예방하고자 했다. 결국 이 인두접종법은 터키를 거쳐 18세기 초에 영국에 상륙했다. 당시 천연두는 가장 전염성이 강한 병으로 사망률이 20%에 이르렀는데 그에 비해 인두접종을 한 사람들의 사망률은 훨씬 낮았다. 그러나 독성이 강해 가끔 건강한 사람도 병에 걸려 사망하는 부작용이 일어났다.

1796년 영국의 의사 제너(Edward Jenner)가 근대적인 형태의 우두(牛痘)접종을 발견하고 이 백신이 효과가 있다는 것을 과학계에 증명했다. 우두접종에 대한 지지가 늘어나자 제너는 정부지원금을 받아 1803년 왕립 제너연구소를 세웠으며, 백신접종은 유럽 전역에 이어 나중에 미국까지 전파되었다. 우두접종은 많은 사람들에게는 큰 환영을 받았지만, 예방접종이 많이 보급될수록 이에 격렬하게 반대하는 사람들도 있었다. 특히 예방접종이 의무화되자 종교적, 정치적 이유뿐만이 아니라 시민의 자유를 빼앗아간다는 이유로 1870년 예방접종에 대한 격렬한 반대 시위가 일어났다.

1880년에는 프랑스의 파스퇴르(Louis Pasteur)가 백신을 더욱 발전시켜 광견병에 대한 백신을 개발했다. 면역학이 발달함에 따라 과학자들은 질병이 일어나는 메커니즘을 이해하게 되었고 그에 따라 다른 백신들도 만들어졌다. 1890년 독일의 생리학자 베링(Emil von Behring)은 1890년에 디프테리아 백신, 1905년에 파상풍 백신을 개발하여 최초로 1901년 노벨 생리·의학상을 수상했다. 1920년 말에는 일반인들도 디프테리아, 파상풍, 백일해, 결핵 백신들을 구할 수 있게 되었으며, 예방접종이 전 세계적으로 전파되어 이들 전염병에 의한 사망자 수를 대폭 감소시켰다.

1955년에는 최초로 소아마비 예방접종이 미국에 도입되었다. 예방 접종 후, 소아마비에 걸리는 경우가 격감하여, 이후 소아마비 바이러스는 지구상에서 거의 근절되었다. 1956년 WHO는 지구상에서 천연두를 근절시키기 위한 대책으로 최초로 예방접종을 전 세계적으로 확대 실시하여, 마침내 1980년 천연두가 지구상에서 완전히 퇴치되었다고 발표했다. 이것은 의학의 역사에서 가장 혁혁한 업적 중의 하나로 기록된다.

독일의 바이러스 학자 하우젠(Harald zur Hausen)은 자궁경부암이 HPV(human papilloma virus)에 의해 발생한다는 것을 증명함으로써 과학자들이 자궁경부암 백신을 개발할 수 있는 길을 열어 놓은 공로로 2008년 노벨 생리·의학상을 수상했다. 이제는 HPV 백신이 개발되어 광범위하게 보급되어 있어 영국에서는 2008년부터 여성들에게 자궁경부암 예방주사 접종 프로그램을 시작했다.

| 제너와 천연두 |

천연두의 기원은 선사시대에 시작되어 북동부 아프리카에 처음 농업이 정착되었던 BC 1만년경에 나타나 그곳에서 고대 이집트 상인들에 의해 인도로 퍼져간 것으로 알려져 있다. 천연두와 유사한 피부병변의 최초 증거는 이집트의 파라오 람세스 5세(BC 1156년 사망)의 미라 얼굴에서 발견된다. 같은 시기 고대 아시아 문명권에서도 천연두가 보고되었는데 BC 1112년경 중국의 기록에 천연두가 묘사되었고 인도에서는 산스크리트 기록물에도 언급되어 있다.

천연두는 5~7세기 사이에 유럽에 퍼져, 중세기에는 자주 천연두 전염병이 돌아 서양문명의 발달에 상당한 영향을 끼쳤다. 로마제국이 쇠퇴해가는 첫 번째 단계는 안토닌 전염병(Plague of Antonine)으로 거의 700만 명의 사망자를 낸 대규모 전염병의 발생 시기와 일치한다. 아랍의 팽창, 십자군 전쟁, 그리고 서인도의 발견 등으로 이 전염병은 더욱 확산되었다. 아직 아메리카 신대륙에서는 발생하지 않던 천연두가 스페인과 포르투갈의 정복자들에 의해 전해짐으로써 원주민 인구를 격감시켜 아즈텍과 잉카제국의 멸망을 가져오는 주요 원인이 되었다. 마찬가지로 북아메리카의 동쪽 연안지역에서도 초기 이주민들에 의해 퍼진 천연두로 많은 인디언들의 인구 감소를 가져왔다.

이러한 천연두의 무서운 파괴력은 생물학 전쟁의 첫 사례로 나타나기도 한다. 프랑스-인디언 전쟁에서 영국령 북아메리카 총사령관 애머스트(Jeffery Amherst)는 영국에게 적대적인 아메리카 인디언들의 인구를 감소시키기 위해 고의로 천연두 사용을 계획하기도 했다. 미국에서 천연두 전염병이 발생한 또 다른 요인은 노예 매매로 인해 천연두 유행 지역이던 아프리카에서 팔려온 많은 노예들 때문이다. 천연두는 사회의 모든 계층에 영향을 미쳐서, 18세기 유럽에서는 해마다 40만 명이 천연두로 사망했고 살아남은 사람들의 3분의 1이 실명했다.

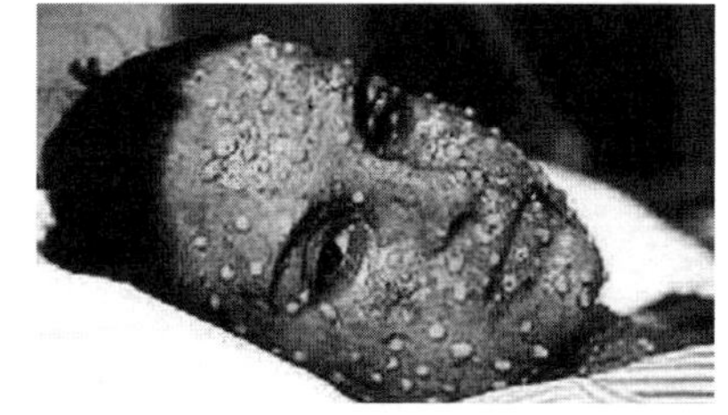
천연두 환자

18세기 영국에서 '구멍이 푹 파여진 괴물'이라고 알려진 천연두의 후유증은 치명적이어서 사망률이 20~60%에 이르렀고, 설령 살아남았다 해도 얼굴에

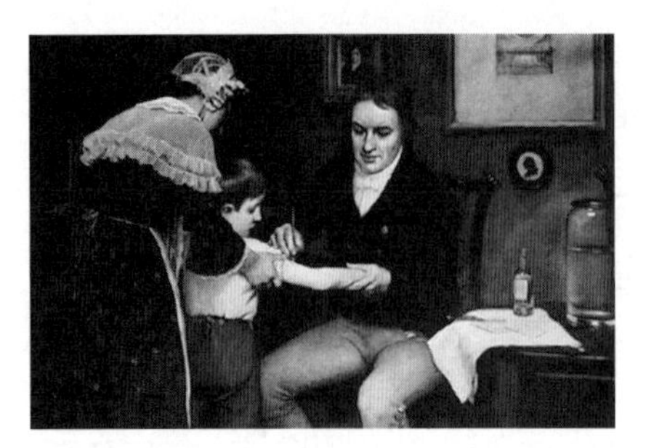

우두접종

보기 흉한 곰보자국을 남겼다. 1800년대 후반, 런던에서 천연두에 의한 영아 사망률은 80%에 달하였고 베를린에서는 90%에 달했다. 세계보건기구(WHO)는 1967년 한해에 1500만 명이 천연두에 걸려 그 중 200만 명이 사망했다고 추정하며, 20세기 동안 천연두로 인한 사망은 3억~5억 명에 달한다고 추정했다.

천연두에 대한 원시적인 형태의 백신은 상당히 오래 전부터 알려져 왔고 또 사용되어왔다. 영국인 의사 제너가 우두(牛痘) 감염이 천연두에 대한 면역을 가져온다고 처음으로 제안한 사람도 아니었고, 더구나 이를 목적으로 우두접종을 처음으로 시도한 사람도 아니었다. 그러나 제너는 우두접종에 대한 열정적인 홍보와 헌신적인 과학적 연구(관찰, 가정, 실험, 결론)를 통해 면역학의 기초를 닦은 '면역학의 아버지'로 전 세계에 널리 알려지게 되었다.

사실 우두를 사용한 천연두 치료는 낙농 지역의 시골 의사들 사이에서는 이미 널리 알려진 방법이었다. 비교적 약한 병인 우두에 감염되었던 우유 짜는 여인들은 치명적인 천연두에 걸리지 않는다는 얘기가 낙농 지역 사람들 사이에서 전해져 내려오고 있었다.

우두접종 반대 풍자 만화

제너는 이 얘기로부터 과학적

인 가설을 세우고 자신의 이론을 시험하기 위해 1796년 우유 짜는 소녀가 우두에 감염되자, 그녀의 농포에서 채취한 고름을 자신의 집 정원사의 여덟 살 난 아들 핍스(James Phipps)의 팔에 접종했다. 6주 후, 제너는 핍스에게 천연두 환자의 물집을 접종했지만 면역이 생긴 핍스는 천연두에 걸리지 않은 것을 입증했다. 제너는 자신의 실험 결과를 담은 논문을 1797년 왕립학회에 제출하였으나, 당시 그의 아이디어는 너무 혁명적이어서 더 많은 증거가 필요하다고 거절당했다. 그러나 제너는 이에 굴하지 않고, 11개월 된 자신의 아들을 포함한 여러 명의 아이들에게 추가로 실험을 하여 마침내 1798년 논문을 발표했다.

처음으로 우두바이러스 예방접종을 시행한 제너는 많은 사람들로부터 비난과 조롱을 당했는데, 특히 성직자들로부터 병든 짐승의 분비물을 사람들한테 접종한다는 것은 혐오스럽고 신을 섬기지 않는 사악한 일이라고 맹비난을 받았다.

예방접종을 반대하는 1802년의 풍자만화에는 우두접종을 받은 사람들의 머리나 신체 여러 부위에서 소가 자라나고 있는 것을 묘사하고 있다. 종교적, 정치적, 또는 부작용 등의 이유로 반대하는 사람들이 상당히 있었지만, 결국 백신접종의 분명한 장점과 병으로부터의 보호를 알게 된 사람들은 백신을 받아들였다. 결과적으로 제너는 근대적 의미의 예방접종을 시행함으로써 수많은 생명을 구했고, 마침내 지구상에서 천연두가 근절되는 결과를 가져오게 만들었다.

5. 미생물학의 아버지, 파스퇴르
– 광견병 백신과 저온살균법

Louis Pasteur(1822~1895)

오늘날 마트 진열대의 우유나 아이스크림에서 쉽게 발견하듯 파스퇴르라는 이름은 이미 우리에게 친숙한 이름이 되었다. 루이 파스퇴르는 인류가 일상생활에서 가까이 느낄 수 있는 가장 위대한 은인 중의 한 사람으로, 광견병, 탄저병, 닭콜레라와 누에병의 원인을 발견하고 처음으로 백신을 개발한 사람이다. 또한 미생물이 자연발생적으로 생긴다는 '자연발생설'을 뒤집어 근대 생물학과 생화학의 발판을 마련해 놓았으며 또한 입체화학의 아버지로 불린다. 그는 오늘날 우리가 즐겨 마시는 와인의 제조라든지 맥주 제조, 발효 및 저온살균법(파스퇴르법)에 대한 과학적 기초를 세웠고, 과학의 많은 분야를 탄생시켰다. 그리고 과학이 의사(擬似)과학에서 벗어나 근대과학으로 가는 과정에서 중요한 이론적 개념과 실질적인 응용의 토대를 쌓았다.

| 가난한 가죽공의 아들 |

'미생물학의 아버지' 루이 파스퇴르(Louis Pasteur, 1822~1895)는 프랑스의 돌(Dole)이라는 마을에서 1822년 가난한 가죽공의 아들로 태어났다. 어린 시절 소도시 아르부아(Arbois)에서 학교를 다녔는데, 공부보다는 그림과 낚시를 더 좋아해서 별로 두각을 나타내지 못한 평범한 학생이었다. 하지만 그림에는 특별한 재능을 보였다. 그가 15살 때 그린 부모와 친구들의 초상화는 파리 파스퇴르 연구소 박물관에 소장되어 있다.

파스퇴르의 잠재력을 발견한 교장선생님은 그에게 파리에 가서 공부하라고 격려한다. 파스퇴르는 15살에 입학시험을 준비하려고 파리로 갔으나, 심하게 향수병을 앓아 그의 아버지는 아들을 도로 집에 데리고 온다. 그는 집 가까이에 있는 브장송(Besançon)에서 공부를 하고 2년 후 다시 파리로 가서 입학시험을 치르고 고등사범학교(École Normale Supérieure)에 합격을 한다. 그는 화학을 전공해 열심히 공부했지만, 그리 뛰어난 학생이라고 여겨질 정도의 두각은 나타내지 못했다. 파스퇴르는 1840년에 문학사, 1842년에 이학사를 받고 발라르(Antoine Balard) 연구실에서 화학으로 박사학위 과정 중에 있었다.

| 입체화학의 아버지 |

결정학이 화학의 한 분야로 떠오르던 시절, 파스퇴르의 연구 프로젝트는 타타르산(tartaric acid, 주석산)이라는 화합물에 관한 연구였다. 그

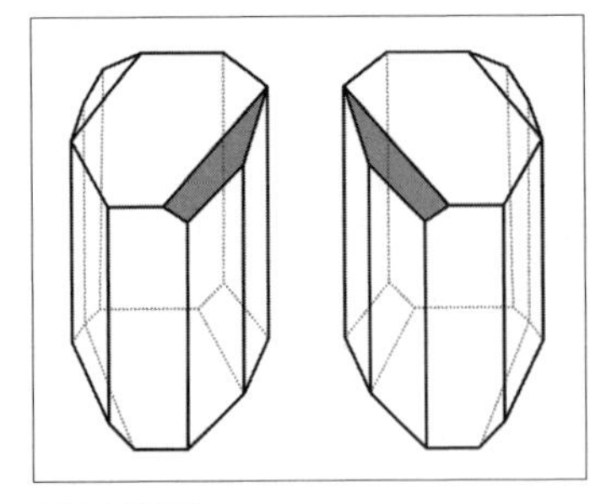
광학이성질체

즈음은 몇 해 전에 타타르산과 라세미산의 화학적 조성 및 물리적 성질이 동일하다는 것이 밝혀진 무렵이었다. 그러나 용액에서의 둘의 거동은 현저하게 달라서 발효된 와인의 침전물에 많이 생기는 타타르산은 편광 빛을 받으면 우회전성(右回轉性)을 나타내지만, 라세미산은 빛을 회전시키지 않는 비활성이었다. 일반적으로 물리적, 화학적 성질은 같지만 광학적 성질이 다른 한 쌍의 화합물을 '광학이성질체'라고 한다.

파스퇴르는 실험실에서 라세미산을 합성하였는데, 합성된 라세미산이 광학적으로 비활성인 이유는 우회전성과 좌회전성을 갖는 두 종류의 타타르산이 같은 양으로 이루어져 있기 때문이라는 사실을 발견한다. 즉, 라세미산의 결정면들은 마치 거울에 비춘 것처럼 서로 반대의 방향성을 가진 두 종류의 비대칭 결정들로 이루어져 있었다. 파스퇴르는 조심스럽게 이 둘을 분리하였는데, 그 결과 분리된 결정들은 각각의 광학적 활성을 회복하는 것이 입증되었다. 이 실험으로 똑같은 화학적 조성을 갖는 유기분자들이 공간에서 독특한 입체특이성 형태로 존재한다는 것을 알아내어, 파스퇴르는 '입체화학'이라는 새로운 분야를 개척하게 된다. 한편 파스퇴르는 이 분자의 비대칭성이 자연의 메커니즘의 하나라는 것, 즉 다시 말해 살아 있는 생물체는 어떤 특정한 방향으로 배향하는 분자들을 만들어내며, 이 분자들은 언제나 광학적으로 활성이라는 가설을 세운다.

파스퇴르의 박사학위 논문은 저명 과학자들의 주목을 받게 되면서 그의 명성을 알리는 계기가 되었다. 이때 그의 나이 27세였다. 특히 파스퇴르는 퓔레(W. T. Fuillet)의 주목을 받게 되어, 그의 도움으로 스트라스부르(Strasbourg) 대학 화학과 교수직을 얻게 된다. 그곳에서 파스퇴르는 매우 헌신적인 아내였을 뿐 아니라, 전 생애를 통해 과학적 협력자였던 스트라스부르 대학 총장의 딸 로랑(Marie Laurent)을 만나 1849년 결혼하는 큰 행운을 얻게 된다.

| 발효에 대한 세균이론 |

그는 디종(Dijon)과 스트라스부르 대학에서 교육과 연구를 하다가 1854년, 32살에 릴(Lille) 대학 화학과 정교수 겸 학장으로 임명되어 옮겨간다. 릴은 와인이나 맥주 공장이 많은 산업도시였는데 1856년 여름, 화학과 학생의 아버지가 사탕무를 발효해 알코올을 제조하는 과정에서 직면한 어려움을 해결해 달라고 파스퇴르를 찾아왔다. 문제는 발효 후에 종종 알코올 대신 신맛이 나는 젖산이 만들어진다는 것이다. 그 지역 양조업자들은 발효 공정 때문에 심각한 경제적 어려움을 겪고 있었는데, 알코올의 생산량이 갑자기 떨어지고, 와인은 시어지거나 식초로 변하고, 정작 식초를 원할 때는 식초가 얻어지지 않았으며, 맥주의 질과 맛은 예상치 못하게 변해서 품질관리가 악몽이 되었다.

당시는 발효 과정이 제대로 알려지지 않던 때여서, 발효는 무생물에서 자연적으로 미생물이 생기기 때문이라는 '자연발생설'을 믿는 사람도 있었다. 현미경을 들고 학생의 아버지 공장에 나타난 파스퇴르는 알코올의 발효 과정에 대한 수수께끼를 푸는 단서를 찾아낸다. 알코올이 정상적으로 생산되었을 때는 효모 세포가 통통하고 동그란 봉우리 모양이고,

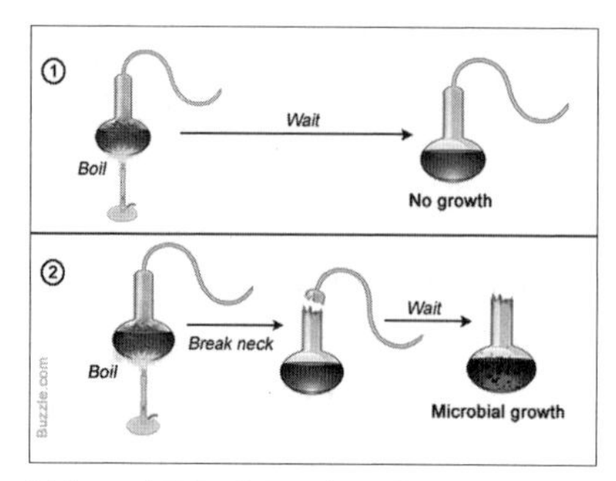

플라스크의 목을 잘라 공기에 노출시키자 미생물이 자랐다.

시어진 젖산이 만들어질 때는 항상 작은 막대기 같은 미생물이 효모 세포와 섞여 있는 것을 관찰했다.

파스퇴르는 소독된 목이 긴 플라스크(swan-neck flask)를 사용해서, 어떤 먼지 입자도 들어가지 못하게 필터를 달아 걸쭉한 액체를 공기에 노출시켰더니 그 속에서 아무것도 자라지 않았다. 다음에는 공기 속 먼지가 들어갈 수 있도록 플라스크의 긴 목을 자르고 액체를 공기에 노출시켰더니 그 속에서 미생물이 자라고 있는 것을 발견했다. 파스퇴르는 아주 단순한 실험을 통해 공기 속 포자와 같은 살아 있는 미생물이 외부로부터 들어왔다는 것을 보여주었다.

이 실험은 발효는 자연적으로 발생한다는 '자연발생설'이 틀렸음을 입증하는 중요한 실험이다. 파스퇴르는 살아 있는 세포인 효모가 당으로부터 알코올을 만들며, 오염된 미생물이 발효액을 시게 만든다는 결론을 내렸다. 발효란 미생물에 의해 이루어지는 생물학적 과정이며, 비록 발효 과정에는 미생물이 꼭 필요하지만, 올바른 것이어야만 한다는 것을 알아낸 중요한 발견이었다. 이 발견은 경험에만 의존하던 양조와 와인 제조 산업의 새로운 시대를 여는 단초가 된다.

| 저온살균법 |

그 후 몇 년 동안 파스퇴르는 와인, 맥주, 식초의 생산 과정에서 정상적이거나 비정상적인 발효를 가져오는 특정한 미생물을 분리해내고 그 것들의 정체를 확인했다. 그는 와인, 맥주, 우유를 100℃ 이하의 저온에서 몇 분 동안 가열하면 유해한 미생물이 살균되어, 변질되지 않고 예측된 발효과정이 일어난다는 것을 확인했다. 저온살균법 이전에는 사람들은 음식의 변질로 인한 건강 문제로 고통을 받았는데, 저온살균법이 보편적으로 사용되면서 우유의 저장 기간도 길어지고 식중독 사건도 감소했다.

저온살균법은 그의 이름을 딴 파스퇴르법(pasteurization)이라고도 하는데 모든 우유 생산 과정에서 파스퇴르 공정을 거친다. 알코올 음료의 오염을 관찰한 뒤 파스퇴르는 동물이나 사람도 미생물에 의해 병에 감염될 수 있다고 생각했고, 사람 몸 속으로 미생물이 들어오지 않도록 해야 한다며 의사들에게 수술 전에 손과 수술도구를 소독할 것을 권고한다. 이 권고를 받아들인 조지프 리스터(Joseph Lister, 1827~1912)가 최초로 외과에서의 소독법을 개발했다.

파스퇴르의 '세균이론'은 대단위 맥주 제조, 와인 제조, 우유와 치즈의 저온살균법, 수술 전 소독과 같은 다양한 응용으로 이어져, 우리의 일상생활에 많은 영향을 주었다. 1857년경에는 파스퇴르는 세계적인 유명인사가 되어, 파리의 고등사범학교의 과학부 책임자가 되었다.

| 누에병과 양잠업 |

1865년 파스퇴르는 남부 프랑스의 양잠업을 망치고 있는, 심각한 누에 전염병을 조사해 달라는 요청을 받는다. 미립자병(Pebrine)이라고 알려진 병이 누에를 공격하는데, 그 징후는 알이 부화하지 않거나 애벌레가 누에고치를 만들기 전에 죽는 것이다. 이 병은 유행병으로까지 퍼져서 스페인과 이탈리아에서 들여온 건강한 애벌레마저 감염시켰다. 1864년까지 일본에서 들여온 것을 제외하고는 감염되지 않고 살아남은 알이 없는 실정이었다.

파스퇴르는 현미경을 챙겨들고 남부 프랑스로 가서 연구에 착수한다. 그는 건강한 애벌레를 두 그룹으로 나누어서, 한 그룹에게는 병들어 죽은 애벌레로 문지른 뽕나무 잎을 먹이고, 다른 그룹에게는 건강한 애벌레로 문지른 뽕나무 잎을 먹인다. 그 결과, 죽은 애벌레로 문지른 뽕나무 잎을 먹은 애벌레만 병에 걸린다는 사실을 발견했다. 파스퇴르는 병에 걸린 애벌레나 알에 작은 미생물이 붙어 있는 것을 보고 이들이 병을 일으킨 원인이라는 것을 확인한다. 그는 누에들을 건강한 상태로 유지하는 간단한 방법을 고안해서 망해가는 양잠업을 구했을 뿐만 아니라, 전에는 완전히 이해하지 못했던 박테리아와 질병과의 관계를 확고히 했다.

"과학자들에게는 새로운 발견을 하는 것만큼 더 큰 기쁨은 없다. 그러나 새로운 발견들이 실제 생활에 직접적으로 응용될 때 그들의 기쁨은 더욱 커진다!"

이러한 그의 말처럼 파스퇴르는 자신의 연구 결과가 인류나 동물들 양쪽에 모두 혜택을 주는 것을 생전에 지켜볼 수 있었던, 어떤 의미에서는 각고의 연구에 대한 진정한 보상과 행운을 누렸던 과학자이다.

말년에 파스퇴르가 새로 연구하게 된 과제는 닭콜레라였다. 농가 마당의 오염된 모이나 동물들의 배설물을 통해 3일 만에 가금류들을 폐사시킬 정도로 급속히 퍼지는 이 전염병으로 인해 프랑스의 닭, 오리 10%가 폐사했다. 파스퇴르는 병원균이 콜레라균임을 확인하고 순수한 배양액 속에서 자라게 하여 이를 닭에게 주사하자 항상 48시간 안에 죽었다.

파스퇴르는 세상을 떠날 때 "일하고 일하고 또 일해야 한다"라는 말을 남겼다.

파스퇴르는 닭을 감염시키기 위해 만들어 놓은 콜레라 배양액으로 실험하라고 조수에게 일러놓고 여름휴가를 떠났는데, 그런데 조수도 배양액을 실험실 선반 위에 올려둔 채 휴가를 떠났다. 그런데 여기에 예기치 않은 행운이 끼어들었다. 이런 일은 예나 지금이나 실험실에서 가끔 볼 수 있는 현상으로, 다른 점은 행운이 누구에게나 따라주지는 않는다는 사실이다. 우연은 오직 준비된 자에게만 행운의 미소를 보낸다고 하지 않던가?

휴가에서 돌아온 파스퇴르 연구팀은 선반 위에서 한 달이나 묵은 콜레라 배양액을 닭에게 주사했는데, 닭이 죽기는커녕 심지어 병에 걸리지도 않는 것이었다.

매우 실망하게 된 그들은 다시 새로운 콜레라균의 배양액을 만들어 새로운 닭들과, 이전 실험에서 병에 걸리지 않았던 건강한 닭들에게 다시 주사를 했다. 그러자 믿을 수 없는 놀라운 결과가 나타났다. 새로운 닭들은 모두 죽었으나 전에 한번 주사를 맞았던 닭들은 멀쩡했다!

파스퇴르는 실험에 재사용한 닭들이 콜레라균의 영향을 받지 않았다는 것은, 80년 전 제너가 사람들에게 백신을 주사해 면역을 길러 천연두를 예방했던 실험을 자신이 되풀이한 것이라는 사실을 깨닫는다. 그는 닭콜레라균을 독성이 없어지는 온도인 42~43°C에서 자라게 하여 독성이 약화된 백신의 배양액을 재현하여 제조할 수 있었다. 그 후 백신으로 닭콜레라를 예방할 수 있게 되어 가금류의 치사율은 1% 미만으로 급감했다.

제너가 사용한 천연두 백신과 파스퇴르의 닭콜레라 백신은 둘 다 병원균의 약화된 형태를 사용하였지만, 중요한 차이점은 파스퇴르의 경우 인위적으로 약화된 병원균을 만듦으로써 자연에서 약화된 형태의 병원균을 찾을 필요가 없어졌다는 데 있다. 파스퇴르의 발견은 전염병 치료에 대변혁을 가져오게 되고, 파스퇴르는 천연두 예방주사를 처음으로 실시한 제너의 발견에 영광을 돌리기 위하여 자신이 인위적으로 만든 약화된 병원균에 백신(Vaccine)이라는 이름을 붙였다. 제너가 천연두에 걸리는 것을 막기 위해 최초로 우두바이러스(cowpox virus)를 사용하였는데, 백신은 소를 나타내는 라틴어 'vacca'에서 유래하였다.

파스퇴르는 여기서 그치지 않고 만일 약화된 콜레라균이 닭에게 병에 대한 저항력을 길러준다면, 약화된 탄저병균이 양이나 소들에게 치명적 재앙인 탄저병에 대한 면역력을 길러주지 않을까, 라는 생각을 하게 되고, 마침내 1880년 산화나 숙성 같은 여러 가지 방법을 써서 탄저병 백신 개발에 성공한다. 그 후 10년 내로 350만 마리의 양과 50만 마리의 소에게 탄저병 백신을 접종하자 사망률은 1% 미만으로 떨어졌다. 그 결과가 프랑스 경제에 미치는 영향은 막대해서 이로 인한 경제적인 이득을 돈으로 환산한다면, 1870년 프로이센-프랑스 전쟁에서 패한 프랑스가 프러시아에게 물어야 했던 전쟁배상금을 충분히 충당할 수 있는 수준이라고 생물학자인 헉슬리(Huxley)는 말한다.

1881년, 파스퇴르는 동물들 특히 개에게 치명적인 광견병을 연구하기 시작한다. 그는 광견병 개에게 물려 사람에게 전염되는 광견병 바이러스 미생물을 분리하고 배양하는 데 많은 시간을 보냈다. 마침내 공동연구자와 협력하여 광견병에 걸려 죽은 토끼의 척수를 뽑아 건조시켜 현탁액을 만들어, 바이러스를 무균 공기에 노출시킴으로써 독성이 약화된 백신을 만드는 데 성공한다. 이 백신을 개에게 접종하면 개가 광견병에 걸리지 않는다는 것이 입증되었지만, 문제는 이 백신이 인간에게는 어떻게 작용할 것이냐 하는 점이었다. 1885년, 미친 개에게 팔다리를 14군데나 물린 9살 난 마이스터(Joseph Meister)가 어머니와 함께 파스퇴르 연구실로 찾아왔다. 아이 주치의의 동의하에 파스퇴르는 12일에 걸쳐 백신을 접종했고, 소년은 광견병에 걸리지 않고 회복되었다. 그 후 광견병 백신은 많은 사람의 목숨을 구하게 된다.

| 파스퇴르에 대한 논쟁과 명예로운 말년 |

파스퇴르와 함께 미생물학의 아버지라고 불리는 유명한 세균학자 코흐(Robert Koch)는 파스퇴르의 탄저병 백신의 과학적 방법론과 결론에 대해 그와 심한 논쟁을 벌인 것으로 유명하다. 파스퇴르 사망 100주년인 1995년 〈타임〉지는 '파스퇴르의 기만'이라는 제목의 기사에서 과학역사가인 기슨(Gerald L. Geison)이 파스퇴르의 실험노트를 철저히 조사해 본 결과 탄저병 백신 제조에 대해 잘못된 설명이 적혀 있다고 밝혔다. 적지 않은 과학사가들은 알려진 사실과는 달리 파스퇴르가 표절자이며 실험노트가 엉터리라는 증거가 있고 그의 연구는 독창적이 아니라고 주장한다.

파스퇴르가 표절자이고 남의 아이디어를 가로챘는가 하는 논쟁의 진실 여부는 차치하더라도, 오늘날 과학자, 공학자들도 종종 파스퇴르에게 제기된 것과 같은 의혹을 받고 있는 것을 보면, 치열한 경쟁 속에서 그런 유혹에 빠져들기 쉬운 것은 200년 전이나 지금이나 마찬가지인 모양이다.

1886년 파스퇴르는 과학학술원에서 광견병 백신의 결과를 발표하도록 초청되었고, 1888년에는 프랑스 정부가 그의 이름을 딴 파스퇴르 연구소를 파리에 설립했다. 파스퇴르 연구소는 지금도 세계에서 가장 중요한 의과학 연구소들 중의 하나이다. 파스퇴르는 프랑스 국민의 영웅으로, 1892년 그의 70세 생일은 프랑스의 국경일로 정해져 성대한 축하 행사가 소르본 대학에서 열렸다. 이를 축하하기 위해 전 세계에서 모여든 사절들 앞에 그는 너무 노쇠하여 나타날 수 없었고 아들이 대신해서 파스퇴르의 메시지를 읽었다.

1895년 9월 28일, 73세로 세상을 떠날 때 그는 다음과 같은 마지막 말을 남겼다.

"일하고 일하고 또 일해야 한다. 나는 내가 할 수 있는 바를 다하였다(One must work, one must work. I have done what I could)."

파스퇴르는 수많은 프랑스 국민들의 애도 속에 프랑스 정부에 의해 국가적 영웅으로 장례식이 치러졌으며, 파스퇴르 연구소의 지하묘실에 묻혔다. 수년 후, 파스퇴르가 광견병에 걸릴 것을 최초로 구해준 소년 마이스터는 파스퇴르 연구소의 정문 수위로 고용되어 오랫동안 일했다.

비극적 각주를 덧붙인다면, 1940년 파리를 점령한 독일군으로부터 파스퇴르의 지하묘실을 열라고 명령을 받은 마이스터는 요구에 응하는 대신 자살을 택함으로써 파스퇴르에 대한 은혜를 갚았다.

6. 매독과 최초의 화학요법제 살바르산 606
– 파울 에를리히의 생애

Paul Erlich(1854~1915)

렘브란트의 그림
〈제라르 드 래레스의 초상〉

뉴욕 메트로폴리탄 미술관에 소장되어 있는 〈제라르 드 래레스의 초상(Gerard de Lairesse)〉은 너무도 리얼하고 사실적인 묘사가 돋보이는 그림이다. 이 그림은 15세기의 레오나르도 다빈치와 함께 17세기 유럽 회화사에서 최고의 화가로 인정받고 있는 렘브란트가 59세 때 그린 작품이다. 초상화의 주인공인 래레스 역시 네덜란드 황금시대의 유명한 화가이며 무대장치 디자이너, 강연자, 예술이론가, 데생화가, 그리고 판화가 등으로 여러 방면에서 다재다능한 예술가였다.

역사상 수많은 유명인들이 매독으로 생을 마감했으나, 래레스의 눈부신 천재적 생애는 시작부터 매독과 함께였다. 1665년 렘브란트가 초상화를 그릴 때 래레스의 나이는 24살이었는데, 그는 불행하게도 매독에 걸린 어머니로부터 태반을 통해 감염된 선천성 매독을 갖고 태어났다.

물론 렘브란트는 심한 기형인 래레스의 얼굴이 선천성 매독에 의한 것인지는 알지 못한 채, 얼굴의 특징을 직설적이지만 품위 있게 화폭에 잘 표현했는데, 이러한 특징이 매독 때문이라는 것은 200년이 지난 후에야 알려졌다. 래레스는 결국 49세에 이 병으로 시력을 잃게 되자, 그 이후로는 예술 평론가로 당대에 상당한 영향을 끼쳤다.

| 매독의 역사 |

인류의 역사에 지대한 영향을 끼친 유명한 인물들—조지 워싱턴, 나폴레옹, 무솔리니, 히틀러, 레닌, 링컨(이상 정치가), 톨스토이, 보들레르, 플로베르, 모파상, 오스카 와일드, 제임스 조이스(이상 작가), 마네, 반고흐, 고갱, 툴루즈 로트렉(이상 화가), 스메타나, 베토벤, 슈베르트, 슈만(이상, 음악가) 등등—의 공통점은, 이들이 매독에 걸려 엄청난 고통을 받았으며 일부는 미쳐서 죽음을 맞게 되었다는 점이다. 매독과 광기(狂氣)와 위대한 예술성 사이에 어떠한 상관관계가 있는지 알 수는 없지만, 어찌됐든 이들은 도덕적 한계를 뛰어넘는 자유로운 영혼(!)의 소유자들이 아니었을까?

지난 수백 년 동안 문학과 역사에서 중요한 역할을 한 매독(syphilis)의 정확한 기원에 대해선 여전히 논란이 되고 있다. 확실한 것은 유럽인들과 처음 접촉하기 전에 이미 매독은 아메리카 대륙에 있었다는 점이고, 논쟁의 포인트는 당시 매독이 세계의 다른 지역에서도 있었느냐 하는 점이다. 이런 논쟁의 가설들은 크게 세 가지인데, 첫 번째는 콜럼버스의 아메리카 항해 후 돌아온 선원들에 의해 매독이 유럽으로 전해졌다는(콜롬비안 가설) 것. 다른 하나는 이미 유럽에 매독이 있었지만, 콜럼버스가 항해에서 돌아온 직후에야 알려지게 되었다는 '선(先) 콜롬비안 가설'이다. 그리고 마지막은 매독이 유럽에서 아메리카 대륙으로 옮겨갔다는 가설인데, 현대의 많은 학자들은 여러 가지 증거를 들어 아메리카 신대륙에서 유럽으로 옮겨왔다는 첫 번째 콜롬비안 가설을 지지하고 있다.

그러나 역사란 항상 승자에 의해 왜곡되어 왔다는 사실을 감안하면, 결코 자랑스럽지 않은 이 질병의 기원을 신대륙으로 단정짓기에는 명백한 증거들이 부족한 감이 있어 아직도 논쟁 중에 있다고 할 수 있겠다.

유럽에서의 매독 발생에 대한 첫 번째 보고는 1494년 프랑스가 이탈리아를 침공할 때이다. 프랑스왕 샤를 8세가 나폴리 왕위에 대한 권리를 주장하며 이탈리아를 침공하였는데, 그의 군대는 각국에서 온 병사들, 특히 프랑스, 스페인, 독일, 스위스, 영국, 헝가리 그리고 폴란드의 용병들로 구성되어 있었다. 당시 약체였던 이탈리아는 샤를 8세의 군대에 맞서 저항할 수 없었고, 그 결과 나폴리로의 진군은 군사 작전이라기보다 약탈과 방탕의 행진이라고 할 정도였다. 게다가 군대를 따라다니는 많은 여자들이 있었으며, 그녀들과 즐기고 놀 시간도 충분했다. 당시에는 서로 대치하고 있는 적군 진영 사이에서 여자들이 서로 왔다갔다 하는 일이 흔해서, 곧 얼마 지나지 않아 매독은 양쪽 군대에 퍼지기 시작했다. 특히 1495년 프랑스가 나폴리를 점령하고 난 직후 급속히 퍼지게 되었다. 샤를 8세의 군대는 나폴리 군대에 의해서가 아닌 매독에 의해 치명타를 입게 되어 수많은 병사들이 죽었고, 살아남은 자들도 병으로 쇠약해지거나 몸은 만신창이가 되었다. 1495년 봄, 마침내 샤를 8세의 군대는 미생물에 의해 이탈리아에서 퇴각하게 되고, 각국에서 온 용병들은 자신들의 나라로 매독 균과 함께 귀향한다.

샤를 8세

학자들은 샤를 8세의 군대 해산과 함께 매독이 전파되어 나간 과정을 추적한 결과 1495년에 프랑스와 독일에서 새로운 병 매독이 발생했음을 알아냈다. 스위스에서는 1495년 후반에, 네덜란드와 그리스에서는 1496년, 영국과 스코틀랜드에서는 1497년, 헝가리 러시아 폴란드에서는 1499년에 각각 매독이 발생했다. 이 병은 유럽뿐만 아니라 유럽인들이 접촉했던 세계의 전 지역에 퍼져나갔는데, 포르투갈 사람들은 아프리카와 동양으로 가져갔고 1498년에는 인도에서 매독이 발생했다. 매독은 즉시 새로운 질병으로 인정되었지만, 이 병에 대한 정의는 35년 후에야 이루어졌다. 또한 질병의 이름도 민족적 망신이라고 생각해 서로 책임 공방을 벌이며 상대방을 손가락질하여, 이탈리아인들은 프랑스병, 혹은 스페인병이라고 불렀고, 프랑스에서는 이탈리아병이라고 불렀다. 한편 영국에서는 프랑스병, 러시아인들은 폴란드병, 폴란드는 독일병, 그리고 플랑드르(벨기에 북부), 네덜란드, 포르투갈, 북아프리카에서는 스페인병이라고 불렀다. 한편 아랍에서는 '기독교인들의 병', 일본에서는 '광동 발진' 또는 '중국 궤양'이라고 불렀다.

나폴리에서 매독이 유행할 때, 이 병이 새로운 질병이라고 생각한 또 다른 이유가 있었다. 즉 다른 성병들과는 달리 몸 전체에 발진이 일어났으며 게다가 증상도 매우 심각하여 고열, 극심한 두통, 뼈관절의 통증 등 증상이 두창과 매우 비슷했다. 그래서 영국에서는 두창과 구분하기 위해 매독을 태창(太瘡, great pox)이라고도 불렀다. 이 병은 매우 치명적이어서 프랑스의 샤를 8세도 1498년 27세의 꽃다운 나이에 매독으로 사망했다.

매독을 뜻하는 시필리스(Syphilis)라는 명칭은 1530년 이탈리아 베로나 출신의 의사이자 시인인 프라카스토로(Girolamo Fracastoro)가 창작한 문학 속의 인물로, 〈시필리스 또는 프랑스병〉이라는 제목의 서사시에서 나오는 주인공 양치기 소년의 이름이다. 이 신화적 인물은 아폴로 신을 모욕하고 반항한 대가로 징벌을 받는데 아폴로는 시필리스를 무서운 질병으로 쓰러뜨린다. 프라카스토로는 이 새로운 질병의 이름을 양치기 소년의 이름에서 따와 시필리스라고 지었다.

매독이 성접촉으로 전염되는 질병이라는 것이 알려지면서 1496년 파리의회는 이 병에 걸린 사람들은 24시간 안에 파리를 떠나라고 선포한다. 1497년 4월 스코틀랜드 애버딘(Aberdeen) 시의회에서는 매춘 금지령을 내렸고, 6개월 후 스코틀랜드 추밀원에서는 매독에 걸린 에든버러의 모든 거주자들은 인치키이스(Inchkeith)섬으로 추방할 것을 결정했다. 15세기말, 전 유럽을 공포에 빠뜨렸던 새로운 질병 매독은 오늘날 에이즈의 과거 버전이라고 할 수 있다. 성관계에 의해 전염되는 불치의 병으로 세계적으로 수백만 명이 감염되었으며, 사망률도 비슷하고, 감염이 단계별로 진행되어 결국 뇌와 심장이 손상되어 죽음에 이르는 동안 이렇다 할 치료법도 없다는 점에서 그렇다.

| 매독의 증상과 진단 |

매독은 1905년 독일의 샤우딘과 호프만에 의해 발견된 스피로헤타(spirochete)과에 속하는 나선형의 트레포네마팔리듐(Treponema pallidum)균에 의해 발생하는 성병이다. 매독균은 주로 성관계에 의해 전파되지만 산모에서 태아에게로 전파되는 경우도 있다. 매독은 병의 진행 정도에 따라 1기, 2기, 잠복기, 3기의 4단계로 나뉘는데 단계별로 증상이 점점 심해진다.

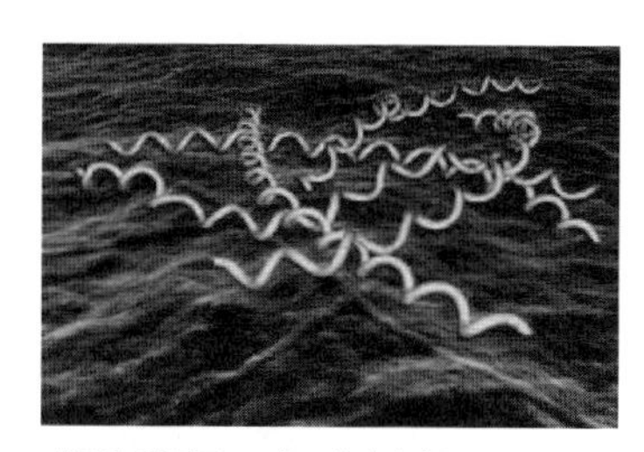
매독의 원인균 트레포네마팔리듐

1기 매독의 주요 증상은 통증이 없는 궤양이다. 매독균의 침입 부위(주로 음부의 피부나 점막)에 1~2센티 크기의 응어리가 나타나는데 대부분 한 개의 궤양만 관찰되지만 궤양이 여러 개가 발생하는 경우도 있다. 궤양은 단단하고 둥글며 크기가 작고 통증이 없다. 곧 이어 림프절이 붓고 온몸으로 확대된다.

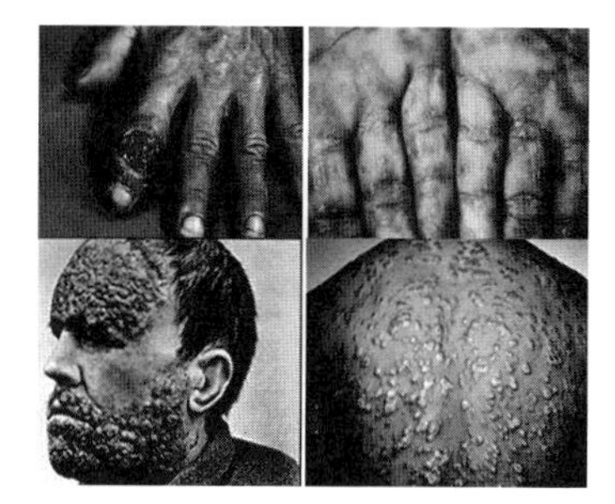
매독의 진행 단계

2기 매독은 감염된 후 대략 4~10주 후에 나타난다. 피부 발진과 점막의 병적인 증상을 특징으로 하며, 발진은 전신에 걸쳐 발생하는데 특히 손바닥과 발바닥에 나타나는 발진은 매독의 전형적인 증상이다. 발진 이외에도 발열, 눌렀을 때 아프지 않은 림프절 비대, 인후통, 두통, 체중 감소, 근육통 등의 증상이 함께 나타날 수 있다. 잠복기 매독은 병의 증상 없이 감염이 혈청학적으로 확진되는 것으로 정의되며, 미국에서는 2기 매독 이후 1년 미만의 경우를 초기 잠복기, 1년 이상을 후기 잠복기라 표현한다.

3기 또는 후기 매독기에 이르면 피부의 발진이 단단해지고 다시 헐면서 마치 분화구 모양의 흔적들을 남기게 되며, 심해지면 입천장이 없어지고 콧날이 뭉개져 떨어진다. 주로 내부 장기의 손상으로 나타나는데 중추신경계, 눈, 심장, 대혈관, 간, 뼈, 관절 등 다양한 장기에 매독균이 침범하여 발생한다. 3기 매독은 고무종매독(15%), 신경매독(6.5%), 심혈관매독(10%)으로 나눌 수 있는데, 특히 신경매독은 매독균이 신경계까지 파고들어 치매나 정신착란을 일으킨다는 점에서 가장 무서운 병이라 할 수 있다.

다양한 증상으로 나타나는 매독은 다른 많은 병들과 증상이 유사해서 '엄청난 모방가' 또는 '대단한 사기꾼'이라는 별명까지 붙었다. 현대의학의 아버지라고 불리는 오슬러(William Osler)는 "매독을 아는 의사야말로 의학을 아는 사람이다"라고 말했다.

역사적으로 수백 년 동안, 매독에 대한 효과적인 치료법이 없었으며, 20세기 초까지 주로 사용된 치료법은 수은제제로 감홍(염화수은), 연고, 증기욕, 알약, 그리고 혼합물의 형태로 사용되었다. 그런데 수은 치료는 부작용이 심각하여 치아 손실, 입과 목, 피부의 궤양, 신경손상 그리고 사망으로 이어진다. 그래서 오죽하면, "비너스 품에서의 하룻밤 환락이 평생 동안의 수은 중독으로 이어진다!"라는 말이 있었겠는가?

마침내 1905년, 독일의 피부과 의사인 호프만(Erich Hoffmann, 1868~1959)과 동물학자인 샤우딘(Fritz Schaudinn, 1871~1906)이 매독의 병원균인 트레포네마팔리듐을 발견했다. 1906년에는 독일의 세균학자 바세르만(August von Wassermann)이 '보체결합반응'을 원리로 하는 매독의 혈청학적 진단법을 개발해 혈액검사로 매독을 진단할 수 있게 되었는데 이 유명한 진단법을 '바세르만 반응'이라고 한다.

1912년 일본의 세균학자 노구치 히데요(野口英世, 1876~1828)는 신경매독 환자로부터 트레포네마팔리듐의 강한 변종을 분리해냈으며, 거의 같은 무렵인 1910년, 독일의 세균학자 에를리히는 비소를 기반으로 하는 효과적인 매독 치료제를 개발한다. 비소(화학기호: As)는 역사 드라마에서 종종 보게 되는 독약인 비상의 성분이지만, 에를리히는 세계적으로 공중 보건을 심각하게 위협하고 있는 매독을 치료하여 '생명을 구하는 비소'(the arsenic that saves)라는 뜻으로 살바르산(Salvarsan)이라고 명명했다. 이 약은 특정 질병, 즉 매독을 치료하기 위해 처음으로 체계적으로 개발한 치료제여서 '마법의 탄환'이라고 부르는 최초의 화학요법제이다. 살바르산은 순식간에 세상에서 가장 널리 사용되는 세계 제1의 블록버스터 처방약이 되었으며, 1940년대 들어 페니실린이 발명될 때까지 그 자리를 지켰다.

1999년에는 전 세계 1200만 명의 사람들이 매독에 감염되었으며, 그 중 90% 이상이 개발도상국에서 발생했다. 한해 70만~160만 명의 임산부가 매독에 감염되어 자연유산, 사산, 또는 신생아에게 선천성 매독이 발생한다. 2010년 매독으로 인한 사망은 11만3000건으로, 1990년의 20만2000건보다 절반으로 줄어들었다.

| 파울 에를리히의 생애와 업적 |

매독 치료제 살바르산을 개발한 독일 의사 파울 에를리히(Paul Erlich, 1854~1915)는 조직학, 혈액학, 면역학, 화학요법, 종양학, 약리학, 미생물학 등의 분야에서 수많은 기여를 한 개척자이다.

유태인의 혈통을 가진 에를리히는 1854년 독일의 스트셸린(Strzelin)에서 태어났다. 유명한 세균학자 바이게르트(Karl Weigert)가 그의 사촌으로, 바이게르트는 멘토로서 에를리히에게 중요한 영향을 미쳤다. 학창시절부터 염색화학에 관심이 많았던 에를리히는 뛰어나게 공부를 잘하는 학생은 아니었지만 특히 미세 조직을 염색하여 현미경으로 관찰하는 방법에 매료되었다. 에를리히를 가르친 교수 중 한 사람이 코흐(Robert Koch)에게 그를 소개하면서 "이 친구가 에를리히예요. 그는 조직이나 세포염색에는 뛰어나지만, 시험엔 결코 합격하지 못할 거예요(That is little Erlich. He is very good at staining, but he will never pass his examination)"라고 말했다고 한다. 염색만 잘할 뿐 시험엔 합격하지 못할 거라고 신통찮게 보았던 학생이 박사학위를 무사히 마쳤을 뿐 아니라 나중에는 노벨 생리·의학상을 받게 될 줄을 누가 알았으랴!

에를리히의 박사학위 논문은 '조직학적 염색의 이론과 실제적 측면'을 다루고 있다. 1878년 박사학위를 마친 후 에를리히는 실험임상의학의 창사자인 프레리히스(Theodor Frerichs) 밑에서 조직학, 혈액학, 염색화학을 집중적으로 연구했다. 그는 코흐가 발견한 결핵균 염색법에 대한 연구결과를 1882년에 발표했는데, 이 염색법은 오늘날도 사용되고 있는 '질넬슨 염색법'의 토대가 되었고, 현재 세균학자들에 의해 널리 사용되고 있는 '그람 염색법'도 그로부터 고안되었다. 그가 개발한 조직 염색법으로 서로 다른 종류의 혈구를 구분하는 것이 가능해져, 수많은 혈액질환을 진단할 수 있게 되었다.

| 면역학에 대한 기여와 노벨 생리·의학상 수상 |

그를 눈여겨 본 코흐의 제의로 1890년 에를리히는 코흐가 소장으로 있던 베를린 전염병 연구소에 근무하게 되면서 세균의 독소와 항독소에 대한 연구에 주력했다. 당시 코흐 연구소는 파스퇴르 연구소와 쌍벽을 이루고 있던 세계에서 가장 유명한 연구소 중 하나였다. 세균학을 연구하는 수많은 유능한 과학자들이 모인 그곳에서 에를리히는 당시 디프테리아와 파상풍에 대한 혈청요법을 새로 개발한 베링(Emil von Behring, 1854~1917)과 키타사토(北里柴三郎, 1853~1931)를 만난다. 베링과 키타사토는 혈청의 면역성질을 설명하는 '항독소'의 개념을 점진적으로 확립해 가고 있었다.

연구소에서 에를리히의 업무 중 하나가 베링의 디프테리아 항독소를 다량으로 만들어 나중에 제약회사 훼히스트(Hoechst)가 생산한 제품의 품질을 검사하는 일이었다. 곧 그는 혈청에서 디프테리아 항독소의 양을 측정할 수 있는 방법을 개발했고, 체계적으로 면역력을 높이며 고품질의 혈청을 생산하는 항디프테리아 혈청 생산공정의 표준화를 성공시켰다.

1908년, 에를리히는 메치니코프(Élie Metchnikoff)와 함께 면역반응을 설명하는 서로 다른 경로에 대한 업적으로 노벨 생리·의학상을 수상한다. 에를리히는 세균이 방출한 독소와 싸우기 위해 항독소 또는 항체 형성이 곁사슬의 다양성에 의해 이루어진다는 '곁사슬 이론'(side chain theory)을 내놓았고, 반면 메치니코프는 세균을 죽이는 백혈구의 역할을 설명했다. 지금은 곁사슬 이론이 틀린 것으로 밝혀졌지만, 그때까지 대부분의 과학자들은 면역체계의 양쪽 설명이 다 필요하다고 생각했다.

| 살바르산606과 최초의 화학요법제 |

에를리히는 예방접종 방법이 화학반응처럼 특이성이 아주 강한 반응이어서, 디프테리아에 대한 항독소는 디프테리아에만 효과가 있을 뿐 다른 질병에는 전혀 효과가 없다는 것을 간파했다. 그는 독소 치료를 위해 항독소를 사용하는 것을 넘어서 화학적 특성을 가진 치료제를 사용해 질병을 치료할 수 있을 것이라는 새로운 이론을 창안하고, 이를 '마법의 탄환'이라고 명명했다. 즉, 에를리히가 생각한 질병 치료법은 특정한 감염체만 반응하고 그것을 없앨 수 있지만, 환자의 세포에는 반응하지 않는 화학물질, 즉 화학요법이라는 마법의 탄환을 발견하는 것이다.

에를리히는 세균에 의한 병인 수면병(睡眠病)에 대한 치료제를 찾고 있던 중, 1906년 영국에서 비소를 넣은 아톡실(Atoxyl)이라는 염색제가 트리파노소마라는 기생충에 감염된 실험동물을 치료하는 데 효과가 있다는 사실을 발견한다. 상당히 강한 비소 화합물인 아톡실이 수면병에 효험이 있다는 것을 발견하지만 너무 독성이 강했다. 그는 세균은 죽이되 환자에겐 해롭지 않는 마법의 탄환, 즉 새로운 비소화합물을 찾기 시작하는 길고 긴 고난의 여정에 나선다.

1909년, 엄청난 인내심으로 900개가 넘는 비소 화합물들을 쥐에게 실험한 후, 그의 동료 하타 사하치로(秦佐八郎)는 606번째 비소화합물로 되돌아가 주목했다. 606번째는 수면병에는 별 효과가 없지만 최근 새로 발견된 매독균을 죽이는 것을 발견하게 된 것이다. 1909년 에를리히와 하타는 606에 대해 특허를 받은 뒤 매독을 가진 쥐, 기니피그, 토끼에게 반복해서 임상실험을 한다. 3주 후 나온 결과는 어느 동물도 죽지 않고 실험동물들의 병은 완전히 나아 있었다. 1910년 인류 역사상 최초의 합성 화합요법제인 매독 치료제 살바르산의 임상 성공 소식은 오늘날 에이즈 치료제를 발

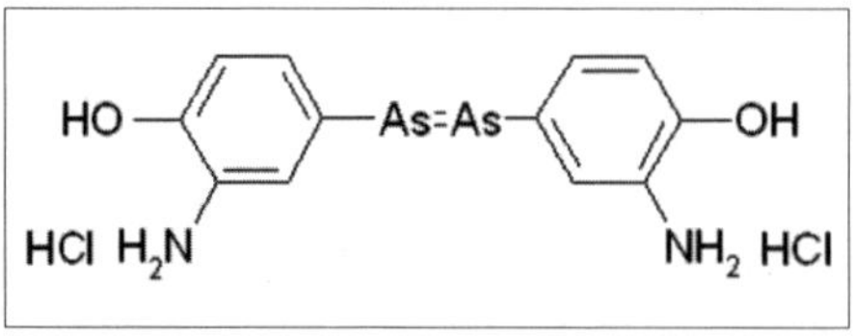

살바르산 분자구조

견했다는 소식과 비견될 만한 엄청난 희소식이었다.

그러나 곧 이른바 '살바르산 전쟁'이 발생하는데, 주로 복용량을 지키지 않은 부작용으로 인한 줄소송이 이어졌다. 또한 종교적인 광신도들은 무절제한 육체적 쾌락에 대한 신의 징벌을 인간이 방해한다고 격렬하게 반대했다. 일부 사람들은 에를리히가 자신의 이익을 위해 범죄적인 행위를 하였다고 맹비난했다. 원래 몸이 약한 데다 이러한 스트레스까지 겹쳐 에를리히는 1915년 61세로 세상을 떠났다.

1912년에는 복용이 어려웠던 살바르산을 대신해 더욱 쉽게 합성할 수 있으면서도 용해성이 높고 투여 방법이 간편한 물질을 개발하여 새로운 '네오살바르산'이 시판되었다. 이 약은 즉시 대성공을 거두어 페니실린이 등장하기 전까지 전 세계에서 팔렸는데, 이로써 독일은 화학약품과 제약 생산의 선도 국가가 되고 매독은 이제 치료 가능한 병이 되었다. 에를리히의 마법의 탄환, 즉 사람을 살리는 비소화합물 606의 극적인 스토리는 근대 항생제의 발견으로 막을 내린다.

비록 에를리히는 자신의 발견이 어떠한 영향을 미쳤는지 알지 못한 채 세상을 떠났지만, 살바르산은 플레밍(Alexander Fleming)에게 영감을 주어서, 마침내 20세기의 가장 효과적인 약 페니실린을 탄생시켰다.

7. 살충제 DDT의 역사, 침묵의 봄 그리고 가진 자의 환경윤리

Paul Hermann Müller(1899~1965)

전염병은 한 사회의 인구구조, 노동조건, 정치적 역학관계와 같은 미시적 측면뿐만 아니라 문명의 형성과 전파, 인류의 대규모 이주, 전쟁과 같은 거시적 측면에서도 인류 역사의 방향을 바꾸는 중대한 영향을 끼쳐왔다. 역사에 기록된 몇 가지 예를 들어본다.

고대 그리스의 도시국가 아테네에서는 기원전 430년부터 4년 동안 발진티푸스가 유행해 인구의 4분의 1이 숨졌다. 그런가 하면 몽골 군대에 의해 유입된 것으로 추정되는 흑사병은 중세 유럽 인구의 3분의 1을 죽음으로 몰아넣었는데, 이로 인해 중세 유럽의 지배 계급은 결정적 타격을 받아 봉건제가 무너지고 자본주의가 등장하게 된다. 또한 노예로 끌려온 2천만 명의 아프리카인들에 의해 유입된 황열병은 카리브해 연안, 남아메리카, 북아메리카에서 면역력이 없는 노예 주인들 사이에 창궐하여 노예제도의 몰락을 가져오는 원인이 되었다.

1520년 스페인 탐험가 코르테스(Hernando Cortes)는 유럽인들이 '신

세계'라고 불렸던 아메리카 땅에 스페인 군대와 더불어 천연두, 발진티푸스, 콜레라, 홍역과 같은 유럽 병들도 함께 가져옴으로써 원주민들에게 치명타를 입히게 된다. 아즈텍 및 다른 토착 인디언들은 이러한 병들에 대한 면역력이 없었기에, 코르테스 일행이 처음 신대륙에 상륙할 무렵 인구 3000만 명이던 아즈텍 제국 원주민들은 약 절반이 천연두로 사망하고, 1518년에 이르면 단 300만 명만 살아남았다. 북남미 전체 토착 인디언들의 90~95%가 천연두로 사망한 것으로 추정되고 있다.

이러한 예에서 보듯이 만일 누군가 의도적으로 전쟁에 세균전을 사용한다면 인종청소와 같은 얼마나 끔찍한 일들이 벌어질는지 어렵지 않게 짐작할 수 있다.

이처럼 이, 모기, 벼룩 등과 같은 해충에 의해 매개되는 황열병, 뎅기열, 말라리아, 발진티푸스 등의 모든 감염성 질병을 예방하고, 농업용 살충제로 널리 사용되어 식량증산에 크게 기여한 DDT의 영광과 몰락의 역사에 대해 살펴본다. 그리고 필연적으로 제기되는 가진 자의 환경윤리에 대해 생각해 본다.

| DDT의 발명 |

1874년, 오스트리아의 자이들러(Othmar Zeidler)라는 대학원생은 박사학위 과정 중 베이어(Adolf von Baeyer) 교수의 지도 아래 역사상 유명한 화학약품 중 하나인 살충제 DDT를 합성했다. 그러나 자이들러의 관심은 학위논문을 위해 새로운 화합물을 만드는 데 있었기 때문에 DDT가 살충제 용도로 쓰일 수 있다는 것을 전혀 알지 못했다. 그의 발명은 65년간 그렇게 선반 위에서 잠자고 있었다. 사람의 목숨을 살리는 DDT의 특성은 자이들러가 죽은 지 28년이 지난 후에야 빛을 보게 된다.

1936년 염료 제조회사인 스위스의 가이기(Geigy)사에 재직하던 화학자 뮐러(Paul Hermann Müller, 1899~1965)는 단순히 옷을 갉아먹는 해충을 방지하기 위한 살충제를 연구하기 시작해, 1939년 독자적으로 디클로로디페닐트리클로로에탄(dichloro diphenyl trichloroethane) 합성에 성공했는데 이를 줄여서 DDT라고 부른다. 때마침 콜로라도 감자잎벌레가 만연하여 스위스의 식량 공급을 위협하고 있던 터라 여기에 DDT를 써서 효과적으로 이를 퇴치할 수 있었다. 스위스 정부에 의한 테스트 결과 DDT가 여러 해충들을 박멸하는 데 무척 효율적이며, 화학적으로 안정하여 효과가 오랫동안 지속되고 포유동물, 특히 사람에게 무해하고, 무엇보다 생산 비용이 저렴하다는 것이 증명되었다.

1940년 뮐러는 재빨리 DDT를 일반 살충제 용도로 스위스 특허를 취득하고, 1942년경 DDT 제품을 상업적으로 출시했다. 뮐러는 비록 의학적 연구에 참여한 적은 없지만, '여러 절지동물에 접촉 독성을 나타내는 DDT의 높은 효과를 발견'한 공적으로 1948년 노벨 생리·의학상을 수상한다.

| 전쟁과 전염병, 그리고 DDT |

인류 역사에서 해충과 전염병은 중요한 군사작전의 최종 승패를 결정짓는 주된 역할을 했다. 전쟁사에 등장하는 주요 곤충 매개 병들로는 발진티푸스, 황열병, 말라리아, 뎅기열 등이 있으며 이러한 전염병들은 카이사르(Caesar), 한니발(Hannibal), 나폴레옹(Napoleon) 같은 어느 위대한 장군들보다도 더 많은 군사작전의 승리를 가져다주었다.

인류의 목숨을 위협하는 전염병인 발진티푸스의 원인균은 리케차 프로바제키(Rickettsia prowazeki)인데, 집단생활을 하는 군인들이나 죄수들, 선원들 사이에서 많이 발생한다고 해서 유럽인들은 '막사 열병', '감옥 열병', 또는 '선박 열병' 등으로 부르기도 했다. 발진티푸스가 크게 영향을 준 유명한 전투 중의 하나가 1812년에 일어난 나폴레옹의 러시아 침공이다. 이 전쟁은 60만 프랑스 대군 중 겨우 9만 명만이 살아서 모스크바에서 퇴각하는 프랑스의 대참패로 끝나고 만다. 그런데 러시아군과의 실질적인 교전에 의해 죽은 프랑스군의 숫자는 10만 명도 채 안 되는 반면, 이가 옮기는 발진티푸스와 이질에 의한 프랑스 군인의 사망자 수는 많게는 30만 명에 달하였다고 한다.

제1차 세계대전 동안 발진티푸스로 인해 러시아에서 300만 명, 폴란드와 루마니아에서는 이보다 더 많은 사망자가 발생했다. 사정이 급박해지자 이(lice)를 박멸하는 것이 발진티푸스 예방을 위해 중요하다는 프랑스의 미생물학자 니콜(Charles Jules Henri Nicolle)의 주장을 받아들여, 서부전선에서는 이를 박멸하는 구제소가 설치되었고, 그 결과 발진티푸스로 인한 병력의 손실이 최소화되었다. 그러나 이러한 조치를 하지 않은 동부전선에서는 세르비아에서만 15만 명이 발진티푸스로 죽어갔다. 1918~1922년 사이 발진티푸스 총 발생 건수가 2000만~3000만 건에 달하며 그 중 최소 300만 명의 사망자가 발생했다. 제1차 대전의 경험으로 미루어보아 현대 전쟁의 75%는 엔지니어링과 위생문제이고, 나머지 25%만이 군사적인 것이라고까지 말하는 사람도 있다.

| DDT의 영광 : 인류의 구세주 |

DDT가 등장하기 전, 태평양에 주둔하고 있던 맥아더 장군 휘하의 군대에서는 말라리아가 엄청난 골칫거리여서 훗날 맥아더는 단지 장병의 3분의 1만이 전투에 적합한 상태였다고 회고한다. 말라리아나 발진티푸스처럼 해충들이 옮기는 전염병에 대처하기 위해 미국과 영국의 곤충학자들은 주로 일본에서 수입하던 국화꽃에서 추출한 접촉 살충제의 대체물을 필사적으로 찾고 있었다. 그러나 2차대전이 발발하고 일본이 제충 국화(除蟲菊花)의 공급을 차단하자 그 수요는 천정부지로 치솟았고, 연합군측 의사와 위생관련 종사자들은 원자탄 발명 이전까지, 모든 폭탄과 총탄보다도 더 많은 사람을 죽일 수 있는 세균과의 전쟁에서 지는 것이 아닌가 하는 악몽에 시달리기 시작한다. 그러던 차에 가이기 사의 DDT가 출시된 것이다.

연합군측에서는 즉각 전 세계에 배치되어 있는 수백만 명의 육군·해군 병사들을 위해 모기가 옮기는 말라리아, 이가 옮기는 유행성 발진티푸스, 파리가 옮기는 장티푸스와 이질 등의 퇴치에 DDT를 사용할 수 있는가를 검토했다. 1942년 여름, 인위적으로 이가 우글거리게 해놓은 현장 실험에서 DDT는 매우 희망적인 결과를 보여 주었고, 이듬해인 1943년 멕시코, 알제리와 이집트에서 발생한 유행성 발진티푸스 퇴치에 성공적으로 사용되었다.

1943년 말, 연합군에 의해 탈환된 이탈리아의 나폴리는 피난민들로 넘쳐났다. 연합군 의료 당국은 이 도시에서 심각한 유행성 발진티푸스가 발생되려는 징후를 발견했다. 하루에 60건씩 발진티푸스가 새로 발생하고, 도처에서 수십 명씩 죽어가고 있었다. 만일 전염병이 과거의 양상을 그대로 따른다면, 사망자는 무려 25만 명에 이를 정도로 폭발적으로 증가할 것이다.

12월 중순경, 연합군 병사들이 나폴리 주민 전체에게 체계적으로 DDT를 살포했고, 그러자 한 달도 채 안 되어 발진티푸스의 1일 발생 건수가 급격하게 감소했다. 그리고 2월 중순이 되자 새로운 발병 건수가 하나도 없었다. 발진티푸스가 유행하는 겨울인 데다, 더럽고 인구가 밀집된 상태에서 상당히 진행되고 있던 유행성 발진티푸스가 통제됐을 뿐만 아니라 몇 주 안에 완전히 퇴치된 것이다. 덧붙인다면 제2차 세계대전 동안 나치 강제수용소에서 수많은 포로들이 발진티푸스로 죽어갔는데, 그 중에는 1945년 베르겐벨젠(BergenBelsen) 수용소에서 죽은 〈안네의 일기〉의 주인공인 15살의 안네와 언니 마르고도 있었다.

역사상 처음으로 발진티푸스를 퇴치한 이 사건은 DDT로서는 영광의 행진의 서곡이 되었다. 수백만 명의 군인과 선원들은 빈대, 이, 벼룩 그리고 모기로부터 자신들을 보호하기 위해 DDT가 들어 있는 작은 살충제 분무기통을 가지고 다녔다. 특히 열대지방에서는 DDT 살충제 분무기통이 열렬한 환영을 받아서, 수백만 개의 살충제 분무기통이 텐트 안, 막사, 식당 등을 가릴 것 없이 DDT를 살포하는 데 사용되었다. 유럽의 피난민 캠프에서부터 연합군의 수송 루트인 버마 로드(Burma road)까지, 그리고 동남아시아의 정글 전쟁터와 사이판과 수십 개의 남태평양 섬들에서 득실거리며 물고 쏘는 해충들에게 DDT 살포는 분명 사람들에게는 '축복의 스프레이'로 아무도 이를 의심하는 사람이 없었다.

DDT 살충제 분무기는 열대지방에서 열렬한 환영을 받았다.

DDT는 이가 옮기는 발진티푸스나 모기가 옮기는 말

라리아, 황열병, 뎅기병 등을 퇴치하는 데 가장 효과적인 살충제로 입증되었다. 1940년대에 DDT는 말라리아로부터 5000만 명 이상의 생명을 구한 것으로 추정되고 있다. 1944년 윈스턴 처칠은 라디오 연설을 통해 해충이 옮기는 전염병으로부터 수백만 명의 목숨을 구한 DDT의 탁월한 효능은 믿기 힘들 정도로 놀라우며, 앞으로 대규모로 DDT를 사용할 것을 약속한다.

제2차 세계대전이 끝난 후 유럽은 큰 혼란 속에서 더 큰 전염병이 창궐할 수 있었지만, 수백만 명의 피난민들과 난민들 사이에 번져가고 있는 이나 모기, 벼룩을 박멸하기 위해 DDT를 널리 살포한 덕분에 대규모의 전염병 창궐을 막을 수 있었다. DDT는 마치 인류의 구세주처럼 열광적으로 받아들여졌고, 또한 병충해를 막기 위해 트럭이나 비행기를 이용해 농작물이나 축산물, 정원 등에 광범위하게 살포되었다. 한국에서도 지금 장년층들은 어릴 적 이, 벼룩, 빈대, 모기와 같은 해충들이 들끓어서, 골목마다 DDT를 살포하고 다니는 트럭을 자주 볼 수 있었다. 특히 군대나 학교에서는 몸이나 머리의 이 때문에 골머리를 앓았는데, 학교에서는 DDT 분말을 학생들 머리에 뿌리거나, 1960년대 후반 육군 장교였던 나의 룸메이트(!) 증언에 따르면 군대에서 병사들은 팬티 속에 DDT가 들어 있는 작은 주머니를 차고 다녔고, 휴가 나온 군인들은 방에 들어가기 전에 군복을 비롯해 일체의 옷을 벗어 끓는 물 속에 던져 넣도록 이 땅의 어머니들로부터 지엄한 분부를 받았다고 한다.

1950년대까지 DDT는 수많은 생명을 구했을 뿐 아니라, 해충퇴치 덕분에 가능해진 식량의 증산으로 수많은 사람들이 굶어죽는 것을 면했다. 미국의 농산부는 화학 살충제가 없었더라면 미국인의 단백질 공급의 약 30%와 비타민이 풍부한 채소의 80%가 해충에게 손실되었을 것이라고 추정한다. DDT는 1950년대의 가장 널리 사용된 화학 살충제로, 1943년 말라리아 환자가 800만 명 이상 발생했던 베네수엘라에서는 DDT를 정기적으로 살포한 결과 1958년에는 말라리아가 거의 사라져 발병 환자는 800명으로 줄었다. 한편 스리랑카에서는 1948~1962년까지 연간 250만 명이 넘던 말라리아 환자의 수를 연간 31명으로 극적으로 감소시킬 수 있었다.

처음 실용화될 당시 DDT는 인간에게 무해한 것으로 알려졌고, 또한 싼 가격으로 대량생산이 가능해 급속히 보급되었다. DDT의 사용이 최고조에 달했던 1962년에는 8200만 킬로그램을 생산하고 그 중 8000만 킬로그램이 사용되었다.

| 침묵의 봄과 DDT의 몰락 |

공중에서 비행기로 무차별적으로 살포하는 대규모 방제계획은 미국 농가, 축산업자, 양봉업자뿐만 아니라 일반 시민들에게도 영향을 끼쳤다. 그러다 1957년부터 점차 DDT의 폐해와 유해성에 대한 의문이 제기되기 시작했다.

DDT의 무차별 살포

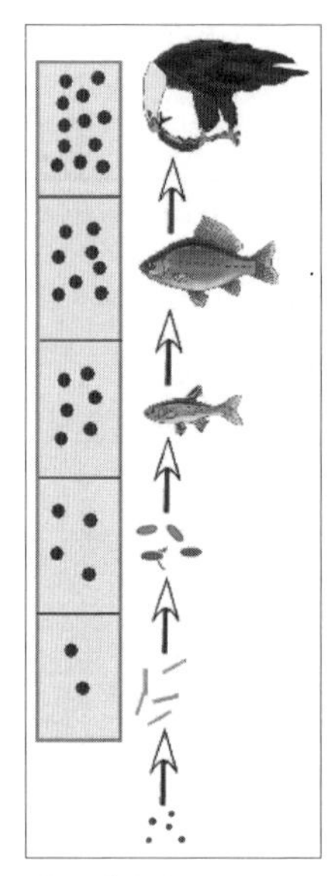
생물농축확대

DDT의 반감기는 2~15년으로, 잘 분해되지 않는 안정한 화합물이어서 살포 후 자연에 오랫동안 잔류한다. 지용성 물질인 DDT가 생물에 의해 섭취되면 점차 체내에 축적되면서 생태계 먹이사슬을 거치게 되는데, 이때 먹이사슬의 상위 단계로 갈수록 생물체 내의 물질 축적 비율이 증가하여 고등동물의 체내 축적량은 하등생물의 수천~수십만 배가 될 정도로 물질 농축비율이 확대되는, 이른바 '생물농축확대'(biomagnification) 현상이 일어난다.

한 예로, 미시간 호수의 진흙 속에는 수십억 마리의 갑각류가 살고 있는데, 진흙은 0.014ppm의 DDT로 오염되어 있다. 진흙에서 DDT를 흡수한 갑각류의 체내에는 0.41ppm의 DDT가 축적된다. 먹이사슬의 다음 단계에 있는 물고기는 갑각류를 먹고 몸속에 3~6ppm을, 그리고 물고기를 잡아먹은 재갈매기는 99ppm의 DDT가 몸속에 축적된다. 이 정도 농도라면 각각의 갈매기들한테는 즉각 치명적이지는 않더라도 배아에 악영향을 끼쳐 정상적인 번식을 감소시킨다. 즉 재갈매기의 알들에는 227ppm의 DDT가 들어 있는데, DDT는 알껍데기에 칼슘 부족을 일으켜서 비정상적으로 껍질이 얇아져 알이 쉽게 깨지는 문제를 일으켰다.

DDT가 환경에 영향을 끼친 사례로 가장 유명한 것은 1950년대부터 관찰된 미국의 국조(國鳥) 흰머리독수리(bald eagle) 개체수의 감소이다. 1950년 말 해양생물학자인 레이첼 카슨(Rachel Carson)과 다른 관찰자들은 DDT가 점점 먹이사슬에 대량으로 유입되어 흰머리독수리가 플로리다와 메인(Maine) 사이의 대서양 연안에 새끼를 낳아 번식시키는 일이 중단된 것을 발견했다. 어려서 죽은 흰머리독수리의 뇌 속에서 상당한 농도의 DDT가 발견되었는데, 오대호 근방에서 서식하던 독수리들은 알의 껍질이 너무 얇아져서 멸종 위기에 직면하게 된 것이다.

환경운동의 어머니 칼슨과 〈침묵의 봄〉

1962년 '환경운동의 어머니'로 평가받는 카슨은 자신의 저서 《침묵의 봄(Silent Spring)》에서, 미국 내에서의 무분별한 DDT 사용에 대한 환경적인 영향과, 환경을 오염시킨 살충제가 생태계나 사람의 건강에 끼치는 영향을 논리적이며 유려한 문장으로 설명했다. 즉, DDT와 다른 살충제가 암을 일으킬 수 있다는 것, 농업에 쓰는 화학물질이 야생동물과 여러 조류, 특히 미국인이 사랑하는 국조 흰머리독수리를 위협하고 있다는 것, 그리고 이렇게 됨으로써 봄이 와도 생태계가 파괴되어 새들의 노랫소리가 들리지 않는 '침묵의 봄'을 맞게 될 것이라고 경고했다.

이 책은 대중들의 열렬한 반응을 불러일으켜 환경운동을 일으키는 시발점이 되었는데, 《침묵의 봄》이 불러온 대규모 시위로 인해 케네디 대통령은 1963년 환경문제 자문위원회를 설립했다. 이렇게 되자 세계보건기구(WHO)는 1969년 다음과 같은 성명서를 발표했다.

"DDT는 말라리아를 퇴치하는 중요한 살충제로 DDT 독성으로 인해 한 명의 인명 손상도 없이, 전 세계에서 최소 20억 명의 목숨을 구했다. DDT 살포 캠페인이 최고조로 달하였을 때 13만 명의 DDT 분무요원들이나, 살포 지역 거주민 5억3500만 명 중에서 어떠한 증상도 관찰된 경우가 없을 정도로 DDT는 안전하다."

그러나 1969년 미국 의회는 국가환경정책법을 통과시켰고, 1972년에는 미국 내에서 DDT, BHC 등 9종의 농약 사용을 전면 금지했다. 한때 '인류의 구세주'로 칭송받던 DDT가 이제 우리의 환경과 인류의 생존을 위협하는 화학의 알 카포네, 킬러로 몰락한 것이다.

| 스톡홀름 협약과 DDT 사용금지 |

1960~70년대 이후 산업·농약용 화학물질들이 환경에 미치는 폐해가 밝혀짐에 따라 1992년 리우회담(유엔환경개발회의, UNCED)을 계기로 UN식량농업기구(FAO)와 UN환경계획(UNEP)이 중심이 되어 화학물질 안전관리 방안이 논의되었다.

DDT에 대한 숱한 경고에도 불구하고 DDT가 인간에게 암을 일으킨다는 직접적인 증거는 없다. 그러나 인간과 같은 포유동물은 피부로 접촉할 경우 특별한 문제가 일어나지 않지만 생물농축확대 과정에서 음식을 통해 섭취되어 DDT가 몸에 축적되면, 몸속에서 내분비계 교란물질로 활동하여 암이 유발될 수 있다고 한다. DDT는 특히 조류에 대한 유해성이 많이 지적되면서 결국 1970년대에 들어와서는 대부분의 국가에서 농약용 DDT 사용이 금지되었다.

DDT 사용이 중지된 이후, 많은 종류의 살충제가 연구, 개발되어 사용 중에 있다. 그 중에는 분해성이 높으면서 사람에게 해가 거의 없는 살충제도 있지만 이것들은 값이 비싸 대량으로 살포하기는 어렵다. 지금도 살충제의 총 사용량은 계속 증가하고 있지만, 아직까지 DDT에 견줄 만한 저렴하고 효과적인 살충제는 발견되지 않았다.

1995년, 유엔환경계획관리이사회는 잔류성 유기오염물질(POP)에 대해 범세계적인 행동을 취할 것을 요구했다. 유엔환경계획은 POP 규제 대책에 대한 특별위원회를 설치하고 정부 간 회의를 개최하는 등 POP 규제 협약을 준비해왔다. 그 결과 2001년 5월 22일 스웨덴의 스톡홀름에서 열린 POP회의에서 DDT를 포함한 12개의 잔류성 유기오염물질의 생산 및 사용을 금지하는 협약을 채택했으며 90개국이 서명했고, 한국은 2001년 10월에 서명했다. 이 협약은 프랑스가 50번째로 비준서를 기탁함에 따라 2004년 5월 발효되었으며, 이 협약에 따라 12개 물질 대부분의 생산 및 사용이 금지되었고 2010년 3월 현재, 회원국은 우리나라를 포함해 169개국으로 늘어났다.

이와 같은 협약에도 불구하고 여전히 말라리아로 인해 매년 수백만 명의 사망자가 발생하는 인도, 남부 아프리카를 포함한 일부 국가들에게는 모기 퇴치를 위해 세계보건기구(WHO)의 안전지침을 준수하는 범위 내에서 대체물질이 개발될 때까지 DDT 사용을 제한적으로 허용했다. 2006년 9월 세계보건기구는 농업부문은 제외하고, 아프리카 국가들에게는 여전히 중요한 건강문제인 말라리아 퇴치를 위해 실내에서만 DDT를 사용할 것을 권장했다. 또한 말라리아 퇴치를 위해 노력하는 동시에 2014년까지 DDT 사용의 30%를 줄이고 2020년까지는 완전 금지시킨다는 목표를 재확인했는데, 이러한 목표 달성을 위해 DDT의 대체물질을 개발하여 사용한다는 계획이다. 인도는 살충제 DDT의 가장 큰 소비국이며 현재 세계에서 유일하게 DDT를 생산하는 국가이다. 전세계적인 금지에도 불구하고, DDT는 인도, 북한 그리고 아마도 다른 곳에서는 농업용으로도 사용되고 있다.

| DDT 사용 제한에 대한 논쟁—가진 자의 환경윤리 |

사실 화약이든, 전자파든 또는 DDT가 되었든 간에, 모든 것은 양날의 칼과 같은 것이어서, 문제는 DDT가 아니라 이를 사용하는 사람들의 무절제한 행태와 도덕성에 있는 것이 아닐까 싶다.

DDT 사용금지는 DDT가 사람에게 무해하다는 진영과 환경에 나쁜 영향을 준다는 두 진영 사이의 뜨거운 논란을 불러일으켰다. 논쟁의 중심은 DDT 사용의 금지로 최빈국 국민들이 매년 수백만 명씩 죽어간다는 데 있다. 최근 자료에 따르면, 2010년에 17개국에서 2억2천만 건의 말라리아 환자가 발생해 약 70만 명이 사망했다고 한다. 말라리아 사망자 수의 80%가 가장 가난한 나라 14개국에 집중해 있고, 대부분은 아프리카 아이들 중에서 발생했으며, 그 중 콩고민주공화국과 나이지리아가 전체 사망자 수의 40% 이상을 차지한다. 즉 1분에 한명씩 아프리카 어린이들이 말라리아로 죽어가고 있는 것이다. 2007년 미국국립보건원(NIH)의 그와츠(Robert Gwadz)는 DDT 사용금지가 2000만 명의 어린이들(대부분 아프리카 어린이들)을 죽게 하였다고 보고했다.

DDT는 살충 효능뿐만 아니라 값이 저렴하여 적은 양만 집에 뿌리면,

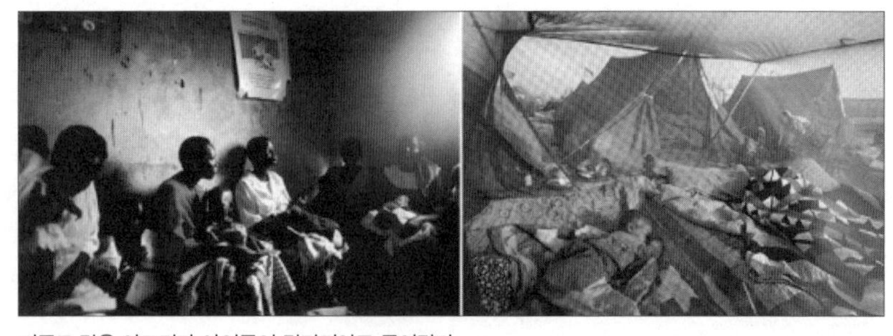

지금도 많은 아프리카 아이들이 말라리아로 죽어간다.

1년에 1.44달러가 들지만 대체 살충제를 사용하면 비용은 5배, 심지어는 10배까지 올라가 가난한 나라들은 그 비용을 감당할 수 없다. 그러나 환경오염의 주범인 부자 나라들은 국가 건강예산의 80%를 기부금으로 충당하고 있는 가난한 나라들에게 DDT를 사용하면 원조를 중단하겠다고 팔을 비틀어 더 많은 어린이들을 죽음으로 내몰고 있다.

로버츠(Donald Roberts)와 트렌(Richard Tren) 박사는 '탁월한 분말: DDT의 정치적 과학적 역사'라는 기고문에서 "DDT 발명 이전에는 말라리아, 황열병, 발진티푸스 등으로 자신들의 영토에서 수백 년간 고통받아오던 부자 나라들이 엄청난 DDT 살포 덕분에 이 전염병들을 퇴치하고 난 후, 이제 사다리를 걷어차버려 아프리카, 아시아 그리고 라틴아메리카 사람들한테는 DDT의 혜택을 받지 못하도록 하고 있다"라고 주장한다.

DDT 금지를 주장하는 중요한 인물 중 한 사람인 워스터(Charles Wurster) 박사는 "인구가 모든 문제의 원인이다. 우리는 너무 많은 인구를 갖고 있으며, 그들 중 어느 정도는 솎아져야 할 필요가 있다. 따라서 말라리아로 인한 죽음은 최적의 방법 중 하나"라는 경악할 만한 발언을 한 것으로 알려졌다. 참고로 한 해에 전 세계 인구의 10%가 말라리아 발병으로 고생한다고 한다.

하이테크 스릴러의 아버지로 불리는 소설가 마이클 크라이튼은 《쥐라기 공원》, 《잃어버린 세계》, 《폭로》, 의학드라마 〈ER〉 등으로 우리에게도 잘 알려진 인물인데, 그는 극단적 환경론자들이 벌이는 국제적 음모를 파헤친 소설 《공포의 나라(State of Fear, 2004)》에서 "DDT 사용 금지는 히틀러보다 더 많은 사람을 죽였다"라고 말한다.

몇 년 전, 19개국에서 약 3000명이 중증급성호흡기증후군(SARS)에 감염돼 103명이 사망해서 지구촌 전체를 공포로 몰아넣은 적이 있었다. 그러나 1분마다 한 명씩 아프리카 어린이들이 말라리아로 죽어가는 문제에 대해서는 누구도 심각하고 무서운 문제로 받아들이는 것 같지 않다. DDT 사용으로 구할 수 있는 수백만 명의 아프리카 어린이들의 생명보다, 수십 마리의 울새나 흰머리독수리의 죽음이 대서특필되고 있으니 말이다.

한편 미국의 경제학자 벌로(John Berlau)는 2007년 출판된 《광적 환경론자: 과도한 환경론은 당신의 건강에 위험하다(EcoFreaks: Environmentalism Is Hazardous to Your Health)》에서 지나친 환경규제는 오히려 건강에 해롭다는 주장을 펼쳤다. 일부 의사들과 과학자들은 극단적 환경론자들과 부자 나라의 관료들이 펜 하나를 놀려 환경오염 범죄(!)와는 무관한 가난한 나라의 국민들에 대한 인종청소 내지 집단학살을 자행하고 있다고 정의의 법정에서 "나는 고발한다"라고 주장한다. 이 문제에 대해 《정의란 무엇인가》의 저자 마이클 샌델(Michael Sandel) 교수는 과연 무엇이라고 답변할지 궁금하다.

나름의 해결책을 제시해 본다면, DDT 사용금지를 주도한 부자 국가들이 지금까지 환경오염에 기여한(?) 정도에 따라 비용을 분담해서, 말라리아로 많은 어린이들이 죽어가고 있는 아프리카의 최빈국에게 실내용 대체 살충제를 무제한으로 제공하는 것이 어떨까 싶다.

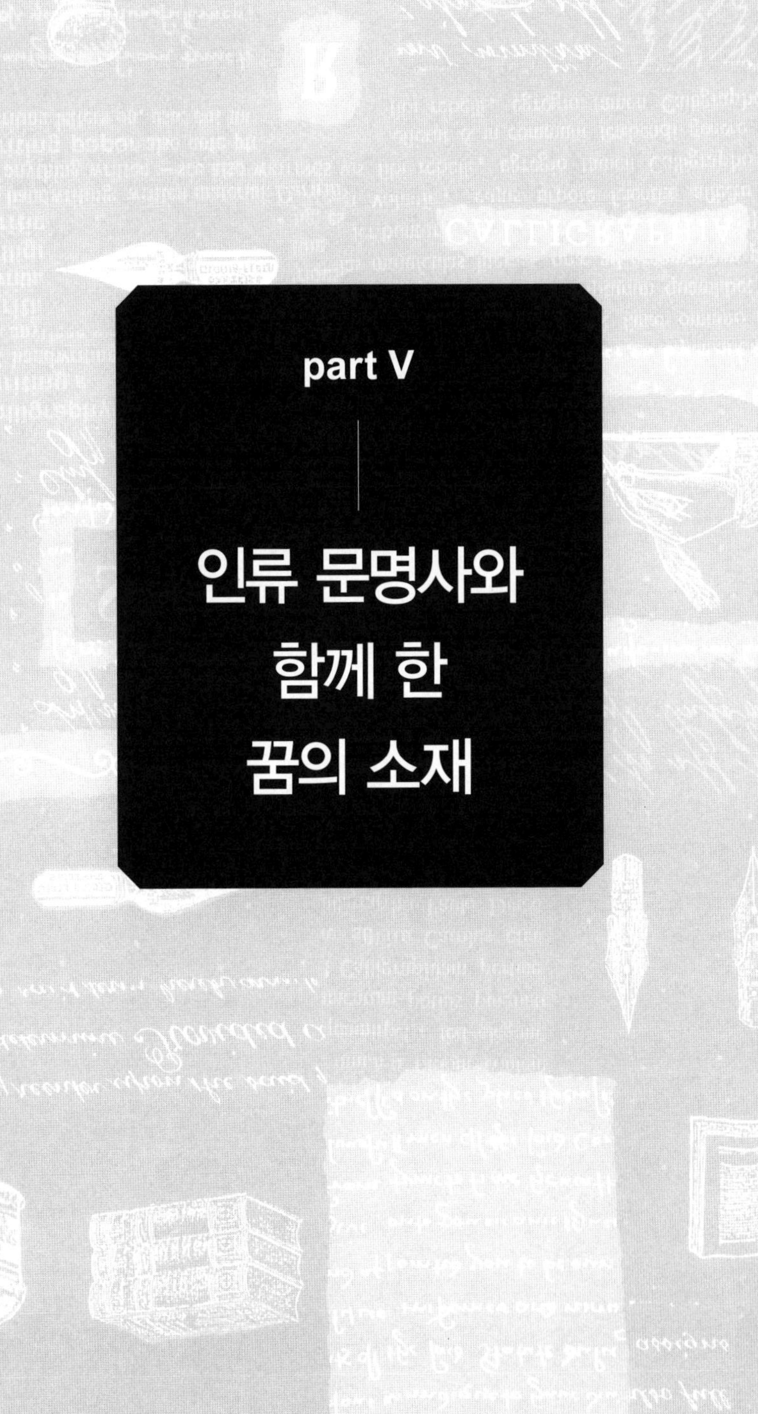

part V

인류 문명사와 함께 한 꿈의 소재

1. 잃어버린 고대 장인(匠人)들의 첨단재료 기술

로만 콘크리트(AD 100~), 우츠강철과 다마스쿠스 검(~BC 300)

현대의 과학과 기술은 우리 조상들이 꿈에도 상상하지 못했던 것들을 이룩했지만, 그러나 고대 장인(匠人)들도 현대 과학자들 못지 않게 관찰, 집념, 독창성 그리고 우연한 행운까지 작용하여 오늘날의 기술로도 재현하기 어려운 놀라운 기술들을 개발했다. 잃어버린 고대의 발명품들 중 유명한 것은 '슬픔을 잊게' 해준다는 네펜시(nepenthe), 로마인들이 사용한 피임약의 초기 형태인 실피움(silphium), 비잔틴식 네이팜탄에 해당하는 그리스 불(Greek Fire), 로만 콘크리트, 그리고 인도의 우츠강철(Wootz steel) 등이 있다.

| 2000년 세월을 견뎌낸 로만 콘크리트의 비밀 |

인류가 만들어낸 가장 내구성이 있는 발명품 중의 하나가 바로 고대

판테온 신전

로마의 콘크리트이다.

이탈리아나 유럽을 방문했던 사람이라면 누구나 한번쯤 고대 로마인들이 천재적 엔지니어라고 느꼈을 것이다. "모든 길은 로마로 통한다"라는 말처럼 그물망 같은 로마 도로, 수로, 사원들은 점령군들의 약탈과 지진, 그리고 수많은 관광객들의 시달림 속에서도 수천 년 동안 잘 버텨내고 있다. 특히 2천 년 전 지중해 연안에 로만 콘크리트로 세워진 방파제들은 파도가 끊임없이 두드려대는데도 아직도 온전하게 남아 있다. 거의 200년 동안 사용해 오고 있는 현대의 포틀랜드 시멘트는 이러한 로만 콘크리트와 감히 경쟁조차 할 수 없다. 바닷물에서 포틀랜드 시멘트의 내구연한은 50년이 채 안 되며 그 이후엔 침식하기 시작한다.

일반 사람들은 시멘트와 콘크리트를 동의어로 사용하는 경향이 있는데, 시멘트(cement)란 넓은 의미로 물질과 물질을 접착하는 결합제를 말하며 단독으로 굳거나 단단해지기도 하고 다른 재료들과 함께 굳힐 수도 있다. 일반적으로 토목·건축용으로 사용하는 무기질의 결합 경화제(硬化劑)를 의미하며, 그 중에서도 오늘날 흔히 시멘트로 불리는 것은 포틀랜드 시멘트를 말한다.

포틀랜드 시멘트의 원료는 대부분 석회석과 점토(주성분이 석회, 실리카, 알루미나)이고, 약간의 산화철이 첨가되어 있다. 이 원료들을 적당한 비율로 섞어 회전 가마에서 구우면 경단 모양의 단단한 물질(Clinker)이 되어 나오는데 이를 분쇄한 것이 시멘트이다. 시멘트의 가장 중요한 용도는 모르타르(mortar, 시멘트와 모래를 물로 반죽한 것)와 콘크리트를 만드는 것인데, 물과 반응하여 굳어지는 시멘트의 특성을 이용하여 골재를 시멘트 풀로 접착시켜 콘크리트를 만든다.

문명이 발달하면서 인류가 건축물을 짓기 시작하면서, 돌들을 접합하여 큰 형태의 덩어리로 만들어 줄 결합제를 찾기 시작했다. 이러한 결합제 용도로 시멘트가 인류 역사에 등장한 것은 약 5000년 전으로, 이집트의 피라미드가 만들어진 때부터이다. 이때 사용된 시멘트는 석회석을 구워서 만든 생석회(CaO의 속칭), 또는 석고($CaSO_4 \cdot 2H_2O$)를 구워서 만든 소석고($CaSO_4 \cdot 1/2\ H_2O$)로, 돌을 쌓을 때 접착제로 사용했다.

그 후 그리스인들에 의해 좀 더 개선되었고, 마침내 로마인들은 오랜 세월을 견딜 수 있는 특별한 '로만 콘크리트'를 만들었다. 다른 콘크리트와 마찬가지로 로만 콘크리트는 골재와 수경성(水硬性, 물에 의해 굳어지는 성질) 모르타르를 물과 섞어 일정 시간이 지난 후 굳어진 것이다. 모르타르나 콘크리트의 뼈대가 되는 재료인 골재는 견고하고 화학적으로 안정적인 것이어야 해서 돌, 세라믹 타일, 철거된 건축물에서 나온 파벽돌 같은 것을 주로 사용했다. 오늘날 흔히 쓰는 콘크리트 보강용 철근은 당시에는 사용되지 않았다.

로마인들은 골재와 모르타르 외에도 BC 2세기경부터 베수비우스 화산 인근 포츠올리(Pozzuoli) 지역에서 나오는 화산재 포졸라나(Pozzolana)를 혼합하여 사용했다.

BC 1세기 로마의 건축가이자 건축 이론가인 비트루비우스(Marcus Vitruvius Pollio)와 서기 79년 베스비우스 화산 폭발로 사망한 로마시대의 학자 플리니우스(Pliny the Elder)는 《자연사(Natural History)》라는 책에서 최고의 해양 콘크리트는 나폴리만 근처 포츠올리 지역에서 나오는 화산재로 만들어진다고 서술했다. '포졸란 시멘트'라고도 부르는 로만 시멘트는 고농도의 알루미나와 실리카를 포함하고 있어, 내구성뿐만 아니라 바닷물과 황산에도 강하다. 그래서 세계 어느 지역에서 나오든지 비슷한 무기물의 특성을 갖는 재료를 포졸란이라고 부르게 되었다.

로만 시멘트 안에서 일어나는 중요 화학반응은 '포졸란 반응'인데, 그 메커니즘은 다음과 같다. 포졸란 물질에서 나온 이산화규소(SiO_2)나 알루니마(Al_2O_3)와 같은 성분이, 시멘트 구성 화합물인 알리트(C_3S), 벨리트(C_2S) 등이 수화(水化, 물과 결합)될 때 생성된 수산화칼슘($Ca(OH)_2$)과 서서히 반응하여 불용성 칼슘실리케이트 수화물(C-S-H gel)이나 칼슘알루미네이트 수화물(C-A-H gel)을 형성하여 그 조직을 더욱 치밀하게 만드는 것이다. 그 반응식은 다음과 같다.

$$Ca(OH)_2 + (SiO_2, Al_2O_3) = 3CaO \cdot 2SiO_2 \cdot 3H_2O$$
$$3CaO \cdot Al_2O_3 \cdot 6H_2O$$

로만 시멘트는 재료의 특징이 오늘날의 포틀랜드 시멘트와 비슷한 수경성 시멘트이지만 애석하게도 로만 시멘트 기술은 중세를 지나면서 맥이 끊어졌다. 콘크리트가 본격적으로 개발된 시기는 18세기 이후로 1756년 영국의 건축기사 존 스미턴(John Smeaton)이 점토를 함유한 석회석을 가열하여 수경성(水硬性) 석회를 만들면서 현대 콘크리트의 기초가 만들어진다. 스미턴은 영국 남서 해안 에디스톤(Eddystone) 등대 보수에 이 석회를 사용하여 효용성을 입증했으며 재건축될 때까지 이 등대는 126년간이나 사용되었다.

1796년에는 영국의 제임스 파커(James Parker)가 점토질 석회석을 고온에서 구우면 품질 좋은 시멘트가 만들어진다는 것을 알아냈다. 파커 시멘트는 색깔이 로마에서 사용하던 포졸라나와 비슷하다 하여 로만 시멘트라 불리게 되었다. 1824년에는 영국의 건축기사 조지프 애스피딘(Joseph Aspidin)이 점토와 석회석 가루를 섞은 뒤 그것을 구워 시멘트를 만들었는데, 영국 남부 포틀랜드섬의 석회석인 포틀랜드 돌과 닮아 포틀랜드 시멘트라 불리게 되었고, 이것이 최초의 인조 시멘트이다.

| 고대 로만 콘크리트의 비밀을 벗기다 |

로만 콘크리트는 도로, 성벽, 수로, 공중목욕탕, 원형경기장, 서커스장, 댐, 부두, 신전 등 로마시대의 많은 공공건물과 군사시설에 사용되어 로마 건축사에 대변혁을 가져왔다. 예를 들면 고대 로마의 웅장한 건축물인 판테온은 약 2000년 동안 온갖 풍화작용을 견뎌내고 거의 온전한 상태로 지금도 로마의 상업가에서 위용을 자랑하고 있다. 무엇보다도 현대의 엔지니어마저 겸허하게 만드는 로마인의 기술은 판테온 신전의 예술적 웅장함뿐만 아니라, 오늘날 고도의 인장력(引張力)에 대응하여 콘크리트에 사용하는 철근을 전혀 쓰지 않았다는 점이다.

그렇다면 로마인들은 어떻게 로만 콘크리트를 만들었을까?

로마인들은 바다 속 구조물을 만들기 위해 화산재와 석회를 혼합하여 모르타르를 만들었는데, 이 모르타르와 화산응회암을 나무틀 속에 단단히 다져서 채운 뒤 설치한다. 그런 후 바닷

포츠올리 만에 로만 콘크리트로 지어진 사원

바다 속에서 발견된 로만 콘크리트

물이 들어오면 즉시 뜨거운 발열반응이 일어나는데, 석회는 자신의 분자구조 속에 물 분자를 받아들여 수화물이 되며, 화산재와 반응하여 혼합물 전체를 결합시키는 것이다.

우리나라에서도 한옥의 벽이나 궁궐의 담장을 만들 때 석회를 써서 단단히 굳혔으며, 조선시대 왕릉의 내부를 조성할 때도 처음에는 돌을 썼으나, 세조 이후로는 시간과 비용을 절약하기 위해 석회를 사용했다.

엔지니어와 지질학자들은 끊임없이 두드려대는 파도에도 끄떡 없이 2000년 이상을 거의 온전하게 견뎌낸 고대 로마 방파제에 특별히 매료되어 로만 콘크리트의 비밀을 벗기려고 노력했다. 그런데 인간이 만든 가장 견고한 로만 콘크리트의 비밀이 마침내 최근 세계적인 과학자들 팀에 의해 밝혀졌다. 로렌스 버클리 국립연구소 선진 광학 실험실을 비롯해 미국과 이탈리아의 과학자들이 한 팀이 되어 기원전 37년에 만들어진 이탈리아 포츠올리 만(Bay)에 있는 방파제의 시료를 채취하여 분석한 결과가 2013년 6월 미국 세라믹 학회지에 발표되었다. 과학자들은 잃어버렸던 로만 콘크리트의 레시피를 밝혀낼 수 있는 결과를 얻었으며 또한 오늘날의 콘크리트보다도 훨씬 친화적이라고 말한다.

과학자들은 로만 콘크리트가 몇 가지 중요한 면에서 현대의 콘크리트와의 다른 점을 지적하는데, 하나는 콘크리트의 구성 성분들을 결합하는 풀 같은 접착제의 종류이다. 포틀랜드 시멘트에서 만든 콘크리트에서는 접착제가 칼슘실리케이트 수화물(C-S-H)이고, 로만 시멘트에선 규소가 적게 들어간 대신 알루미늄이 들어가 접착제로는 매우 안정한 칼슘알루미늄실리케이트 수화물(C-A-S-H)이 만들어졌다. 또한 C-A-S-H 속의 규소를 알루미늄이 어떻게 대체하는지에 대한 특수한 방법이 바다 속의 콘크리트의 응집력과 안정성을 가져오는 중요한 열쇠라고 결론지었다.

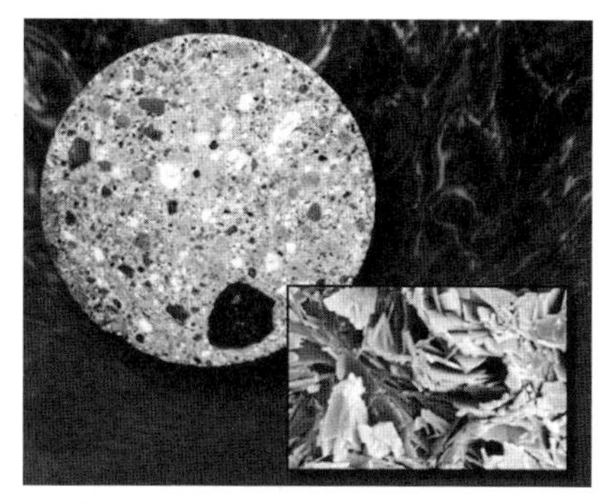
포츠올리 만의 고대 로마 석회 모르타르의 현미경 사진

또 다른 놀라운 연구 결과는 콘크리트 속에 생성된 수화물에 관한 것으로, 포틀랜드 시멘트로 만든 콘크리트 속의 C-S-H는 이론상 자연적으로 발생하는 층상(層狀) 광물인 토버모라이트(Tobermorite)나 제나이트(Jennite)와 유사하다. 그러나 유감스럽게도 이러한 이상적 결정구조는 전통적인 현대 콘크리트에서는 전혀 발견되지 않지만 고대 바다 속 콘크리트의 모르타르 속에서는 토버모라이트가 생성된 것이 밝혀졌다. 고압력 X선 회절실험 결과 결정격자 속에서의 알루미늄의 역할이 밝혀졌는데, Al-토버모라이트(Al: 알루미늄)는 빈약한 결정 모양의 C-A-S-H보다 더 단단한 성질을 가져서 강도와 내구성을 가진 콘크리트를 만드는 역할을 하는 것이다. 위의 사진은 고대 포츠올리 만에서 화산재와 수화된 석회 모르타르의 현미경 사진이다. 밝게 보이는 이물질은 부석(浮石), 검은 돌 같은 파편은 용암, 흰색 부분들은 석회이고 회색 부분은 화산작용에 의해 만들어진 여러 결정들이다. 사진은 로만 바다속 콘크리트의 매우 우수한 특성을 나타내는 열쇠인 Al-토버모라이트 결정을 보여주고 있다.

로만 시멘트는 포틀랜드 시멘트보다 강하고 더 오래 지속될 뿐만 아니라, 생산에 있어서 더 경제적이며 환경 친화적이다. 포틀랜드 시멘트를 제조할 때는 우선 석회석과 점토 혼합물을 1450℃로 가열하는데 그 가열 연료의 연소 과정에서 온실가스의 주성분인 이산화탄소가 방출되며, 또한 고온에서 석회석이 생석회로 분해되는 반응에서도 다량의 이산화탄소가 방출된다. 반면 로마인들은 콘크리트를 만드는 데 석회를 적게 사용했고, 또한 석회석을 900℃ 정도에서 구워 연료를 훨씬 적게 사용할 뿐만 아니라 이산화탄소도 적게 방출했다.

전 세계 시멘트 사용량이 연간 190억 톤 정도 된다고 하는데, 산업체에서 공기 중에 내뿜는 이산화탄소 방출량의 약 7%가 포틀랜드 시멘트 제조과정에서 생긴다는 것을 감안하면, 로만 시멘트는 엄청난 경제적 효과뿐 아니라 좀 더 친환경적인 건물들을 지을 수 있어 미래의 도시와 건축에 혁신을 가져오리라 기대한다.

| 전설의 살라딘의 명검, 다마스쿠스 검 |

청동기 시대부터 19세기까지 신화, 전설, 문학 작품에 가장 드라마틱하게 등장하는 무기는 아마도 명검이 아닐까 싶다. 권력과 위엄과 영웅의 상징으로 대변되는 명검과 그 소유자에 대한 이야기는 동서양을 막론하고 오랜 세월동안 우리들을 매료시켜왔다. 적토마를 타고 청룡언월도를 비껴든 관운장이 등장하는 〈삼국지〉나 삼총사와 다르타냥에 대한 뒤마의 소설은 많은 어린 독자들의 밤을 앗아갔다. 또한 마니아들에게 큰 인기를 끌고 있는 무협소설에서도 전설의 명검을 차지하기 위한 무림의 혈투가 자주 등장하여 소설의 재미를 더해준다.

역사나 문학에 등장하는 전설의 명검을 몇 가지 예로 든다면, 성경의 창세기에서 에덴동산의 문을 지키는 천사의 '불타는 검', 영국의 아서왕 전설에 나오는 성검 엑스칼리버, 그리고 하즈라트 알리(Hazrat Ali)가 마호메트로부터 받았다는, 칼끝이 두 갈래로 갈라진 명검 줄피가르(Zulfigar)를 들 수 있다.

줄피가르

중세시대 십자군 원정대가 이슬람으로부터 예루살렘을 탈환하기 위해 중동을 휩쓸고 지나갈 때, 이슬람교도들은 그에 대항하여 특별한 칼날을 가진 다마스쿠스 검을 사용하여 침략자들을 물리쳤다. 그로 인해 유럽인들 사이에서 신화적인 명성을 얻은 다마스쿠스 검은 총신(銃身)을 자른다거나 공중에서 떨어지는 머리카락을 잘랐다는 등의 숱한 전설을 낳았다. 십자군을 소재로 한 여러 낭만적 문학 작품 중 월터 스콧경(Sir Walter Scott)이 쓴 《부적(The Talisman)》에서는 제3차 십자군전쟁이 끝나갈 무렵인 1192년 10월, 중세의 두 영웅 사라센의 살라딘(Saladin)과 영국의 사자왕 리처드 1세가 만나는 장면을 다음과 같이 묘사하고 있다.

엑스칼리버

사자 왕 리처드가 '엑스칼리버'는 바위를 뚫는 칼이라고 자랑하며 폭이 넓은 영국의 명검으로 1.5센티 두께의 쇠막대기를 두 동강 낸다. 이에 질세라 살라딘은 검푸르게 변색된 '다마스쿠스 검'을 칼집에서 꺼낸다. 폭이 좁고 휘어진 검(sword)에는 수천 개의 물결 모양의 선

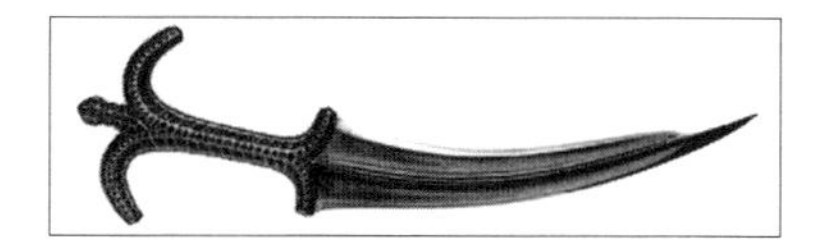
다마스쿠스 검

이 그려져 있었는데, 살라딘은 이 검으로 자신이 두르고 있던 숄을 공중에 던져 가볍게 두 조각 내버렸다. 잔뜩 과장된 스콧의 소설에서는 이 가공할 만한 무기가 중세 군비 경쟁의 승리자가 된다.

| 우츠 강철과 다마스쿠스 검 |

이 전설의 검이 '다마스쿠스 검'이라고 불리는 데는 두 가지 이유가 있다. 첫째는 검을 만든 지역이 시리아의 다마스쿠스(Damascus)라는 곳이며, 또 다른 이유는 검을 만드는 장인(匠人) 다마퀴(Damaqui)가 특이한 칼날의 형태를 제조했기 때문이다. 즉 '다마스'는 다마스쿠스 검의 표면에 새겨진 요동치는 물결 모양의 패턴을 의미한다. 900~1800년 초 사이에 만들어진 다마스쿠스 검들은 현재 몇 개가 남아 스위스의 베른 역사박물관 등에 보존되어 있다. 다마스쿠스 검은 기계적 강도, 유연성 그리고 날카로움으로 매우 귀한 유물로 여겨지는데, 다마스쿠스 강철은 단단함과 유연성, 양쪽 물성을 다 갖고 있어 칼날이 90도까지 구부러진다고 한다.

오늘날 '진짜', 혹은 '동양'의 다마스쿠스 강철이라고 알려진 이 검은 우츠 강철(Wootz steel)이라는 원료로 만들어졌다. 약 BC 300년까지 거슬러 올라가 인도 남부와 스리랑카에서 생산된 우츠 강철은 변형에 대해 큰 유연성을 갖는 초소성(super plasticity, 超塑性)과 높은 충격 경도(衝擊硬度)를 동시에 갖는, 아마도 인류 최초의 신소재 금속이라고 할 수 있다. 이 우츠 강철의 제조법은 여전히 수수께끼로 남아 있는데, 우츠 강철을 제조하는 인도식 방법에서는 계수나무 귀박쥐나물 종(Cassia auriculata) 껍질과 칼로트로피스 자이간티아(Calotropis gigantean) 나뭇잎, 그리고 특정한 광산(鑛山)과 같은 특수 요소들이 필수적이라고 한다. 우츠 강철은 철광석에서 추출되며 불순물을 태워버리고 많은 양의 탄소(거의 무게로 1.5%)를 비롯한 기타 중요 성분들을 첨가해 도가니에서 녹여 성형된다.

높은 탄소 함유량이 제조 과정의 중요한 열쇠이자 치명적인 핸디캡인데, 탄소 함량이 높아지면 칼날의 예리함과 내구성은 좋아지지만 혼합물에서 탄소의 함유량을 조절하기가 매우 어렵다. 즉 탄소의 양이 너무 적으면 검으로 쓰기에는 너무 부드러운 연철(鍊鐵, wrought iron)이 되고, 반면 너무 많으면 쉽게 깨져버리는 주철(cast iron, 鑄鐵)이 된다. 만일 공정이 딱 알맞게 진행되지 않으면 형편없이 약한 철의 모양인 시멘타이트(탄화철, Fe_3C)판이 만들어진다.

이러한 우츠 강철 제조 비법은 18세기에 들어와서 사라지고 말았는데, 아마도 특정한 철광석의 고갈이 원인인 듯하다. 어쨌든 이슬람의 검을 만드는 장인들은 부서지기 쉬운 취성(fragility, 脆性)을 잘 제어한 우츠 강괴를 가지고 적당한 온도에서 가열, 냉각, 두들기는 단조공정을 수없이 되풀이하여, 유명한 전설의 칼날로 탄생시켰다. 칼날 표면의 물결모양은 이러한 지난한 과정의 흔적인 것이다.

| 탄소나노 기술과 다마스쿠스 칼날 |

최근 새로운 연구를 통해 밝혀진 바에 의하면, 다마스쿠스 검의 전설적인 칼날은 그 독특한 특징을 설명할 수 있을지도 모르는 탄소나노튜

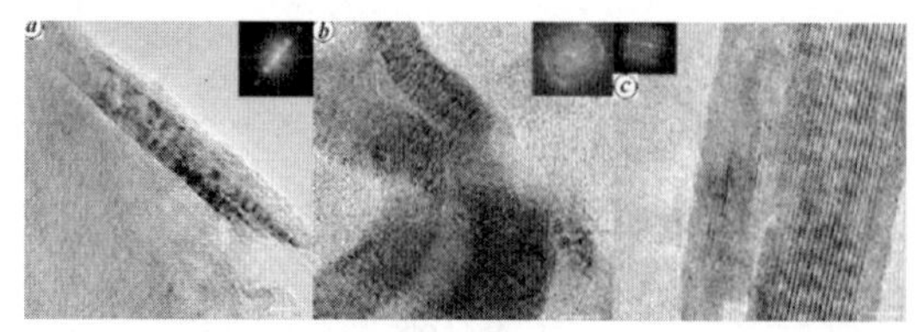
다마스쿠스 나노튜브 전자현미경 사진

브, 나노와이어, 그리고 지극히 미세한 다른 복잡한 구조들을 보여주고 있다. 2006년 독일 드레스덴 기술대학의 결정학자 파우플러(Peter Paufler) 팀은 베른 박물관에 보관 중인 17세기의 다마스쿠스 칼날로부터 시료를 얻어 염산에 녹인 다음, 남은 부분을 고해상도 전자현미경으로 조사했다.

위의 사진 a와 b에서는 특징적인 d=0.34nm(나노미터) 간격을 가진 다중 벽(multi wall)의 탄소나노튜브(carbon nano tube)를 보여주고 있는데 사진 b에서는 튜브가 로프처럼 휘었다. 사진 c에서는 시멘타이트 나노와이어가 산(酸)에 녹지 않도록 탄소 나노튜브에 의해 폭 둘러싸인, 나노와이어의 나머지 부분을 보여주고 있다.

그렇다면 다마스쿠스 검의 높은 기계적 강도와 유연성은 탄소나노튜브 때문인가?

앞으로 더 상세한 연구가 이 질문에 답해 줄 것이지만, 파우플러는 "자연의 일반적인 법칙은 재료가 부드러울 때 강한 와이어를 넣어서 강도를 높인다"고 말한다. 파우플러는 전자현미경으로 나노미터(1nm=10억분의 1미터)의 반 크기의 탄소나노튜브를 볼 수 있었는데, 이것은 압핀 머리에 천만 개의 탄소나노튜브가 들어갈 수 있는 크기이다.

400년 전의 대장장이가 어떻게 이러한 탄소나노튜브를 만들 수 있었는지 명확하지는 않다. 그러나 연구자들은 우츠 강철에 포함되어 있는 미량의 금속들(바나듐, 크로뮴, 망가니즈, 코발트 그리고 니켈), 특히 바나듐이 이 공정의 열쇠를 갖고 있다고 생각한다. 수십 번 반복해서 가열하고 냉각하고 두들기는 단조공정의 눈에 보이지 않는 단계에서 어떤 불순물 원소의 편석(segregation, 偏析)에 의해 띠가 생성된다. 아마도 이들 원소들이 탄소나노튜브의 성장을 가져오는 촉매로 작용하고, 탄소나노튜브는 결과적으로 시멘타이트 나노와이어와 시멘타이트의 거친 입자 생성을 촉진시킨다. 불순물에 의해 표면에 정렬되어 있는 이러한 구조가 다마스쿠스 칼날의 특징적인 물결모양의 패턴을 설명할 수 있지 않을까 생각한다.

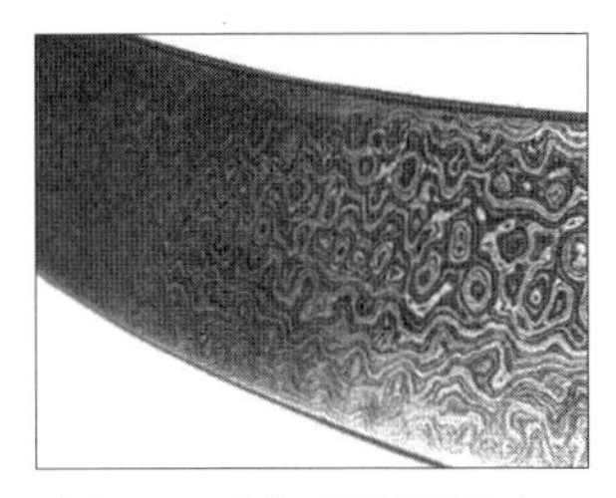

다마스쿠스 칼날 표면의 물결무늬

물론 고대 검의 장인들은 자신들이 칼날 표면에 탄소나노튜브를 만들고 있다는 것을 알지 못했겠지만, 수백 년 동안 경험적으로 엄청난 단조 작업을 통해 최적화 과정을 찾아내어 우츠 강철로 명검을 만들어낸 것이다.

2. 듀폰과 캐러더스

– 섬유산업의 혁명 나일론의 역사

Wallace Hume Carothers(1896~1937)

나일론이 처음 등장한 이후, 나일론의 다양한 용도는 우리의 일상생활에 엄청난 영향을 끼쳤다. 나일론은 이전의 재생 셀룰로오스로 만들어진 레이온이나 아세테이트와는 달리 순전히 석유화학 제품에서 만들어진 최초의 인조섬유로, 합성섬유의 대명사가 되었다. 또한 나일론은 섬유뿐만 아니라 현악기의 줄, 테니스 라켓 줄과 같은 운동기구, 산악등반용 밧줄이나 낚싯줄, 비행기 타이어, 낙하산, 방탄복, 여행용 가방, 카펫 그리고 각종 공구에 이르기까지 수천 가지의 용도로 쓰이며, 우주비행사의 우주복으로 달에까지 갔다 온 매우 중요한 합성고분자이다.

나일론의 역사에 대해 이야기하기 전에 먼저 간단한 화학적 용어로 설명하면, 나일론은 두 개의 카르복시기(-COOH)를 가진 유기산과, 분자 속에 두개의 아미노기($-NH_2$)를 가지고 있는 화합물 사이에서 축중합에 의해 얻어지는 합성고분자 폴리아마이드의 총칭으로 아마이드결합(-CONH-)으로 연결되어 있다.

그렇다면 듀폰(DuPont)의 역사상 가장 많은 돈을 벌어들였으며, 최초의 인조섬유라는 역사적 중요성을 갖는 나일론의 발명이라는 드라마는 어떻게 탄생한 것일까?

이윤 추구가 목표인 실용적인 기업과, 순수과학을 추구하는 이상주의자 사이에서의 적절한 긴장관계가 어떻게 혁명적인 발명으로 이끌어 갔는지 살펴본다. 나일론의 탄생에 대한 비화는 듀폰 드 느무르(duPont de Nemours) 가문과 듀폰사, 그리고 나일론 발명가 캐러더스(Wallace Hume Carothers)의 이야기로 얽혀져 있다.

| 듀폰사 |

흔히 듀폰이라고 불리는 회사의 정식 이름은 'E.I. 듀폰 드 느무르 회사'(E. I. du Pont de Nemours and Company)인데, 1802년 미국에서 설립되어 시가총액 기준 세계 3위의 화학회사이다. 이름에서 짐작할 수 있듯이 듀폰 드 느무르 가족이 세운 듀폰사의 창립 스토리는 프랑스 대혁명 이후 공포정치 때, 경제학자이며 은행가, 작가인 듀폰 드 느무르 자작이 단두대를 피해 두 아들과 가족을 데리고 1799년 미국으로 이민 오는 것으로부터 시작된다. 당시 프랑스의 유명한 화학자 라부아지에(Lavoisier)는 프랑스혁명 때 단두대의 이슬로 사라졌다. 듀폰의 아들 중 하나인 엘뢰테르 이레네 듀폰(Eleuthère Irénée du Pont)은 바로 이 라부아지에 밑에서 화약제조를

듀폰 연구소

도왔던 화학자로, 19~20세기에 걸쳐 미국에서 가장 성공적이고 부유한 기업 왕국의 하나인 듀폰의 창시자이자 수장이다.

엘뢰테르는 미국에서 제조된 화약의 질이 형편없다는 것에 주목하여 프랑스에서 번 돈으로 프랑스로부터 화학기계를 수입하여, 1802년 미국에 화약회사를 설립한다. 듀폰사에서 제조된 화약은 품질이 상당히 좋았다. 그런 데다 프랑스혁명 이후 영미전쟁(1812~1815), 멕시코전쟁(1846~1848), 미국 남북전쟁(1860~1865), 그리고 철도 건설붐(1880년대에 10만4000킬로미터) 등과 같은 외부 요인으로 화약 수요가 급증하자 듀폰은 창립 첫 세기인 1800년대에 크게 성장했다. 남북전쟁 동안에는 북부군이 사용한 화약의 절반을 공급할 정도로 미국 군대의 최대 화약 공급처가 된다.

1903년 피에르(Pierre Samuel duPont de Nemours, 1870~1954)가 회사를 맡았을 당시 무연화약이 발명되자, 그는 재빨리 흑색화약과 다이너마이트 생산을 중단하고 나이트로셀룰로스 화약으로 전환했다. 마침 때맞춰 제1차 세계대전이 발발하면서, 듀폰의 군수품 매출은 1914년 2500만 달러에서 1915년 1억3100만 달러, 그리고 1916년에는 3억 1800만 달러로 엄청난 성장을 했다. 그러나 전쟁이 끝나면 이러한 놀랄 만한 실적도 끝날 거라는 사실을 잘 알고 있던 경영진은 사업의 다각화 전략을 세운다.

1914년 피에르 듀폰은 이제 막 시작된 자동차 산업에 관심을 가져 제너럴 모터(GM)의 주식을 사들여 나중에 GM 회장직에 오르면서 1919년 동생 이레네(Irénée)가 듀폰의 회장이 된다. 이레네 듀폰은 다각화의 일환으로 화학약품에 부가가치를 더한 오늘날 소위 '정밀화학'이라고 부르는 분야에 발을 들여놓았다. 듀폰은 모든 종류의 폭발물 외에도 염료, 의약품 그리고 직물용 섬유 등 다양한 화학분야 회사들을 인수하여 자회사로 만든다. 1921년부터 레이온섬유, 셀로판 필름, 자동차 노킹 방지제, 프레온, 합성 암모니아 등을 만드는 소기업을 단위 부서로 갖는 기업 형태를 갖추게 되었다.

화학공업에서의 산업적 연구는 이미 19세기 중반 이후 독일에서 시작되었는데 1876년 바이엘사(Friedrich Bayer & Co.)는 최초로 산업체 내에 초보적인 연구실을 설치하고 연구개발을 시작했다. 미국에서도 1차 세계대전을 겪으면서 화학공업 분야에서 연구개발이 본격화되는데, 미국에서는 최초로 듀폰이 산업 연구실을 설립하여 셀룰로오스 화학, 광택제, 그 외 비폭약 생산품에 대한 연구를 한다. 듀폰의 연구개발은 중앙집권적인 형태가 아니라, 부서 단위로 각자의 연구 분야에서 연구개발을 책임지는 분산 형태를 띠었다. 듀폰은 스타인(Charles M. A. Stine) 박사의 노력 덕분에 처음으로 체계적인 대규모 기초연구에 착수했다. 과학적 발견을 통한 기업 성장을 목표로 장기간의 연구개발에 투자한다는 듀폰의 신념과 헌신의 결과, 세계 최초의 중요한 몇몇 합성 재료들의 발명을 가져올 수 있었다.

1916년 스타인은 듀폰의 화학부 안에 유기화학부서를 만들고, 1923년 전체 화학부의 책임자가 되었다. 연구에 있어서 단순한 경험적 접근이 아닌 이론적 접근법을 선호했던 스타인은 라모트(Lammot du Pont)를 비롯한 고위 임원진에게 순수연구에 투자함으로써 얻게 될 듀폰의 명성, 유능한 과학자들의 유치, 그리고 이윤을 가져다줄 발명의 가능성을 역설하며 투자해줄 것을 설득했다. 1927년 듀폰사는 그의 제안을 받아들여 순수 연구비로 연간 20만 달러를 배정했고, 스타인은 '순수한 방'(Purity Hall)이라는 별명이 붙은 순수과학을 위한 부서를 신설했다. 그는 프로그램이 성공하려면 각 분야에서 능력을 인정받는 사람을 채용해야 한다고 믿었다. 그러나 학계에서 인정받고 있는 사람들은 이미 특정한 자신의 연구 분야를 개발하고 있어 그러한 사람을 채용하는 것은 매우 어렵거나 불가능하다고 생각했다. 그 대안으로 스타인은 GE나 벨연구소에서 시행하여 성공했던 방식, 즉 아직 명성을 쌓지는 못했지만 뛰어난 과학적 잠재력을 가진 사람을 채용할 것을 제안하면서 "이런 경우, 그들의 연구의 본질은 많은 부분 우리들에 의해 결정될 수 있다"고 말한다.

스타인은 유기화학부서에 15명의 연구원을 채용하는 데 예산의 거의 절반을 책정했다. 다수의 사람들이 하버드 대학 유기화학 강사인 31살의 캐러더스(Wallace Hume Carothers) 박사를 유기화학부서의 팀장으로 추천했다. 그리하여 훗날 나일론을 발명하는 캐러더스와 듀폰사의 서로 엇갈린 행로가 시작된다.

캐러더스는 연구의 자율성과 순수성이 저해될까 우려하여 듀폰의 제의를 다섯 차례나 거절했지만, 가르치는 것을 싫어했던 그는 순수과학 연구를 보장한다는 스타인의 집요한 설득에 1928년 2월 듀폰에 입사했다. 스타인은 중합체에 관심과 흥미를 갖고 있던 캐러더스를 격려하여 마침내 네오프렌 합성고무와 나일론의 발명이라는 개가를 이루게 된다.

| 월리스 캐러더스와 그의 연구팀 |

듀폰에 재직하던 9년 동안 네오프렌 합성고무와 나일론 제조에 대한 연구를 이끌며 고분자 과학에 중요한 기여를 한, 매우 뛰어나지만 변덕스러운 캐러더스는 어떤 인물인가?

1896년 아이오와 주 벌링턴(Burlington)에서 태어난 캐러더스는 깊은 조울증에 시달리다가 끝내 알코올 중독에 빠지게 되고, 41세 생일 이틀 후인 1937년 4월 29일, 필라델피아의 한 호텔방에서 청산가리를 탄 레몬주스를 마시고 자살한 비운의 인물이다.

캐러더스는 미조리에 있는 타키오(Tarkio) 대학에서 1920년 화학으로 학사학위를 받고 일리노이 대학에서 유기화학으로 석사학위를 받는다. 지도교수 애덤스(Roger Adams)의 지도 아래, 1924년 일리노이 대학에서 유기화학 전공으로 박사학위를 취득하고, 모교에서 유기화학 강사로 일하다가 1926년 하버드 대학으로 옮겼다. 그곳에서 폴리머에 대한 연구를 하며 촉망받는 유기화학자로 인정받던 캐러더스는 순수 연구만 할 수 있다는 보장을 받고 듀폰 연구소로 자리를 옮긴다. 스타인은 캐러더스에게 원하는 모든 연구를 할 수 있지만 그러나 "캐러더스 연구팀의 성장은, 연구할 만한 가치가 있다고 생각되는 연구를 착수하고 이끌어 갈 당신의 능력에 달렸다"고 말한다. 스타인이 캐러더스에게 원했던 것은 아직 걸음마 단계에 있는 '고분자 과학'이라는 새로운 분야로 연구를 이끌어 가는 것이었다.

당시 학계에서는 탄성고무와 셀룰로오스, 단백질 등의 고분자 물질의 화학구조에 관해 전혀 다른 입장의 논쟁이 벌어지고 있었다. 슈타우딩거(Hermann Staudinger)는 "고분자 물질은 많은 분자가 에탄 분자 내의 결합력 같은 1차결합(오늘날의 공유 결합에 의한 화학결합)으로, 긴 사슬로 연결된 거대 분자"라고 주장했다. 캐러더스는 슈타우딩거 이론을 뒷받침해주는 결정적인 증거를 제공함으로써, 중합에 대한 논쟁을 끝내겠다고 생각한다. 그는 분자의 양쪽 끝에 반응성을 지닌 작은 유기분자들을 상대로, 잘 알려진 화학반응을 한 단계씩 수행하여 긴 사슬모양으로 연결된 고분자를 제조하는 연구에 착수했다.

1930년 듀폰사의 캐러더스와 그의 연구팀은, 20세기에 가장 널리 사용되는 합성 고분자들 중 두 가지, 즉 네오프렌(neoprene)과 나일론을 발명했다. 듀폰은 이미 고무 화합물을 제조하고 있었고 레이온과 아세테이트 섬유와 같은 인조섬유를 생산하고 있었는데, 지극히 기초적인 연구를 하던 부서가 슈타우딩거의 이론을 뒷받침하는 중요한 발견을 했을 뿐만 아니라 갑자기 상업적으로 의미 있는 발명을 해낸 것이다.

1930년 4월에는 캐러더스의 연구원 중 한 명인 콜린스(Arnold M. Collins)가 새로운 액체 화합물 클로로프렌(chloroprene)을 분리해냈다. 이 무색의 액체는 자발적으로 중합하여, 합성고무의 일종인 고분자 폴리클로로프렌을 만드는 단량체(單量體)이다. 이 새로운 폴리머는 화학적으로 천연고무와 매우 흡사해서, 스타인은 계속 더 연구하도록 격려한다. 듀폰이 상품명으로 네오프렌(Neoprene)이라고 명명한 이 폴리클로로프렌은 비록 싸진 않지만 O-링이나 잠수복 같은 많은 응용 분야에서 천연고무보다 우수한 특수고무로서 상업적으로 성공을 거둔다.

스타인

볼튼

이 발견 후 곧 캐러더스의 또 다른 동료 힐(Julian W. Hill)은 압력을 낮춘 분자증류장치 안에서 글리콜(glycol)과 2염기산(dibasic acids)을 강산과 함께 반응시켜 큰 분자량을 갖는 초중합체(superpolymer)를 제조하려고 애쓰고 있었다.

그러던 중 강하고 신축성 있는, 분자량이 1만2000 이상 되는 긴 폴리에스테르를 만들었다. 그러나 이렇게 해서 합성된 초기 폴리에스테르는 녹는점이 너무 낮고 드라이클리닝 용해제에 잘 녹아버려 세탁이나 다림질에 문제가 많아 상업적으로 성공하기가 어려웠다.

캐러더스가 합성고무와 합성섬유를 발견한 지 몇 개월이 안 되어 연구원들을 잘 이해해주던 스타인은 승진해 떠나고 후임으로 볼튼(Elmer K. Bolton)이 듀폰 연구소장으로 부임해 왔다. 볼튼은 스타인과는 달리 순수 연구보다는 상업적으로 이용 가능한 구체적인 성과를 중시하는 사람이었다. 그는 캐러더스 팀이 발견한 최초의 합성섬유가 매우 불안정하다고 생각하여 상업적 가치가 있는 좀 더 안정된 섬유를 개발해 줄 것을 캐러더스에게 요청했다.

그러나 이런 목적지향적인 연구에 흥미를 느끼지 못하던 캐러더스는 문제 해결을 위해 몇 번 시도해본 뒤 곧 손을 떼고 예전에 하던 방식대로 곧 다른 연구로 옮겨간다. 캐러더스가 이렇게 연구 주제를 가지고 오락가락하자, 볼튼은 캐러더스에게 포기하지 말고 좀 더 넓은 분야의 섬유를 연구하라고 강하게 압박했다.

마침내 캐러더스는 1934년 초, 이 분야의 연구를 다시 시작했다. 그의 팀은 폴리에스테르 대신 폴리아마이드(polyamide)를 합성하기 위해, 글리콜 대신 아민(amines)을 사용했다. 폴리아마이드는 합성된 단백질로, 자연 지방이나 기름과 유사하며 구조적으로 폴리에스테르보다 좀 더 안정하다. 캐러더스 연구팀은 얼마 후 탁월한 폴리아마이드 섬유를 발견한다. 궁극적으로 이 섬유의 사촌(기술적으로 나일론6-6로 알려진)이 듀폰의 가장 유명한 제품이 되며, 나일론의 81가지 가능한 모든 변종들을 시도하여 1935년 2월 28일 처음으로 합성했다.

볼튼은 나중에 '나일론'이라고 이름 지어진 이 발견을 상업화하는 과정에서 매우 중요한 역할을 했다. 캐러더스는 나일론을 발견한 지 얼마 지나지 않아 심각한 우울증에 빠졌지만 몇 개월 후 회복하여 연구소로 복귀했다. 그러나 그 후 2년 동안 반복되던 우울증이 더욱 심해져서 1936년 여름, 캐러더스는 심한 우울증으로 무너진 후 다시는 회복하지 못한다. 그는 과학자로서 자신이 실패했다는 망상에 사로잡혀 있는 데다 사랑하는 여동생의 갑작스런 죽음으로 1937년 그의 41세 생일 이틀 후, 스스로 생명을 마감한다. 미국은 잠재적 노벨상 수상 후보자를 잃고 말았다.

| 섬유산업의 혁명, 나일론의 상업화 |

나일론은 듀폰의 캐러더스가 1935년 2월 28일 처음으로 제조한, 일반적으로 지방족 폴리아마이드로 알려진 합성 폴리아마이드족의 통칭이다. 나일론은 폴리머들 중 가장 흔하게 사용되는 것들 중의 하나로, 대표적인 것은 나일론6-6, 나일론6, 나일론6-9, 나일론6-12, 나일론11, 나일론12 그리고 나일론4-6이 있다. 이들 중 가장 중요한 것 중 하나가 나일론6-6이다. 나일론은 축중합에 의해서 합성되는데, 축중합이란 단량체들이 결합하여 중합하고 부산물로 물, 염화수소(HCl) 같은 작은 분자가 생성되는 것을 말한다.

나일론을 만드는 가장 간단한 축중합 반응은 다이아민(diamine) 단량체와 2산(二酸, diacid) 단량체가 다음과 같은 반응에 의해서 진행되는 경우다.

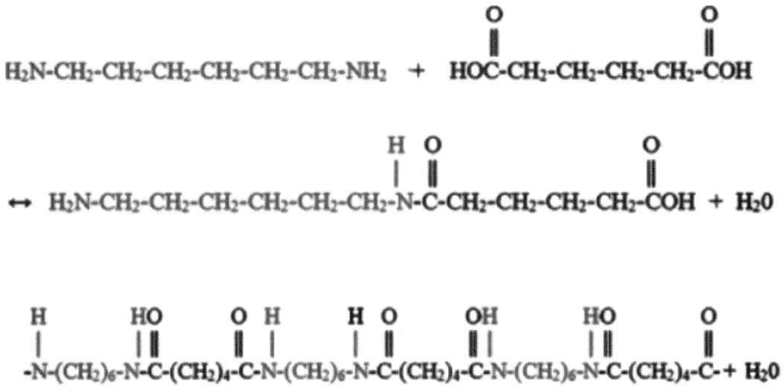

$$H_2N\text{-}CH_2\text{-}CH_2\text{-}CH_2\text{-}CH_2\text{-}CH_2\text{-}CH_2\text{-}NH_2 \;+\; HO\overset{O}{\overset{\|}{C}}\text{-}CH_2\text{-}CH_2\text{-}CH_2\text{-}CH_2\text{-}\overset{O}{\overset{\|}{C}}OH$$

$$\leftrightarrow\; H_2N\text{-}CH_2\text{-}CH_2\text{-}CH_2\text{-}CH_2\text{-}CH_2\text{-}CH_2\text{-}\overset{H}{\overset{|}{N}}\text{-}\overset{O}{\overset{\|}{C}}\text{-}CH_2\text{-}CH_2\text{-}CH_2\text{-}CH_2\text{-}\overset{O}{\overset{\|}{C}}OH \;+\; H_20$$

$$\text{-}\overset{H}{\overset{|}{N}}\text{-}(CH_2)_6\text{-}\overset{H}{\overset{|}{N}}\text{-}\overset{O}{\overset{\|}{C}}\text{-}(CH_2)_4\text{-}\overset{O}{\overset{\|}{C}}\text{-}\overset{H}{\overset{|}{N}}\text{-}(CH_2)_6\text{-}\overset{H}{\overset{|}{N}}\text{-}\overset{O}{\overset{\|}{C}}\text{-}(CH_2)_4\text{-}\overset{O}{\overset{\|}{C}}\text{-}\overset{H}{\overset{|}{N}}\text{-}(CH_2)_6\text{-}\overset{H}{\overset{|}{N}}\text{-}\overset{O}{\overset{\|}{C}}\text{-}(CH_2)_4\text{-}\overset{O}{\overset{\|}{C}}\text{-} + H_20$$

-A-B-A-B-A-B-A-B-A-B-A-B-A-B-A-B-A-B-A-B-A-B-A-B-A-B-A-B-

여기서 두 개의 아민(-NH_2) 그룹 및 두 개의 산(-COOH) 그룹을 갖는 서로 다른 두 종류의 화학약품이 사용되었기 때문에 폴리머는 -A-B-A-B-로 나타낼 수 있다.

나일론이란 명칭 뒤에 숫자가 2개 또는 1개가 따라오는데, 만일 나일론이 두 종류의 단량체로 만들어졌다면, 두 숫자는 각각 다이아민 단량체를 이루고 있는 탄소원자의 수와 2산 단량체를 이루고 있는 탄소의 수를 나타낸다. 예를 들어 '나일론6-6'은 6개의 탄소원자를 가진 다이아민 단량체와 6개의 탄소를 가진 2산 단량체로 만들어졌다는 뜻이다. 만일 나일론이 한 종류의 단량체로 만들어졌다면 당연히 한 개의 숫자만 나타나며, 여기서 숫자는 단량체에 몇 개의 탄소원자가 있는지를 말해준다. 가령 '나일론6'은 여섯 개의 탄소원자를 가진 하나의 단량체로 만들어졌다는 의미이다.

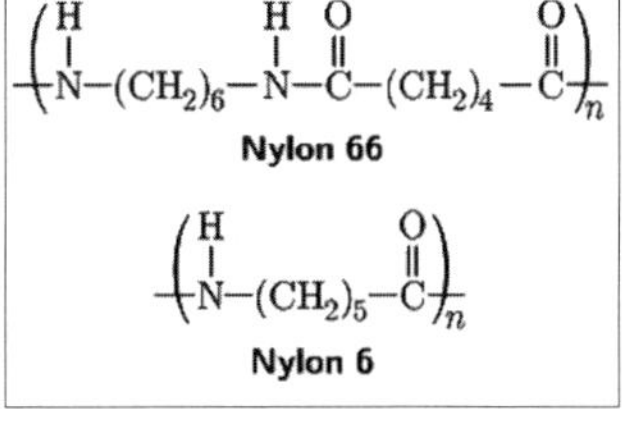

$$\left(\overset{H}{\overset{|}{N}}-(CH_2)_6-\overset{H}{\overset{|}{N}}-\overset{O}{\overset{\|}{C}}-(CH_2)_4-\overset{O}{\overset{\|}{C}}\right)_n$$

Nylon 66

$$\left(\overset{H}{\overset{|}{N}}-(CH_2)_5-\overset{O}{\overset{\|}{C}}\right)_n$$

Nylon 6

나일론6-6과 나일론6의 구조

캐러더스의 연구팀은 두 가지 가능성, 즉 하나는 펜타메틸렌 다이아민(pentamethylene

diamine)과 세바식산(sebacic acid)으로부터 '나일론5-10'을 만드는 것이고, 다른 하나는 헥사메틸렌 다이아민(hexamethylene diamine)과 아디프산(adipic acid)으로부터 '나일론6-6'을 만드는 것으로 연구 범위를 좁혔다. 캐러더스는 그 중 나일론5-10이 가장 잠재력이 있다고 결정했다. 하지만 볼톤의 생각은 달랐다. 녹는점이 높고 유기물에 녹지 않으며, 콜타르로부터 추출되어 비교적 쉽게 구할 수 있는 출발물질인 벤젠으로부터 중간물질을 만들 수 있어, 비용이 저렴하다는 이유로 '나일론6-6'을 상업화하기로 결정한 것이다.

그러나 실험실에서 얻은 결과를 상업화하기 위해서는 연구실에서의 작업을 크게 확대할 필요가 있었다. 무엇보다도 생산비 절감을 위해 고압합성 기술을 이용해 나일론을 제조할 수 있는 중간물질을 만들어내는 것이 중요했다. 그 외에도 상업화를 위해서는 생산된 나일론을 가지고 실제로 실과 옷감을 만들 수 있어야 한다. 볼튼이 1935년 7월 나일론6-6을 상업화하기로 결정한 후, 제품으로 나오기까지는 5년이라는 시간이 더 걸렸다.

나일론 개발 프로젝트는 크게 3단계로 나누어지는데, 첫 단계는 상업적 성공이 가능한지를 결정하는 시기, 두 번째는 나일론 섬유를 뽑아내는 방법을 결정하는 단계로 1936년 여름부터 1937년 말까지 계속되었다. 또한 이 기간 동안 '다리에 딱 맞는 양말'류를 생산하는 데 집중한다는 중대한 결정을 내린다. 그리고 마지막 단계로 듀폰은 균일한 품질을 지닌 방적사를 대량생산하는 연구를 했다.

마침내 '탄소, 물, 공기'로 만들어진 나일론은 "강철처럼 강하고, 거미줄처럼 가늘다"라는 광고를 앞세우고 1939년 뉴욕 세계박람회에서 나일론 스타킹을 신은 여성 모델을 등장시키며 대중 앞에 첫선을 보였다.

그리고 공식적으로 '나일론의 날'이라고 알려진 1940년 5월 16일, 나일론 스타킹이 전국의 상점에서 판매되기 시작하면서 엄청난 성공을 거두었다. 여성들은 한 켤레당 당시 돈으로 1.15달러나 하는 이 귀한 스타킹을 사기 위해 상점 밖에 줄을 서서 기다렸고, 첫날 80만 켤레의 스타킹이 팔려나갔다. 7개월 후에는 전국적으로 400만 켤레의 스타킹이 판매에 들어가 나흘 만에 다 팔리며, 나일론 스타킹에 대한 열풍을 몰고 왔다. 시장에 내놓은 첫해에 듀폰은 6400만 켤레의 스타킹을 판매함으로써, 1941년까지 나일론은 양말류 시장의 30% 이상을 점유했다.

| 나일론 스타킹과 제2차 세계대전 |

1941년 미국이 제2차 세계대전에 참전하면서 생산된 나일론은 모두 군수용으로 전용된다. 나일론은 낙하산, 타이어 코오드, 비행기 연료탱크, 구두끈, 모기장, 해먹 등의 제조에만 허용되어 미국의 전쟁 수행을 도왔다. 여성들은 전쟁이 끝나 다시 나일론을 예전처럼 흔하게 이용할 수 있기를 열망했다. 심지어 마리온(George Marion, Jr.)은 '나일론이 다시 꽃피울 때'라는 노래로 나일론을 동경하는 미국 여성들의 마음을 표현했다.

마침내 전쟁이 끝나고 배급이 완화되자, 나일론 스타킹은 다시 상점으로 돌아오게 되지만 그 후 2년 동안 공급이 수요에 훨씬 못 미쳐 여성들의 갈증

나일론 스타킹을 사려고 모여든 인파

을 해소시켜주기에는 턱없이 부족했다.

1945년, 미국 내 곳곳에서 한 켤레의 스타킹을 사기 위해 수백, 수천 명의 여성들이 줄을 서면서 '나일론 아수라장'(nylon riots)이 일어난다. 특히 피츠버그에서는 1만3000켤레의 스타킹을 사기 위해 4만 명이 넘는 사람들이 끝도 안 보이는 긴 줄을 서면서, 상황은 험악하게 변해 여성들 사이에 머리채를 꺼들며 싸우는 일이 벌어졌다. 신문에서는 "여성들은 나일론을 위해 치열한 공방을 하느라고 목숨을 건다" 라는 제목의 기사를 올린다. 나일론 스타킹이 곧 다가올 패션혁명의 막을 연 것이다.

참고로 나일론이라는 이름의 유래를 살펴보면, 원래는 스타킹에 줄이 가지 않는다는 의미의 'norun'을 생각했으나, 이는 사실과 달라 'norun'을 거꾸로 쓴 'nuron'을 고려했다. 그러나 'nuron'은 다른 상품과 상표 분쟁을 일으킬 소지가 있어서 해당 부서에서 'nilon'이라는 이름을 제안했다. 그러나 발음상의 혼란을 피하기 위해 'i'를 'y'로 바꾸어 최종적으로 'nylon'이라는 이름이 탄생하게 되었다.

3. 합성고무의 발명과 제2차 세계대전

the Second World War(1939~1945)

고무는 오늘날 그 용도가 4만 가지가 넘을 정도로 현대문명에 없어서는 안 될 필수품이고, 전쟁과 같은 유사시에는 석유와 마찬가지로 꼭 비축해야 될 전략물자이다. 인류가 만들어낸 가장 중요한 발명품 중의 하나인 합성고무는 제2차 세계대전 때문에 태어나게 된 전쟁동이(!) 산업이다.

합성고무는 석유, 석탄, 기름, 천연가스, 아세틸렌에서 얻은 원료로 만들어지는데, 그 중 상당수가 두 가지 이상의 단량체(스타이렌, 에틸렌, 부타디엔, 프로필렌)를 적절히 공중합하여 다양한 특성으로 생산된다. 합성고무를 생산할 때 여러 가지 조성을 변화시켜 특정한 물성을 갖게 하여 특수한 용도로 쓰일 수 있도록 만드는 것이다.

인류 역사상 가장 참혹했던 1,2차 세계대전은 전략물자의 중요성을 부각시켰는데, 그 중 하나인 합성고무의 역사에 대해 살펴본다.

| 합성고무의 역사 |

1829년 전기화학 분야에서 유명한 패러데이(Michael Faraday)는 천연고무가 **경험식** C_5H_8을 갖는다는 것을 발견한다. 1860년 윌리엄(Greville William)도 고무를 증류하여 똑같은 경험식을 가진 액체를 얻었는데 이를 이소프렌(isoprene)이라고 불렀다. 1881년 틸덴(William Tilden)은 테레핀유(turpentine)를 분해 증류하여 처음으로 이소프렌을 얻었으나 이것을 고무로 전환하는데 몇 주나 걸려, 중합하는 데 오랜 시간이 걸리는 문제가 있었다. 그런데 1911년 매튜스(Francis Matthews)와 하리에스(Carl Harries)가 각각 독립적으로 나트륨에 의해 이소프렌이 빨리 중합된다는 것을 발견한다.

경험식(經驗式)
분자 안에 들어 있는 원자들의 수를 실제 수가 아니라 비율만 맞춘 식. 예를 들어 아세틸렌(C_2H_2)이나 벤젠(C_6H_6)의 경험식은 모두 CH이다.

1906년 전 세계의 천연고무 생산량은 6만 톤 정도였지만, 1908년 포드사가 모델T를 대량생산하면서 자동차산업이 급성장하자 고무 수요도 폭발적으로 늘어났다. 그러나 천연고무의 생산량은 이미 부족한 상황이었다. 그러자 독일의 바이엘(Bayer) 사는 1906년 합성고무 개발 프로젝트에 착수, 1910년 메틸이소프렌(Methyl isoprene)을 생산하기 위한 시험 공장을 세우고, 1912년 메틸이소프렌을 중합하여 메틸고무(Methyl rubber)를 생산한다. 바이엘 사의 책임자인 뒤스베르크(Carl Duisberg)는 메틸고무로 만든 타이어를 장착한 자동차를 1912년에 황제 빌헬름 2세에게 헌정했다.

자동차를 6400킬로미터 이상 달려도 타이어가 펑크나지 않자(자동차 산업 초기에는 대단한 일이었다) 6월에 빌헬름 2세는 지극히 만족해 하면서, 모든 자동차에 메틸고무로 된 타이어를 장착할 것을 지시한다. 그러나 펑크 안 나는 타이어는 황제가 생각한 것만큼 만족스럽지 못했는데, 우선 튜브나 공기가 들어 있지 않은 딱딱한 고무로 만들어져 승차감이 나빴고 또 다른 문제는 메틸고무는 산소에 노출되면 품질이 저하되었다. 그래서 산소가 희박한 달나라에서 운전할 것이 아니라면, 메틸고무는 소용이 없다고 생각한 바이엘 사는 타이어 생산을 중단한다.

| 고무와 제1차 세계대전 |

독일군 고위 지휘부는 제1차 세계대전을 준비하면서, 역사상 모든 중요한 군사작전들을 꼼꼼히 들여다보면서도, 정작 전략물자인 고무를 챙기는 일을 까맣게 잊어버리는 큰 실수를 하고 말았다. 미국의 독립전쟁 이후 전쟁터에서 고무의 쓰임은 점점 더 많아져서, 1차 세계대전에서는 가스마스크, 구명정, 비행기, 비행선, 통신, 수송차량 등 고무 없이는 전쟁을 치를 수 없을 정도가 되었다. 1914년 8월 초 독일이 러시아와 프랑스에게 전쟁을 선포한 후, 대영제국도 독일에 선전포고를 한다. 영국은 직접 고무를 생산하지는 않지만 세계 대부분의 고무농장들은 영국의 식민지에 속해 있었다.

전쟁이 나자 영국은 즉시 독일이 고무를 공급받지 못하도록 봉쇄하고, 독일은 뉴욕에 중개인을 보내 고무를 구입하려고 시도한다. 그러나 영국이 동남아 농장에서 미국으로 수출되는 모든 고무에 금수조치를 취하자 미국 공장들은 필사적으로 애원을 한다. 결국 영국은 미국으로부터 독일에 고무를 팔지 않겠다는 약속을 받고, 만일 그 약속을 어길 경우에는 앞으로 고무를 살 권리를 잃게 된다는 조건 아래 금수조치를 해제

했다.

고무 수입의 길이 막히게 되자, 독일은 시민들로부터 자동차나 자전거 바퀴를 몰수하고 생산 과정에서 남은 자투리나 버려진 폐고무들을 재활용하기 위해 수집했다. 때는 1915년이고, 지금까지 인류가 겪어보지 못했던 가장 큰 세계대전을 독일은 고무 없이 치러야 할 큰 곤경에 처해 있었다. 그때 누군가가 전쟁 전에 메틸이소프렌을 가지고 합성고무를 만들었던 것을 기억해냈다. 메틸이소프렌이 성능이 떨어진다고 해서 생산을 중단하고 시험공장도 해체된 상황이었지만, 그러나 지금은 세계대전이라는 절체절명의 시기여서 부분적으로 공장을 다시 복구, 가동하여 메틸고무를 생산해낸다. 독일은 1914~1918년 동안 약 2만4000톤의 메틸고무를 대량으로 생산했으나, 메틸고무가 천연고무에 비해 끔찍할 정도로 질도 떨어지고 게다가 비싸기까지 하다는 것을 잘 아는 독일 사람들은 전쟁이 끝나자마자 생산을 중단한다.

독일이 1차 세계대전에서 패망한 이유 중의 하나로 고무 부족이 거론될 정도로, 전쟁을 성공적으로 수행하려면 충분한 고무가 필요하다는 교훈을 독일은 1차 대전을 통해 혹독하게 배웠다.

| 천연고무의 가격변동과 합성고무 개발 |

미국은 1925년에 이미 전 세계 고무 공급량의 75%를 소비하는 나라가 되었다. 정치적 이유로 천연고무의 가격 변동성이 커지자 1925~1932년 사이에 미국, 소련, 독일 등이 앞다투어 합성고무 개발 프로젝트를 다시 시작하게 된다. 1926년 화학자 패트릭(Joseph C. Patrick)과 누킨

(Nathan Mnookin)은 좀 더 싼 부동액을 개발하기 위해 폴리황화나트륨(sodium polysulfide)과 이염화에틸렌(ethylene dichloride)을 가지고 실험하던 중, 우연하게(!) 냄새가 지독한 고무진(gum)을 만들었다. 이 물질을 잘못 취급하는 바람에 실험실 싱크대가 막혀버리자 온갖 용해제를 써서 제거하려 했으나 실패로 돌아갔다. 좌절하고 있던 화학자들은 문득 자신들이 어떤 용매에도 강한 유용한 성질의 고무를 만들었다는 것을 깨닫는다. 이 고무가 바로 그리스어 'theion'(유황)과 'kolla'(접착제)의 합성어 '티오콜'(Thiokol)이며, 1930년에 상품으로 생산된다.

1929년에는 미국 듀폰사의 콜린스(Arnold Collins)가 네오프렌(Neoprene)이라고 알려진 폴리클로로프렌(Polychloroprene) 고무를 개발하여 1933년부터 상품화했다. 네오프렌은 천연고무보다 물, 기름, 열 그리고 용매에 잘 견디는 특성을 갖고 있어 절연체와 자동차 엔진 호스, 개스킷 등으로 사용되었고, 1934년에는 타이어로도 생산되었다. 제1차 세계대전이 끝나고 독일은 메틸고무보다 나은 합성고무를 찾고 있던 중 다이엔(diene) 중에서도 가장 간단한 형태인 뷰타다이엔(butadiene)을 합성한다. 뷰타다이엔은 메틸이소프렌을 만드는 공정과 크게 다르지 않은데 아세틸렌(acetylene)에서 만들 수 있다. 독일의 IG파르벤(I.G. Farben) 사의 연구자들은 단량체 뷰타다이엔을 나트륨으로 중합하여 '부나'(Buna, 'bu'는 뷰타다이엔에서 'na'는 나트륨에서 따온 합성어)라고 부르는 합성고무 개발에 집중했다.

뷰타다이엔과 스타이렌 저장탱크

1933년 독일은 1차 세계대전에서의 실수를 또다시 반복하지 않기 위해 고무의 자급자족을 위한 '4개년 계획'을 시작한다. 그동안 독일의 고무회사

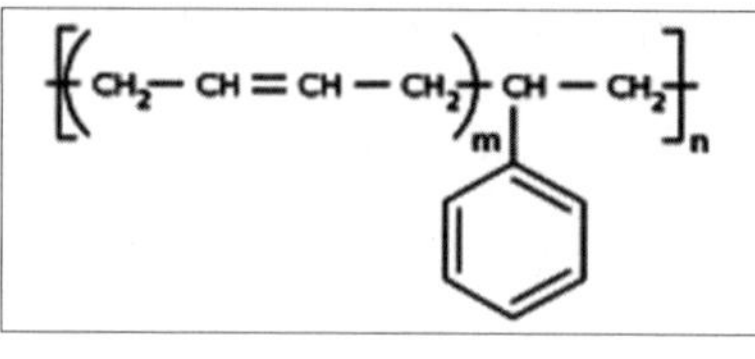

부나S 구조

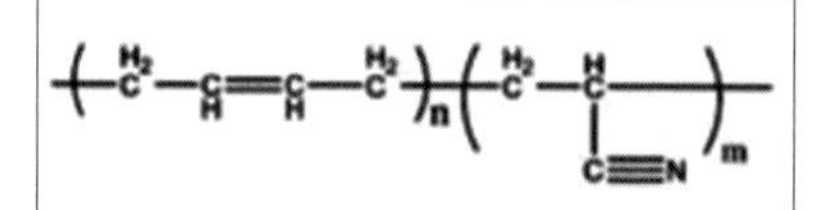

부나N 구조

들은 품질이 낮은 부나고무를 사용해야 했는데, 곧 IG파르벤 사의 복(Walter Bock)과 청커(Eduard Tschunkur)가 그 해결책을 찾아냈다. 즉 뷰타다이엔 중 25%를 스타이렌(styrene)으로 바꿔 둘을 공중합하여 '부나S'라는 합성고무를 만든 것이다. 부나S(일명 Styrene Butadiene Rubber, SBR)는 최상품의 천연고무보다도 내마모성이 뛰어나 자동차 타이어 홈 만들기에 특히 적당하여, 1935년부터 독일에서 대량생산되었다.

그런데 여기에는 문제가 하나 있었다. 기존의 천연고무를 위한 기계로는 부나S를 복합하거나 가황하기가 쉽지 않아 회사들은 다시 새로운 방법을 찾아야만 했다.

1934년 청커와 콘라드(Erich Konrad)는 뷰타다이엔을 스타이렌보다 더 비싼 아크릴로나이트릴(acrylonitrile)과 공중합시켜, 새로운 나이트릴(Nitrile) 고무인 부나N(일명 Peruban, NBR)을 개발한다. 이 새로운 고무 '부나N'은 '부나S'처럼 물성이 상당히 좋고 게다가 보너스로 기름에도 강한 성질까지 갖고 있어서, 미국산 내유성(耐油性) 고무제품인 티오콜이나 네오프렌을 수입할 필요가 없게 되었다.

한편 미국에서는 듀폰의 네오프렌 공장에서 큰 폭발이 일어나 한동안 모든 네오프렌 생산이 중단되었는데, 과학자들은 타이어용으로 티오콜이 네오프렌을 대체할 수 없다는 것을 발견한다. 내유성 고무에 익숙해 있던 고무 상인들이 네오프렌을 구할 수 없게 되자, 듀폰은 독일의 IG파르벤 사와 협력하여 독일의 부나N 고무를 생산했고, 미국 타이어 생산업체들은 독일의 부나 고무를 사용하기 시작했다. 뉴저지의 스탠더드오일은 독일의 IG파르벤과 손잡고 98%의 이소부틸렌(isobutylene)과 2%의 뷰타다이엔(butadiene 또는 isoprene)을 공중합하여 부틸고무(butyl rubber)를 생산한다. 이 부틸고무는 천연고무보다 내구성, 화학약품, 습기, 풍화 등에 13배나 강하고, 특히 공기 투과도가 낮기 때문에 자동차 타이어의 내부 튜브에 사용되었다.

| 합성고무 산업의 탄생과 제2차 세계대전 |

1939년 9월 1일 독일의 폴란드 침공과 이에 대한 영국과 프랑스의 선전포고로 제2차 세계대전이 시작되었다. 2차 세계대전 당시 천연고무의 대부분은 동남아에서 생산되고 있었는데, 그 원료가 되는 고무나무가 적도를 기준으로 위도 10도 이내의 지역에서 자라기 때문이다.

1940년에는 소련이 최대의 합성고무 산업(주로 폴리뷰타다이엔 고무)을 갖고 있었는데, 2차 세계대전이 임박해지자 독일은 빨리 소련을 따라잡으려고 1940년 4만 톤에서 1941년에는 7만 톤으로 생산량을 늘린다. 미국은 고무를 얻을 수 있는 모든 공급원을 파악해보니, 평상시 소비 기준으로 1년 정도 견딜 수 있는 고무의 비축량만 갖고 있었다. 그리고 이 비축량은 세계 역사상 가장 중대한 전쟁 수행을 위해 최우선적으로 군수산업에 공급해 주어야 하는데, 1940년 당시 미국에서 사용된 고무의 0.4%만이 합성고무였다. 제1차 세계대전에서의 독일의 뼈아픈 교훈으로 비추어볼 때, 독일의 U보트가 해상 운송 항로를 봉쇄하거나 일본이 아시아의 고무농장으로부터의 수송을 차단할 수 있다는 공포를 느낀 루즈벨트 대통령은 1940년 고무를 '전략적 중요 물자'로 선포한다. 그리고 천연고무를 비축하고 합성고무 생산을 통제하기 위해 '고무비축회사'(RRC)를 만든다.

RRC는 합성고무를 만드는 데 필요한 원료 생산, 고무 생산, 그리고 고무제품 생산에 이르기까지 모든 것을 통제할 수 있었다. RRC에 동참한 스탠더드오일, 굿이어, 굿리치, 파이어스톤과 US러버 사이의 정보 공유 합의에 따라 제조 과정에서 얻어진 모든 특허와 권리는 RRC에 귀속되었다. 이것은 많은 미국 회사들 사이에서 최초로 상업적 비밀을 공유하기로 합의한 역사적인 사건이라고 할 수 있다.

일본의 전쟁 전략의 최우선 순위는 고무 생산량의 90%를 차지하는 동남아를 점령하여 고무의 공급을 장악하는 것이었다. 1941년 12월 7일 일본의 진주만 공습으로 미국은 제2차 대전에 참전하게 되고, 그로부터 3개월 후 일본이 동남아를 점령하자 미국은 곤경에 빠지게 된다. 셔만 전차 한 대에는 고무 500킬로그램, 중폭격기 한 대에는 830킬로그램이 필요하고, 전함 한 척에는 2만여 개의 고무 부품이 들어가 약 1톤의 고무가 필요하다. 그 밖에 모든 차량의 타이어, 공장, 사무실, 가정집, 군대 설비 등 모든 전선(電線)은 고무로 피복되어 있어, 엄청난 양의 고무를 필요로 했다. 천연고무를 대체할 합성고무 생산에 대해 미처 준비도 되어 있지 않은 상황에서 천연고무의 공급이 중단된 것이다.

진주만 공격이 있은 지 나흘 후, 워싱턴의 반응은 매우 전격적이고 신속했다. 미국 정부는 즉각 전쟁과 관련된 매우 중요한 일이 아니라면 어떤 제품에서든 고무의 사용을 금지시켰다. 또한 타이어가 빨리 마모되는 것을 방지하기 위해, 미국 내 고속도로에서의 최고 속도를 시속 56킬로미터로 제한했다. 전쟁 동안 미국 정부는 고무를 재활용할 수 있도록 '고무 모으기 운동'과 '고무 아껴쓰기 운동'을 전개하여, 전국 40만 곳에 창고를 만들어 고무 조각들을 수집했다. 국민들이 가져온 고무 1파운드(약 453그램)당 1페니를 지불했는데, 세계 역사상 가장 대규모의 재활용 캠페인이었다. 또한 타이어, 구두, 그리고 다른 고무제품의 배급제 규정을 국민들이 잘 따르도록 계몽하는 등, 1942년부터 연합군의 승리로 전쟁이 끝날 때까지 고무 아껴쓰기 운동을 지속했다.

고무 모으기 운동 포스터

1941년 미국의 합성고무 총생산량은 8000톤에 불과했는데, 대부분 타이어용으로는 적합하지 않았다. 아직 개발단계인 고무산업에서 80만 톤을 생산하는 능력에 국가의 존망이 달려 있다고 생각한 미국 정부는 고무회사, 석유회사 등 산업체와 연구소, 대학 등을 총동원하여, 과학자와 엔지니어들에게 2년 안에 목표를 달성하도록 요청한다.

고무 절약 포스터.
"군인들이 갈 곳이 당신들보다 더 중요하다."

그 결과 미국 합성고무 연구 프로그램과 RRC는 미국 역사상 그토록 어려운 시기에, 그것도 짧은 시간 안에 대량의 합성고무를 생산하는 데 성공한다. 뷰타다이엔과 스타이렌의 공중합체인 GRS(Government Rubber Styrene)로 표기된 고무가 미국 합성고무 생산의 기반이 되었다. 1942년 4월, 파이어스톤 사가 합성고무의 첫 뭉치를 생산한 데 이어 5월에는 굿이어, 9월에는 US러버, 그리고 11월에 굿리치가 GRS를 생산함으로써 1942년에 생산된 총 3721톤의 GRS 고무 중, 2241톤이 이 네 공장에서 생산되었다. 고무의 수요가 정점을 찍었던 1944년에는 총 50개 공장에서 전쟁 발발 이전의 전 세계 천연고무 생산량의 두 배인 67만268톤을 생산한다. 1945년에 미국은 연간 92만 톤의 합성고무를 생산했는데 그 중 85%가 GRS 고무였다.

오늘날 합성고무는 수송, 항공우주, 에너지, 전자공학 그리고 소비재 산업에서 매우 중요한 부분을 차지하고 있다. 2008년 세계적으로 1280만 톤의 합성고무가 생산되었는데, 이는 세계 고무 총생산량의 56%에 해당된다. 자동차용 타이어는 주로 스타이렌뷰타다이엔(SBR) 고무를 기본으로 뷰타다이엔 고분자(BR), 흑연 혹은 실리카 등을 첨가한 합성고무로 만드는데, 우리나라 금호석유화학에서 생산하는 합성고무(SBR+BR)의 생산량이 미국의 굿이어의 생산량을 제치고 세계 1위에 올랐다.

한편 태평양전쟁이 발발하자 전략적 자원이 심각하게 부족한 일본은 병참기지화 정책으로 조선의 물적 자원을 수탈해 갔는데, 한반도의 산과 농촌마을 곳곳에서 일제 강점기 때 수난을 당해 찢겨진 소나무의 모습을 볼 수 있다. 태평양전쟁 전에는 미국에서 석유를 수입해 오던 일본이 대일 석유 금수조치로 인한 심각한 석유 부족으로 한반도의 소나무에서 송진까지 채취해 수탈해간 흔적이다. 나라를 잃으면 백성들뿐만 아니라 소나무까지도 비참한 신세가 된다! 소나무 줄기에 상처를 내어 흘러나오는 생송진에는 약 20%의 테레핀유가 포함되어 있어, 이를 증류해서 얻는 테레핀유는 석유 대용으로 쓸 수 있고 고무를 만들 수도 있다.

일제는 테레핀유를 얻기 위해 한반도에서 송진을 채취해갔다.

4. 실리콘 트랜지스터

– 괴짜천재 쇼클리와 '8명의 배신자들'

William Bradford Shockley(1910~1989)

| 정보시대와 트랜지스터 |

트랜지스터와 집적회로는 20세기의 가장 위대한 발명으로 인류의 삶에 심대한 영향을 끼쳤다. 특히 트랜지스터는 배터리로 작동하는 시계, 커피메이커, 휴대폰에서 슈퍼컴퓨터에 이르기까지 현대의 모든 전자제품과 컴퓨터의 기본 조립단위라고 할 수 있다. 가령 인텔 펜티엄4 프로세서와 같은 PC의 마이크로프로세서에는 개당 5500만 개의 트랜지스터가 들어 있고, 대부분 현대인들의 반경 1미터 안에도 수백만 개의 트랜지스터가 있으리라 짐작된다. 아마도 휴대폰은 항상 우리 옆에 껌처럼 붙어 있을 터이니!

에니악

트랜지스터가 발명되기 전까지 컴퓨터는 진공관을 사용했는데, 오늘날 아주 작은 트랜지스터가 원자 80개 정도의 폭을 갖고 있는 데 비해 진공관들은 매우 크다. 1945년 1만8000개의 진공관으로 만든 최초의 컴퓨터로 알려진 에니악(ENIAC)은 당시로서는 가장 빠른 컴퓨터인데, 방을 가득 채울 만한 크기에 무게는 27톤이나 되며 값은 50만 달러(인플레이션을 감안한 현재 가치로 500만 달러)나 했다. 진공관과 냉각장치 시스템에 사용된 전기료만 시간당 650 달러가 들어갈 정도였다.

그러한 어마어마한 크기와 가격에도 불구하고 에니악은 1초당 대략 1000번의 수학연산을 처리했음에 비해, 오늘날 트랜지스터 기반의 개인용 컴퓨터는 10억 번의 연산을 할 수 있다. 다시 말해, 데스크탑 PC로 30분이면 풀 수 있는 물리 문제를 에니악으로는 60년이나 걸리고, 오늘날 가장 빠른 슈퍼컴퓨터로 15초 걸리는 계산은 에니악으로는 1만 9000년이나 걸린다는 얘기가 되겠다.

트랜지스터 덕분에 오늘날 개인용 컴퓨터는 비스킷만한 크기의 작은 마이크로칩에 모든 계산능력을 집어넣을 수 있으면서도 값은 수백 달러에 불과하고 전기도 아주 적게 쓴다. 현대 컴퓨터나 전자기기들의 뛰어난 성능, 부담 없는 싼 가격, 작은 크기 등은 모두가 트랜지스터 발명으로 가능해진 것이어서, 오늘날의 정보시대는 트랜지스터 없이는 존재하지 않는다고 해도 절대 틀린 말이 아니다.

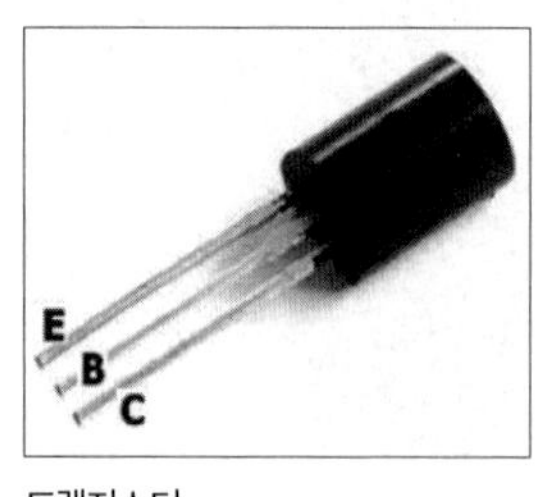

트랜지스터

트랜지스터는 송신기(Transmitter)의 'Trans'와 저항기(Resistor)의 'sistor'를 합성한 단어이다. 트랜지스터의 원리를 간단하게 설명하면, 반도체 물질인 규소(Si)나 게르마늄(Ge)으로 만들어진 P형 반도체와 N형 반도체를 세 개의 층으로 접합하여 만든 전자회로 구성요소로, 전류나 전압 흐름을 조절하여 증폭, 스위치 역할을 한다. E(emitter)로 표시되는 이미터에서는 총 전류가 흐르게 되고 얇은 막으로 된 베이스(B; base)가 전류 흐름을 제어하며 증폭된 신호가 컬렉터(C; collector)로 흐르게 된다. 접합 순서에 따라 PNP형 혹은 NPN형 트랜지스터라고 부른다. NPN형인 경우 전류는 이미터 쪽으로 흐르고 PNP형인 경우 이미터에서 나가는 방향으로 전류가 흐른다. 증폭작용과 전자신호를 위한 스위치나 게이트로서 역할을 하여 아날로그 회로, 디지털 회로 등 대다수의 전자회로에 진공관을 대체하여 사용되며 가볍고 소비전력이 적어 이를 고밀도로 집적한 것이 IC(Integrated Circuit)이다.

| 윌리엄 브래드퍼드 쇼클리 |

쇼클리(William Bradford Shockley, 1910~1989)는 미국의 물리학자이자 발명가로, 존 바딘(John Bardeen), 월터 하우저 브래튼(Walter Houser Brattain)과 함께 트랜지스터를 발명했고, 그 공로로 세 사람은 1956년 노벨 물리학상을 공동 수상한다. 1950~60년대에 새로운 트랜지스터 디자인을 상업화하려는 쇼클리의 노력은 실리콘밸리를 혁신적 전자공학의 메카로 이끌어갔다. 만년에는 스탠포드 대학 교수로 재직했고 우생학의 열렬한 지지자가 된다.

1910년 런던에서 출생한 쇼클리는 1913년 광산기사인 아버지를 따라 미국으로 건너가 캘리포니아 공대를 졸업하고, MIT의 슬레이터(J. C. Slater) 밑에서 연구해, 1936년 '염화나트륨의 에너지띠(帶) 구조에 관한 논문'으로 박사학위를 받았다. 학위를 받은 후 쇼클리는 1936년부터 벨

벨연구소 시절의 바딘, 쇼클리, 브래튼(1948)

연구소에서 근무하며(제2차 세계대전 중에는 해군에서 복무) 데이비슨(Clinton Davisson)의 팀에 참여하여 연구를 계속했다.

1945년 전쟁이 끝난 후, 벨연구소는 쇼클리와 화학자 스탠리 모건이 이끄는 고체물리 팀을 만들었는데, 이들의 연구 목표는 쉽게 깨지는 진공관 앰프를 대체할 새로운 소자(素子)를 개발하는 것이었다. 팀원 중에는 미네소타 대학에서 박사학위를 받고 1929년부터 벨연구소에서 일한 브래튼과 산업공학 이력을 가진 이론물리학자 바딘(John Bardeen)도 있었다. 바딘은 프린스턴 대학에서 박사학위를 받고 미네소타 대학에서 조교수로 일하고 있었는데, 쇼클리의 초청으로 팀에 합류하게 되었다.

이 팀의 첫 번째 시도는 '반도체에 외부 전기장을 가하면 전도율에 어떤 영향을 미치는가?' 라는 쇼클리의 아이디어에서 비롯되었다. 그러나 이 실험은 모든 종류의 재료와 배열로써 시도해 봤지만 그때마다 실패하고 말았다. 아무런 진전도 없이 연구는 지지부진한 상태였는데, 1947년 11월 어느 날 브래튼은 새로 고안한 규소 반도체 증폭기를 우연히 물통에 넣고 실험하던 중 증폭기가 작동하는 것을 발견하게 된다. 전자들이 결정 표면에 일종의 장벽을 형성해 신호 증폭을 막고 있었는데, 브래튼이 증폭기를 물에 넣자 이 전자 장벽이 제거되면서 신호 증폭이 가능했던 것이다.

이 결과를 바탕으로 바딘은 증류수에 담근 규소기판에 종이 두께 정도의 가느다란 금속선을 심어 접촉점을 이루게 하는 새로운 반도체 증폭기를 고안했다. 그들은 표면 상태에 초점을 맞추고 연구를 논의하기 위해 매일 만났으나, 쇼클리는 그들끼리 연구하도록 내버려두고 자신은 단독으로 연구를 진행했다. 마침내 벨연구소에서 '기적의 달'이라고 부르는 1947년 12월, 쇼클리 없이 연구하던 바딘과 브래튼은 세계 최초로 게르마늄 평판에 금 박편을 접촉시킨 점접촉 트랜지스터(PointContact Transistor) 개발에 성공했다.

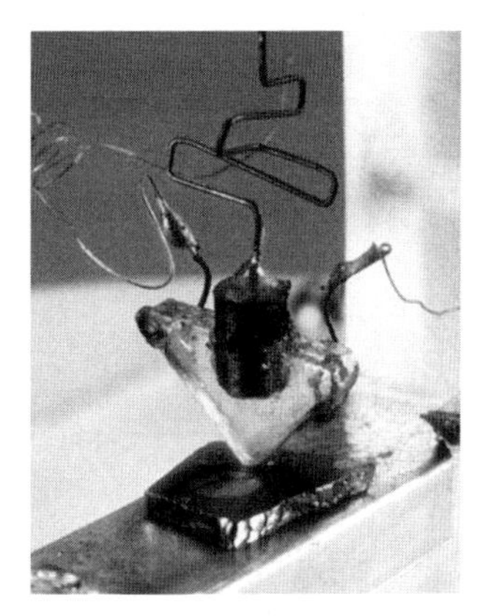
점접촉 트랜지스터

그러나 성공과 함께 곧 벨연구소의 특허전문 변호사가 특허신청 작업을 하면서부터 논쟁이 뒤따랐다. 쇼클리는 팀의 리더로서 자신이 맨 처음 증폭기의 디자인을 제공했다는 사실을 들어 그의 이름 단독으로 특허권을 올려야 한다고 생각했고, 반면 바딘과 브래튼은 수많은 실험을 거쳐 처음 디자인과 전혀 다른 증폭기를 개발했으니, 특허권이 자신들에게 있다고 주장했다.

결국 벨연구소는 특허는 바딘과 브래튼 이름으로 올리되, 트랜지스터 개발에 대한 홍보 사진에는 쇼클리도 참여하도록 중재했다. 이 사건으로 그들 사이의 악감정은 해소되지 않아 멤버들은 해체되고 각자 자신의 길을 택한다. 바딘은 1951년에 벨연구소를 떠나 일리노이 대학 전기공학과·물리학과의 교수직을 받아 떠났고, 쇼클리와 함께 일하기를 원치 않았던 브래튼은 벨연구소의 다른 부서로 옮겨갔다.

쇼클리는 비록 최초의 점접촉 트랜지스터 개발에는 빠졌지만, 자신만의 새 증폭기 개발에 매달렸다. 그는 반도체가 어떻게 작동해야 할지에 대한 새로운 아이디어를 가지고 좀 더 나은 트랜지스터를 개발하는 일

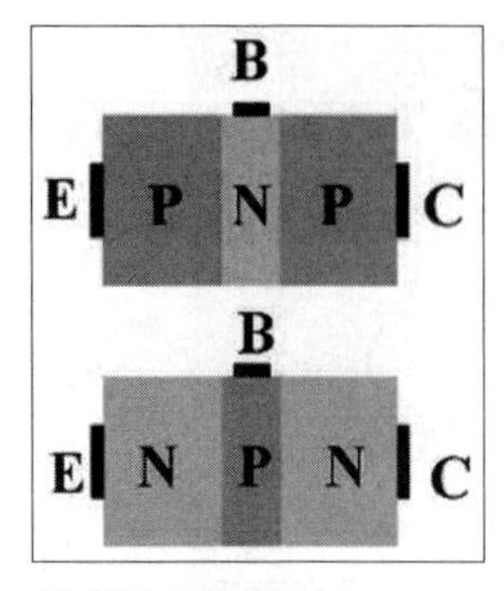

샌드위치 트랜지스터

에 착수하여 1951년 접촉트랜지스터(일명 샌드위치 트랜지스터)를 고안해냈다. 쇼클리의 트랜지스터는 전자가 반도체 결정(結晶) 표면으로 이동하는 바딘의 이론과는 전혀 다른, 전류가 결정을 통과해 흐르는 원리에 기반을 둔 트랜지스터였는데, 이 디바이스는 모든 면에서 첫 번째 트랜지스터에 비해 매우 우수했다.

트랜지스터의 발전을 촉진시키기 위해 벨연구소는 이 연구 성과를 다른 회사에도 개방하여 특허권 사용료를 내면 트랜지스터에 관한 정보를 주었고, 그 결과 트랜지스터 기술은 전자기술의 혁명을 일으키며 급속하게 발전했다. 마침내 1956년 쇼클리, 바딘, 브래튼 세 사람은 노벨 물리학상을 공동 수상하는데, 바딘은 이후 고체물리에 대한 연구를 계속하여 초전도체에 대한 최초의 성공적인 이론으로 1972년 두 번째 노벨 물리학상을 수상했다.

한편 1955년 벨연구소를 떠난 쇼클리는 벡크만 회사(Beckman Instruments)의 '쇼클리 반도체 실험실'의 책임자가 되었다. 쇼클리의 명성과 벡크만의 자본이 합쳐 새로 시작하는 실험실에 쇼클리는 벨연구소의 옛 동료들을 채용하려고 했으나, 그의 까다로운 성격 때문에 아무도 오겠다는 사람이 없어 이제 갓 대학을 졸업한 똑똑한 졸업생들로 채워야 했다. 쇼클리는 모든 것을 자신의 방식대로 하려는 독선적인 태도와 편집증적인 태도가 점점 더 심해졌다. 한 번은 자신의 비서가 엄지손가락을 베었는데, 쇼클리는 이것이 누군가의 악의적인 행동으로 생각하여 거짓말 탐지기까지 동원하여 조사를 했고, 결국 범인(?)은 사무실 문에 박힌 부러진 압핀으로 밝혀졌다. 그 후로 연구원들은 쇼클리에 대해 더욱 더 적대감을 갖게 되었다.

| 페어차일드 시절의 8명의 배신자들 |

쇼클리가 노벨상을 탄 지 1년이 채 안 된 무렵, 연구진들 중 가장 뛰어난 고든 무어(Gordon Moore)와 로버트 노이스(Robert Noyce)를 포함한 8명이 실험실의 책임자인 독재자 쇼클리를 떠나 1957년 9월 18일 페어차일드 반도체 회사를 차린다. 얼마 후 페어차일드와 텍사스 인스트루먼트(Texas Instruments)는 세계 최초로 집적회로를 만들어, 그 분야에서의 쇼클리의 경력을 한순간에 휴지조각으로 만들었다. 몇 년 후 그들은 인텔 사를 설립해 엄청난 부를 쌓았을 뿐만 아니라, 그로부터 20년 동안 '8명의 배신자들'은 65개의 새로운 기업을 만들어, 쇼클리가 그냥 서서 바라보고 있는 동안 그의 꿈을 대신 완성해가면서 전자공학 시대의 혁신을 이끌어갔다.

8명의 배신자들

자신들을 스스로 '8명의 배신자'라고 부르는 그들은 모든 IT 회사들의 모태가 되는 페어차일드 회사를 실리콘밸리에 세웠는데, 그들은 자신들이 쇼클리를 떠난 것은 독선적인 경영방식뿐만 아니라 쇼클리가 1957년 후반부터 실리콘 반도체 연구를 거부했기 때문이라고 말한다. 즉 쇼클리가 선택한 연구 재료가 잘못된 방향으로 간다고 판단하여, 실리콘 반도체 중심의 연구를 계속하기 위해 그만두었다는 것이다. 〈뉴욕타임즈〉는 2006년 7월 기사에서 이 사건을 '역사를 바꾼 중요한 10가지 사건' 중 하나로 지목하면서, '너드(Nerd, 컴퓨터만 아는 괴짜)들의 반란'이라는 제하의 기사에서 8명의 연구원들이 쇼클리를 떠난 1957년 9월 18일이야말로 전자공학과 전체 디지털시대의 산실인 실리콘밸리가 탄생한 날이라고 썼다.

| 쇼클리의 말년 |

쇼클리는 1954년 봄 아내와 별거에 들어가고 그해 여름 이혼을 한다. 그리고 1955년 11월에 쇼클리 반도체회사를 설립한 직후 래닝(Emmy Lanning)과 재혼하여 1989년 삶을 마감할 때까지 비교적 행복한 결혼 생활을 했다.

그는 쇼클리 반도체회사를 그만둔 후 스탠포드 대학의 교수로 취임한다. 만년의 그는 인종, 지능, 우생학에 거의 광적으로 몰두하며, 이 일이 인류의 유전학의 미래에 매우 중요하다고 생각했다. 쇼클리는 자신의 생애에서 반도체 발명보다 우생학이 더 중요한 일로 믿고, 정치적으로 매우 위험한 발상이라는 것을 알면서도 자신의 명성을 손상시키는 견해를 표명한다.

쇼클리는 자신의 목적은 과학적인 독창성을 인류의 문제 해결에 응용하는 것이라고 설명하면서, 지능이 낮은 사람들의 출산율이 상당히 높은 것은 열생학(劣生學)의 효과 때문이며, 평균 지능의 저하는 궁극적으로 문명의 쇠락으로 이끌어간다고 주장했다. 그러면서 IQ가 100 이하인 개인에게는 자발적인 불임시술을 하도록 비용을 대주자는 제안도 한다. 그는 또한 인류 최고의 우수한 유전자를 퍼뜨려야 한다는 희망에서 그레이엄(Robert Klark Graham)이 세운 정자은행에 자신의 정자를 기부한다. 쇼클리는 유전과 지능, 그리고 인구학적인 동향에 대해 과학계가 연구할 것을 열렬히 주장하면서, 만일 자신의 생각이 옳다면 정책이 변해야 한다고 제안했다.

1989년 쇼클리가 사망할 당시 아내 외에는 거의 모든 친구와 가족과도 관계가 틀어져 있었는데 그의 자식들도 신문을 통해서 아버지의 죽음을 알 정도였다고 한다. 1956년 이후 그와 가끔씩 만났던 30여 명의 동료들이 2002년 IT 혁명에서의 쇼클리의 중요 역할과 쇼클리와의 지난날들을 회고하기 위해 스탠포드 대학에 모였다. 그 자리에서 조직위원장이 "쇼클리는 실리콘밸리에 실리콘을 가져온 사람이다"라고 말하였다고 한다.

흔히 남자들은 "여자가 예쁘면 다 용서가 된다"고 농담처럼 진심을 이야기한다. 그렇다면 마찬가지로 "능력이 뛰어난 천재들은 심각한 도덕적 결함에도 불구하고 다 용서가 되는가?" 라는 의문이 생긴다. 쇼클리뿐만 아니라 그 유명한 아인슈타인도 아내와의 이혼 후, 아들이 스위스의 한 정신병원에서 생을 마칠 때까지 한 번도 방문하지 않은 냉혹함을 보이지만, 아무도 그의 신화에 흠이 되는 말을 언급하지 않는다. 이러한 이야기는 과학자가 아닌 예술가의 경우에는 더욱 많아, 마치 창조적인 예술가는 모든 도덕과 사회의 인습으로부터 초월적인 존재인 것 같은 착각마저 불러일으킨다. 천재들의 신화를 견고하게 만들고 지키려 하는 것보다, 천재성과는 별도로 인간적인 결함을 있는 그대로 보여 주는 것이 훨씬 더 인간적이지 않을까?

5. 물리학의 성배(聖杯), 초전도체 100년의 역사

Kamerlingh Onnes(1853~1926)

2011년은 네덜란드의 물리학자 카메를링 오네스(Kamerlingh Onnes)가 초전도 현상을 발견한 지 100년째 되는 해이다. 그 동안 초전도 분야에서 다섯 번의 노벨 물리학상이 수여되었지만, 높은 온도에서 **초전도 현상**을 구현하려는 물리학자의 끊임없는 탐구는 아직도 진행형으로, 마치 〈인디아나 존스: 최후의 성전〉에서 성배를 찾아 떠나는 것과 같은 진리탐구에 대한 험난한 노정의 연속이다. 그 험난한 여정의 발자취를 더듬어 본다.

초전도 현상(超傳導現象, superconductivity)
어떤 물질이 전기 저항이 0이 되고 내부 전류를 무제한으로 흘려보내는 현상. 대체로 물질의 온도가 -200°C 이하로 매우 낮을 때 일어난다.

| 초전도의 역사 |

초전도의 역사는 1823년 영국의 물리학자 패러데이(Michael Faraday)

가 압력을 가해 최초로 기체를 액화한 것을 시작으로, 그 후 물리학자들은 모든 기체들의 액화와 절대 0도라는 극한온도를 얻기 위한 경주에 돌입했다. 산소, 질소, 탄산가스 등 기체가 하나씩 액화되고, 절대 0도를 향한 목표에 한 걸음씩 다가가 결국 수소와 헬륨기체의 액화만 남게 되었다. 이 두 기체를 액화하기 위해 영국의 화학자 듀어(Dewar)와 네덜란드의 물리학자 오네스(Onnes) 사이에 치열한 경쟁이 벌어졌는데, 1898년 듀어가 먼저 33.3K(-239.7°C)에서 처음으로 수소를 액화함으로써 두 사람의 선의의 경쟁은 듀어의 승리로 끝난 듯했다.

이에 질세라 오네스는 마지막 남은 비활성기체 헬륨의 액화에 전력을 다하여, 저온 연구를 시작한 지 25년 만인 1908년 결국 헬륨기체를 4.2K(-269°C)에서 액화한다. 이 일은 상당히 어려운 작업이어서, 이후 15년 동안 지구상에서 액체헬륨을 생산할 수 있었던 곳은 오네스 연구실뿐이었다. 처음에 오네스는 액체헬륨을 고체화시키려고 압력을 변화시켜, 온도를 1.04K까지 낮출 수 있었지만, 그러나 액체헬륨은 고집스럽게도 액체로 남아 있었다.

1911년 오네스는 온도가 극저온으로 내려갈 때 물질들의 여러 물성이 어떻게 변화하는지에 대한 연구를 하고 있었다. 그가 수은 와이어를 액체헬륨 온도(절대온도 4.2K)까지 냉각하자, 갑자기 전기저항이 사라져 버리는 초전도 현상이 발견되었다. 그때까지 알려지지 않았던 미개척지인 극저온 물리 분야의 새로운 지평을 여는 순간이었다!

오네스는 전기저항이 완전히 사라진 것을 테스트하기 위해 수은 와이어 고리(ring)에 전류를 흐르게 했다. 만일 전기저항이 있다면 얼마 안 가서 전류가 사라져야 하는데, 낮은 온도를 유지하는 한 수은 와이어 고리에 계속해서 전류가 흐르는 것을 발견했다. 회로에서 전류가 계속 흐

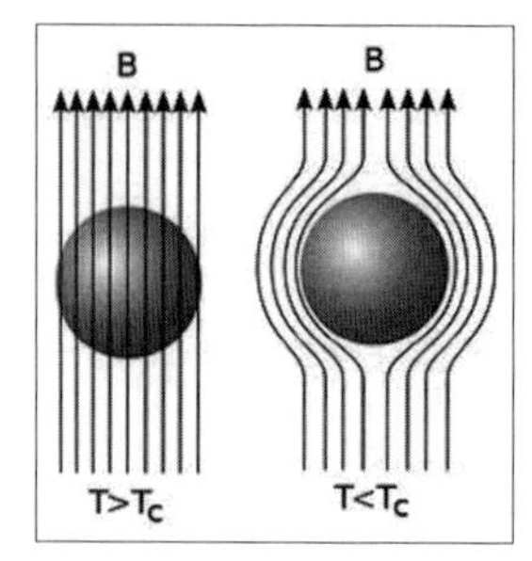

마이스너 효과

른다는 것은 일종의 영구운동이라고 할 수 있고, 이것은 물리학자에게는 아주 놀라운 현상이었다. 오네스는 초전도 현상을 발견함으로써 저온물리학에서 선구적 역할을 수행한 업적으로 1913년 노벨 물리학상을 수상한다.

노벨상 수상자를 포함해 최소한 다섯 명의 유명 물리학자들이 이 영구운동의 비밀을 풀기 위해 노력했지만, 초전도 현상은 수십 년 동안 수수께끼로 남아 있었다. 그러다가 1933년 독일의 과학자 마이스너(Fritz Walther Meissner)가 사실상 초전도체의 훨씬 더 기초적인 특성인 또 다른 성질을 발견한다. 이 현상을 '마이스너 효과'라고 하는데, 이것은 '초전도체 속에 자기력선이 들어가지 못하는 현상'을 말한다. 즉, 초전도체는 자기력선을 통과시키지 않고 초전도체의 외부로 밀어내는 매우 강한 반자성(反磁性) 성질을 갖고 있는 것이다.

1935년경 초전도를 이해하는 데 중요한 또 다른 이론적인 진전이 런던 형제(Fritz and Heinz London)에 의해 제시되었다. 일반적인 금속의 전기저항은 중고등 학생들도 다 아는 유명한 옴의 법칙(Ohm's law)으로 설명되지만, 초전도체의 경우 초전도체의 내부로 자기장이 투과하지 못하는 마이스너 효과는 옴의 법칙 대신 '런던방정식'으로 설명할 수 있다.

아마도 초전도 현상을 설명하는 데 안내 역할을 한 가장 중요한 실험은 1950년 러트거스 대학의 레이놀즈(Reynolds)와 미국 표준국의 맥스웰이 동시에 발표한 '동위원소 효과'일 것이다. 그들은 초전도 전이가 일어나는 임계온도가 동위원소 질량의 제곱근에 반비례하는 것을 발견했다. 전기 전도도는 전자의 움직임 때문에 일어나지만, 이처럼 임계온도가 동위원소의 질량에 의존한다는 것은 원자의 격자진동이 초전도에 연관되어 있음을 시사한다.

그 다음 중요한 발견은 굿맨(Goodman)에 의한 '열전도율'과 브라운(Brown), 지만스키(Zemansky) 등에 의한 비열 실험에서 일반 금속과는 달리 임계온도 근처에서 초전도체가 될 때 에너지 갭(gap)이 존재한다는 것이 밝혀졌다. 독특한 화학적 성질은 궤도가 차 있는지, 비어 있는지에 따라 어느 정도 관련이 있는데 전자, 양자, 중성자 같은 반정수(1/2, 3/2, ……)의 스핀을 갖는 입자는 페르미 입자(Fermi Particle)라고 하여 운동에너지가 불규칙한 값으로 양자화되어 있고, 두 개의 입자는 동시에 똑같은 에너지를 가질 수 없다는 파울리의 배타원리(Pauli principle)를 따른다. 한편 0이나 정수의 스핀을 갖는 입자(^{2}H, ^{4}He, ^{12}C, ^{16}O 등)는 같은 에너지 상태를 몇 개의 입자라도 점유할 수 있으며, 이를 보스입자(Bose Particle)라 한다.

마침내 초전도 현상이 맨 처음 발견된 1911년에서 거의 50년이 지난 1957년, 최초로 초전도체에 대해 광범위하게 받아들여진 이론적 설명, 즉 'BCS 이론'이 미국 물리학자 바딘(John Bardeen), 쿠퍼(Leon Cooper), 슈리퍼(John Schrieffer)에 의해 제시되었다.

바딘은 벨연구소에서 쇼클리, 브래튼과 함께 트랜지스터 발명에 대한 업적으로 1956년 노벨 물리학상을 수상한 인물이다. 그러나 쇼클리의 독선적인 성격으로 인해 트랜지스터 발명 후 세 사람은 각자의 길로 헤어져, 바딘은 일리노이 대학의 물리·전기공학과 겸임교수로 자리를 옮긴 후 박사후과정에 있던 쿠퍼, 대학원생 슈리퍼와 함께 초전도에 대한 연구를 하고 있었다. 박사과정에 있던 슈리퍼는 초전도 연구가 별 진전을 보이지 않고, 같은 과 대학원생들로부터 '지능발달이 늦은 학문의 연구소'라는 별명을 듣자, 1956년 노벨 물리학상을 수상하러 스웨덴으로 떠나는 바딘에게 연구 주제를 바꾸었으면 좋겠다고 말한다. 그러나 바딘은 몇 달만 더 붙잡고 노력해 보라고 격려하는데, 역시 참고 견딘 자에게 복이 있나니! 슈리퍼도 노벨상 공동 수상이라는 엄청난 영광을 누리게 된다.

바딘은 만일 에너지 갭에 대한 이유를 설명할 수 있다면, 초전도체에 대한 설명을 할 수 있을 거라고 말했는데, 그는 전자와 격자 사이의 상호작용이 에너지 갭과 연관되어 있을 것이라는 것을 직감적으로 알고 있었으며 또한 초전도는 속도나 모멘텀 공간에서 응축이라고 불리는 매우 특별한 종류의 상전이(相轉移)라는 것도 알고 있었다.

그래서 세 사람은, 초전도체에 중요한 세 가지 요소, ① 속도 공간에서의 응축 ② 에너지 갭 ③ 전도에서의 상호작용, 즉 격자진동과 전자의 상호작용이 매우 중요하다고 생각했다. 그들은 마침내 초전도 역사상 가장 유명한 세 사람, 바딘·쿠퍼·슈리퍼의 이름 첫 자를 딴 'BCS 이론'을 발표한다.

BCS 이론에 따르면 극저온의 전자들 중에서 전자쌍이 형성될 수 있으며, 전자쌍은 전자와 결정격자의 양자화 진동 간의 상호작용 결과로 형성되어, 전자 이동에서의 에너지 손실이 전혀 없는 고도로 질서화 된 상태를 발생시킨다는 것이다.

수학적 이론은 너무 복잡해서 개략적인 설명을 한다면, 전자들은 같은 전하를 갖고 있기 때문에 상호 반발하며, 전자는 스프링처럼 연결되어 있는 양전하를 띤 핵을 가진 격자 사이를 지나간다. 전자들 사이에서의 반발력과 격자 뒤틀림으로 인한 양전하 사이에서 섬세한 균형을 이루고 있는데, 만일 격자 뒤틀림이 좀 더 커지게 되면, 두 전자는 전체적으로 인력이 작용하게 되고 에너지 갭이 생기게 된다.

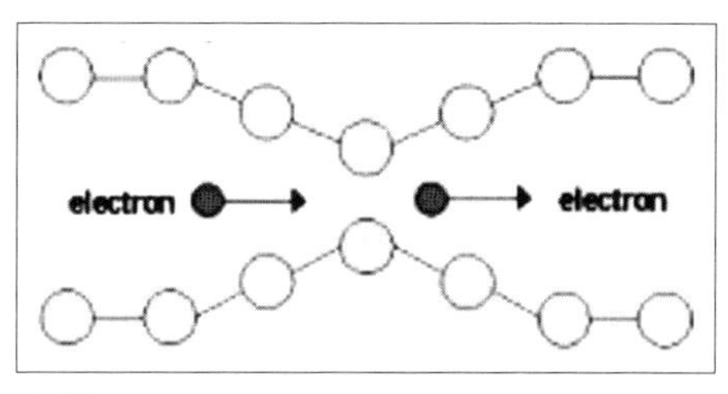

쿠퍼쌍

즉 임계온도 이하에서 두 전자는 쿠퍼쌍(Cooper pair)을 형성하는데, 쿠퍼쌍은 운동량과 스핀이 서로 역방향이기 때문에 운동량 0, 스핀 0이라는 상태와 등가(等價)가 된다. 그 결과 초전도체가 되면 거의 모든 전자가 가장 낮은 에너지 상태를 갖는 쿠퍼쌍을 형성하여, 같은 방향, 같은 속도로 움직이고, 이것이 초전도를 유발한다. 다시 말해, 전자가 진동하고 있는 격자 사이를 지나가면서 이리 저리 부딪치는 것 때문에 전기저항이 생기는데, 쿠퍼쌍을 형성하면 같은 방향, 같은 속도로 움직여, 부딪치지를 않아 전기저항이 0이 된다는 것이다.

바딘은 자신이 지도하는 학생들의 연구 공로를 인정받게 하려고 이처럼 중대한 연구 결과를 박사후 연구원인 쿠퍼에게 발표를 시킨다. 특히 바딘은 자신은 1956년에 이미 트랜지스터 발명으로 노벨 물리학상을 수상했기 때문에 같은 분야로 두 번 노벨상을 주지 않는다는 관례 때문에 학생들을 걱정했지만, 결국 1972년 세 사람은 저온 금속 초전도체 이론의 확립이라는 공로로 노벨 물리학상을 수상했다. 바딘에게 두 번의 노벨 물리학상 중 어떤 상이 본인에게 더 중요하냐고 묻자, "트랜지스터는 도구(gadget)이고, 초전도 이론은 과학"이라고 대답했다고 한다. 그러나 이 BCS 이론은 좀 더 높은 임계온도를 갖는 다른 고온 초전도체 산화물계의 초전도 현상을 설명하기에는 부적합하다.

초전도 분야에서 또 다른 중요한 이론적인 진전은 1962년 케임브리지 대학 대학원생이었던 조셉슨(Brian D. Josephson)이 예측한 '조셉슨

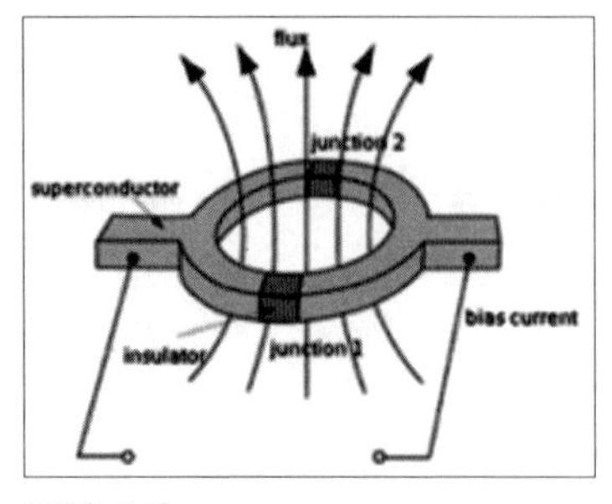

조셉슨 효과

효과'인데, 2개의 초전도체가 얇은 절연체를 사이에 두고 접합되어 있을 때, 터널효과에 의해 전자가 특수한 쌍인 쿠퍼쌍을 이루어 절연막을 통과하여 전류가 흐르는 현상을 말한다. 이것은 로웰(J. M. Rowell)에 의해 실험적으로 확인되었다. 이 조셉슨 접합은 자기센서 중 가장 감도가 뛰어난 초전도 양자간섭장치(SQUID)와 컴퓨터 연산 소자에 응용할 수 있으며, 조셉슨은 '조셉슨 효과'를 발견한 업적으로 1973년도 노벨 물리학상을 수상한다.

| 끝나지 않는 초전도체 연구 |

1980년대는 초전도체 분야에서 이전과 비교될 수 없는 굉장한 발견의 시대이다.

1964년 스탠포드 대학의 리틀(Bill Little)은 탄소를 기반으로 하는 유기 초전도체의 가능성을 제시했다. 이 이론적인 초전도체의 최초의 합성은 덴마크 코펜하겐 대학의 연구원 벡카드(Klaus Bechgaard)가 다른 프랑스 팀과 함께 협력하여 1980년에 성공했다. $(TMTSF)_2PF_6$는 놀랄 정도로 낮은 1.2K 임계온도와 높은 압력에서 초전도 현상을 나타냈다. 그러나 무엇보다 이 분자의 단순한 존재 그 자체가, 디자이너 분자의 가능성(즉, 예측하는 대로 거동할 분자를 만드는 것)을 증명했다.

1986년, 초전도체 분야에서 진정한 돌파구를 마련해주는 획기적인 발견이 이루어졌는데, 스위스의 IBM사에서 일하던 연구원 뮐러(Alex Müller)와 베드노르츠(Georg Bednorz)는 페로브스카이트(Perovskite)라고 불리는 층구조를 가진 특별한 금속산화물 세라믹을 가지고 실험하고 있었다. 그들은 수백 개의 다른 산화물을 조사한 다음, 란타늄, 바리움, 구리, 그리고 산소로 이루어진 페로브스카이트 산화물($Ba_xLa_{2-x}CuO_4$)을 만들어 그때까지 가장 높은 임계온도인 35K에서 초전도현상을 발견한다. 두 사람은 최초로 구리산화물의 초전도성을 발견한 업적으로 1987년 노벨 물리학상을 수상했다. 두 사람의 발견으로 각국의 많은 연구자들이 이 분야의 연구에 몰려들어, 좀 더 높은 임계온도에 도달하기 위해 상상력을 총동원하여 원소들을 여러 가지로 순열조합해 페로브스카이트 화합물을 만들어냈다.

뮐러와 베드노르츠

심지어 많은 연구자들은 주기율표를 갖다놓고, 비슷한 화학적 성질과 원자의 반경을 고려하여 이리저리 조합하여 금속산화물을 만들어내는 경주에 돌입하는데, 1987년 1월 앨라배마 대학의 우(MauKuen Wu)와 휴스턴 대학의 추(Paul Chu) 공동 연구팀이, 베드노르츠와 뮐러의 조성에서 란타늄(La)을 이트륨(Yt)으로 바꿔 페로브스카이트 화합물을 만들어 믿을 수 없을 만큼 높은 임계온도 92K를 얻었다. 이 발견은 액체헬륨 대신 쉽고 싸게 만들 수 있는 액체질소(77K)를 냉각제로 써서 달성할 수 있는 온도이기 때문에 상당한 의미가 있다.

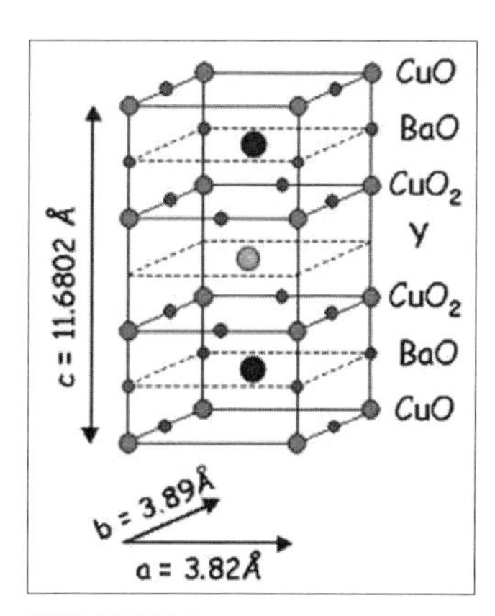

페로브스카이트

2003년 노벨물리학상 수상자들. 아브리코소프, 긴즈부르크, 레깃

그 이후로도 많은 고온 초전도체가 발견되어, 지금 세계 기록은 임계온도 138K로 수은, 탈륨, 바륨, 칼슘, 구리와 산소로 된 'thalliumdoped, mercuriccuprate' 화합물로, 아직도 많은 과학자들이 더 높은 온도에서의 초전도체를 발견하려는 노력을 쏟고 있다. 매우 낮은 온도의 초전도체 현상을 설명하는 미시적 이론은 이 새로운 고온 초전도체 물질을 설명하지 못했으며, 따라서 BCS 이론은 새로운 물질의 발견을 예견할 수 없었다. 2003년에는 러시아의 물리학자 아브리코소프(Alexei A. Abrikosov), 긴즈부르크(Vitaly L. Ginzburg), 그리고 영국의 물리학자 레깃(Anthony J. Leggett)이 초전도체와 초유체(superfluid)이론에 대한 선구적인 기여로 노벨 물리학상을 수상했다.

고온 초전도체에 대한 관심은 계속 증가하여, 세계 각국의 정부, 회사, 연구소, 대학 등에서 트랜지스터 발명처럼 산업에 중요하고 새로운 돌파구가 될 수 있는 초전도체 연구에 많은 연구비를 투자하고 있다.

초전도체가 가능한 활용분야 중 몇 개를 적어보면 다음과 같다.

1. 초전도 양자간섭장치(Super Conducting Quantum Interference Device, SQUID)

가장 감도가 뛰어난 마그네토미터를 만들 수 있어 지하수, 유전, 광물 탐사뿐 아니라, 잠수함이나 폭발물 탐지 같은 군사적 용도나 별에서 오는 미세한 신호도 감지할 수 있다. 또한 뇌나 심장에서 만들어진 자기장

을 측정하여 뇌기능이나 심장기능의 이상을 진단할 수 있다

2. 동력선(Power Cable)
3. 초전도 에너지 저장장치(Superconducting Energy Storage)
4. 자기부상열차(Maglev Train)
5. 무선통신 및 마이크로파 소자
6. 초고속 단자 양자 논리소자(Rapid Single Flux Quantum; RSFQ)

6. 21세기의 슈퍼 원소, 탄소의 여러 가지 얼굴들

흑연, 다이아몬드, 풀러렌, 탄소나노튜브, 그래핀

흔히 20세기는 실리콘의 시대라고 말한다. 그러나 21세기에 접어든 이후 실리콘의 시대가 저물어가고 새로운 시대, 즉 탄소의 시대가 열릴 것이라는 말을 자주 듣는다.

사실 탄소(carbon)는 인류와 역사를 함께 하며 너무나 오랫동안 우리 곁에 있어서 새삼 탄소의 시대가 열린다고 하면 의아스럽게 생각할 수도 있다. 1879년 에디슨이 처음 백열전구에 쓴 필라멘트도 면화를 탄화시켜 만든 탄소필라멘트였으며, 1980년대까지 (혹은 지금도) 가정에서 난방용으로 쓰던 연탄, 숯불 고기를 굽는 숯, 연필심, 그리고 굴뚝의 검댕을 생각하면 탄소는 너무나 평범하여 21세기의 첨단과학과는 거리가 먼 것 같은 생각이 든다.

| 탄소의 동소체들 |

슈퍼 원소인 탄소(원소기호: C)는 여러 가지의 얼굴, 즉 동소체를 갖고 있어서, 이 여러 가지 얼굴을 가지고 과학자와 기술자들이 연구, 개발하여 21세기를 주도할 새로운 첨단기술로 변모하도록 마술사와 같은 일들을 하고 있는 것이다.

'동소체'란 화학적으로 동일한 원소이면서도 원자의 배열 즉, 구조가 달라 물성이 다른 원소를 지칭하는데, 탄소는 자연이나 인공적으로 만들어진 여러 가지의 동소체가 알려져 있다.

오른쪽 그림은 탄소의 동소체의 구조를 보여주고 있는데, 우리에게 잘 알려진 자연에서 만들어지는 결정성 탄소로는 다이아몬드(a, c)와 흑연(b)을 비롯해, 무정형 탄소(g)인 검댕, 숯, 활성탄이 있고 그 밖에 인공적으로 만든(자연에서 발견되는 풀러렌도 있다) 풀러렌(d, e, f, h), 그래핀 등등이 있다. 그래서 화학을 배운 여친은 다이아몬드 보기를 연탄 보듯, 또는 연필심 보듯 할 것이다!

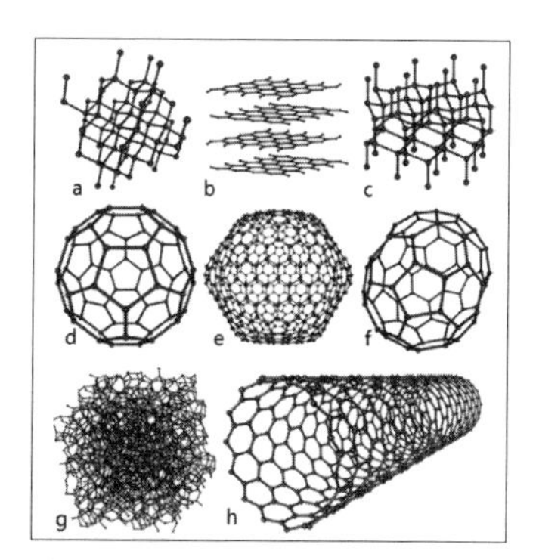

탄소의 8개 동소체

탄소는 모든 다른 원소들이 만든 화합물들의 수보다 월등히 많은 수의 화합물을 만드는 독특한 화학적 성질을 갖고 있으며, 이 화합물들 중 가장 큰 그룹이 탄소와 수소가 결합하여 만드는 유기화합물로, 최소 100만 종류 이상의 유기성분이 만들어진다.

여기에서는 화합물로서가 아니라 탄소 원소의 동소체들에 대해 살펴보기로 하며, 특히 21세기 실리콘을 대치할 '꿈의 소재'로 촉망받고 있는 풀러렌과 나노튜브, 그래핀에 대해 집중적으로 알아본다.

| 다이아몬드와 흑연 |

여성이라면 한번쯤 사랑의 징표로 받고 싶어 하는 다이아몬드는 화학적 성분은 연필심이나 연탄과 똑같은 탄소이지만, 앞의 그림(a와 b 참조)에서 보는 바와 같이 구조가 달라 둘의 물성도 다르고 또한 가격도 엄청난 차이를 보인다.

다이아몬드(a)는 각 탄소 원자가 4개의 다른 탄소 원자와 정사면체 형태로 결합한 구조여서 천연광물 중 가장 경도가 우수하고 광채가 뛰어나 보석의 여왕 자리를 차지하고 있다. 흑연에 인공적으로 고압, 고온을 가해 합성한 인조다이아몬드는 뛰어난 기계적 성질로 공업용 연마제나 절단공구의 날로 쓰인다. 그림 (c)는 육방정계 다이아몬드라고 하며, 탄소를 포함하는 운석이 지구와 부딪칠 때 만들어진다. 반면 흑연의 결정구조 (b)는 평면상에서 3개의 다른 탄소원자와 결합하여 벌집과 같은 육각형 층상 구조를 이루며, 이런 이차원적인 평면들이 약한 힘으로 결합되어 층층으로 쌓여 있는 구조를 하고 있어, 이 때문에 흑연은 잘 부서지기 쉽고, 각층에서는 전기가 잘 통한다.

| 풀러렌 |

탄소의 여러 동소체가 레고(Lego)처럼 기본 빌딩블록이 되어 새로운 물질을 만들어낼 수 있는 혁신적인 첨단기술로서의 돌파구는 1985년 풀러렌(Fullerene)의 우연한 발견에서부터 시작된다. 많은 위대한 발견이 우연한 과정에서 얻어지듯이 풀러렌의 발견도 아주 매혹적인 사건이었다.

1985년 영국 서식스 대학의 화학자 크로토(Harold W. Kroto)는 우주에서 발견되는 이상한 사슬모양의 탄소들을 마이크로파 분광학(microwave spectroscopy)으로 연구하고 있었다. 마이크로파 분광학은 수십억 킬로미터 떨어져 있는 항성간 미립자의 흡수 스펙트라를 분석하여 우주에서 발견된 화합물이 무엇인지를 식별할 수 있다. 식별이 가능한 것은 모든 원소는 전파망원경을 통해 관찰되는 각 원소마다 특정 주파수를 갖는 빛을 방출하기 때문이다. 그는 탄소가 풍부한, 반경이 매우 크고 상대적으로 표면온도가 낮은 적색거성(red giant star)이나 늙은 별(old star) 근처에서 분광학적인 신호를 읽어냈다. 그는 동료 연구원들과 같이 마이크로파 분광학, 이론적 분석, 그리고 전파망원경 관찰의 분석 등으로 이 먼지가 항성간 성운(星雲)에서도 발견되는 시아노폴린(HCnN, n = 5-11)이라는 것을 밝혀냈다.

그러나 시아노폴린(Cyanopolynes)이 항성간 성운에 의해서가 아니라 적색거성의 항성대기(恒星大氣)에서 생겨난 것이라고 믿었던 크로토는 이 입자를 더 면밀히 연구할 필요가 있다고 생각했다. 크로토는 미국인 동료인 라이스 대학 분광학자 컬(Robert F. Curl Jr.)로부터 '레이저 초음속 클러스터빔' 장치를 갖춘 연구실에서 일하는 스몰리(Richard E. Smalley)를 소개받았다. 1985년 9월 컬, 크로토, 스몰리 세 사람은 비활성 헬륨 속에서 레이저 초음속 클러스터빔 장치로 흑연에 강렬한 레이저 빔을 쏘았는데, 이런 방법으로 생성된 탄소는 수 개 내지 수백 개

벅민스터풀러렌

의 원자가 연속하여 뭉치를 이루게 된다. 이 실험은 많은 양의 탄소를 방출하는 적색거성과 같은 상황을 재현하여 긴 사슬의 탄소를 합성하는 데 목적이 있었으며, 만일 그렇게만 된다면 이는 그러한 분자들이 성간(interstellar)물질에서 유래한 것이라는 유력한 증거가 되는 것이다.

합성된 탄소의 뭉치(cluster)를 세 사람이 분석한 결과, 원소 60개가 12개의 오각형 면과 20개의 6각형 면을 가진 축구공 모양(471p 그림 d 참조)으로 결합해 있다는 것을 발견한다. 이들은 마치 축구공처럼 생긴 이 탄소 클러스터를 미국의 발명가인 벅민스터 풀러(Buckminster Fuller)가 설계한 지오데식 돔(Geodesic Dome) 모양과 닮았다고 해서 공식 명칭을 '벅민스터풀러렌'(Buckminster fullerene) 약칭 '버키볼'이라고 붙였다.

크로토, 스몰리, 컬, 세 사람은 풀러렌 흑연동소체 발견이라는 개척적인 공로를 인정받아 1996년도 노벨화학상을 공동 수상했다.

무한히 많은 축구공 모양의 풀러렌이 존재할 수 있다고 알려져 있는데, 이미 C-60(그림 d) 이외에도 C-70(그림 f), C-76, C-84, C-240과 C-540(그림 e)의 풀러렌들이 발견되었다. 합성된 모든 풀러렌은 12개의 5각형 면과 (n/2)-10개의 육각형 면을 갖고 있어, 즉 C-70의 경우 12개의 오각형 면과 25개의 육각형 면을 갖는다.

크로토, 스몰리, 컬

| 탄소나노튜브 |

한편 1991년 일본전기회사(NEC) 부설 연구소의 이지마 수미오(飯島澄男)는 C-60 생성조건으로 전기방전을 하고 난 후 흑연 전극 끝부분에 형성된 작은 탄소덩어리를 떼어내어 분석하는 과정에서 탄소 6개로 이루어진 육각형이 연결되어 관(管) 모양을 이루고 있는 것을 발견한다. 관의 지름이 수 나노미터(1나노미터=10억분의 1미터)에서 수십 나노미터(머리카락의 10만 분의 1 정도)에 불과한 탄소나노튜브(그림 h)라고 일컬어지는 실린더 모양의 풀러렌으로, 전기 전도율은 구리보다 우수하고, 열전도율은 다이아몬드와 같으며, 강도는 철강보다 100배나 뛰어난 물성을 갖고 있다.

탄소나노튜브에는 '하나의 벽으로 된 것'(SingleWalled nanotube: SWNT)과 '여러 개로 된 것'(MultiWalled Nanotube: MWNT)이 있는데, 최근에는 탄소나노튜브 바깥벽에 버키볼을 결합시킨 혼합 풀러렌 물질(Carbon Nanobud)도 만들어졌다. 풀러렌이 발견된 지 15년 만에 풀러렌 화학이라는 분야가 생겨날 정도로 많은 연구가 진행되고 있고 그동안 1만5000여 편의 논문이 출판되면서 나노과학과 나노기술의 문을 활짝 열었다.

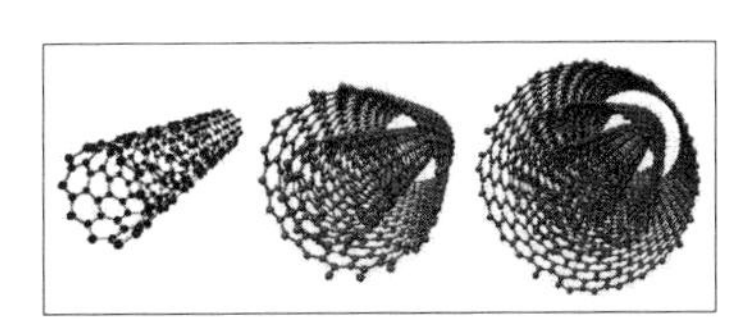
탄소나노튜브에는 '하나의 벽으로 된 것'과 '여러 개로 된 것'이 있다.

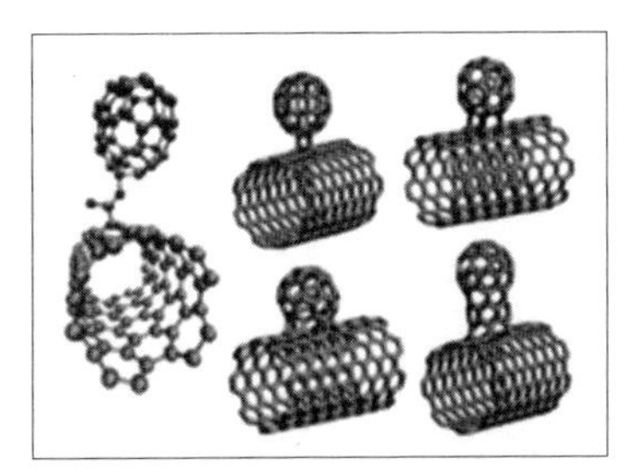
탄소나노튜브에 버키볼을 결합시킨 혼합 풀러렌

축구공처럼 생긴 풀러렌(버키볼, 그림 d)은 안정된 구조를 갖기 때문에 상당히 높은 온도와 압력을 견딜 수 있고 새장처럼 아주 작은 물질을 가둘 수 있으며 강하면서도 매끄러운 성질이 있어 유기광전지, 폴리머 일렉트로닉스, 산화방지제, 윤활제, 공업용 촉매제, 초전도체, 광학 디바이스, 항균제, 약품 전달매체, HIV 억제제 등으로 이용될 가능성을 갖고 있다. 한편 실린더 모양의 탄소나노튜브는 반도체, 평판디스플레이, 배터리, 초강력 섬유, 생체 센서, 고순도 정화필터 등의 개발에 많은 연구가 진행되고 있다.

오랫동안 연구용 수준의 적은 양만 만들어지던 C-60이 현재는 1년에 몇 톤 정도의 상업적 규모로 생산되고 있으며, C-60보다 큰 풀러렌은 여전히 비싸고 아직은 소량만이 만들어진다. 적당한 가격의 상업적 규모로 풀러렌을 만들어내는 것이 이 분야 연구자들의 연구 목표가 되고 있다.

| 그래핀 |

21세기를 혁신할 또 하나의 꿈의 소재로 기대를 모으고 있는 것이 나노튜브와 그래핀(graphene)인데, 탄소를 6각형 벌집모양으로 쌓여 있는 구조의 흑연(그래파이트)에서 탄소층 하나를 박리해낸 것을 그래핀이라고 한다. 그래핀은 모든 종류의 그래파이트의 기본 구성요소가 된다.

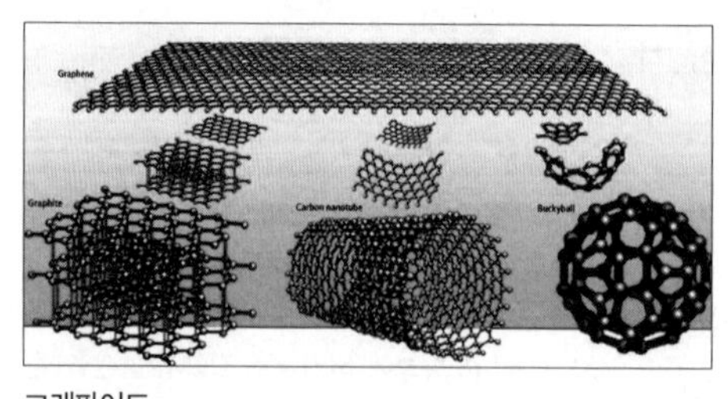

그래파이트

그래핀은 2008년 4월 기준으로, 머리카락 단면에 올려놓을 크기의 시료가 천 달러 이상(1㎠ 당

1억 달러!)이나 하니, 탄소 동소체들 사이에서도 가격 차이가 엄청나다. 2003년, 탄소나노튜브가 재료관련 분야 연구들 중 가장 핫 토픽이어서, 영국의 맨체스터 대학의 가임(Andre K. Geim)은 흑연 블록을 10~100개 층의 탄소층으로 연마하여 탄소재료의 성질을 연구할 생각이었다. 그의 박사과정 학생 하나가 흑연 블록을 목표에 못 미치는 대략 1000개의 탄소층 정도로 연마했다. 이때 가임의 머릿속에 기발한 아이디어가 떠올랐는데, 연마한 탄소층을 스카치테이프에 붙였다가 떼어내면 맨 위층이 박리되어 테이프에 붙을 것이라는 생각이었다. 이러한 과정을 몇 차례 되풀이하자 테이프에 접착된 탄소층이 점차 얇아지다가 나중에 탄소층 10개 정도의 초박편을 만들 수 있었고, 몇 주 안에 이를 가지고 기본적인 트랜지스터를 제작하는 일에 착수한다. 그 후 기술적으로 좀 더 개선하여 마침내 한 층으로 된 흑연 층을 만드는 데 성공한다.

이 새로운 시트(sheet)는 흑연을 뜻하는 '그래파이트'(graphite)와 탄소 이중결합을 가진 분자를 뜻하는 접미사 '-ene'를 합성하여 그래핀(graphene)이라고 이름 붙여졌다. 가임은 자신의 중요한 연구전략은 "사용 가능한 연구시설은 뭐든지 가까이에 있는 장비를 가지고 새로운 것을 시도해보는 것"이라고 말한다. 즉 다시 말해, 가지고 있는 레고 조각들만으로 무엇인가를 만들어내듯 실험도 그렇게 한다는 것이 소위 그의 '레고 교리'라고 한다.

2004년 10월, 가임은 〈사이언스〉지에 그래핀을 만든 내용을 〈원자 두께 박막의 탄소필름에서의 전기장 효과(Electric field effect in atomically thin carbon films)〉라는 논문으로 출판한다. 이 논문은 과학계

가임과 노보셀로프

를 강력한 태풍으로 강타하여 2005년에 이르면 많은 과학자들이 그래핀을 만드는 데 성공했다. 가임과 노보셀로프(Konstantin S. Novoselov)는 이차원 그래핀 소재에 대한 혁신적인 업적을 인정받아 2010년 노벨 물리학상을 공동 수상한다. 그런데 안드레 가임 교수와 함께 그래핀 분야 양대 산맥으로 불리며 노벨상 수상을 기대했던 콜롬비아 대학의 한국인 김필립 교수의 이름이 수상자 명단에서 빠져 우리들에게 큰 아쉬움을 주었다. 김필립 교수는 인터뷰에서 "그래핀 열 층 정도 두께를 한 번에 분리할 수 있게 됐는데 가임 교수팀이 그래핀 한 층만 분리하는 데 먼저 성공했다는 사실을 알고는 몇 년 동안의 노력이 물거품이 되는 것 같아 많이 힘들었다"고 토로했다.

그래핀은 구리보다 100배 이상 전기가 잘 통하고, 반도체로 주로 쓰이는 단결정 실리콘보다 100배 이상 전자를 빠르게 이동시킬 수 있다. 강도는 강철보다 200배 이상 강하며, 최고의 열전도성을 자랑하는 다이아몬드보다 2배 이상 열전도성이 높고 또 탄성이 뛰어나 늘리거나 구부려도 전기적 성질을 잃지 않는다. 더욱이 빛을 98% 이상 통과시킬 정도로 투명하여 가히 '꿈의 나노 소재'라고 불릴 만하다.

그런데 가장 당면한 도전은 산업분야에서 쓰일 수 있도록 어떻게 그래핀을 대량 생산하는가 하는 점과, 기술적 장벽으로는 금속성인 그래핀을 어떻게 반도체로 만드는 방법을 고안하느냐 하는 점이다. 많은 연구들이 진행되고 있지만 최근 싱가포르 국립대학의 로(Loh Kian Ping) 교수팀은 새로운 생체모방에 의해 고품질 그래핀을 실리콘 웨이퍼에 성장시키는 매우 흥미로운 방법을 2013년 12월 11일 〈네이처〉지에 온 라인(on line)으로 출판했다. 이 새로운 돌파구는 딱정벌레와 청개구리가 어떻게 물속의 나뭇잎에 발을 딱 붙이고 있는가, 하는 데에서 영감을 받았다고 하는데, 이 기술은 광전자 변조기나 트랜지스터 같은 장비를 위한 광학기기나 전자장치에 응용될 수 있다고 한다.

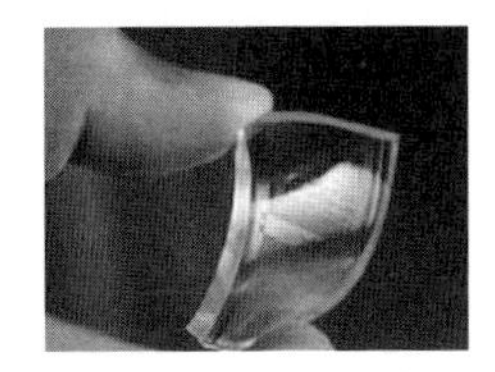
구부릴 수 있는 디스플레이

많은 사람들이 실리콘 시대가 저물고 그래핀으로 인해 컴퓨터와 다른 디바이스들의 미래가 달라질 것이라고 말하고 있다. 특히 그래핀은 트랜지스터, 구부릴 수 있는 디스플레이, 전자종이, 입는 컴퓨터 등을 만들 수 있는 전자정보 산업분야의 미래 신소재로 주목받고 있다. 이론적으로는 스마트폰을 둘둘 말아 연필처럼 귀에 꽂을 수도 있으며, 그 밖에도 응용 가능 분야를 적어보면 다음과 같다.

1. 구조재료(터빈날개, 플라이휠, 우주항공, 수송 분야)
2. 전기에너지 저장소(배터리)
3. 잘 휘어지는 전자장치
4. 나노전자 디바이스(로직, 메모리)
5. 경량 전기 전도체
6. 투명한 전도성 필름
7. 비투과성 필름
8. 폴리머, 세라믹스 복합체
9. 센서(화학 또는 바이오센서)
10. 전력 발생장치: 연료전지
11. 흡착제, 촉매제
12. 새로운 물질의 템플레이트나 기판
13. 섬유산업

| 참고문헌 |

part I 패러다임을 바꾼 창조적 반란과 집념의 과학자들

1. 이성(理性)의 시대 마지막 마법사 아이작 뉴턴

1) http://en.wikipedia.org/wiki/Isaac_Newton's_occult_studies
2) http://www.encyclopedia.com/topic/Sir_Isaac_Newton.aspx
3) http://dangerousminds.net/comments/the_last_magician_isaac_newtons_dark_secrets
4) http://plato.stanford.edu/entries/newton-philosophy/
5) http://www.southerncrossreview.org/28/newton.htm
6) http://www.youtube.com/watch?v=A2DWBjyVfNU
7) http://www.neh.gov/humanities/2011/januaryfebruary/feature/newton-the-last-magician
8) http://www.pbs.org/wgbh/nova/physics/newton-alchemy.html
9) http://webapp1.dlib.indiana.edu/newton/
10) http://www.pbs.org/wgbh/nova/physics/complicated-man.html
11) http://www.alchemylab.com/isaac_newton.htm
12) http://geekymuse.com/2010/06/isaac-newton-and-the-philosophers-stone/
13) http://www.kton.demon.co.uk/newton.htm
14) http://www.myetymology.com/encyclopedia/Isaac_Newton.html

2. 역사상 가장 위대한 실험과학자, 마이클 패러데이 개천에서 용나다

1) http://en.wikipedia.org/wiki/Michael_Faraday
2) http://inventors.about.com/library/inventors/blfaraday.htm

3) http://www.spartacus.schoolnet.co.uk/SCfaraday.htm
4) http://www.ilt.columbia.edu/projects/bluetelephone/html/faraday.html
5) http://www.nndb.com/people/571/000024499/
6) http://www.chemheritage.org/discover/online-resources/chemistry-in-history/themes/electrochemistry/faraday.aspx
7) http://www.st-edmunds.cam.ac.uk/faraday/Faraday.php
8) http://www.fordham.edu/halsall/mod/1860Faraday-candle.asp
9) http://www.uh.edu/engines/epi905.htm
10) http://www.newworldencyclopedia.org/entry/Michael_Faraday

3. 다윈의 진화론 : 종교적 논쟁과 원숭이 재판
1) http://www.pewforum.org/Science-and-Bioethics/Darwin-and-His-Theory-of-Evolution.aspx
2) http://navercast.naver.com/contents.nhn?contents_id=14
3) http://www.pewforum.org/Science-and-Bioethics/The-Social-and-Legal-Dimensions-of-the-Evolution-Debate-in-the-US.aspx
4) http://www.pewforum.org/Science-and-Bioethics/Religious-Differences-on-the-Question-of-Evolution.aspx
5) http://en.wikipedia.org/wiki/Charles_Darwin
6) http://en.wikipedia.org/wiki/Parodies_of_the_ichthys_symbol

4. 열역학의 탄생: 제임스 줄과 윌리엄 톰슨
1) http://scienceworld.wolfram.com/biography/Kelvin.html
2) http://www.bbc.co.uk/history/historic_figures/kelvin_lord.shtml
3) http://www-history.mcs.st-and.ac.uk/Biographies/Thomson.html
4) http://www.westminster-abbey.org/our-history/people/william-thomson,-lord-kelvin History
5) http://www.magnet.fsu.edu/education/tutorials/pioneers/kelvin.html
6) http://understandingscience.ucc.ie/pages/sci_kelvin.htm

7) https://en.wikipedia.org/wiki/William_Thomson,_1st_Baron_Kelvin
8) https://thescienceclassroom.wikispaces.com/William+Thompson,+1st+Baron+Kelvin
9) http://encyclopedia2.thefreedictionary.com/Joule-Thomson+Effect
10) http://rsnr.royalsocietypublishing.org/content/64/1/43.abstract
11) http://en.wikipedia.org/wiki/James_Prescott_Joule
12) http://www.answersingenesis.org/articles/cm/v15/n2/james-joule
13) http://www.encyclopedia.com/topic/James_Prescott_Joule.aspx
14) http://pruffle.mit.edu/3.00/Lecture_04_web/node4.html

5. 융합적 천재 멘델로프와 화학의 문법, 주기율표

1) http://www.woodrow.org/teachers/ci/1992/Mendeleev.html
2) http://corrosion-doctors.org/Periodic/Periodic-Mendeleev.htm
3) http://en.wikipedia.org/wiki/Dmitri_Mendeleev
4) http://russiapedia.rt.com/prominent-russians/science-and-technology/dmitry-mendeleev/
5) http://www.chemistry.co.nz/mendeleev.htm
6) http://www.aip.org/history/curie/periodic.htm
7) http://www.rsc.org/education/teachers/resources/periodictable/pre16/develop/mendeleev.htm

6. 20세기를 발명한 괴짜 천재 과학자, 테슬라 : 에디슨과의 진검승부

1) http://www.pbs.org/tesla/ll/index.html
2) http://en.wikipedia.org/wiki/Nikola_Tesla
3) http://teslamania.delete.org/frames/tesla.html
4) http://www.teslamap.com/autobiography.html#top
5) http://www.teslaradio.com/pages/tesla.htm
6) http://science.howstuffworks.com/nikola-tesla.htm
7) http://www.teslasociety.com/

8) http://www.teslasociety.com/biography.htm
9) http://www.kerryr.net/pioneers/tesla.htm
10) http://inventors.about.com/od/tstartinventions/a/Nikola_Tesla.htm

7. 누가 테슬라의 꿈을 빼앗아 갔는가?
1) http://www.ieee.li/pdf/viewgraphs/nikola_tesla.pdf
2) http://www.corrosion-doctors.org/Biographies/TeslaBio-2.htm
3) http://www.teslatech.info/ttmagazine/v1n4/valone.htm
4) http://www.teslauniverse.com/nikola-tesla-photos-start_6
5) http://www.neatorama.com/spotlight/2010/03/04/tesla-master-of-lightning/
6) http://www.pbs.org/tesla/ll/index.html
7) http://teslamania.delete.org/frames/tesla.html
8) http://en.wikipedia.org/wiki/Particle_beam_weapon
9) http://www.teslasociety.com/
10) http://www.teslaradio.com/pages/tesla.htm
11) http://www.teslamap.com/autobiography.html#top
12) http://science.howstuffworks.com/search.php?terms=+Nikola+Tesla

8. 현대물리학의 아버지, 닐스 보어
1) http://en.wikipedia.org/wiki/Niels_Bohr
2) http://www.lucidcafe.com/library/95oct/nbohr.html
3) http://www.nobelprize.org/nobel_prizes/physics/laureates/1922/bohr.html
4) http://www.nndb.com/people/560/000024488/
5) http://www-history.mcs.st-and.ac.uk/Biographies/Bohr_Niels.html
6) http://www.crystalinks.com/bohr.html
7) http://www.aip.org/history/heisenberg/bohr-heisenberg-meeting.htm

8) http://www.uh.edu/engines/epi2627.htm
9) http://www.science20.com/don_howard/revisiting_einsteinbohr_dialogue
10) http://physics.about.com/od/nielsbohr/p/bohr1.htm
11) http://news.softpedia.com/news/Einstein-Bohr-Debate-Gets-Clarifications-132484.shtml
12) http://nba.nbi.dk/papers/introduction.htm

9. 파동역학과 슈뢰딩거의 고양이 : 색즉시공 공즉시색

1) http://www.informationphilosopher.com/solutions/experiments/schrodingerscat/
2) http://en.wikipedia.org/wiki/Schr%C3%B6dinger's_cat
3) http://www.lassp.cornell.edu/ardlouis/dissipative/Schrcat.html
4) http://en.wikipedia.org/wiki/Erwin_Schr%C3%B6dinger
5) http://www-history.mcs.st-and.ac.uk/Biographies/Schrodinger.html
6) http://www.nobelprize.org/nobel_prizes/physics/laureates/1933/schrodinger-bio.html
7) http://www.theguardian.com/science/blog/2013/feb/07/wonders-life-physicist-revolution-biology
8) http://www.vigyanprasar.gov.in/scientists/eschrodinger.htm
9) http://scarc.library.oregonstate.edu/coll/pauling/bond/people/schrodinger.html
10) http://en.wikipedia.org/wiki/Schr%C3%B6dinger_equation

Note: 모든 그림과 사진의 출처: 위키피디아와 구글 이미지

10. 천재이며 똘끼충만한 반물질의 아버지, 폴 디랙

http://en.wikipedia.org/wiki/Paul_Dirac
http://www.nytimes.com/books/first/k/kurzweil-machines.html
http://www.universetoday.com/13377/why-theres-more-matter-than-

antimatter-in-the-universe/#ixzz2jB60IhaY
http://www.brighthubengineering.com/power-plants/120491-what-is-the-matter-with-antimatter/#imgn_0
http://science.howstuffworks.com/antimatter1.htm
http://space.about.com/od/Space-and-Astronomy-Star-Trek/a/Matter-Antimatter-Power.htm
http://www.ccmr.cornell.edu/education/ask/?quid=369
http://www.unmuseum.org/antimat.htm
http://www.lhc.ac.uk/The%20Particle%20Detectives/Take%205/13685.aspx
http://www.thenakedscientists.com/HTML/articles/article/where-has-all-the-antimatter-gone/
http://www.exploratorium.edu/origins/cern/ideas/antimatter.html
http://angelsanddemons.web.cern.ch/antimatter/making-antimatter

11. 인공지능의 아버지 앨런 튜링과 독이 든 사과

1) http://en.wikipedia.org/wiki/Alan_Turing
2) http://www.bbc.co.uk/history/people/alan_turing#default
3) http://www.turing.org.uk/bio/part1.html
4) http://www.alanturing.net/turing_archive/pages/reference%20articles/theturingtest.html
5) http://blogs.scientificamerican.com/guest-blog/2012/04/26/how-alan-turing-invented-the-computer-age/
6) http://www.biography.com/people/alan-turing-9512017
7) http://www-groups.dcs.st-and.ac.uk/~history/Biographies/Turing.html
8) http://www.newscientist.com/article/mg21428672.700-alan-turing-codebreaking-and-codemaking.html
9) http://www.sciencemuseum.org.uk/onlinestuff/people/alan%20turing.

aspx

10) http://press.princeton.edu/chapters/s9779.pdf
11) http://plato.stanford.edu/entries/turing-machine/
12) http://psych.utoronto.ca/users/reingold/courses/ai/turing.html
13) http://en.wikipedia.org/wiki/Enigma_machine
14) http://www.cryptomuseum.com/crypto/bombe/
15) http://www.brandeis.edu/now/2014/march/turingpnas.html
16) http://enigma.louisedade.co.uk/howitworks.html

part II 준비된 자에게 찾아온 우연한 행운

1. 나이트로글리세린과 노벨의 다이너마이트 발명

1) http://www.vat19.com/brain-candy/accidental-inventions-dynamite.cfm
2) http://en.wikipedia.org/wiki/Dynamite
3) http://history1900s.about.com/od/medicaladvancesissues/a/nobelhistory.htm
4) http://www.howstuffworks.com/question397.htm
5) http://www.nobelprize.org/alfred_nobel/biographical/articles/life-work/nitrodyn.html
6) http://www.ch.ic.ac.uk/rzepa/mim/environmental/html/nitroglyc.htm
7) http://www.enotes.com/dynamite-reference/dynamite
8) http://en.wikipedia.org/wiki/Nitroglycerin
9) http://www.humantouchofchemistry.com/discovery-of-the-dynamite-thanks-to-sir-alfred-nobel.htm
10) http://www.howstuffworks.com/innovation/inventions/10-accidental-inventions3.htm
11) http://dwb.unl.edu/Teacher/NSF/C06/C06Links/207.138.35.143/nobel/

alfrednobel.html
12) http://www.madehow.com/Volume-2/Dynamite.html
13) http://www.prh.fi/stc/attachments/innogalleria/nobel_englanniksi.pdf

2. 페니실린의 우연한 발견 : 2차대전과 페니실린 대량생산

1) http://en.wikipedia.org/wiki/Alexander_Fleming
2) http://www.nobelprize.org/nobel_prizes/medicine/laureates/1945/fleming-bio.html
3) http://navercast.naver.com/contents.nhn?contents_id=4757
4) http://en.wikipedia.org/wiki/Penicillin
5) http://www.scienceall.com/dictionary/dictionary.sca?todo=scienceTermsView&classid=&articleid=256411&bbsid=619&popissue=
6) http://www.ox.ac.uk/research/medical_sciences/projects/penicillin.html
7) http://www.acs.org/content/acs/en/education/whatischemistry/landmarks/flemingpenicillin.html

3. 테프론의 발견과 다양한 용도, 그리고 건강과 안정성

1) http://chemistry.about.com/od/polymers/a/How-Teflon-Sticks-To-Nonstick-Pans.htm
2) http://composite.about.com/library/PR/2000/bljku1.htm
3) http://www2.dupont.com/Phoenix_Heritage/en_US/1938_detail.html#more
4) http://www.bookrags.com/essay-2003/6/8/19562/45326/
5) http://en.wikipedia.org/wiki/Polytetrafluoroethylene
6) http://www.madehow.com/Volume-7/Teflon.html
7) http://whitetrout.net/Chuck/Teflon/teflon.htm
8) http://www.vat19.com/brain-candy/accidental-inventions-teflon.cfm

4. 초강력 순간접착제와 초약력 포스트잇의 '실패의 성공학'

1) http://web.mit.edu/invent/iow/coover.html
2) http://urbanlegends.about.com/cs/business/a/superglue_2.htm
3) http://www.wikihow.com/Get-Super-Glue-Off-Skin
4) http://www.supergluecorp.com/removingsuperglue.html
5) http://en.wikipedia.org/wiki/Cyanoacrylate
6) http://unerasedhistory.com/2011/10/10/october-10th/
7) http://en.wikipedia.org/wiki/Harry_Coover
8) http://en.wikipedia.org/wiki/Spencer_Silver
9) http://web.mit.edu/invent/iow/frysilver.html
10) http://www.invent.org/hall_of_fame/417.html
11) http://inventors.about.com/od/pstartinventions/a/post_it_note.htm
12) http://www.madehow.com/Volume-2/Self-Adhesive-Note.html
13) http://www.vat19.com/brain-candy/accidental-inventions-post-it-notes.cfm

part III 인류문명사를 이끌어온 과학과 기술

1. 점성술과 천문학, 의학의 인연

1) http://en.wikipedia.org/wiki/History_of_astrology
2) http://en.wikipedia.org/wiki/Astrology_and_astronomy
3) http://www.dsexls.com/astrology-relationship-between-astrology,-medicine-and-astronomy.html
4) http://www.dsexls.com/astrology-relationship-between-astrology,-medicine-and-astronomy.html
5) http://new-library.com/zoller/features/rz-article-medicine.shtml
6) http://en.wikipedia.org/wiki/Medical_astrology

2. 고대 바빌로니아의 수학 : 60진법의 비밀
1) http://en.wikipedia.org/wiki/Babylonian_mathematics
2) http://100.naver.com/100.nhn?docid=68711
3) A history of mathematics from Mesopotamia to Modernity Luke Hodgkin (Oxford University Press, 2005)

3. 인류문명사에 혁명을 가져온 종이의 발명과 채륜
1) http://en.wikipedia.org/wiki/Cai_Lun
2) http://www.princeton.edu/~achaney/tmve/wiki100k/docs/Cai_Lun.html
3) http://chineseculture.about.com/library/weekly/aa_invention_paper02a.htm
4) http://www.biographyonline.net/business/cai-lun.html
5) http://www.cultural-china.com/chinaWH/html/en/33History1993.html
6) http://en.wikipedia.org/wiki/Papermaking
7) http://www.ipst.gatech.edu/amp/collection/museum_invention_paper.htm
8) http://totallyhistory.com/the-invention-of-paper/
9) Science and Technology in China: Joseph Needham 1985, Cambridge University Press
10) http://afe.easia.columbia.edu/song/readings/inventions_gifts.htm#paper
11) http://www.newworldencyclopedia.org/entry/Cai%20Lun

4. 중세 아랍-이슬람 과학의 찬란한 유산과 연금술
1) http://www.cosmosmagazine.com/news/ancient-arabic-scientists/
2) http://en.wikipedia.org/wiki/Science_in_medieval_Islam
3) http://www.streetdirectory.com/travel_guide/119234/science/ancient_arabian__egyptian_scientists_chemistry_contributions.html

4) http://www.fountainmagazine.com/Issue/detail/Modern-Sciences-Debt-to-Islamic-Civilization
5) http://skeptoid.com/episodes/4316
6) http://en.wikipedia.org/wiki/Islamic_Golden_Age
7) http://www.history-science-technology.com/Articles/articles%2010.htm
8) http://www.levity.com/alchemy/islam01.html
9) http://www.grouporigin.com/clients/qatarfoundation/chapter2_3.htm
10) http://www.chemheritage.org/discover/media/magazine/articles/25-3-al-kimya-notes-on-arabic-alchemy.aspx
11) http://www.nlm.nih.gov/hmd/arabic/alchemy1.html
12) http://www.alchemylab.com/history_of_alchemy.htm
13) http://www.crystalinks.com/alchemy.html
14) http://bridgingcultures.neh.gov/muslimjourneys/items/show/184

5. 세상을 바꾼 정보기술의 원조, 인쇄술의 혁명과 구텐베르크

1) http://en.wikipedia.org/wiki/Printing_press
2) http://en.wikipedia.org/wiki/Johannes_Gutenberg
3) http://www.historyguide.org/intellect/press.html
4) http://www.learner.org/interactives/renaissance/printing.html
5) http://inventors.about.com/od/gstartinventors/a/Gutenberg.htm
6) http://publishing.about.com/od/Books/a/Gutenberg-Johann-Gutenberg-And-The-Invention-Of-The-Printing-Press.htm
7) http://www.gutenberg.de/english/erfindun.htm
8) http://en.wikipedia.org/wiki/Printing
9) http://web.mit.edu/invent/iow/gutenberg.html
10) http://karmak.org/archive/2002/08/history_of_print.html
11) http://www.internetworldstats.com/stats.htm

6. 과학혁명과 근대화 : 코페르니쿠스, 케플러, 갈릴레오, 뉴턴
1) http://www.infoplease.com/ce6/sci/A0860977.html
2) http://cnx.org/content/m13245/latest/
3) http://science.jrank.org/pages/11231/Science-History-Scientific-Revolution.html#ixzz1wVxp2v3n
4) http://en.wikipedia.org/wiki/Scientific_revolution
5) http://www.anselm.edu/homepage/dbanach/sci.htm
6) http://www.sparknotes.com/history/european/scientificrevolution/summary.html
7) http://www.fordham.edu/halsall/mod/1630galileo.asp
8) http://navercast.naver.com/contents.nhn?contents_id=171
9) http://en.wikipedia.org/wiki/Nicolaus_Copernicus
10) http://www.postech.ac.kr/press/hs/C13/C13S002.html
11) http://en.wikipedia.org/wiki/Galileo_Galilei
12) http://en.wikipedia.org/wiki/Isaac_Newton
13) http://en.wikipedia.org/wiki/Johannes_Kepler

7. 영국의 산업혁명 : 과학과 기술의 역할
1) http://wwwyale.edu/ynhti/curriculum/units/1981/2/81.02.06.x.html
2) http://www.clemson.edu/caah/history/FacultyPages/PamMack/lec122/britir.htm
3) http://www.fatbadgers.co.uk/britain/revolution.htm
4) http://www.infoplease.com/ce6/history/A0858820.html
5) http://www.fordham.edu/halsall/mod/lect/mod16.html
6) https://www.msu.edu/user/brownlow/indrev.htm
7) http://en.wikipedia.org/wiki/Industrial_Revolution
8) http://www.econ.yale.edu/seminars/Kuznets/allen-101007.pdf
9) http://www.clemson.edu/caah/history/FacultyPages/PamMack/lec122/britir.htm

8. 로켓의 역사와 우주여행의 꿈 : 작용과 반작용의 비상(飛上)

1) http://www.grc.nasa.gov/WWW/k-12/TRC/Rockets/history_of_rockets.html
2) http://www.grc.nasa.gov/WWW/k-12/rocket/BottleRocket/13thru16.htm
3) http://en.wikipedia.org/wiki/History_of_rockets
4) http://ffden-2.phys.uaf.edu/211.fall2000.web.projects/I.%20Brewster/History.html
5) http://www.solarviews.com/eng/rocket.htm
6) http://lroc.sese.asu.edu/EPO/History/panel3.html
7) http://www.engineersgarage.com/invention-stories/history-of-rockets
8) http://en.wikipedia.org/wiki/Rocket
9) http://history.msfc.nasa.gov/rocketry/
10) http://inventors.about.com/library/inventors/blrockethistory.htm
11) http://space.about.com/od/spaceexplorationhistory/ss/rockethistory1.htm
12) http://history.nasa.gov/SP-4211/ch3-1.htm
13) http://inventors.about.com/od/bstartinventors/a/Von_Braun.htm
14) http://ffden-2.phys.uaf.edu/103_fall2003.web.dir/Todd_Denny/Pioneer_page3.htm
15) http://www.nasa.gov/centers/goddard/about/history/dr_goddard.html

9. 시대가 낳은 비극적 인물, 프리츠 하버와 하버-보슈 공정

1) http://chemistry.about.com/od/moleculecompoundfacts/f/Saltpeter-Or-Potassium-Nitrate.htm
2) http://en.wikipedia.org/wiki/Fertilizer
3) http://www.chemguide.co.uk/physical/equilibria/haber.html
4) http://en.wikipedia.org/wiki/Haber_process

5) http://www.idsia.ch/~juergen/haberbosch.html
6) http://en.wikipedia.org/wiki/Fritz_Haber
7) http://www.bbc.com/news/world-13015210
8) http://www.theguardian.com/science/2013/nov/03/fritz-haber-fertiliser-ammonia-centenary
9) http://science.howstuffworks.com/dictionary/famous-scientists/chemists/fritz-haber-info.htm
10) http://en.wikipedia.org/wiki/Zyklon_B
11) http://toxsci.oxfordjournals.org/content/55/1/1.full
12) http://www.newworldencyclopedia.org/entry/Fritz_Haber

10. 제2차 세계대전의 핵개발 경쟁 : 맨해튼 프로젝트와 과학자의 윤리

1) http://en.wikipedia.org/wiki/Manhattan_Project
2) http://web.mst.edu/~rogersda/american&military_history/AtomBombLectureNotes.pdf
3) http://www.atomicarchive.com/History/mp/index.shtml
4) http://www.chemistryexplained.com/Ma-Na/Meitner-Lise.html
5) http://www.chemheritage.org/discover/online-resources/chemistry-in-history/themes/atomic-and-nuclear-structure/hahn-meitner-strassman.aspx

11. 생화학전의 역사와 21세기 인류가 직면한 도전

1) http://en.wikipedia.org/wiki/Chemical_warfare
2) http://www.international.gc.ca/arms-armes/non_nuclear-non_nucleaire/history-historique.aspx?lang=eng&view=d
3) http://www.opcw.org/news-publications/publications/history-of-the-chemical-weapons-convention/
4) http://www.cbwinfo.com/History/History.html
5) http://www.emedicinehealth.com/biological_warfare/article_em.htm

6) http://www.aarc.org/resources/biological/history.asp
7) http://science.howstuffworks.com/biochem-war2.htm
8) http://web3.fimmu.com/fhjyw/resource/etal/details/technical%20resource/med%20asp%20of%20chem%20and%20bio%20warfare/Ch-2electrv699.pdf
9) http://www.chemical-biological-attack-survival-guide.com/history-chemical-biological-weapons.htm
10) http://www.chem.sc.edu/faculty/morgan/resources/cw/cw.pdf

part IV 100세 수명에 공헌한 위대한 발견과 인류의 건강

1. 치유의 신 아스클레피오스와 최초의 정신병원 아스클레피온

1) http://en.wikipedia.org/wiki/Asclepius
2) http://www.sciencemuseum.org.uk/broughttolife/people/asklepios.aspx
3) http://www.themystica.com/mythical-folk/~articles/a/asklepios.html
4) http://www.pantheon.org/articles/a/asclepius.html
5) http://www.mlahanas.de/Greeks/Mythology/Asclepius.html
6) http://www.newworldencyclopedia.org/entry/Asclepius
7) http://www.archaeologous.com/activity/3/pergamon-asklepion/
8) http://www.sacred-destinations.com/turkey/bergama-asklepion.htm
9) http://en.wikipedia.org/wiki/Asclepeion
10) http://dominicus.malleotus.free.fr/rhodes/lang_en/site_asclepieion.htm
11) http://www.ostia-antica.org/kos/asklep-p/asklep-p.htm

2. 고대 로마의 수로와 위생시설 : 수로, 화장실, 공중목욕탕

1) http://www.waterhistory.org/histories/rome/

2) http://people.umass.edu/latour/Italy/Aqueducts_Wastewater_Systems_Rome/
3) http://www.romanaqueducts.info/index.html
4) http://science.howstuffworks.com/environmental/green-science/la-ancient-rome1.htm
5) http://www.mariamilani.com/ancient_rome/roman_aqueducts.htm
6) http://www.unrv.com/culture/roman-aqueducts.php
7) http://archive.archaeology.org/1203/features/how_a_roman_aqueduct_works.html
8) http://www.ancient.eu.com/aqueduct/
9) http://en.wikipedia.org/wiki/Sanitation_in_ancient_Rome
10) http://ancienthistory.about.com/od/romeancientrome/ig/Ancient-Rome/Latrine-in-Roman-Spain.htm
11) http://www.historylearningsite.co.uk/roman_baths.htm
12) http://en.wikipedia.org/wiki/Roman_aqueduct

3. 수술의 대혁명을 가져온 마취제의 발견 : 웃음가스, 에테르, 클로로포름

1) http://www.vat19.com/brain-candy/accidental-inventions-ether-anesthesia.cfm
2) http://en.wikipedia.org/wiki/Anesthesia
3) http://www.general-anaesthesia.com/index.html
4) http://en.wikipedia.org/wiki/History_of_general_anesthesia
5) http://www.blatner.com/adam/consctransf/historyofmedicine/4-anesthesia/hxanesthes.html
6) http://janeaustensworld.wordpress.com/tag/19th-century-dental-hygiene/

4. 백신의 선구자, 에드워드 제너 : 백신과 천연두의 역사

1) http://www.nhs.uk/Planners/vaccinations/Pages/historyofvaccination.

aspx
2) http://www.niaid.nih.gov/topics/vaccines/understanding/pages/howwork.aspx
3) http://www.historyofvaccines.org/content/how-vaccines-work
4) http://www.skepticalob.com/2009/10/how-do-vaccines-work.html
5) http://en.wikipedia.org/wiki/Smallpox
6) http://en.wikipedia.org/wiki/Smallpox_vaccine
7) http://www.bbc.co.uk/history/historic_figures/jenner_edward.shtml
8) http://www.ncbi.nlm.nih.gov/pmc/articles/PMC1200696/
9) http://www.nhs.uk/Planners/vaccinations/Pages/historyofvaccination.aspx
10) http://en.wikipedia.org/wiki/Vaccination
11) http://www.historyofvaccines.org/content/articles/scientific-method-vaccine-history

5. 미생물학의 아버지, 파스퇴르 : 광견병 백신과 저온살균법

1) http://en.wikipedia.org/wiki/Louis_Pasteur
2) http://www.accessexcellence.org/RC/AB/BC/Louis_Pasteur.php
3) http://www.zephyrus.co.uk/louispasteur.html
4) http://www.biography.com/people/louis-pasteur-9434402
5) http://inventors.about.com/od/pstartinventors/a/Louis_Pasteur.htm
6) http://scienceworld.wolfram.com/biography/Pasteur.html
7) http://www.nndb.com/people/580/000072364/
8) http://www.howstuffworks.com/dictionary/famous-scientists/chemists/louis-pasteur-info.htm
9) http://www.panspermia.org/pasteur.htm
10) http://www.notablebiographies.com/Ni-Pe/Pasteur-Louis.html
11) http://www.foundersofscience.net/interest1.htm

6. 매독과 최초의 화학요법제, 살바르산 606 : 파울 에를리히의 생애

1) http://en.wikipedia.org/wiki/Arsphenamine
2) http://en.wikipedia.org/wiki/Paul_Ehrlich
3) http://protomag.com/assets/paul-ehrlich-and-the-salvarsan-wars
4) http://www.pbs.org/wgbh/aso/databank/entries/dm09sy.html
5) http://pubs.acs.org/cen/coverstory/83/8325/8325salvarsan.html
6) http://www.rsc.org/chemistryworld/2013/04/salvarsan-podcast
7) http://en.wikipedia.org/wiki/List_of_syphilis_cases
8) http://en.wikipedia.org/wiki/Syphilis
9) http://en.wikipedia.org/wiki/History_of_syphilis
10) http://www.news-medical.net/health/Syphilis-History.aspx
11) http://www.soilandhealth.org/02/0201hyglibcat/020134syphilis/020134syphilis-ch1.htm
12) http://www.nobelprize.org/nobel_prizes/medicine/laureates/1908/ehrlich-bio.html
13) http://www.ncbi.nlm.nih.gov/pmc/articles/PMC2790789/
14) http://pubs.acs.org/cen/coverstory/83/8325/8325salvarsan.html

7. 살충제 DDT의 역사, 침묵의 봄 그리고 가진 자의 환경윤리

1) http://www.epa.gov/pesticides/factsheets/chemicals/ddt-brief-history-status.htm
2) http://www.americanheritage.com/content/deadly-dust-unhappy-history-ddt
3) http://en.wikipedia.org/wiki/DDT
4) http://americanscience.blogspot.kr/2013/01/david-kinkela-on-ddt-american-politics.html
5) http://www.scienceheroes.com/index.php?option=com_content&view=article&id=309&Itemid=263
6) http://www.chemheritage.org/discover/online-resources/chemistry-

in-history/themes/public-and-environmental-health/environmental-chemistry/carson.aspx
7) http://www.appropedia.org/Use_of_DDT_in_fighting_malaria
8) http://www.ncbi.nlm.nih.gov/pmc/articles/PMC2821864/
9) http://www.discoveriesinmedicine.com/Com-En/DDT.html
10) http://www.millennium-project.org/millennium/ES-July2008-June2009.pdf
11) http://www.census.gov/2010census/
12) http://www.chem.duke.edu/~jds/cruise_chem/pest/pestintro.html
13) http://www.chem.duke.edu/~jds/cruise_chem/pest/links.html
14) http://www.appalachianhistory.net/2012/03/army-used-ddt-for-de-lousing.html
15) http://www.eco-imperialism.com/wrongful-ban-on-ddt-costs-lives/
16) http://www.who.int/mediacentre/factsheets/fs094/en/index.html
17) http://entomology.montana.edu/historybug/typhus-conlon.pdf
18) http://en.wikipedia.org/wiki/Epidemic_typhus
19) http://elibrary.worldbank.org/content/workingpaper/10.1596/1813-9450-6203
20) http://www.scientiareview.org/pdfs/191.pdf

part V 인류 문명사와 함께 한 꿈의 소재

1. 잃어버린 고대 장인(匠人)들의 첨단재료 기술

1) http://en.wikipedia.org/wiki/Roman_concrete
2) http://navercast.naver.com/contents.nhn?contents_id=4621
3) http://www.romanconcrete.com/modern.htm
4) http://www.understanding-cement.com/history.html
5) http://www.romanconcrete.com/index.htm

6) http://www.smithsonianmag.com/history/the-secrets-of-ancient-romes-buildings-234992/
7) http://www.history.com/news/the-secrets-of-ancient-roman-concrete
8) http://newscenter.lbl.gov/news-releases/2013/06/04/roman-concrete/
9) http://www.romanconcrete.com/
10) http://news.nationalgeographic.com/news/2006/11/061116-nanotech-swords.html
11) http://www.nytimes.com/2006/11/28/science/28observ.html?_r=0
12) http://www.essortment.com/brief-history-damascus-steel-21818.html
13) http://archaeology.about.com/b/2012/10/17/damascus-steel.htm#gB3
14) http://archaeology.about.com/od/ancientweapons/a/damascus_steel.htm
15) http://scienceblogs.com/notrocketscience/2008/09/27/carbon-nanotechnology-in-an-17th-century-damascus-sword/
16) http://projects.olin.edu/revere/Cool%20links/damascus%20sci%20amer%20jan%202001.pdf
17) http://en.wikipedia.org/wiki/Damascus_steel
18) http://sitemaker.umich.edu/weapons/craftsmanship
19) http://www-scf.usc.edu/~tianyouc/product.html
20) http://link.springer.com/chapter/10.1007%2F978-3-540-88201-5_35?LI=true
21) http://www.islamicity.com/forum/forum_posts.asp?TID=10277
22) http://www.rsc.org/Chemistryworld/News/2006/November/15110602.Asp
23) http://www.the-week.com/21jun24/cover.htm

2. 듀폰, 캐러더스 : 섬유산업의 혁명 나일론의 역사

1) http://invention.smithsonian.org/centerpieces/whole_cloth/u7sf/

u7materials/nylondrama.html
2) http://inventors.about.com/od/nstartinventions/a/nylon.htm
3) http://inventors.about.com/od/nstartinventions/a/Nylon_Stockings.htm
4) http://en.wikipedia.org/wiki/Nylon
5) http://www.caimateriali.org/?id=32
6) http://www.chemheritage.org/discover/online-resources/chemistry-in-history/themes/petrochemistry-and-synthetic-polymers/synthetic-polymers/carothers.aspx
7) http://www.cha4mot.com/p_jc_dph.html
8) http://www.ehow.com/about_4580060_history-nylon.html
9) http://www.ehow.com/about_4676865_what-is-nylon.html
10) http://personal.strath.ac.uk/andrew.mclaren/Turin2002/CD%20congresso/The%20history%20of%20nylons.pdf
11) http://plastics.tamu.edu/content/smithsonian-article-nylons-history-hosiery-and-war
12) http://en.wikipedia.org/wiki/Nylon_riots
13) http://www.chemheritage.org/discover/media/magazine/articles/26-3-nylon-a-revolution-in-textiles.aspx?page=1
14) http://www.google.co.kr/?gws_rd=cr&ei=rsMiUpb5KuqXiAenzIHoBA#newwindow=1&q=Nylon+riots
15) http://www.ehow.com/about_4609375_what-nylon-used.html

3. 합성고무의 발명과 제2차 세계대전

1) http://en.wikipedia.org/wiki/Synthetic_rubber
2) http://acswebcontent.acs.org/landmarks/landmarks/rbb/index.html
3) http://suite101.com/article/us-response-to-wwii-rubber-crisis-lessons-for-oil-needs-today-a289633#ixzz23ztogFkD
4) http://www.factmonster.com/ce6/sci/A0860823.html

5) http://lanxess.cn/en/about-lanxess-china/100-years-synthetic-rubber/history-of-synthetic-rubber-cn/
6) http://www.nature.com/ncomms/journal/v2/n9/full/ncomms1494.html
7) http://www.pslc.ws/macrog/exp/rubber/synth/block.htm

4. 실리콘 트랜지스터 : 괴짜천재 쇼클리와 '8명의 배신자들'
1) http://www.brew-wood.co.uk/computers/transistor.htm#b_transistor
2) http://www.physics.ucla.edu/~ianb/history/
3) http://siliconcowboy.wordpress.com/2010/11/01/traitorous-eight-in-their-fairchild-days/
4) http://en.wikipedia.org/wiki/William_Shockley
5) http://www.nobelprize.org/nobel_prizes/physics/laureates/1956/shockley-bio.html
6) http://inventors.about.com/od/sstartinventors/p/William_Shockley.htm
7) http://www.magnet.fsu.edu/education/tutorials/pioneers/shockley.html
8) http://www.aps.org/programs/outreach/history/historicsites/transistor.cfm
9) http://www.pbs.org/transistor/album1/addlbios/egos.html
10) http://en.wikipedia.org/wiki/Transistor

5. 물리학의 성배(聖杯), 초전도체 100년의 역사
1) http://www.superconductors.org/index.htm#top
2) http://www.ornl.gov/info/reports/m/ornlm3063r1/pt2.html
3) http://www.aip.org/history/mod/superconductivity/01.html
4) http://web.njit.edu/~tyson/supercon_papers/Feynman_Superconductivity_History.pdf
5) http://inventors.about.com/od/sstartinventions/a/superconductors.

htm
6) http://terms.naver.com/entry.nhn?docId=1247276&mobile&categoryId=200000454
7) http://terms.naver.com/entry.nhn?docId=859421&mobile&categoryId=209
8) http://navercast.naver.com/contents.nhn?contents_id=196
9) http://scienceblogs.com/principles/2010/08/03/how-do-superconductors-work/
10) http://inventors.about.com/od/sstartinventions/a/superconductors.htm

6. 21세기의 슈퍼 원소, 탄소의 여러 가지 얼굴들

1) http://www.britannica.com/nobelprize/article-9002185
2) http://www.graphene.manchester.ac.uk/
3) http://www.graphene-info.com/tags/graphene-applications
4) http://en.wikipedia.org/wiki/Graphene
5) http://en.wikipedia.org/wiki/Fullerene
6) http://news.bbc.co.uk/2/hi/programmes/click_online/9491789.stm
7) http://en.wikipedia.org/wiki/Allotropes_of_carbon

| 찾아보기 |

ㅇ

(기타)

에드거 케이시가 남긴 최고의 영적 유산!

미국의 종교 사상가이자 '20세기 최고의 예언자'로 불리는 에드거 케이시(1877~1945)는 만년에 누군가로부터 "당신의 최대 업적은 무엇입니까?"라는 질문을 받았을 때, 주저하지 않고 "신을 찾아서(A Search for God)라는 텍스트를 이 세상에 남긴 일입니다"라고 대답했다. 케이시가 그의 생애에서 가장 큰 심혈을 기울여 완성한 〈A Search for God〉이 한국어판으로 번역되어 〈신을 찾아서〉 〈신과 함께〉 두 권으로 출간되었다. 영성을 추구하는 많은 사람들에게 "어떻게 살아야 하는가"하는 삶의 올바른 길을 제시해준다.
〈나는 잠자는 예언자〉는 '미국에서 가장 불가사의한 인물' 에드거 케이시의 유일한 자서전이다. 케이시는 24세때 갑자기 목소리가 나오지 않는 실성증에 걸려 그때부터 자신의 영능력을 발견하게 되었다. 케이시는 더 높은 영성의 지식을 얻고자 한다면 온전한 선(good), 즉 신(GOD)이 함께 해야 한다고 강조한다. 대우주의 커다란 영(靈)과 통하게 된 케이시는 지상의 인간에게 신의 목적을 이해시키는 채널로써의 역할을 자신의 인생의 대명제로 생각했다.

〈신을 찾아서〉 에드거 케이시 지음 | 김진언 옮김 | 값 14,000원
〈신과 함께〉 에드거 케이시 지음 | 김진언 옮김 | 값 13,000원
〈나는 잠자는 예언자〉 에드거 케이시 자서전 | 신선해 옮김 | 값 14,000원

이야기 경영학

누구나 쉽게 읽을 수 있는
〈경영학〉 입문서!

철강왕 앤드류 카네기는 어릴 적부터 아이디어가 특출했다. 그는 여느 아이들처럼 어머니를 따라 가게에 가곤 했는데, 어느 날 가게 주인이 카네기에게 선물로 체리를 한움큼 가져가라고 했다 그러나 카네기는 머뭇거릴 뿐 체리를 쥐지 않았다 가게 주인은 카네기가 수줍어하는 줄 알고 자신이 체리를 한움큼 집어서 카네기의 모자에 넣어주었다.
가게를 나와서 어머니가 "너 아까 가게에서 왜 체리를 집지 않았지?"라고 묻자, 어린 카네기는 이렇게 대답했다. "아저씨 손이 내 손보다 더 크잖아요."
이 에피소드를 통해 멀리 내다보는 카네기의 능력, 그리고 남들과는 전혀 다른 사고방식을 가졌다는 것을 엿볼 수 있다. 나중에 카네기가 특별한 사업 아이디어로 성공한 것을 보면 다소 고개가 끄덕여지는 대목이다.
- 본문 중에서

이재규(전 대구대 총장) 지음 | 값 13,000원